化学工程与工艺应用型本科建设系列教材

普通高等教育"十三五"规划教材

HUAXUE SHIYAN

化学实验

（无机化学实验和有机化学实验）

周祖新　主　编

高永红　副主编

化学工业出版社

·北京·

《化学实验》是根据中本贯通化学化工类专业化学实验课程的教学基本要求，并融合无机化学实验、有机化学实验教学改革成果编写的化学实验教材。全书包括三部分，第一部分介绍化学实验的常用仪器、基本操作方法、合成基本理论，实验中的安全知识，化学工业知识介绍等。第二部分是无机化学实验，包括基本操作，无机化合物的制备与提纯，物质常数的测定，无机物的性质实验等；对每个实验操作都有详细的细节指导，并在问题与探讨、补充说明中予以解释，对基本操作和制备、提纯类实验，有实际生产的工艺路线。第三部分为有机化学实验，包括有机化学实验一般知识，有机化学实验的基本操作，有机化合物的制备及综合实验、设计实验等。

　　《化学实验》可作为化工专业中本贯通本科阶段、应用型本科化学化工类专业学生的教材，也可作为相关专业教师、教学辅助人员的参考书。

图书在版编目（CIP）数据

化学实验（无机化学实验和有机化学实验）/周祖新主编 . —北京：化学工业出版社，2017.6
化学工程与工艺应用型本科建设系列教材　普通高等教育"十三五"规划教材
ISBN 978-7-122-29095-3

Ⅰ.①化…　Ⅱ.①周…　Ⅲ.①化学实验-高等学校-教材　Ⅳ.①O6-3

中国版本图书馆 CIP 数据核字（2017）第 029934 号

责任编辑：刘俊之　　　　　　　　　　文字编辑：刘志茹
责任校对：王素芹　　　　　　　　　　装帧设计：韩　飞

出版发行：化学工业出版社（北京市东城区青年湖南街 13 号　邮政编码 100011）
印　　刷：北京永鑫印刷有限责任公司
装　　订：三河市宇新装订厂
787mm×1092mm　1/16　印张 17　字数 445 千字　2017 年 6 月北京第 1 版第 1 次印刷

购书咨询：010-64518888（传真：010-64519686）　　售后服务：010-64518899
网　　址：http://www.cip.com.cn
凡购买本书，如有缺损质量问题，本社销售中心负责调换。

定　　价：49.00 元

前　言

　　我国正在由制造大国向"智造大国"迈进，化工产业正在结构优化，这些优化对生产者的技能水平、综合素质提出更高的要求，不仅要有扎实的专业技能，也要兼具相关产业的知识和技能。前几年就已开始的中高职贯通和现今的中本贯通试点，都在向社会发出一个信号，那就是：职业教育也是可以培养精英人才的，而不仅仅是普通劳动者。中本贯通不仅要求培养高端技能人才，更重要的是培养特别要求产教融合、特色办学，推动教育教学改革与产业转型升级衔接配套。

　　在这种思路下，我们开始编写中本贯通化学实验（无机化学实验和有机化学实验）教材，为探索适应高层次职业教育的教材作一些尝试。《化学实验》是根据我校在无机、有机化学实验教学中长期积累的经验并结合全国多所兄弟院校，尤其是应用技术类院校教学经验，根据编写人员到多个化工及相关企业进行长期调研，与高级技术工人、高级管理人员进行长期交流的基础上编写而成。本书对实验操作有细致的指导，所选实验与化工生产紧密联系；本书把实验操作、实验指导与化工生产流程捆绑在一起，使学生在做实验的过程中对实际化工生产有更多了解，打好学、用相联的基础。

　　全书包括三章，第一章是实验基本要求、实验基本操作技能和化工生产基本知识。化学实验的教学对象为中本贯通后刚进入大学的学生，大多学生在中专阶段虽受到较多的化学实验训练，但还需进行严格扎实的基础训练，改变某些不良习惯。为增加应用性，编进了化工生产基本知识，使每项实验操作与化工厂生产对应起来，既增加了学生的学习兴趣，又有利于学生认识真正的化工生产。为培养学生通过查阅资料解决问题的能力，编进了常用化学文献和网络资源。另外还介绍了实验报告（包括预习报告）的写法，介绍了一些写预习报告和实验报告时常查阅的资料。第二章是无机化学实验，共有20个实验，每个实验还编有实验指导，一般有以下几部分组成：第一，实验操作注意事项。这是本书的重点，我们根据学生在操作过程中经常容易忽视的问题、常犯的错误、试剂容易出现的问题以及由此造成实验失败的原因，结合实验的关键操作、安全技术等问题进行必要的提示和分析。第二，问题与讨论。对实验中容易出现的问题和异常现象，以及学生经常提出的某些疑难问题作一些必要的分析和讨论。第三，补充说明。配合实验内容对实验原理或实验结果作进一步的说明，并对某些问题作为补充资料进行适当的扩展和深化。第四，实验室准备工作注意事项。介绍某些有特殊要求的试剂的配制、仪器装置及其它用品在准备时所必须注意的事项。第五，实验前的思考题。根据实验目的，从实验原理和基本操作等方面提出在实验前应该如何进行预习的具体要求以及应该思考的问题。对无机制备实验，还编有生产工艺，使学生的每步实验操作与所用仪器与实际生产对应起来，最大限度地增加了应用性。第三章是有机化学实验，共43个实验，包括有机化学实验一般知识、有机化学实验的基本操作、有机化合物的制备。

　　参加本书编写工作的有高永红（第三章实验二十二至实验三十六）、肖繁花（第三章实验一至实验九）、杜蓓（第三章实验十至实验二十一、实验三十七、实验三十八）、康丽琴（第三章实验三十九至实验四十三）、周祖新（第一章、第二章），最后由周祖新统稿。教研室全体同仁对本书的编写作出了很大贡献。

　　由于编写时间仓促，水平有限，书中不妥之处，敬希给予批评指正。

编者

2016 年 12 月

目 录

附录　254

参考文献　264

第一章 化学实验基础知识

化学是建立在实验基础上的科学。化学实验对学生实验技能与化学素养培养是不可或缺的，是培养高级化工生产技术人才的重要环节。通过化学实验的教学，不仅能使学生巩固和加强课堂所学的基础理论知识，更重要的是能够培养学生的实际操作能力、分析问题和解决问题的能力，养成严肃认真、实事求是的科学态度和严谨的工作作风，培养学生的创新精神和创新能力。而这些能力的养成，首先要学习一些化学实验的基础知识，并在以后的实验中不断强化。

第一节 化学试剂的规格、存放及取用

一、化学试剂的规格

做化学实验或科研，就要用到化学试剂，用不同纯度或不同规格的试剂做实验，对实验结果的准确度或结论大有影响，故不同的实验对试剂纯度的要求也不同，因此必须了解化学试剂的规格。

国际上对化学试剂的分类规格无统一标准，各国都有自己的国家标准或其它标准。我国化学试剂的纯度有国家标准（GB）、化工行业标准（HGB）及企业标准（EB）。按照试剂中杂质含量的多少，我国生产的化学试剂分为五个等级，见表1-1。

表1-1 我国化学试剂的五个等级

级别	中文名称	英文名称	符号	标签颜色	主要用途
一级	优级纯	guaranteed reagent	GR	深绿色	精密分析和科研
二级	分析纯	analytical reagent	AR	红色	一般分析和科研
三级	化学纯	chemical reagent	CP	蓝色	性质实验及化学制备
四级	实验试剂	laborational reagent	LR	棕色	实验辅助试剂
生化试剂	生化试剂	biological reagent	BR	玫瑰红	生物化学实验

除了以上五种级别外，还有比优级纯纯度更高的基准试剂、高纯试剂、光谱纯等在不同领域使用。

不同级别的试剂，纯度不同，同一级别的不同试剂，纯度也不同，具体纯度国家有标准。由于不同级别的试剂价格差别较大，因此使用化学试剂时要注意三点：①所用试剂所含的杂质要在实验允许的误差范围内；②所用试剂并非越纯越好，达到实验要求即可，不要造

成不必要的浪费。③同一实验所用试剂纯度也不一定相同，关系到产品质量、纯度的试剂要达到实验要求，辅助试剂的等级可略低。

二、化学试剂的存放

由于化学试剂种类繁多，性质各异，有效期不同，存放保管十分重要，要注意以下几点。

① 固体试剂应装在广口瓶中，液体试剂应盛放在细口瓶或滴瓶内，以方便使用。

② 剧毒药品，如氰化物、汞等要有严格的领用登记制度，每天实验结束后，把剩余剧毒药品送回危险品仓库，下次使用时再领取，不能放在实验室过夜。

③ 见光易分解或易被空气中氧气氧化的试剂，如 H_2O_2、$AgNO_3$、$FeSO_4$ 要以棕色瓶存放，并置于冷暗处。为防止玻璃中重金属对 H_2O_2 的催化分解，30％的 H_2O_2 应放在塑料瓶中。

④ 吸水性强的试剂，如无水碳酸钠、无水硫酸镁、过氧化钠应放在干燥器中，有些很容易水解的试剂，如无水氯化铝的瓶盖还要用蜡封。

⑤ 易腐蚀玻璃的试剂，如 NaOH、Na_2CO_3 等强碱等要用橡皮塞，HF 要放在塑料瓶中。

⑥ 相互易反应的试剂，如氧化剂和还原剂要分开存放，如浓硝酸和硫粉不能存放于同一柜中。

⑦ 易挥发的试剂，如大量有机溶剂要放在有通风设备的专用试剂柜中，在热天，瓶盖要稍拧松些，以防试剂挥发后在瓶内蒸气压过大而引起爆炸。

⑧ 某些试剂的特殊存放。白磷要存放在水中，始终要被水覆盖；钠、钾要浸在煤油中，密度小于煤油的锂要存放在石蜡油中；在液溴、汞上放少许水盖住，以防挥发出有毒蒸气。试剂瓶上要标明试剂名称、纯度、浓度及配制日期，并用蜡或透明胶封住。

三、试剂的取用

取用试剂时，瓶盖打开后应将顶部朝下放在干净的桌面上，所有试剂瓶的瓶与其盖要对号入座，以免交叉污染；试剂取用完后，瓶盖最好立即盖好，以免桌面上瓶盖太多造成混淆。任何取出的试剂均不能放回原试剂瓶，故取用试剂时，量不能太多，以免浪费。

1. 液体试剂的取用

① 从滴瓶中取出时，保持滴管垂直（尤忌倒立），应在容器上方将试剂滴入，滴管尖端不可接触容器内壁，以免污染滴管。

② 用倾析法取较多量液体时，右手握住瓶子，使试剂标签朝上或两侧，以瓶口靠住器壁，缓缓倾出所需液体，若所用容器为烧杯，则可用玻璃棒引入。

③ 定量取用液体可用量筒、量杯或移液管，但不能以烧杯上的刻度为定量标准，因烧杯上的刻度误差很大。

④ 加入液体总量不超过容器总容量的 2/3，若为试管则不超过 1/2。

2. 固体试剂的取用

① 用干净、干燥的药匙取用。药匙材质有塑料、牛角、不锈钢等，两端有大小两个勺，分别用来取大量固体和少量固体。药匙要做到专勺专用，用过的药匙必须洗净、干燥后方可再使用，取用强碱试剂后的药匙应立即洗净、干燥。

② 取用一定量的试剂时，可将试剂放在称量纸、表面皿、烧杯等干燥洁净的玻璃容器或称量瓶内根据要求称量，不能用滤纸代替称量纸。具有腐蚀性或易潮解的试剂应放在玻璃器皿内。

3. 气体试剂的取用

（1）**实验室制备气体** 对于使用少量气体做定性实验，实验室可用一定装置反应产生气体，如用 FeS 和稀盐酸制备 H_2S、用 Na_2SO_3 和稀盐酸制备 SO_2、用 $CaCO_3$ 和稀盐酸制备 CO_2、用 Cu 和浓硝酸制备 NO_2、用浓硫酸和固体 $NaCl$ 制备 HCl 气体、用 MnO_2 和浓盐酸制备 Cl_2 等，对于有毒有害气体，要在通风橱中制备，并做好尾气吸收。

（2）**气体的纯化** 由于制备各种气体的方法不同，所含杂质不同，气体本身性质也不同，因此纯化的方法各不相同。一般的纯化过程是先除杂质和酸雾，最后将气体干燥。通常使用洗气瓶、干燥塔，根据具体情况分别用不同的洗涤液或固体吸收。实验中可根据杂质的性质选用适当的固体和洗涤液，酸雾可用水或玻璃棉除去，水气可用浓硫酸、无水氯化钙、硅胶、五氧化二磷等吸收。洗涤液装在洗气瓶内，接法要正确（长进短出）。

（3）**钢瓶储存气体** 气体钢瓶是化学实验室用以储存压缩气体或液化气的特制耐压钢瓶。一般用无缝合金钢管或碳素钢管制成，为圆柱形，器壁较厚，最高工作压力为 15MPa。使用时为了降低压力并保持压力稳定，必须装置减压阀，通过减压阀有所控制地放出气体，各种气体的减压阀不能混用。

由于钢瓶内压力很大，而且有些气体易燃或有毒有害，使用钢瓶时要注意安全，必须注意下列事项。

① 为了容易区分各种不同的钢瓶，保证运输和储存的安全，不同气体的钢瓶上漆有不同的颜色，以免混淆不同气体。实验室常用气体钢瓶颜色见表 1-2。

表 1-2 实验室常用的几种气体钢瓶的颜色

钢瓶名称	氧气瓶	氮气瓶	氢气瓶	乙炔瓶	氨气瓶	氯气瓶	氩气瓶	空气瓶
瓶身颜色	天蓝色	黑色	深绿色	白色	黄色	黄绿色	灰色	黑色

② 高压钢瓶须分类保管。氧气瓶和可燃性气体钢瓶须分开存放，高压钢瓶存放于阴凉干燥且远离明火或热源处。

③ 减压阀要专用，不同气体间不能混用，氨气的减压阀不能是铜制的，应使用不锈钢制造。

④ 开气体钢瓶总阀门时，减压阀应处于关闭状态（拧松），然后逐渐拧紧减压阀调到所需压力（与一般阀门的开关操作正好相反）。操作者必须站在侧面，以免失控的气流射伤人体。

⑤ 搬运气体钢瓶时，最好使用专用小车，钢瓶上的安全帽应旋紧，以保护阀门。

⑥ 不可将钢瓶内的气体全部用完，一定要保留 0.05MPa 以上的残留压力，可燃性气体应剩余 0.2～0.3MPa，以免低压下其它气体进入瓶内污染钢瓶甚至引起爆炸。

第二节 玻璃仪器的预处理和洗涤

玻璃仪器由于相对惰性、透明和有一定的耐冷热性，常用作化学反应容器和试剂量具，但使用时要注意以下几点。

① 玻璃仪器易碎，使用时要轻拿轻放。

② 玻璃仪器中除烧杯、烧瓶和试管外都不能加热。

③ 锥形瓶、平底烧瓶不耐压，不能用于减压系统。

④ 带活塞的玻璃器皿如分液漏斗、酸式滴定管等用过洗净后，要在活塞和磨口间垫上小纸片，以防止黏结。

⑤ 温度计测量的范围不得超出其刻度范围，也不能把温度计当搅拌棒使用。温度计用后应缓慢冷却，不能立即用冷水冲洗，以免炸裂或汞柱断线。

一、常用玻璃仪器

化学实验室的玻璃仪器分两类，一类为普通玻璃仪器，另一类为标准磨口仪器。

1. 普通玻璃仪器

（1）容器类　常温或加热条件下物质的反应容器、储存容器。包括试管、烧杯、锥形瓶、滴瓶、细口瓶、广口瓶、称量瓶、分液漏斗和洗气瓶等。每种类型又有许多不同的规格。使用时要根据用途和用量选择不同类型和不同规格的容器。

（2）量器类　用于度量溶液体积。不能作为实验容器，如不能用于溶解、稀释、反应等操作。不能量取热溶液，不能加热，不可长期存放溶液。量器类容器主要有量筒、量杯、移液管、吸量管、容量瓶和滴定管等。每种类型又有不同规格，应根据要求正确选择和使用度量容器。

2. 标准磨口玻璃仪器

标准磨口玻璃仪器均按国际通用技术标准制造，常用的标准磨口规格有 10、12、14、16、19、24、29、34、40 等，这里的数字编号是指磨口最大端的直径（mm）。有的标准磨口玻璃仪器用两个数字表示，如 10/30，10 表示磨口大端的直径为 10mm，30 表示磨口的高度为 30mm。相同规格的内外磨口仪器可以相互紧密连接，而不同的规格可以通过大小口接头使它们彼此连接。磨口间连接时，需涂一层凡士林，并相向旋转使凡士林层均匀透明，磨口玻璃仪器使用方便，气密性好。

二、玻璃仪器的清洗

为保证实验结果的准确性，所有实验均应使用清洁的仪器，玻璃仪器的清洗是每次实验前后必须做的，对于久置变硬或不易洗掉的实验残渣和对玻璃仪器有腐蚀作用的废液，一定要在实验后立即清洗干净。污垢有多种，针对不同的污垢可用不同的洗涤方法。要求清洗后的玻璃仪器干净透明、不挂水滴。

1. 用水刷洗

以自来水和长柄毛刷除去仪器上可溶于水的物质。污垢除去后，再用清水冲洗几次，最后用去离子水洗 2～3 次。不能用秃顶的毛刷洗，也不能用力过猛。试管底部要旋转刷洗，而不是来回刷洗，以免捅破玻璃仪器。

2. 用去污粉或合成洗涤剂刷洗

去污粉中含有碳酸钠，合成洗涤剂中含有表面活性剂，都能除去仪器上的油污和某些有机物。去污粉中还含有白土和细沙，刷洗时起摩擦作用，增强洗涤效果。刷洗后，用自来水冲洗干净，最后用去离子水洗 2～3 次。

3. 用铬酸洗液洗涤

铬酸洗液具有强氧化性，主要用于除去油污或其它还原性物质，对于一些管细、口小、毛刷不能刷洗的仪器，采用这种洗法很好。洗涤时，直接往仪器内加入少量铬酸洗液，倾斜并慢慢转动仪器，使其内壁全部被洗液湿润，继续转动仪器，让洗液在仪器内壁转动几圈后，再把洗液倒回瓶内，然后用自来水把残留在仪器内壁的洗液洗去。污染严重的仪器可用洗液浸泡一段时间，或用热的洗液洗，效果会更好。使用洗液前，仪器不要先用水洗，仪器内如有水，要尽量沥干后再加洗液。使用后的洗液若没有变成绿色，则应倒回原瓶内，可以反复使用至失效（变为绿色）为止。不允许将毛刷放入洗液中刷洗。铬酸洗液具有很强的腐蚀性，会灼伤皮肤和破坏衣物。若不慎把洗液洒在皮肤、衣物或实验桌上，应立即用水清洗。

4. 用有机溶剂清洗

有些有机反应残留物呈胶状或焦油状，用上述方法较难洗净，这时可根据具体情况采用有机溶剂（如乙醇、氯仿、丙酮、甲苯、乙醚等）浸泡，或用稀氢氧化钠溶液、浓硝酸煮沸除去。

5. 用超声波清洗器清洗

超声波清洗器是利用超声波振动以除去污物，从而达到清洗仪器的目的的。超声波清洗可清洗不适合洗液清洗的仪器，它不仅可以清洗较大的容器和器皿，也可清洗微型容器和器皿。

6. 特殊污物的去除

有些污物可用特殊的方法方便地去除。例如氧化性污物如铁锈、二氧化锰等可用草酸、浓盐酸、盐酸羟胺等除去；将少量食盐在研钵内研磨后倒掉，再用水洗，有利于除去瓷研钵内的污迹；用体积比 1：2 的盐酸-酒精溶液可清洁被有机物染色的比色皿；玻璃仪器沉积的金属如银、铜等可用硝酸处理；沉积的难溶性银盐可用硫代硫酸钠除去，硫化银则用热、浓硝酸处理；沉积的硫黄可用煮沸的石灰水处理；高锰酸钾污垢可用草酸溶液除去。

用以上方法洗涤后的仪器，经自来水冲洗后，往往还残留有 Ca^{2+}、Mg^{2+}、Cl^- 等离子，如果实验中不允许有这些杂质，则应该用蒸馏水或去离子水把它们洗去，一般以洗三次为宜。每次用水量不必太多，采用"少量多次"的洗涤方法效果更佳，既洗得干净又不致浪费。

已洗净的仪器，表面被水润湿，将水倒出后把仪器倒置，可观察到仪器透明，器壁不挂水珠。已经洗净的仪器不能用手指、布或纸擦拭内壁，以免重新污染仪器。

三、玻璃仪器的干燥

玻璃仪器内如残留有水，则会对很多实验造成影响，如使溶液浓度降低、与加入的反应物反应、使无水有机溶剂带水等，故很多实验需仪器干燥。

1. 自然晾干

将洗涤的仪器倒置在干净的仪器柜内或滴水架上，让残留在仪器内的水分自然挥发而干燥。用这种方法干燥的主要是容量仪器、加热烘干时容易炸裂的仪器及不需要将其所带水完全排除的仪器。倒置可以防止灰尘落入，但要注意放稳仪器。

2. 吹干

对于急于干燥的仪器或不适于放入烘箱中的较大仪器可用吹干的办法。通常用少量的乙醇、丙酮倒入已倒去水分的仪器中摇洗，然后用电吹风机吹，开始用冷风吹 1～2min，当大部分溶剂挥发后吹入热风至完全干燥，再用冷风吹去残余蒸气，不使其又冷凝在仪器内。也可以将干净的仪器倒插在气流烘干器上，这样同时具有晾干和吹干的效果。

3. 烘干

如需干燥较多的仪器，则可用电热鼓风干燥箱烘干。将洗净的仪器倒置稍沥去水滴后，放入干燥箱的隔板上，关好门，在一定温度下烘干。称量瓶等在烘干后要放在干燥器中冷却和保存。带实心玻璃塞的仪器及厚壁仪器烘干时要注意慢慢升温并且温度不可过高，以免破裂。量器不可放于烘箱中烘干。

4. 烤干

对于可加热或耐高温的仪器，如试管、烧杯、烧瓶等还可以利用小火加热，要注意在加热前先将仪器外壁擦干，还要不时转动以使仪器受热均匀。

5. 有机溶剂干燥

对于急需干燥使用的仪器，将洗净的仪器沥去水后，加入少量丙酮或乙醇，转动仪器，使器壁上的水与有机溶剂相互溶解，然后将混合液倒入专用的回收瓶中。少量残留在仪器内的混合液，很快挥发而干燥。若再用电吹风机向仪器内吹风，则可加速干燥。

四、玻璃仪器的用途及注意事项

化学实验需要经常使用玻璃仪器。玻璃仪器按玻璃的性质不同可以简单地分为软质玻璃仪器和硬质玻璃仪器两类。软质玻璃承受温差的性能、硬度和耐腐蚀性都比较差，但透明度比较好，一般用来制造不需要加热的仪器，如试剂瓶、漏斗、量筒、移液管等。硬质玻璃具有良好的耐受温差变化的性能，其制造的仪器可以直接用灯火加热，这类仪器耐腐蚀性强，耐热性能以及耐冲击性能都比较好，常见的烧杯、烧瓶、试管、蒸馏器和冷凝管等都用硬质玻璃制作。

下面简单介绍实验室常用的玻璃仪器。

1. 试管

试管分为普通试管和离心试管，通常可以用作常温或加热条件下少量试剂反应的容器，离心试管还可用于沉淀分离。使用试管时应注意：①加热前应擦干试管外壁，加热时要用试管夹，硬质试管可直接用火焰高温加热，离心试管不能直接加热，只能在水浴中加热；②反应液体不应超过试管容积的 1/2，需加热时则不应超过 1/3，以免振荡时液体溅出或受热溢出；③加热液体时，管口不能对着任何人，以防液体溅出伤人；④加热固体时，管口应略向下倾斜，以免管口冷凝水流回灼热管底而使试管破裂。普通试管以管口直径（mm）×管长（mm）表示规格，如 15×150、18×180、10×75 等。离心试管的规格以容积（mL）表示，如 10、15、50 等，有的有刻度，有的无刻度。

2. 烧杯

一般以容积（mL）来表示其规格，主要用于配制溶液，煮沸、蒸发、浓缩溶液，进行化学反应等。烧杯可承受 500℃ 以下的温度，在火焰上可直接或隔石棉网加热，也可选用水浴、油浴或沙浴等加热方式。使用时反应液体体积不得超过烧杯容积的 2/3，以免搅动时或沸腾时液体溢出。明火加热时烧杯底部要垫上石棉网，防止玻璃受热不均匀而破裂。

3. 锥形瓶

锥形瓶以容积（mL）来表示其规格，有具塞和无塞等多种，可用作反应容器、接收容器和滴定容器等。加热时应在瓶底垫石棉网或用热浴，内盛液体不能太多，以防振荡时溅出。

4. 烧瓶

烧瓶可分为圆底烧瓶、平底烧瓶、长颈烧瓶、短颈烧瓶、单口（颈）烧瓶、二口（颈）烧瓶、三口（颈）烧瓶等。圆底烧瓶通常用于化学反应，平底烧瓶通常用于配制溶液或用作洗瓶，也能代替圆底烧瓶用于化学反应。烧瓶盛放液体的量不能超过其容积的 2/3。

5. 滴管

滴管由尖嘴玻璃管和橡皮乳头两部分组成。用以吸取、滴加液体试剂及容量瓶定容等。除吸取溶液外，管尖不可触及其它器物，以免污染。滴管为专用，不得弄乱。滴管吸液后不能倒置，以免试剂被乳胶头污染。

6. 滴瓶

滴瓶有无色和棕色两种，用于盛放少量液体试剂。

7. 广口瓶和细口瓶

广口瓶用于储存固体药品，细口瓶用于盛放液体试剂。两者均不能直接加热。磨口瓶要与塞子配套，不能存放强碱性物质，不用时应用纸条垫在瓶口处再盖上盖子。附有磨砂玻璃片的广口瓶常用作集气瓶。广口瓶有无色和棕色之分，棕色瓶用于盛装应避光的试剂。一般非磨口试剂瓶用于盛装碱性溶液或浓盐溶液，使用橡皮塞或软木塞；磨口的试剂瓶盛装酸、非强碱性试剂或有机试剂。若长期不用，应在瓶口和瓶塞间加放纸条，以便于开启。试剂瓶不能用火直接加热，不能在瓶内久储浓碱、浓盐溶液。

8. 称量瓶

称量瓶有高形和扁形两种，用于准确称取一定量的固体药品。不能直接加热，瓶盖要与瓶子配套使用。

9. 洗瓶

洗瓶有玻璃和塑料两种，用于盛放去离子水或其它洗涤液。

10. 漏斗

① 漏斗一般指三角漏斗，以口径（mm）表示大小，分长颈与短颈两种，用于常压过滤或倾注液体。过滤时漏斗颈尖端应紧靠盛接滤液的容器内壁。

② 布氏漏斗，瓷制，用于减压过滤（抽滤）。抽滤瓶和布氏漏斗一起用于减压过滤，不能直接加热。

③ 分液漏斗分为球形、梨形、筒形，用于加液或互不相溶溶液的分离。上口瓶盖和下端旋塞均为磨口，一般不可调换，活塞处不能漏液。不用时磨口处应垫纸片。

④ 滴液漏斗也有各种不同的形状，用于将反应物逐滴滴加到反应体系中，以免反应过于剧烈。使用要求同分液漏斗。

11. 表面皿

表面皿通常用于盖在烧杯上，防止杯内液体溅出。不能用火直接加热。

12. 蒸发皿

蒸发皿可由陶瓷、石英、铂等不同材质制成，用于蒸发、浓缩液体。一般放在石棉网上加热，也可以直接加热。注意防止骤冷骤热，以免破裂。

13. 研钵

研钵有陶瓷、玻璃、玛瑙、石头或铁制品等多种，用于研碎固体物质，根据固体物质的性质和硬度选用不同材质的研钵。使用时应注意：①放入的固体物质的量不宜超过其容积的1/3；②只能研磨，不能敲击固体物质。易爆物不能研磨，只能轻轻压碎，以防爆炸。

14. 坩埚

坩埚可由陶瓷、石英、石墨、氧化铝、铁、镍、银或铂等不同材质制成，用于灼烧固体，耐高温。使用时放在泥三角上或马弗炉中加热，加热后用坩埚钳取出。坩埚钳使用后应放在石棉网上。

15. 量筒

量筒通常用玻璃制成，以容积（mL）表示规格，用于量取一定体积的液体。不能加热，不能量取热液体，不可长期存放试剂，以免影响容器的准确性。

16. 容量瓶

容量瓶用于配制准确浓度的溶液。配制溶液时，溶质一般先在烧杯内溶解，再定量移入容量瓶中并定容。不能加热，不能用来储存溶液，以保证容量瓶容积的准确。

17. 移液管

移液管通常用玻璃制成，分单标移液管（胖肚移液管）和刻度移液管（吸量管）两类，还有自动移液管。用于精确移取一定体积的液体，不能加热，与洗耳球并用。

第三节 化学实验基本操作

一、称量仪器的使用

1. 台秤

台秤又称为托盘天平，一般能称准到0.1g，用于精度不高的称量。

在使用台秤前，将刻度尺上的游码拨至零处，如果指针不在标尺的中间位置，则应调节托盘下面的平衡螺丝使之处于中间位置，即零点调节。

称量时，物品放在左盘，砝码放在右盘。称量药品时，药品不能直接放在托盘上，应将其放在称量纸、表面皿或烧杯等容器中称。

应用镊子夹取砝码，加砝码时应先加大砝码再加小砝码，最后以游码调节至指针在标尺左右两边摆动的格数相等为止。台秤的砝码和游码读数之和即为被称物品的质量。

记录时保留小数点后1位。称量完毕，用镊子将砝码夹回砝码盒中，游码回零，并将托盘放在一侧。

2. 电子天平

电子天平是利用电子装置完成电磁力补偿的调节，使物体在重力场中实现力的平衡，或通过电磁力矩的调节，使物体在重力场中实现力矩的平衡。它一般都具有自动调零、自动校准、自动去皮和自动显示称量结果等功能。电子天平达到平衡时间短，称量快速，一般可以称准至0.0001g。

电子天平的使用步骤如下。

① 开机。首先调节天平的水平，然后接通电源，再按ON键开机，稳定后天平显示0.0000g。

② 校准。天平开机稳定后，按校准（CAL）键，再将校准砝码放入托盘中央，天平显示0.0000g后移去校准砝码，天平再次显示0.0000g，完成校准即可正常称量。

③ 去皮。当需把天平托盘上的被称物体（称量纸或容器）的质量显示清零时，只要按清零（TARE）键即可，天平显示0.0000g。

④ 天平读数。将被称物体轻放入托盘中央，显示屏上的数字不断变化，待数字稳定后，显示值即为被称物体的质量。

二、容量仪器的使用

量器通常分为两类：一类是量出式量器，如量筒、滴定管、移液管等，在外壁上标有Ex字样；另一类是量入式仪器，如容量瓶，用于测量注入量器中液体的体积，在外壁上标有In字样。

1. 量筒

量筒是化学实验室中最常用的度量液体体积的器皿，与移液管、滴定管相比，准确度较低。它具有各种不同的容量，可根据量取液体的量选用合适大小的量筒。但是量筒不能加热，不能量取热液体，也不能用作反应器皿。

读取量筒上的刻度数值时，眼睛应当平视，与液面的弯月面最低点处于同一水平线上，否则会引起体积误差。

2. 移液管

移液管简称吸管，是准确移取一定体积液体的量器。玻璃移液管分为单标移液管和刻度移液管两种。前者的中间有一膨大部分，上下两段细长，上端刻有环形刻度标线，只能准确移取刻度规定体积的液体。后者具有分刻度，可以吸取标示范围内所需任意体积的溶液，但准确度不如前者。

移液管使用前首先要洗涤干净，使管内壁和其下部的外壁不挂水珠。用滤纸片将移液管尖嘴内外的水轻轻拭去，将被移取的溶液倒出少量至一小烧杯中，然后用该溶液润洗移液管三次，每次润洗时平放移液管并转动，然后从下口将所吸液体放出到废液缸或水池中。

润洗后，用右手大拇指和中指拿住移液管，食指应能方便地堵住上口，左手将洗耳球捏瘪并将其下端尖嘴插入移液管上口，将移液管的下端伸入试剂瓶（或其它容器）内，至移取溶液液面下1～2cm深处（切勿过浅！否则会产生空吸，溶液进入洗耳球）。慢慢放松洗耳球，使溶液吸入管中。当溶液上升到高于标线时，移去并放下洗耳球，右手食指迅速紧按管口。取出移液管，用滤纸片除去管外壁沾附着的溶液，左手提起试剂瓶并略倾斜，而移液管则保持竖直，管尖嘴靠在试剂瓶液面以上的内壁上，小心放松食指，用拇指和中指转动移液管，使液面逐渐下降，直到溶液弯月面与标线相切时（眼睛须与标线平视），食指立即压紧管口，不让溶液再流出。取出移液管插入接收容器中，移液管竖直，管的尖嘴靠在倾斜的接收容器（容量瓶、锥形瓶、烧杯等）内壁上，松开食指，让溶液自由流出，全部流出后停顿约15s，再用移液管尖轻敲接收容器内壁，取出移液管。勿将残留在尖嘴末端的溶液吹入接收容器中，因为校准移液管时，没有把这部分体积计算在内。个别移液管上标有"吹"字的，可把残留管尖的溶液吹入容器中。

3. 容量瓶

容量瓶主要用来配制准确浓度的溶液。容量瓶的瓶颈上刻有环形标线，表示在所指刻度下液体充满至该标线时的容积。

容量瓶使用前要检查是否漏水，其方法是将容量瓶注入1/2自来水，盖好瓶塞，左手顶住瓶塞，右手托住瓶底，将容量瓶倒立1～2min，观察瓶塞周围是否有水渗出，如果不漏水，则可使用。

用固体试剂配制溶液时，先将准确称量的试剂放在小烧杯中，加适量溶剂（去离子水或有机溶剂）搅拌溶解。如果难溶，可盖上表面皿微热，放冷后沿玻璃棒把溶液转移至容量瓶中，然后再用少量溶剂淋洗杯壁3～4次，每次的淋洗液按同样的操作方法转移至容量瓶中。当溶液达到容量瓶的2/3容量时，应将容量瓶沿水平方向摇晃，使溶液初步混匀，再加水至接近标线后，用滴管滴加溶剂至溶液弯月面最低点恰好与标线相切，盖紧瓶塞，将容量瓶边倒转边摇动，如此反复多次，使瓶内溶液充分混合均匀。

容量瓶不宜长期存放溶液，需要存放溶液时，应将溶液转移至试剂瓶中储存。

三、加热与冷却

1. 常用加热器具

（1）**煤气灯** 煤气灯的式样较多，构造基本相同。常用的煤气灯由灯管和灯座两部分组成，灯管与灯座通过螺纹相连。灯管下端有几个圆孔，为空气入口，旋转灯管，可根据圆孔的开启程度调节空气的进入量。灯座的侧面有煤气入口，煤气进入量可通过螺旋针阀进行调节。

煤气灯使用时，先旋转灯管，关闭空气入口，再点燃火柴，打开煤气开关，在接近灯管口处将煤气灯点燃。然后旋转灯管，逐渐加大空气进入量至火焰成为正常火焰。加热完毕，旋转灯管关闭空气入口，再关闭煤气开关。煤气和空气比例合适时，煤气燃烧完全，这时的火焰称为正常火焰。正常火焰分为三层，内层为焰心，呈黑色，煤气与空气发生混合，但并未燃烧，因而温度最低；中层为还原焰，煤气燃烧不完全，火焰为淡蓝色，温度不高；外层为氧化焰，煤气燃烧完全，火焰为淡紫色，温度最高，通常可达到800～900℃。实验时一般使用氧化焰加热。

当空气或煤气的进入量调节不当时，会产生不正常的火焰，或火焰脱离灯管管口而临空燃烧，或煤气在灯管内燃烧产生细长火焰，如果出现这些现象，则应立即关闭煤气，重新调节和点燃。

（2）**水浴** 要求温度不超过100℃时，可用水浴加热，一般在水浴锅中进行，水浴锅的锅盖由一组不同口径的金属圈组成，可以根据受热器皿的大小任意选用。

使用时，锅内盛水量不超过其容积的2/3，受热器皿悬置在水中，不能触及锅底或锅壁，浴面应高于器皿内液面，有时为了方便，可用大烧杯代替水浴锅。要注意向水浴锅内补充适量的水以免烧干。

（3）**马弗炉** 马弗炉有一个长方形的炉膛，打开炉门就能放入要加热的器皿。马弗炉利用硅碳棒或电热丝加热，温度可达1000℃以上。马弗炉不能用水银温度计测量温度，应使用热电偶温度计。

2. 加热方法

（1）**直接加热** 在较高温度下不分解的液体或固体可以采用直接加热的方法。一般将装有液体或固体的容器放在石棉网上，用煤气灯加热。加热时应注意如下事项。

① 利用玻璃仪器加热物质时，应先将容器外面的水擦干。

② 试管可直接在火焰上加热，试管夹要夹持在离管口1/3处，先预热试管的中下部，再集中加热物质所在位置。对试管中的液体加热时，液体沸腾后要不时地离开火源以防爆沸，管口不要对着人。在试管中加热固体药品时管口应稍向下倾斜，以防止凝结在管壁的水倒流入试管的底部引起试管炸裂。

③ 其它玻璃仪器加热时，应垫上石棉网，使其受热均匀，液体量不能超过容器容积的1/2。

④ 当固体需要高温加热时，可将固体放在坩埚中用煤气灯灼烧，先用小火烘烤坩埚使其受热均匀，然后再加大火焰灼烧。要取下高温中的坩埚时，必须使用干净的坩埚钳。先在火焰旁预热一下钳的尖端，再去夹取。坩埚钳用后，应尖端向上放在桌上（如果温度高，应放在石棉网上）。

加热后的器皿不能立即放在湿的或过冷的地方，以免因收缩不均匀而破裂。

⑤ 微波加热。微波又称高频电磁波，波长范围为0.1～10cm。它具有以下特点：有很强的穿透作用，在反应物内外同时、均匀、迅速地加热，热效率高；微波与物质的相互作用是独特的非热效应，能降低反应温度。一般来说，具有较大介电常数的化合物（如水）在微波作用下，分子偶极在外界影响下分子会来回翻腾，热运动加剧，以热的形式表现出来。

（2）**间接加热** 当被加热的物体要求受热均匀而且要保持在一定的温度范围内时，可用各种热浴间接加热。需要温度不超过100℃时，可用水浴加热；温度需要高于100℃时，可用油浴或沙浴加热。

① 水浴加热。在水浴锅中加入约为水浴锅容积2/3的水，以煤气灯或电炉加热水至所需温度。水浴锅是一种有可移动的同心圆盖的金属制容器，也可以用烧杯代替。使用时，将盛有液体的容器悬置于水中。

带有温度控制装置的电热恒温水浴锅，锅内底部金属盘管内装有电热丝，中间装有一多孔隔板，使用时电热丝加热，受热器皿置于水中隔板上。在加热过程中要注意随时补充水分，切忌烧干。

② 油浴加热。用油代替水浴中的水就是油浴，它适用的加热温度为100～250℃。常用于油浴的油料有硅油、甘油、植物油、石蜡油等。

甘油和邻苯二甲酸二丁酯适用于加热到140～150℃，温度过高则容易分解。液体石蜡可加热到220℃，温度过高虽不易分解，但容易燃烧。固体石蜡也可以加热到220℃，它在室温时是固体，便于保存，但使用完毕，应先取出浸在油浴中的容器。硅油和真空泵油在250℃以上仍较稳定，缺点是价格较高，若条件允许，它们是理想的浴油。

③ 沙浴加热。加热温度在100℃以上时，可使用沙浴加热。在铁盘中放入清洁干燥的细沙，把盛有反应物的容器放入沙中，在铁盘下用电炉或煤气灯加热。由于沙子对热的传导能力较差，散热快，所以容器底部的沙子要薄一些，容器周围的沙层要厚一些。尽管如此，沙浴的温度仍不易控制，所以使用较少。

3. 冷却方法

（1）**自然冷却**　热的物品可在空气中放置一定时间，任其自然冷却至室温。

（2）**自来水冷却**　将需冷却的物品容器外壁用自来水（流）冷却，也称流水冷却。

（3）**冰水冷却**　将需冷却的物品容器直接放在冰水中，冷却到0℃。

（4）**冷冻剂冷却**　最简单的冷冻剂是冰盐溶液，100g碎冰和30g NaCl混合，温度可降至−20℃。10份六水合氯化钙（$CaCl_2 \cdot 6H_2O$）结晶与7～8份碎冰均匀混合，温度可达−20～−40℃。干冰（固体CO_2）与适当的有机溶剂混合时，可得到更低的温度，干冰与乙醇的混合物可达−72℃，与乙醚、丙酮或氯仿的混合物可达到−77℃以下。液氮制冷温度为−100℃。为了保持冰盐浴的效率，要选择绝热较好的容器，如杜瓦瓶等。

（5）**冰箱冷却**　将需冷却的物品直接放进冰箱的冷藏或冷冻箱中冷却。

（6）**回流冷凝**　化学反应需要使反应物在较长时间内保持沸腾才能完成时，为了防止反应物或溶剂以蒸气形式逸出，常用回流冷凝装置使蒸气不断地在冷凝管内冷凝成液体，返回反应器中，为了防止空气中的湿气侵入反应器或反应放出有毒气体，可在冷凝管上口连接干燥管或气体吸收装置。

四、固体溶解

将固体物质溶解于某一溶剂中，制备成溶液的过程称为溶解。溶剂、温度和搅拌对溶解都有影响，因此溶解固体时要选择适当的溶剂；根据物质对热的稳定性选用直接加热或水浴加热，加热一般可加快溶解速度；在溶解过程中，要用搅拌棒进行不断搅动，手持搅拌棒并转动手腕，使搅拌棒在液体中均匀地转圈，不能使搅拌棒碰在器壁上，也不能用力过猛，以免损坏容器。

五、结晶与重结晶

晶体从溶液中析出的过程称为结晶。可以通过蒸发溶剂或冷却溶液的方法使溶液达到过饱和，从而使晶体析出，溶解度随温度改变而变化不大的物质可以使用蒸发溶剂法，溶解度随温度改变而显著变化的物质可使用冷却的方法，也可以将两种方法结合使用。如结晶氯化钠晶体时，由于溶解度随温度改变而变化不大，故应把氯化钠溶液蒸发至稀粥状，但不能蒸干；结晶硫酸铜晶体时，由于溶解度随温度改变而显著变化，结晶时又带出较多的结晶水，因此蒸发至液体表面有结晶膜即可。

晶体的大小与溶质的溶解度、溶液浓度、冷却速度等因素有关。溶液的饱和程度较低，结晶的晶核少，晶体易长大。溶液的饱和程度较高，结晶的晶核多，晶体快速形成，得到的是细小晶体。实际操作中，根据需要控制适宜的条件以得到合适的晶体。

从纯度来看，大晶体的间隙易包裹母液或杂质影响纯度，因此缓慢生长的大晶体体纯度较低，而快速生成的细小晶体，纯度较高。但晶体太细易形成糊状物，夹带母液较多，不易洗净，也影响纯度，故晶体颗粒要求大小适中且应均匀，这样才有利于得到纯度，较高的晶体。

第一次结晶所得物质的纯度不符合要求时，可将其晶体溶于少量的溶剂中，然后冷却或蒸发、结晶、分离，这个过程称为重结晶。若一次重结晶还达不到要求，则可以再次重结晶，重结晶是提纯固体物质常用的重要方法。

六、固液分离

在实验中常常需要进行沉淀与溶液的分离，分离方法主要有倾析法、过滤法、离心分离等方法。

1. 倾析法

当沉淀的相对密度较大或晶体颗粒较大，沉淀很容易快速沉降到容器底部时，可用倾析法进行固液分离。

倾析法的操作方法：待沉淀完全沉降后，用一根干净的玻璃棒在容器上引流，将上层清液慢慢地倾入另一容器中。如果需要洗涤沉淀，则另加适量溶剂搅拌均匀，静置沉降后再倾析，如此反复 3 次以上，可将沉淀洗净。

2. 过滤法

过滤法是固液分离最常用的方法。溶液的黏度、温度、过滤时的压力、过滤器孔隙的大小和沉淀物的状态，都会影响过滤的速度和分离效果。溶液的黏度越大，过滤越慢；热溶液比冷溶液容易过滤；减压过滤比常压过滤快。过滤器的孔隙要合适，孔隙太大会使沉淀透过，太小则易被沉淀堵塞，使过滤难以进行。沉淀呈胶状时，需加热破坏后方可过滤，以免沉淀透过滤纸。总之，要考虑各方面的因素来选用合适的过滤方法。

常用的过滤方法有三种，即常压过滤、减压过滤和热过滤。

（1）**常压过滤**　常压过滤是用滤纸和三角玻璃漏斗进行过滤，玻璃漏斗的角度约为 $60°$。

① 准备。先把圆形滤纸对折两次（暂不折死），从漏斗中重叠的二层滤纸一边的下面撕去一个小角，放入漏斗中，使滤纸的圆锥面与漏斗相吻合。再以手指轻压滤纸中三层的一边，以少量水润湿，轻压滤纸，使其紧贴漏斗壁，赶尽气泡。一般滤纸边缘应低于漏斗边约 0.5cm。

再加水至滤纸边缘，使之形成水柱。如果不能形成完整的水柱，则一边用手指堵住漏斗下口，一边稍掀起三层一边的滤纸，用洗瓶在漏斗和滤纸之间加水，使漏斗颈和锥体的大部分被水充满，然后边轻轻按下掀起的滤纸，边断续放开堵在出口处的手指，即可形成水柱。将准备好的漏斗安放在漏斗板上，下接烧杯，烧杯的内壁与漏斗出口尖处接触，然后开始过滤。

② 过滤。将玻璃棒从烧杯中取出并直立于漏斗中，下端对着三层滤纸的一边，尽可能靠近，但不碰到滤纸。将上层清液沿着玻璃棒加入漏斗，漏斗中的液面至少要比滤纸边缘低 0.5cm。上层清液过滤完后，用少量洗涤液吹洗玻璃棒和杯壁并进行搅拌，澄清后，再按上法滤去清液。反复用洗涤液洗 2～3 次，使杯壁的沉淀洗下，而且使烧杯中的沉淀得到初步的洗涤。

用洗涤液冲下杯壁和玻璃棒上的沉淀，再把沉淀搅起，将悬浮液小心转移到滤纸上，如此反复几次，尽可能地将沉淀转移到滤纸上。烧杯中残留少量沉淀，用左手将烧杯倾斜放在漏斗上方，杯嘴朝向漏斗。用左手食指按住架在烧杯嘴上的玻璃棒上方，其余手指拿住烧杯，杯底略朝上，玻璃棒下端对准三层滤纸处，右手用洗涤剂冲洗杯壁上黏附的沉淀，使沉淀和洗涤剂一起顺着玻璃棒流入漏斗中，使沉淀全部定量转移到滤纸上。

③ 洗涤。沉淀全部转移到滤纸上后，应对它进行洗涤。其目的在于将沉淀表面所吸附的杂质和残留的母液除去。洗涤剂的使用以少量多次为原则，即每次螺旋形往下洗涤时，用洗涤剂量要少，便于尽快沥干，沥干后，再进行洗涤，如此反复多次，直至沉淀洗净为止。

（2）减压过滤 又称抽滤或吸滤，是采用真空泵或水泵抽气使过滤器两边产生压差而快速过滤的方法。过于细小的颗粒沉淀会堵塞滤纸孔而难以过滤，胶状沉淀会透过滤纸且堵塞滤纸孔，它们都不适宜于这种过滤方法。减压过滤要用到布氏漏斗和抽滤瓶以及抽气泵（常用循环水泵）为了防止倒吸，有时在抽滤瓶和抽气泵之间还使用安全瓶。减压过滤的操作方法如下。

① 准备。将滤纸剪成比布氏漏斗略小，但又能盖住瓷板上所有小孔的圆形，铺在瓷板上，滤纸边缘不能卷曲，润湿滤纸。

② 抽滤。将布氏漏斗插入抽滤瓶，与抽气泵连接。打开抽气泵（先开小，否则滤纸会穿孔），使滤纸紧贴在瓷板上。当待过滤溶液量较多时，为加快过滤速度，先不要搅动溶液，将上层较清溶液大部分转移至布氏漏斗中，漏斗中溶液的量一般不超过其容量的 2/3，然后搅动溶液，连沉淀一起转入漏斗，抽滤至干。如果滤液过多，有可能超过抽滤瓶支管口时，应注意适时拔掉抽滤瓶上的橡皮管，取下漏斗，把抽滤瓶的支管口向上，从抽滤瓶上口倒出滤液，再继续过滤，用滤液（母液）将沉淀完全转移至漏斗中。至少抽滤至没有液滴从漏斗下口流下。

③ 洗涤。洗涤沉淀时，先停止抽气，往漏斗中加入少量洗涤液，让它缓缓通过沉淀，充分接触，然后抽气。再停止抽气加入洗涤液洗涤，再抽滤，反复数次。注意洗涤时不要让滤纸泛起。停止抽滤时，先拔掉抽滤瓶支管上的橡皮管，然后再关闭抽气泵，防止水倒吸。

（3）热过滤 如果溶质的溶解度明显地随温度的降低而降低，但又不希望它在过滤过程中析出晶体时，可采用热过滤，使用热滤漏斗（保温漏斗）。热滤漏斗是由金属套内加一个长颈玻璃漏斗组成的。使用时将热水（通常是沸水）倒入金属套的夹层内，加热侧管（如滤液溶剂易燃，则过滤前务必将火熄灭）。玻璃漏斗中放入滤纸（用折叠滤纸更好），用少量热溶剂润湿滤纸，立即把热溶液分批倒入漏斗中，不要倒得太满，也不要等滤完再倒，尚未加入的溶液和保温漏斗都用小火加热，保持微沸。热过滤时一般不用玻璃棒引流，以免加速降温，接收滤液的容器内壁不要贴紧漏斗颈，以免滤液迅速冷却析出的晶体沿器壁向上堆积而堵塞漏斗下口。进行热过滤操作时要求准备充分，动作迅速。

3. 离心分离

这是利用离心机将少量沉淀和溶液分离的方法。

离心分离时，将沉淀和溶液一起放入离心试管中，选用大小相同、内装混合物的容量大致相等的离心试管，对称地放在离心机套筒内，以保持离心机平衡，然后盖上盖子。启动离心机时，先调到变速器的最低挡，启动后再逐渐加速，2～5min 后逐渐减小转速，或断开电源，让其自然停止。然后轻轻取出试管，不能摇动，用干净的滴管排气后伸入离心管的液面下慢慢吸取清液。沉淀需要洗涤时，加入洗涤液，用玻璃棒搅拌均匀后再离心分离，反复 2～3 次。

七、液液萃取

萃取是提取或纯化化学物质的方法之一，应用萃取可以从固体或液体混合物中提取出所需要的物质，也可以用来洗去混合物中的少量杂质。通常称前者为提取、抽提或萃取，后者为洗涤。液液萃取是最常用的萃取方法之一，它利用物质在两种互不相容的溶剂中具有固定的分配比的特性来达到分离、提取或纯化的目的。实验室中常用的液液萃取仪器是分液漏斗。

操作时应选择容积合适的分液漏斗（应使加入液体的总体积不超过其容量的 3/4），把活塞和塞套擦干，涂以少许润滑脂（如凡士林，涂抹方法同酸式滴定管活塞），转动活塞使其均匀透明。检查盖子（不得涂油）和活塞是否严密，以防分液漏斗在使用过程中发生泄漏而造成损失。检查的方法通常是先用水试验，分液漏斗中装入少量水，检查旋塞处是否漏水，将漏斗侧转过来，检查盖子是否漏水，在确认不漏水后方可使用，将分液漏斗放在固定的铁环中。

八、试纸的使用

实验过程中经常用到各种试纸，用来检验反应产物或溶液酸度等，如 pH 试纸、醋酸铅试纸、淀粉-KI 试纸等已商品化的产品，有些非商品化试纸可以自己制备，一般把滤纸条浸入试剂溶液，取出晾干即可。使用试纸时要注意节约，通常把试纸剪成小块使用，而不是整条使用。用后的试纸丢弃在垃圾桶内，不能丢入水槽内。

（1）pH 试纸　pH 试纸有广泛 pH 试纸和精密 pH 试纸两类，用来粗略测定溶液的 pH。广泛 pH 试纸的变色范围是 pH＝0～14，它只能粗略地估计溶液的 pH。精密 pH 试纸可以较精确地估计溶液的 pH，根据其变色范围可分为多种，如变色范围为 pH＝2.7～4.7、3.8～5.4、5.4～7.0、6.0～8.4、8.2～10.0、9.5～13.0 等。根据待测溶液的酸碱性，可选用某一变色范围的试纸。

使用 pH 试纸时，用镊子取一小块试纸放在点滴板（或表面皿等）上，用玻璃棒将待测溶液搅拌均匀，然后用玻璃棒末端蘸少许溶液接触试纸，待试纸变色后，与色阶板比较，确定 pH。切勿将试纸浸入溶液中，以免污染溶液。

（2）醋酸铅试纸　醋酸铅试纸用来定性检验硫化氢气体。当含有 S^{2-} 的溶液被酸化时，逸出的硫化氢气体遇到试纸后，即与纸上的醋酸铅反应，生成黑色的硫化铅沉淀，使试纸呈黑褐色，并有金属光泽。当溶液中 S^{2-} 浓度较小时，则不易检出。使用时，将小块试纸用去离子水润湿后放在试管口（硫化氢气体较少时可将试纸贴在玻璃棒上伸入试管），需注意不要使试纸直接接触溶液。

（3）淀粉-KI 试纸　用来定性检验 Cl_2、Br_2 等氧化性气体的存在，试纸上浸有碘化钾和淀粉的混合物。当氧化性气体遇到湿的试纸后，将试纸上的 I^- 氧化成 I_2，I_2 立即与试纸上的淀粉作用变成蓝色。如果气体氧化性强，而且量大时，还可以进一步将 I_2 氧化成无色的 IO_3^-，使蓝色褪去，因此使用时必须仔细观察试纸颜色的变化，否则会得出错误的结论。

九、温度计的使用

一般温度计用玻璃制成，下端的水银或酒精（加有红色染色剂）球与下面一根内径均匀的厚壁毛细管相连通，管外刻有表示温度的刻度。一般温度计可精确到 1℃，精密温度计可精确到 0.1℃，分度为 1/10 的温度计可估计到 0.01℃ 的读数。每支温度计都有一定的测量范围，通常以最高的刻度表示。

温度计下端球部玻璃壁很薄，容易破碎，使用时要轻拿轻放，不可用来当作搅拌棒使用。测量液体温度时，要使水银球或酒精球完全浸在液体中，不要接触容器的底部或器壁，刚测量过高温的温度计不可立即用冷水洗，以免温度计炸裂。

温度计的水银球一旦被打破，洒出水银，应先用滴管尽可能地将其收集起来，放入盛水的烧杯或试剂瓶中，最后用硫黄粉覆盖在有水银洒落的地方，并摩擦使水银转化为难挥发的 HgS。

十、酸度计的使用

酸度计也称 pH 计，是测量溶液 pH 的仪器。酸度计品种繁多，基本原理都是使用对溶液中 H^+ 浓度敏感的玻璃电极，将因 H^+ 浓度差而产生的电动势转换成为 pH。下面以 pHS3C 数字式酸度计为例，说明一般酸度计的基本使用方法。

1. 安装

将复合电极（由玻璃电极与银-氯化银电极复合组成，玻璃电极作为测量电极，银-氯化银电极作为参比电极）用电极夹固定，插头插入仪器背部的电极插孔内。打开电源开关，预热仪器约 30min。

2. 标定

① 用去离子水清洗电极，用洁净滤纸吸去电极表面的水，然后将电极放入装有 pH 约为 7 的标准缓冲溶液的小烧杯中（注意电极的敏感玻璃球需完全浸入溶液中），轻轻摇动烧杯，消除气泡并使溶液尽快达到扩散平衡，把选择开关置于"温度"位，调节"温度补偿"旋钮，使仪器显示的温度值与被测溶液当前温度一致，则温度补偿设置完成。注意：缓冲溶液与待测定溶液的温度必须一致。

② 把选择开关置于"pH"位，显示 pH，调节"定位"旋钮，使显示值与标准缓冲溶液当前温度下的 pH 一致。

③ 取出电极，清洗并清除表面的水后，再将电极放入 pH 约为 4 的第二种标准缓冲溶液中，调节"斜率"旋钮，使显示值与该缓冲液当前温度下的 pH 一致。

④ 反复进行上述②、③步骤，直到显示值符合两标准 pH 为止。经标定后的"定位"和"斜率"旋钮不得再变动。

3. 测量

洗净电极，吸干水后将电极插入被测溶液中，待仪器显示的数据稳定后读数即可。

第四节　化工生产简介

无机化工生产除原理与实验基本相同外，生产规模相差巨大，工艺上有较多的差别。本节简单地介绍无机化工生产的方法及其与实验的区别和联系。

经典的无机化工产品包括合成氨、化学肥料、硫酸、硝酸、盐酸、纯碱与烧碱，现在有大量的精细无机化工产品。无机化工的生产主要包括原料的处理（如矿石的粉碎、精选，气体的纯化等），在反应器中通过若干个化学单元反应过程（如氧化还原反应、沉淀溶解反应、配位反应等）把反应物转化为所需产品，产品的后处理（如分离、纯化、干燥等），最后得到符合要求的产品。在上述无机化工产品生产过程中，把具有共同特点，遵循共同的物理学或化学规律，所用设备相似，作用相同的基本加工过程称为操作单元，加工过程称为单元操作。这里主要介绍与实验联系较密切的几个单元。

一、无机化工原料的处理

无机化工生产所需原料大致可分为以下几大类：化学矿物、空气和各种天然含盐水、工业废料、化工原料（中间体）、农副产品及其它。

无机化工生产的原料绝大多数来自天然矿物，其有效元素含量各异，组织生产的首要任务就是原料的处理，将原料经过一系列的物理、化学过程，加工成符合化学反应要求的状态和规格。包括破碎、分级、煅烧、气体分离、液体分离等步骤。

1. 矿石的处理

矿石开采后要经过破碎、细磨、用筛网将固体颗粒按大小分级即筛分，使粒度达到一定的大小，才能进行化学加工，如硫酸工业中，先将硫铁矿粉碎到 $1\sim4\text{mm}$ 颗粒，然后送入沸腾炉焙烧。

矿石的精选是利用矿石中各组分之间在物理及化学性质上的差别而使有用成分富集的方法。精选方法有手选、光电选、摩擦选、重力选、磁选、电选和浮选等，其中无机盐工业使用最多的是手选、磁选和浮选。

手选是按矿石外表特征，如颜色、光泽、形状进行选矿的简便方法，只能将明显的杂质挑去，提高矿石的品位。磁选是利用矿石的相对磁性差异进行选矿的方法，当矿石含有少量杂质时，其相对磁性也随之改变。浮选是利用矿石各种成分被溶剂润湿程度不同而分离的选矿方法。矿石磨细悬浮在水中，当鼓入空气时，不易被水润湿的矿粉颗粒即附在气泡上被带到悬浮液上部，而易被水润湿的矿粉颗粒沉到底部，有时加入药剂，使各种矿物产生不同润湿性，从而达到分离的目的。

2. 矿石的热化学加工

由于品位、矿物结构或其它原因，粉碎后的矿石还要进行一系列其它加工过程，才能用于产品的生产，矿石的热化学加工有煅烧、焙烧、烧结、熔融等。有时热加工过程也能直接得到所需产品。

① 煅烧是将矿石加热，除去其中挥发性组分的过程。有时煅烧的目的在于制取最终产品，如石膏（$CaSO_4 \cdot 2H_2O$）煅烧失去部分结晶水（$CaSO_4 \cdot 1/2H_2O$），石灰石（$CaCO_3$）制成氧化钙（CaO）等。有时煅烧的目的是使矿石变成疏松多孔、便于加工的结构，如各种硼镁石的煅烧。

② 焙烧是指在低于熔点的温度下，矿石与反应剂反应，以改变化学组成和物理性质的过程。如：

$$2MoS_2 + 7O_2 \xrightarrow{400\sim500℃} 2MoO_3 + 4SO_2 \uparrow （氧化焙烧）$$

$$TiO_2 + 2Cl_2 + C \xrightarrow{850℃} TiCl_4 + CO_2 \uparrow （氯化焙烧）$$

$$ZnS + 2O_2 \xrightarrow{SO_2} ZnSO_4 （硫酸化焙烧）$$

$$BaSO_4 + 2C \xrightarrow{1000\sim1200℃} BaS + 2CO_2 \uparrow （还原焙烧）$$

③ 烧结是将矿粉和烧碱、纯碱或石灰石等碱性物质混合，加热到半熔融状态的过程，如硼镁铁矿与纯碱在高温下的烧结。

$$3MgO \cdot B_2O_3 \cdot FeO \cdot Fe_2O_3 + 2Na_2CO_3 \longrightarrow 3MgO + FeO + 2NaFeO_2 + 2NaBO_2 + 2CO_2 \uparrow$$

④ 熔融是将矿粉与固体反应剂在熔融状态下进行化学反应的过程，如硅砂和纯碱制造水玻璃。

$$x Na_2CO_3 + y SiO_2 \longrightarrow x Na_2O \cdot y SiO_2 + x CO_2 \uparrow$$

热化学反应有些是反应后的产物作为原料，有些则直接得到粗产品。为了使反应物接触增加，有时将炉料压制成团（粉碎后的反应物混合做成煤球状），如果炉料成分之一焙烧时成为液相或气相，则反应速率会加快，因此有时在炉料中添加助熔剂促进其熔融。

3. 浸取

大多数金属矿是多成分的，所以需要的金属要由加工过的矿石进行浸取后才能得到。例如从光卤石中提取氯化钾，用氨水提取明矾石中的硫酸盐，用硫酸分解磷灰石制磷酸，用硫酸浸取铜矿而分离提取铜，用氰化钠溶液浸取分离而提取金。利用浸取法还可以提取或回收铝、钴、锰、镍、锌、铀等金属，浸取是用溶剂分离和提取固体物料中的组分的过程，有时也称固液萃取。用浸取方法得到的一般是金属离子或含氧酸根离子，用置换法、沉淀法或萃取法得到所需成分。

4. 气体的纯化

气体参与的反应，大多用到催化剂，如合成氨、接触法生产硫酸以及氨催化氧化法生产硝酸等反应均用到催化剂，气体中的杂质常会使催化剂中毒，故原料气的纯化是很重要的操作过程。如合成氨原料气的脱硫，将合成气通入盛有强碱性溶液（如纯碱液）的吸收塔；硫酸生产中，硫铁矿焙烧后 SO_2 炉气中含有一定量的有害杂质，如矿尘、含砷气体等，一般用稀硫酸洗涤。大多数情况下，气体还需要通过干燥剂进行干燥。

5. 金属原料的处理

用金属单质与酸、盐或其它氧化剂反应时，根据反应情况的不同，有时直接用金属块，有时要用金属粉末，有时用金属花。

如果金属与其它反应物生成低熔点或易升华的产物，如氯气与铝生成无水氯化铝，则将铝锭放在密闭的氯化反应炉中即可，反应生成的氯化铝升华后露出新表面继续与氯气反应。类似的反应还有氯气与汞生成氯化汞，氯气与锑反应生成氯化锑，由于这类合成是在无水条件下进行的，因此称干法合成。

如果金属与酸反应，即使生成的盐易溶于水，为了增加酸与金属的接触面积，也常把金属加工成金属花。如铝与稀硫酸反应生成硫酸铝，将铝锭用机械方法刨成铝花，然后缓慢加入稀硫酸。锌与稀硫酸反应制备硫酸锌时，通常把锌锭在铁锅（用铁锅是为了使锌中混入少量铁，降低其反应时的过电位）中加热融化，然后缓慢倒入大量冷水中，使其炸成表面积很大的多孔锌花。锡花的制备也相似。

二、化学反应过程

1. 化学反应装置

工业上用于化学反应的装置很多，主要有釜式反应器、固定床反应器和流化床反应器。

（1）釜式反应器　釜式反应器也称搅拌式反应器，是化学工业中应用最广泛的一种反应设备，相当于实验中带电动搅拌器的三口烧瓶。这种设备主要用于液体原料以及液体与固体原料间进行化学反应。

釜式反应器由釜体、搅拌器、传动装置、加热装置（夹套、蛇形盘管等，根据夹套中媒介不同，也可用作冷却装置）、观测装置等组成。这种反应器一般采用间歇式操作，物料由上部加入釜内，在搅拌作用下迅速混合并进行反应。如果需要加热，可在夹套或盘管中通入蒸汽；如果需要冷却，则通入冷却水或冷却剂。反应完成后，物料由底部放出。

（2）固定床反应器　固定床反应器是一种用于使气体和静止状态的固体物料起化学反应，或使气体物料在静止状态的催化剂的影响下进行反应的设备。相应实验装置在基础化学实验中使用很少，但这类反应器在化学工业中应用很广泛，特别是现代化学工业中采用固体催化剂以加快反应速率之后，其重要性更为显著。

　　这种反应器内部装有气体分布板，固体物料或固体催化剂放置在其中，气体均匀地通过固体料层，在它们进行接触的过程中发生化学反应。所谓固定床，是指在反应器中，固体物料或催化剂固定地放在支撑板上，形成一定高度的床层。

　　（3）**流化床反应器**　流化床反应器指在反应器中有粉末状固体，让流体自下而上地通过反应器，当流体速度逐渐加快时，粉末便从静止状态变为流动状态，像流体一样在反应器内部循环运动或随流体从反应器中流出。其最主要的特点是固体物料比较容易从反应器中取出，适合于连续生产。

2. 原料及产品的搅拌与混合

　　搅拌与混合操作在化学工业中应用极其广泛，其操作目的包括：①制备均匀的混合物，如调和、乳化、分散、固体悬浮、捏合和团粒混合等；②物料传质，如萃取、浸取、溶解、结晶、气体吸收等；③促进传热，如加热或冷却过程中的搅拌与混合；④某些有化学反应发生的场合，利用搅拌或混合，可使参加反应的物料良好接触，生成的产物迅速离开反应物表面，露出新表面用于快速反应。

3. 单元反应及基本操作简介

　　按参加反应物质的相态分类，可分为均相反应和非均相反应。均相反应包括气相反应和单一液相反应，非均相反应包括气-液反应、液-液反应、气-固反应、液-固相反应等。按反应过程的化学特性分类，可分为氧化、还原、氢化和脱氢等反应。

　　（1）**均相反应过程**　均相反应过程是指参加反应的物质处于一个相同的相的反应过程。参加反应的物质包括反应物和进反应器的伴随物，如催化剂、溶剂等。均相反应过程没有相界面，不存在相间接触和相间传递问题。

　　因为气体的扩散性，气体混合物都会均匀混合，只要具备温度、压力等必要条件，气体反应物就能在反应器内的整个空间进行反应。单一液相反应的特征和气相反应基本相同，所不同的是单一液相反应的混合比气相混合反应困难些，故单一液相反应釜有搅拌装置，以加速混合。

　　（2）**非均相反应过程**　非均相反应过程是指参加反应的物质处于两个相或多个相。由于存在相界面，因此反应物要越过相界面，才能相碰撞发生反应。反应速率不仅受温度、浓度等的影响，还要受不同相间传递速度即扩散速度以及相间接触表面的影响。

　　非均相反应有气-液反应、液-液反应（互不相容的液相）、气-固反应、液-固反应、气-液-固反应五类。有固相参与的反应，通常在固相表面进行，气相或液相反应物先扩散到固相表面，与固相表面反应物分子反应，然后产物离开表面，露出新的固相表面以便进行后续反应。反应速率除与温度、气相反应物压力、液相反应物浓度有关外，还与固相反应物的比表面积即颗粒大小有关。由于过程中有多次扩散，故搅拌速度对反应速率影响较大。

　　（3）**加料顺序**　加料顺序有正加、反加、对加之分，在通过沉淀生产晶体的过程中经常涉及。所谓正加是指将金属盐类（沉淀物的阳离子）放在反应器中，加入沉淀剂（沉淀物的阴离子），加料顺序与沉淀物吸引哪种杂质离子有密切关系。

　　用 $AgNO_3$ 和 HCl 合成 $AgCl$ 时，将稀盐酸向 $AgNO_3$ 溶液中加（正加）时，$AgNO_3$ 过量，沉淀所吸引的杂质为 Ag^+，易于洗涤。反之，若将 $AgNO_3$ 溶液向稀盐酸中加（反加），则 $AgCl$ 吸附过量的 Cl^-，不易洗去。

　　两种溶液以一定的流速加入（对加）到反应器中，这种加料方式可以避免任何一种溶液局部过浓，这种方法所得颗粒一般都比较大，吸附杂质少。对于合成 $BaCO_3$、Ag_2CO_3、$Ni(OH)_2$、$NiCO_3$、$Zn(OH)_2 \cdot ZnCO_3$ 等产品均获得良好效果。

金属和酸合成无机盐时，通常把酸向金属中加（正加），只有制备硝酸铁时相反，将计量好的金属铁粉缓慢加入硝酸中。其目的是让硝酸大大过量，避免 Fe^{3+} 水解。如按常规正加，溶液则会因 Fe^{3+} 强烈水解发浑，甚至成为黄棕色的"稀粥"，此物既难溶于水，又不易过滤，只有报废。

（4）**干法与湿法**　产品的生产不通过水溶液中的反应，而是直接合成，这种合成方法称为干法合成。如 Cl_2 和 Al 锭在密闭干燥的容器中生成无水 $AlCl_3$；干法反应生成的产物需熔点较低、易挥发或升华迅速离开原料表面。通过溶液中反应得到产物的生产方法称为湿法，如用氢氧化铝加盐酸反应得到 $AlCl_3$ 溶液。湿法生产的产品往往带结晶水，此结晶水有时很难除去，如带结晶水的 $AlCl_3$ 加热后即强烈水解，无法得到无水 $AlCl_3$。

（5）**加热与冷却**　化工生产中常用的加热均为间接加热，先加热热载体，热载体通过反应釜的夹套或盘管来加热反应釜。有饱和水蒸气加热法、矿物油加热法、熔盐加热法、烟道气或炉灶加热法、电加热法和有机液体加热法等。

冷却分为直接冷却法和间接冷却法。将冰或冷水或其它冷却剂（如液氮、干冰）直接加入需冷却的物料中称为直接冷却法，该法高效简便，但只能用在加入冷却剂后不影响物质使用性能的场合。另一种直接冷却法称为自然汽化冷却法，将需冷却的物料置于敞口槽中或喷洒至空气中，使部分液体汽化，这样就带走了液体的部分热量而使液体温度降低。间接冷却法通常在间壁式换热器中进行，也可在夹套或盘管中通冷却水或其它冷冻剂。

三、产品的获得

物料经充分反应后，最后得到的一般为混合物，需通过分离得到所需产品。一般采用蒸发、蒸馏、结晶和吸收等单元操作，最后得到产品，产品经常还需干燥。

1. 机械分离

混合物大致分为均相混合物和非均相混合物。对于非均相混合物，由于其中的固体颗粒和液体具有不同的物理性质（如密度等），故一般可用机械方法将它们分离。

（1）**重力沉降分离**　依靠重力的作用，固体颗粒发生沉降，实现非均相混合物的分离。密度较大或颗粒较大的沉淀容易沉降，典型设备有沉降室、沉降槽和分级器。

（2）**离心沉降分离**　依靠惯性离心力作用而进行沉降，实现非均相混合物的分离。惯性离心力由旋转而产生，转速越大，离心力越强。由于旋转产生的离心力比重力大得多，因此，利用离心力作用可分离密度小或颗粒小、不易自然沉降的沉淀。

（3）**过滤分离**　过滤是以多孔物质作为介质，在外力作用下，使液体通过介质孔道而固体颗粒被截留下来。过滤是保证产品质量的关键操作之一。根据产品性质不同，可以选用涤纶布、绸布、玻璃纤维、酸性石棉、多孔玻璃或陶瓷等器材。除自然过滤外，普遍采用减压过滤或加压过滤。

活性炭具有特殊的吸附性，对于除去水解产物、胶体、悬浮物和荧光物都有显著效果。所用漏斗在过滤"去头"时，要先敷上一层活性炭，用于吸附杂质，使滤液清澈透明。

2. 蒸发

蒸发是将不挥发性物质的稀溶液加热沸腾，使部分溶剂汽化，以提高溶液浓度的操作。
蒸发是化工、轻工和医药工业生产中常用的单元操作，蒸发分为常压蒸发和减压蒸发。

（1）蒸发的应用 蒸发主要应用于以下三个方面。

① 使溶液浓缩，制取浓溶液。如电解法制烧碱，最初电解液中 NaOH 含量只有 10%，经过蒸发操作，可使 NaOH 浓度达到产品质量要求的 42%。

② 回收固体物质，制取固体产品。通过蒸发将溶液浓缩到饱和状态，然后冷却溶质结晶分离，例如蔗糖、食盐的精制。

③ 除去不挥发性杂质，制取纯净溶剂，例如，海水淡化就是用蒸发的方法，将海水中的水蒸发出来。工业上蒸发、回收溶剂经常用此法。

（2）蒸发的程度 蒸发程度直接关系到产品含量、不溶物、酸碱度以及某些杂质的多项指标。它的主要依据是溶解度相图，这里按蒸发程度结合实例进行讨论。

① 蒸发溶液到一定密度。如：

$FeCl_3 \cdot 6H_2O$，密度为 $1.48\sim1.50g/cm^3$，冷却至 10℃ 以下搅拌结晶。

$Al_2(SO_4)_3 \cdot 18H_2O$，密度为 $1.35\sim1.38g/cm^3$，若不在此范围，除含量外，还影响酸度和杂质指标。

$Cu(NO_3)_2 \cdot 6H_2O$，密度为 $1.85g/cm^3$，若太浓，则含量偏高。

② 蒸发到溶液表面起皮，所谓起皮是指溶液表面形成一层固体薄膜。这是凭经验控制的一种方法，但简单可靠。如 $LiCl \cdot H_2O$、$LiNO_3$、$Na_2Cr_2O_7$、$Na_2CrO_4 \cdot 6H_2O$、$Ni(NO_3)_2 \cdot 6H_2O$ 和 $NiSO_4 \cdot 7H_2O$。

③ 蒸发出少量晶体，如 $MnCl_2 \cdot 4H_2O$、$CdCl_2 \cdot 2H_2O$、$Na_2SO_4 \cdot 10H_2O$ 和 $Na_2WO_4 \cdot 2H_2O$ 等，这类产品需要蒸发到析出少量晶体。这类物质溶解度随温度上升而增加的幅度很小，先结晶的物质中含结晶水较少，它还能结合结晶水使母液浓缩，从而结晶出更多的晶体。

④ 蒸发到稀粥状，如 $NiCl_2 \cdot 6H_2O$、$CuCl_2 \cdot 2H_2O$ 和 $Fe_2(SO_4)_3 \cdot 9H_2O$ 等，原因同③。

⑤ 完全蒸发出晶体，一面蒸发，一面析出结晶，又并非完全蒸干，有母液，这种方法即热结晶。

3. 吸收

吸收是利用气体混合物在液体中溶解度的差别，用液体吸收剂分离气体混合物的单元操作，也称气体吸收。气体混合物与作为吸收剂的液体充分接触时，溶解度大的一个或几个组分溶解于液体中，溶解度小的组分仍留在气相，从而实现气体混合物的分离。如盐酸的制备就是用水吸收氯化氢气体，氨水的制备是用水吸收氨气，硫酸的制备是用 98% 的硫酸吸收 SO_3 气体，制成发烟硫酸 $H_2SO_4 \cdot SO_3$，再加水稀释成 98% 的硫酸。

吸收所用的液体称为吸收剂或溶剂，气体混合物中被吸收的组分称为吸收质或溶质，不被吸收的组分称为惰性气体，吸收后得到的液体称为吸收液或溶液。例如用碱处理空气中的二氧化碳，就是利用二氧化碳在碱液中的溶解度大于氮气、氧气、氩气这一特点将它分离。

4. 沉淀和结晶

结晶是固体物质以晶体状态从溶液、熔融物或蒸气中析出的过程。在化工生产中，结晶指的是使溶于液体中的固体溶质从溶液中析出的单元操作。结晶操作是运用溶解度变化规律，通过将过饱和溶液中过剩溶质从液相中转移到固相实现的。

结晶过程包括形核和晶体生长两个阶段，其推动力是溶液的过饱和度。过饱和度要适中，使已有的晶核逐渐生长为较大的晶体，并防止再析出大量晶体而影响已有晶体的生长。结晶方法有冷却法、溶剂汽化法、真空冷却法和盐析法等。

（1）**冷却法**　冷却法也称为降温法，指通过冷却降温使溶液达到过饱和的方法。这种方法适用于溶解度随温度降低而显著下降的物质，如硼砂、硝酸钾、重铬酸钾和结晶硫酸钠等。冷却的方式有自然冷却、间壁冷却和直接接触冷却。间壁冷却的原理和设备如同换热器，常用冷水或冷冻盐水作介质。冷却速度要适当，防止骤冷而产生大量小晶核，搅拌要适度，可保持均温，使晶种分布均匀。

（2）**溶剂汽化法**　溶剂汽化法是蒸发溶剂，使溶液浓度增大而达到过饱和的方法。这种方法适用于当温度变化时溶解度变化不大的物质，如氯化钠。为了得到较大的晶体，需控制结晶速度，溶剂蒸发到稍超过饱和度，常通过用比重计测溶液密度的方法来控制。

（3）**真空冷却法**　这种方法是使溶剂在真空下快速蒸发，一部分溶剂汽化带走热量，其余溶液冷却降温达到饱和。它实质上是将冷却法和溶剂汽化法结合起来同时进行。此法适用于随着温度升高溶解度以中等速度增大的物质，如氯化钾、溴化镁等。

（4）**盐析法**　盐析法是指向溶液中加入某种物质以降低原溶质的溶解度，使溶液达到过饱和状态的方法。盐析加入的物质，要能与原来的溶剂互溶，但不能溶解要结晶的物质，且加入的物质与原溶质易于分离。如在联合制碱法生产中，向低温的饱和氯化铵母液中加入 NaCl，使低温的饱和氯化铵尽可能多地结晶出来。向饱和的硫酸四氨合铜溶液中加入无水乙醇，使硫酸四氨合铜结晶出来。

（5）**加晶种**　一般在两种情况下需要加晶种：一是溶液形成的过饱和状态相当稳定，不加晶种，长时间不结晶，例如 H_3PO_4、$Mg(Ac)_2 \cdot 4H_2O$、$(NH_4)_2Fe(SO_4)_2 \cdot 12H_2O$、$Fe_2(SO_4)_3 \cdot 12H_2O$、$Fe(NO_3)_3 \cdot 9H_2O$、$Cr(NO_3)_3 \cdot 9H_2O$、$Na_2CO_3 \cdot 10H_2O$ 等；二是若不加晶种，所析出的晶体外形、含量往往不符合要求。加晶种应掌握时机，如温度过高，晶体被溶解，则起不到作用。

除了以上方法，为了得到大的结晶颗粒以便后处理，沉淀要通过陈化，放置一定时间，使小的沉淀颗粒溶解后结晶到大的沉淀颗粒上。

5. 固体的干燥

化工生产中涉及的固体物料，一般对其湿分（水分或化学溶剂）含量都有一定的要求，对固体湿物料中湿分的除去称为去湿或干燥。物理干燥是利用干燥剂（如无水氯化钙、生石灰、浓硫酸、硅胶等）吸附湿物料中的水分。这种方法成本较高，适用于小批量固体的去湿。热能去湿是对固体湿物料进行加热，使所含湿分汽化，并及时转移走所产生的蒸汽，得到干燥的固体。

物料干燥操作有多种方法：将热量通过干燥器的壁面传给湿物料的热传导干燥法，使热空气或热烟道气与湿物料以对流方式直接接触的对流传导干燥法，红外线辐射干燥法，微波加热干燥法，冷冻真空干燥法（常用于医药、生物制品）。

喷雾干燥是在一定压力下，将料浆喷入具有较高温度的气流干燥塔中，料浆水分被蒸发，产品在较高温度下结晶析出，故可制得无水或含结晶水少的结晶产品。喷雾干燥器集结晶、干燥于一体，是生产无水或含结晶水少的产品的理想设备。

第五节　化学实验室的安全、救护和"三废"处理

一、化学实验安全知识

在进行化学实验时，会经常使用水、电、燃气和各种药品、仪器，如果马马虎虎、不遵

守操作规则，不但会造成实验失败，还可能发生事故（如着火、中毒或烧伤等）。必须在思想上重视安全工作，遵守操作规则，避免相关安全事故的发生。

1. 实验室守则

① 实验过程中要集中精力，认真操作，仔细观察，如实记录。

② 保持严肃、安静的实验室氛围，不得高声谈话、嬉笑打闹。

③ 注意安全，爱护仪器、设备。使用精密仪器应格外小心，严格按操作规程进行。若发生故障，要及时报告指导教师。损坏仪器，应酌情赔偿。

④ 节约试剂，按实验教材规定用量取用试剂，从试剂瓶中取出的试剂不可再倒回瓶中，以免带进杂质。取用试剂后应立即盖上瓶塞，切忌张冠李戴污染试剂。试剂瓶应及时放回原处。

⑤ 随时保持实验室和桌面的整洁。火柴梗、废纸屑、金属屑等固态废物应投入废纸篓内。废液倒入废液缸内，严禁将其投入或倒入水槽，以防堵塞、腐蚀管道。

⑥ 实验完毕，须将玻璃仪器洗涤干净，放回原位。清洁并整理好桌面，打扫干净水槽、地面。检查电插头或闸刀是否拉开、水龙头和煤气开关是否关闭。

⑦ 实验室的一切物品（仪器、药品等）均不得带离实验室。

2. 实验室安全守则

① 实验开始前，检查仪器是否完整无损，装置安装是否正确。要了解实验室安全用具放置的位置，熟悉各种安全用具（如灭火器、沙桶、急救箱等）的使用方法。

② 嗅闻气体时，应用手轻拂气体。使用酒精灯时，应随用随点燃，不用时盖上灯罩。不要用已点燃的酒精灯去点燃其它酒精灯，以免酒精溢出而着火。

③ 绝不允许任意混合化学药品，以免发生事故。

④ 浓酸浓碱等具有强腐蚀性的药品，切忌溅在皮肤或衣服上，尤其不可将其溅入眼睛中。稀释浓硫酸时，应将浓硫酸缓慢倒入水中，而不能将水倒向浓硫酸中，以免迸溅。

⑤ 乙醚、乙醇、丙酮、苯等易挥发和易燃的有机溶剂，放置和使用时必须远离明火，取用完毕后应立即盖紧瓶塞和瓶盖，置于阴凉处。

⑥ 加热时，要严格遵从操作规程。加热试管时，不要将试管口指向自己或他人。不要俯视正在加热的液体，以免液体溅出受到伤害。制备或实验具有刺激性、恶臭和有毒的气体时（如 H_2S、Cl_2、CO、NO_2、SO_2 等），必须在通风橱内进行。

⑦ 实验室内的任何药品，特别是有毒药品（如重铬酸钾、钡盐、铅盐、砷的化合物、汞的化合物等，特别是氰化物）不得进入口内或接触伤口。有毒药品或有毒废液不得倒入水槽，以免与水槽中的残酸作用而产生有毒气体，培养良好的环境保护意识。

⑧ 实验室电气设备的功率不得超过电源负载能力。电气设备使用前应检查是否漏电，常用仪器外壳应接地。人体与电气设备导电部分不能直接接触，也不能用湿手接触电气设备插头。

⑨ 做危险性实验，应使用防护眼镜、面罩、手套等防护用具。

⑩ 经常检查燃气开关和用气系统，如果有泄漏，立即熄灭室内火源，打开门窗通风，关闭燃气总阀，并立即报告指导教师。

实验进行时，不得擅自离开岗位。水、电、燃气、酒精灯等使用完毕应立即关闭。实验结束后，值日生和最后离开实验室的人员应再一次检查它们是否关好。不能在实验室内饮食、吸烟。实验结束后必须洗净双手方可离开实验室。

二、意外事故的处理

① 割伤（玻璃或铁器刺伤等）。先把碎玻璃从伤处挑出，如轻伤可用生理盐水或硼酸溶液擦洗伤处，涂上紫药水（或红药水），必要时撒些消炎粉，用绷带包扎。伤势较重时，则先用医用酒精在伤口周围擦洗消毒，再用纱布按住伤口压迫止血，立即送医院处置。

② 烫伤。可先用 1% 稀 $KMnO_4$ 溶液或苦味酸溶液冲洗灼伤处，再在伤口处抹上黄色的苦味酸溶液、烫伤膏或万花油，切勿用水冲洗。

③ 受强酸腐伤。先用大量水冲洗，然后擦上碳酸氢钠油膏。如受氢氟酸腐伤，则应迅速用水冲洗，再用 5% 苏打溶液冲洗，然后浸泡在冰冷的饱和硫酸镁溶液中 30min，最后敷由硫酸镁 26%、氧化镁 6%、甘油 18%、水和盐酸普鲁卡因 1.2% 配成的药膏，伤势严重时，应立即送医院急救。当酸溅入眼内时，首先用大量水冲眼，然后用 3% 的碳酸氢钠溶液冲洗，最后用清水洗眼。

④ 受强碱腐伤。立即用大量水冲洗，然后用 1% 柠檬酸或硼酸溶液洗。当碱溅入眼内时，除用大量水冲洗外，再用饱和硼酸溶液冲洗，最后滴入蓖麻油。

⑤ 吸入刺激性、有毒气体。吸入氯气、氯化氢气体、溴蒸气时，可吸入少量酒精和乙醚的混合蒸气使之解毒。吸入硫化氢气体而感到不适时，应立即到室外呼吸新鲜空气。

⑥ 磷烧伤。用 1% 硫酸铜、1% 硝酸银或浓高锰钾溶液处理伤口后，送医院治疗。

⑦ 起火。若由酒精、苯等引起着火，则应立即用湿抹布、石棉布或沙子覆盖燃烧物；火势大时可用泡沫灭火器。若遇电气设备引起的火灾，则应先切断电源，用二氧化碳灭火器或四氯化碳灭火器灭火，不能用泡沫灭火器，以免触电。

⑧ 毒物进入口中。若毒物尚未咽下，应立即吐出来，并用水冲洗口腔，若已咽下，应设法促使呕吐，并根据毒物的性质服解毒剂。

⑨ 触电事故。应立即拉开电闸，切断电源，尽快利用绝缘物（干木棒、竹竿）将触电者与电源隔离。必要时进行人工呼吸。

⑩ 若伤势较重，应立即送医院医治。火势较大，应立即报警。

三、常见化学品中毒的应急处理

① 氯气。进入眼睛，用 2% 小苏打水或食盐水洗涤；进入呼吸道，用 2% 小苏打水或食盐水洗鼻、漱口，吸入水蒸气。严重者要输氧和注射强心剂。

② 氨。眼睛和皮肤，用清水或 3% 硼酸水或 1% 明矾水洗涤；眼角膜溃疡，用红霉素眼药水、氯霉素眼药水或金霉素眼膏涂眼；支气管炎、肺炎，及时送医院治疗。

③ 一氧化碳。迅速移至空气新鲜处，解开衣领、腰带等，保持呼吸畅通。呼吸困难者要输氧。停止呼吸者要进行人工呼吸。

④ 氰化物。呼吸困难者需施行超压输氧，停止呼吸者进行人工呼吸。口服 0.2% 高锰酸钾或 3% 过氧化氢和高浓度食盐水，反复引吐和洗胃。清醒者吸入亚硝酸异戊酯，10min 为 3～6 滴。失去知觉者注入 3% 亚硝酸钠 10mL，注射 10% 硫代硫酸钠溶液。

⑤ 有机磷农药。保证呼吸和心跳正常，必要时施行人工呼吸或体外心脏按摩。解毒药：解磷针、阿托品、曼陀罗、氧磷啶等。皮肤污染：用清水或肥皂水清洗。眼睛污染：2% 小苏打水洗眼。

四、实验室废液的处理

实验中经常会产生某些有毒的气体、液体和固体，都需要及时排弃，特别是某些剧毒物质，如果直接排出就可能污染周围空气和水源，损害人体健康。因此，废液、废气和废渣要经过一定的处理后，才能排弃。

产生少量有毒气体的实验应在通风橱内进行，通过排风设备将少量毒气排到室外，使排出气在室外大量空气中稀释，以免污染室内空气。产生毒气量大的实验必须备有吸收或处理装置。如一氧化氮、二氧化硫、氯气、硫化氢、氯化氢等可用导管通入碱液中，使其大部分吸收后排出，一氧化碳可点燃转化成二氧化碳。少量有毒的废渣常埋于地下（应有固定地点）。下面主要介绍一些常见废液处理的方法。

① 实验中通常大量的废液是废酸液。废酸缸中的废酸液可先用耐酸塑料网纱或玻璃纤维过滤。滤液加碱中和，调 pH 至 6～8 后就可排出。

② 废铬酸洗液可以用高锰酸钾氧化法使其再生，重复使用。氧化方法：先在 110～130℃ 下将其不断搅拌、加热、浓缩除去水分后，冷却至室温，缓慢加入高锰酸钾粉末。每 1000mL 加入 10g 左右，边加边搅拌，直至溶液呈深褐色或微紫色，不要过量。然后直接加热至有三氧化铬出现，停止加热。稍冷，通过玻璃砂芯漏斗过滤，除去沉淀，冷却后析出红色三氧化铬沉淀，再加适量硫酸使其溶解即可使用。少量的废铬酸洗液可加入废碱液或石灰使其生成氢氧化铬沉淀，将此废渣埋于地下。

③ 氰化物是剧毒物质，含氰废液必须认真处理。对于少量的含氰废液，可先加氢氧化钠调至 pH>10，再加入几克高锰酸钾使 CN^- 氧化分解。大量的含氰废液可用碱性氯化法处理，先用碱将废液调至 pH>10，可加入漂白粉，使 CN^- 氧化成氰酸盐，并进一步分解为二氧化碳和氮气。

④ 含汞盐废液应先调 pH 至 8～10，然后加适当过量的硫化钠生成硫化汞沉淀，并加硫酸亚铁生成硫化亚铁沉淀，从而吸附硫化汞共沉淀下来。静置后分离，再离心过滤，溶液汞含量降到 0.02mg/L 以下可排放。少量残渣可埋入地下，大量残渣可用焙烧法回收汞，但一定要在通风橱内进行。

⑤ 含重金属离子的废液。最有效和最经济的处理方法是加碱或加硫化钠把重金属离子变成难溶性的氢氧化物或硫化物沉积下来，然后过滤分离，少量残渣可埋于地下。

第六节　常用化学文献和网络资源

一、化学手册

在实际工作中，常需要了解各种物质的性质，如物质的状态、熔点、沸点、密度、溶解度、化学特性等；在实验数据处理计算时也常常需要一些常数，如解离常数、溶度积常数、配合物稳定常数等。因此，人们编辑了各种类型的手册，供有关人员查用。学会使用这些手册，对于培养分析问题和解决问题的能力是很重要的。下面介绍几种常用的化学手册。

1.《化工辞典》

《化工辞典》第 4 版由化学工业出版社于 2000 年出版，该书为一本综合化工方面的工具书，其中列有化合物的分子式、结构式及其物理化学性质，并有简要制备方法和用途介绍。

2.《试剂手册》

《试剂手册》第 3 版由中国医药集团上海化学试剂公司编著，于 2002 年由上海科学技术出版社出版。该书收集了无机试剂、有机试剂、生化试剂、临床试剂、仪器分析用试剂、标准品、精细化学品等资料编辑而成。每个化学品列有中英文正名、别名、化学结构式、分子式、相对分子质量、性状、理化常数、毒性数据、危险性质、用途、质量标准、安全注意事项、危险品国家编号及中国医药集团上海化学试剂公司的商品编号等详尽资料。入书的化学品 11560 余种，按英文字母顺序编排，后附中、英文索引，使用方便，查找快捷。

3.《Aldrich》

由美国化学试剂公司出版，是一本试剂目录，它收集了超过 1.8 万个化合物。一个化合物作为一个条目，内含相对分子质量、分子式、沸点、折射率、熔点等数据。较复杂的化合物还附了结构式，并给出了该化合物核磁共振和红外光谱谱图的出处。每个化合物均给出了不同包装的价格，这对有机合成、订购试剂和比较各类化合物的价格很有好处。书后附有分子式索引，便于查找，还列出了化学实验中常用仪器的名称、图形和规格。公司每年出一本新书，若有需要，只要填写附在书中的回执，该公司免费寄送参考。

4.《简明化学手册》

北京出版社 1980 年出版的《简明化学手册》是北京师范大学无机化学教研室为无机化学教学和学生综合训练的需要而编写的。主要内容有化学元素、无机化合物、溶液、常见有机化合物等，内容简明扼要，1982 年 10 月又进一步修订再版。

甘肃人民出版社出版的《简明化学手册》是 1980 年甘肃师范大学化学系根据大学无机化学、有机化学、分析化学等基础课教学和有关科研的需要而编写的。主要内容有物理数据、元素性质、无机和有机化合物性质、分析化学基础知识、热力学有关数据、标准电极电势表等。可供高校化学专业师生、中等学校教师、化工科技人员及其它科技人员使用。

5.《化学数据手册》

《化学数据手册》由杨厚昌译自 J. G. Stark 和 H ． G ． Wallace 编的《Chemistry Data Book》。自 1969 年英文版问世以来，深受各国化工工作者和有关大专院校师生的欢迎，曾多次修订再版，中译本第一版于 1980 年由石油工业出版社出版。该书的特点是短小精悍、简明扼要，基本上包括了最新、最常用的物理化学方面的技术数据，包括元素、原子和分子的性质，热力学和动力学数据，有机化合物的物理性质，分析和其它方面的数据。

6.《Handbook of Chemistry and Physics》（《化学物理手册》）

《Handbook of Chemistry and Physics》（《化学物理手册》）英文版，现由 D. R． Lide 主编，CRC 出版社出版。它介绍数学、物理、化学常用的参考资料和数据，逐年修订出版，提供最为准确、可靠和最新的化学物理数据资源，包括约 20000 种最常用的和被人所熟知的化合物，1998 年出版第 78 版。它是最广为人知和得到广泛认可的化学参考书。现有 CRC 在线化学物理手册，资料更新很快，网址为 http://www.crcnetbase.com/marcrecords。

7.《Lange's Handbook of Chemistry》（《兰格化学手册》）

这是较常用的化学手册，该书第 1 版至第 10 版由 N. A. Lange（兰格）先生主持编撰，原名《Handbook of Chemistry 》。兰格先生逝世后，从 1973 年第 11 版开始由 J. A. Dean 任主编，并更为现名，以纪念兰格先生。中译本根据原书 1998 年第 15 版译出，2003 年由科学出版社出版第 2 版。全书共分 11 部分，内容包括原子和分子结构、无机化学、分析化学、电化学、有机化学、光谱学、热力学性质、物理性质等方面的资料和数据，并附有化学工作者常用数学方面的有关资料。该书所列数据和命名原则均取自国际纯粹化学与应用化学联合会最新数据和规定。化合物中文名称按中国化学会 1980 年命名原则命名。

二、标准文献简介

标准文献是从事化学以及与化学有关领域科学研究及生产实践的一类重要参考资料。希望通过介绍使读者更好地了解、查阅和利用各种标准文献。

狭义的标准文献是指按规定程序制定，经公认权威机构批准的一整套在特定范围内必须执行的规格、规则、技术要求等规范性文献。广义的标准文献是指与标准化工作有关的一切文献，包括标准形成过程中的各种档案、宣传推广标准的手册及其它出版物、揭示报道标准文献信息的目录、索引等。

标准常分为基础标准、技术标准、强制性标准、中国国家标准（GB）、国际标准（ISO/IEF）等。

所谓标准，是对重复性事物和概念所做的统一规定，以科学、技术和实践经验的综合成果为基础，经有关方面协商一致，由主管机构批准，以特定形式发布，作为共同遵守的准则和依据。

基础标准是具有广泛指导意义的最基本的标准，如对专业名词、术语、符号、计量单位等所做的统一规定。

技术标准是为科研、设计、工艺、检测等技术工作以及产品和工程的质量而制定的标准，它们还可以细分为两类，即产品标准（对品种、检验方法、技术要求、包装、运输、储存等所做的统一规定）和方法标准（对检查、分析、抽样、统计等所做的统一规定）。

强制性标准是法律发生性的技术，即在该法律生效的地区或国家必须遵守的文件。包括三类：保障人体健康的标准、保障人身和财产安全的标准、法律和行政法规强制执行的标准。

中国国家标准是由国家标准化主管机构批准、发布，在全国范围内统一的标准，它由各专业标准化技术委员会或国务院有关主管部门提出草案，报国家标准化主管部门或由国家标准化主管部门委托的部门审批、发布，对于特别重要的标准，由国务院审批、发布。《中华人民共和国标准化法》将我国标准分为国家标准、行业标准、地方标准、企业标准四级。国家标准由"标准代号＋顺序号＋年代"组成，如 GB/T 3389.1—1996。其中 GB/T 为标准代号，代表中华人民共和国推荐性国家标准，GB 代表国家强制性标准，GB/Z 代表国家标准化指导性技术文件。

三、网上资源

国际互联网（Internet）的出现及其迅猛的发展，使当今世界跨入了真正的信息时代。

Internet 拥有着世界上最大的信息资源库，已成为人们生活、学习和工作中不可缺少的工具，在这信息的海洋中，人们能够以前所未有的速度在网上索取自己需要的信息和知识。

获取 Internet 信息资源的工具大体上可分为两类。一类是 Internet 资源搜索引擎（search engine），它是一种搜索工具站点，专门提供自动化的搜索工具。只要给出主题词，搜索引擎就可迅速地在数以千万计的网页中筛选出需要的信息。另一类是针对某个专门领域或主题，进行系统收集、组织而形成的资源导航系统，WWW（World Wide Web，万维网又简称

Web）有很多联机职南、目录、索引以及搜索引擎。http：www. chemfinder. com，主要用于化学物质性质搜索，可通过化学物质名（chemical name）、CAS 登记号（CAS number）、分子式（molecular formula）或分子量（molecular）来查询。http：www. chemindustry. com，主要提供化学化工同义词字典的查询，可通过化学物质名、CAS 登记号、分子式查找到相应的化学名称、CAS 登记号和相关的结构图。

1. 国内杂志文献资料的查阅

利用网络进行国内文献资料查询，比较完整的数据库有维普全文期刊数据库和万方数据库的数字化期刊子系统等。

（1）维普全文期刊数据库 进入维普全文期刊数据库浏览器的界面后，在检索入口栏中选择所查询主题词的属性（如 T＝题名），然后在检索式中键入实验的主题关键词，即可查取"题名（论文题目名称）"属性下对应实验主题关键词的文献资料目录。

单击文献资料目录中的论文题目，在维普全文期刊数据库浏览器的界面下方显示出该论文的杂志名、卷期、摘要等。若需进一步查看该论文的全文，双击浏览器下方所显示的论文题目。

（2）万方数据库的数字化期刊子系统 与查阅维普全文期刊数据库的方法相同，进入万方数据库的数字化期刊子系统浏览器界面，在对应的检索栏中键入实验的主题关键词，即可查得该实验主题关键词的文献资料。

2. 国外杂志文献资料的查阅

查阅国外化学类文献资料的途径有 CA、SCI、ACS（美国化学学会）、Elsevier 出版社的杂志等。其查阅方法与查阅维普全文期刊数据库的方法类似。

这里简要地介绍 CA 文献数据库的手工查阅过程。

① 根据分子式查阅 CA 的 Formula Index，找到对应的物质名。

② 根据物质名查阅 CA 的物质索引，找到该物质名下与物质制备有关的词条，记下这些词条的 CA 文摘号，如 1 23456X、P65432 1D（若文摘号从 Cdi. Ective Index 中查到，则还会有一个卷号，如 128. P6543z）。

③ 根据文摘号可查得对应的文摘，从文摘可了解该文献的主要信息以及该文献的出处。若有必要，从文献的出处可查到原文。

④ 若文摘号以"P"开头，则表明该文献是专利。除中国专利外，国外部分专利还可用以下网址 http：patentsl. ic. gc. ca（加拿大专利检索网）、http：patents. Uspto. gov（美国专利检索网）、http：www. Ipdl. jpo-miti. go. jp（日本专利检索网）查询。

第七节 化学实验的一般步骤

为了达到实验目的，学生不仅要具有端正的学习态度，而且还要有正确的学习方法。化学实验大致包括以下步骤。

一、预习实验

为了避免在实验操作中"照方抓药"的不良现象，使实验能获得良好的效果，实验前必须进行预习。通过预习达到以下目的：

① 明确实验的目的和要求；

② 阅读实验教材、教科书和参考资料中的有关内容，理解实验的基本原理；

③ 了解实验的内容、步骤、操作过程和实验时应注意的问题；

④ 基本了解实验所用仪器的工作原理、用途和正确操作方法。

⑤ 认真思考与实验有关的问题，并用所学过的基本原理加以解决；

⑥ 通过查阅教材附录、参考书、手册，收集实验所需的化学反应方程式及所需物理化学数据等；

⑦ 在预习的基础上，认真、简要地写好实验预习报告。预习报告应包括简要的实验步骤与操作、定量实验的计算公式等。实验前未进行预习者不准进行实验。

预习报告的写法：预习报告总的要求是根据实验内容，先写好实验报告的一部分内容，如必须写明实验名称、目的和原理。如果是制备实验，则要写出实验内容（简明步骤，常用箭头表示过程），设计好数据记录表格；如果是元素性质实验，则应设计包括实验步骤、现象解释、备注等项目在内的表格，并绘好实验装置简图，以便实验时及时准确地记录实验现象和有关数据。（实验操作前，教师要检查预习报告，操作结束后，教师还要检查预习报告上记录的现象或实验数据。）

二、听实验前的讲解

实验前，指导老师一般会进行实验前讲解，除实验目的、实验原理外，重点会讲解实验中易出现的问题和操作关键点，有时根据具体情况，实验内容与课本内容有所取舍，学生应认真听，并记录下来，在做实验时要特别注意老师所讲到的问题，以免实验失败。

三、操作及记录

实验是培养独立工作和思考能力的重要环节，是训练学生正确掌握实验技术、达到培养能力的重要手段，必须认真、独立地完成。为做好实验，应做到下列几点。

① 既要大胆，又要细心，要仔细观察实验现象，认真测定数据，并把观察到的实验现象和实验数据，如实、详细而又及时地记录在实验预习报告上，不得用铅笔记录，也不得记录在纸片上。原始数据不得涂改或用橡皮（或修正液）擦拭，如记错可在原始数据上划一道线，再在旁边写上正确的数值。培养严谨的科学态度和实事求是的科学作风。一般应记录每一步操作所观察到的现象，例如，是否放热、颜色变化、有无气体产生、分层与否、温度、时间等。

② 实验中如果发现观察到的实验现象和理论不符合，先要尊重实验事实，同时要认真分析和检查原因，并仔细地重做实验，也可以做对照实验、空白实验，或自行设计实验进行核对，必要时应多次实验，从中得到有益的结论。

③ 要勤于思考。实验中遇到的疑难问题和异常现象，需仔细分析，尽可能通过查资料自己解决，也可与老师讨论，得到指导。

④ 做定性实验时，有些物质的取用量教材上写得比较模糊，如少量、适量、稀溶液等。如写少量，在试管反应中，固体一般取绿豆大小体积，溶液用 10～20 滴，稀溶液浓度选取 0.1mol/L。如写适量，则可粗略计算该物质与其它物质反应所需量。

⑤ 如实验失败，要检查原因，经实验指导老师同意，重做实验。

⑥ 实验过程中要严格遵守实验室工作规则，实验后做好结束工作，包括清洗、整理好实验仪器、药品，清理实验台面，清扫实验室，检查并关闭电源、煤气、自来水开关，关好门窗。

四、实验报告

实验报告是描述、记录、讨论某项实验过程和结果的报告，写实验报告是对实验结果进一步分析、归纳和提高的过程。实验结束后，应严格地根据实验记录，对实验现象作出解释，或根据实验数据进行处理，作出相应的结论，并对实验中的问题进行讨论。实验报告应包含以下几个方面的内容。

① 实验目的、要求。简要说明为什么进行实验，通过实验应掌握什么原理、方法和实验技能。

② 实验基本原理和主要反应方程式。

③ 实验内容。尽量采用表格、框图、符号等形式，清晰、明了地表示实验内容、实验步骤。

④ 实验现象和数据记录。这是实验报告中最重要的部分。如实记录实验现象，数据记录要完整，绝不允许主观臆造或抄袭别人的实验结果，与自己的预习报告应一致。

⑤ 数据处理和结论。对现象加以简明地解释，最后得出结论。数据处理以原始数据记录为依据，最好用列表加以整理，明了地显示数据的变化规律。

⑥ 完成实验教材中规定的作业，做好实验教材中的思考题。

⑦ 讨论和实验体会。在实验过程中，常会出现实验现象和数据与教材内容不一致的地方，同学之间、实验小组之间也会存在不同程度的差异。针对上述情况，要认真思考，反思自己是否严格按实验操作步骤及实验条件进行实验，是否有操作失误；若无上述失误，则同学间或与老师一起讨论，认真分析导致实验异常现象或误差的原因。学生也可提出对实验的改进意见。针对实验操作过程写出自己的体会，哪些操作不规范、哪些操作做得很好都要作出总结，要做到做一次实验进一步。

附：实验报告格式示范。

Ⅰ 无机化学制备实验报告

实验名称：＿＿＿＿＿＿＿＿＿＿＿＿＿＿＿＿＿ 日期：＿＿＿＿＿ 室温：＿＿＿＿＿

（一）实验目的（略）

（二）实验原理（略）

（三）简单流程（可用图表表示，略）

（四）实验结果

产品外观（形状、颜色、颗粒大小）：

产量：

理论产量：

产率：

（五）产品纯度检验（可列表说明，略）

（六）问题和讨论

对产率、纯度和操作中遇到的问题进行讨论。（略）

Ⅱ 常数测定实验报告

实验名称：＿＿＿＿＿＿＿＿＿＿＿＿＿＿＿＿＿ 日期：＿＿＿＿＿ 室温：＿＿＿＿＿

（一）实验目的（略）

（二）实验原理（略）

（三）简单流程（可用图表表示，略）

（四）测得数据及数据处理（可列表表示，略）

（五）误差及相对误差（略）

（六）问题和讨论（略）

Ⅲ　元素性质（或验证性）实验

实验名称：**卤素性质实验**　　日期：_____　室温：_____

（一）实验目的（略）

（二）实验原理（略）

（三）实验内容

实验步骤	现　象	反应方程式及现象解释
一、氯、溴、碘单质的溶解性 1. 三支试管分别加入氯水 1mL 和溴水、碘水各 0.5mL，观察、记录颜色	氯水为黄绿色（或无色），溴水为橙黄色，碘水为红棕色	氯、溴、碘在水中的溶解度均比较小
2. 上述试管中，各加入 CCl_4 10 滴，振荡试管，观察、记录 CCl_4 相和水相的颜色	CCl_4 相中氯水为黄绿色（或无色），溴水为橙黄色，碘水为紫红色	氯、溴、碘在 CCl_4 中的溶解度均比较大（相似者相溶）
结论：Cl_2、Br_2、I_2 在水中的溶解度均比较小，而在 CCl_4 中的溶解度均比较大，颜色不同		
二、（略）		

五、综合性实验

综合性实验是将实验的制备（或天然产物的提取）、分离、提纯、有关物理常数及杂质含量的测定、物质的化学性质、物质组成的确定等内容归纳在一起的实验。如本书中三草酸合铁（Ⅲ）酸钾的合成及配离子组成和电荷数的测定，印制电路烂板液中铜的回收、利用及有关分析等。通过综合实验，可进一步巩固和加深化学实验基本技术和技能，拓宽学生的知识面，同时培养学生综合运用化学实验技能和所学基础知识解决实际化学问题的能力、查阅文献的能力、设计实验的能力。这些实验在老师的指导下，由学生独立完成。为确保综合实验的顺利进行，必须注意安全、认真实验、独立思考，遵守以下基本要求。

① 进行综合实验时，要写好预习报告。报告要求如下：写出实验的目的和原理、实验路线、实验方法和步骤，画出必要的实验装置图。

② 设计性实验旨在培养学生的独立工作能力，每位学生必须独立完成查阅文献、设计实验路线、撰写读书报告的工作。然后同学间进行讨论和交流。

③ 进入实验室要充分应用各种实验技能（包括无机实验、有机实验、分析和物化实验），注重掌握实验进程，记录要完整。每步实验要留有实验失败的余地，必须注意安全。

④ 实验总结报告应按国内外一类杂志论文格式撰写。

第二章 无机化学实验

实验一 煤气灯的使用及玻璃仪器的洗涤

实验部分

一、实验目的

1. 了解煤气灯的构造，学会正确使用煤气灯。
2. 了解煤气灯火焰的性质。
3. 练习玻璃管、搅拌棒和弯管等的简单加工方法。
4. 练习台秤的使用方法。

二、实验用品

1. **仪器**：煤气灯、石棉网、三脚架、蒸发皿、锉刀、玻璃弯管。
2. **材料**：玻璃管（内径5mm、长0.5m，1根）。

三、实验内容

1. 观察煤气灯的构造（图2-1），**并学会煤气灯的点火和熄灭**

煤气灯的式样较多，但构造基本相同。试拆装煤气灯，并搞清各元件及作用。

煤气灯使用时，先旋转灯管，关闭空气入口，打开煤气阀门，在接近灯管口处点燃火柴的同时开启煤气灯针形阀。通过调节针形阀控制煤气进入量从而控制火焰高度，然后旋转灯管，逐渐加大空气进入量至火焰成为正常火焰。加热完毕，旋转灯管关闭空气入口，再关闭煤气阀门，最后旋紧针形阀。煤气和空气比例合适时，煤气燃烧完全，这时的火焰称为正常火焰。正常火焰分为三层，内层为焰心，呈黑色，煤气与空气发生混合，但并未燃烧，因而温度最低；中层为还原焰，煤气燃烧不完全，火焰为淡蓝色，温度不

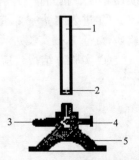

图2-1 煤气灯构造
1—灯管；2—空气入口；
3—煤气入口；4—针形阀；
5—灯座

高；外层为氧化焰，煤气燃烧完全，火焰为淡紫色，温度最高，通常可达到 $800 \sim 900℃$。实验时一般使用还原焰顶端的氧化焰加热。

当空气或煤气的进入量调节不当时，会产生不正常的火焰，或火焰脱离灯管管口而临空燃烧，或煤气在灯管内燃烧产生细长火焰（图2-2），如果出现这些现象，应立即关闭煤气，重新调节和点燃。

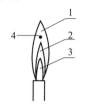

(a) 正常火焰　(b) 临空火焰(煤气、空气量都大)　(c) 侵入火焰(煤气量小、空气量大)

图 2-2　灯焰性质
1—氧化焰；2—还原焰；3—焰心；4—最高温度处

2. 玻璃用品的简单加工

（1）制作两支玻璃棒（适用于一大一小烧杯）

① 截割。按比烧杯对角线长 3cm 量取玻璃棒，将玻璃棒平放在实验台上，用三角锉刀的棱或砂轮在需截断部位锉出一道凹痕，凹痕与玻璃棒垂直。注意应向一个方向锉，不能来回锉。在锉痕处滴一滴水润湿，然后双手持玻璃棒（管）锉痕两侧，拇指放在锉痕的背后向前推压，同时朝两边后拉，以折断玻璃棒（管）（见图2-3）。

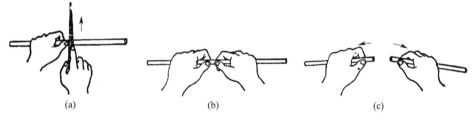

(a)　　　　　　　(b)　　　　　　　(c)

图 2-3　玻璃棒（或玻璃管）的截割

② 熔光玻璃棒（或玻璃管）口。玻璃棒折断后其截断面很锋利，断面必须熔烧光滑，以免割破手和损坏橡皮管等。把玻璃棒（或玻璃管）截断面斜插入氧化焰中，不时转动玻璃管（见图2-4），烧到微红时玻璃软化，锋利的断面变柔和，从火焰中取出，放在石棉网上冷却即可。

（2）制备毛细管和滴管　先将玻璃管在小火上旋转预热，然后将玻璃管要拉细的部位插入氧化焰中，同时缓慢地

图 2-4　玻璃棒（或玻璃管）的熔光

同方向转动玻璃管（见图2-5），待玻璃管烧到发出黄光并充分软化时，立即取出，边转动边沿着水平方向向两旁拉，一直拉到所需的粗细为止（见图2-6）。一手持玻璃管，使之垂直下垂，冷却后在拉细部分将其截断使之成为两个尖嘴，并熔光尖嘴处。拉管好坏的比较见图2-7。

如果要制成滴管，则将拉成尖嘴的玻璃管的粗的一端烧至红软，然后立即垂直地向石棉网上压，便做成比玻璃管直径稍大的小檐儿。冷却后，装上橡皮帽，即成滴管。

（3）弯玻璃管　加热玻璃管与制滴管方法相同，当玻璃管加热到发黄变软时即可弯管。

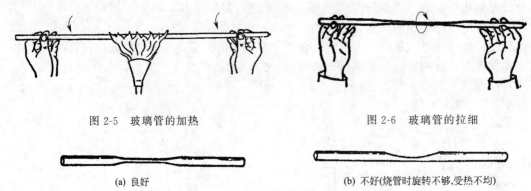

图 2-5　玻璃管的加热　　　　　　　图 2-6　玻璃管的拉细

(a) 良好　　　　　　　　　　　　(b) 不好(烧管时旋转不够,受热不均)

图 2-7　拉管好坏比较

自火焰中取出玻璃管后,两手保持水平,将玻璃管准确地弯成所需的角度,玻璃管的一端用手指封住,另一端吹气,以使弯曲部位不变扁。合格的弯管必须弯角里外均匀平滑,整个玻璃管处于同一平面上。

3. 用台秤称量几种物件

① 称一块锌粒的质量。

② 准确称取一定质量的氯化钠。

四、思考题

1. 试述煤气灯的主要构造及如何使用煤气灯。

2. 玻璃管的加工需要注意哪些问题?

3. 简述台秤称量的步骤。

实验指导

一、实验操作注意事项

1. 点燃煤气灯前,先检查三阀(煤气管道阀门、针形阀、空气孔)是否已关闭。打开煤气管道阀门,在接近灯管口处点燃火柴的同时开启煤气灯针形阀,通过调节针形阀控制煤气进入量调节火焰高低。然后旋转灯管逐渐加大空气进入量,黄色火焰逐渐变蓝,直至出现三层正常火焰,观察各层火焰的颜色。停止使用时,应先关闭空气入口,再关闭管道煤气阀门,最后关闭煤气灯针形阀。

2. 点燃煤气灯时,当空气或煤气的进入量调节得不合适时会产生侵入火焰或临空火焰等不正常火焰。点燃煤气灯,灯管空气孔大开时,可能产生侵入火焰,火焰呈绿色时,煤气在灯管中燃烧,这时灯管温度很高,绝不能用手去旋转灯管调小空气进量,否则会烫坏手指。这时应先关闭管道煤气阀门熄灭煤气灯,然后用湿毛巾冷却灯管(滚烫的灯管会冒出水蒸气),冷却后再点燃煤气灯。

3. 截割玻璃管(棒)时,用锉刀的棱或小砂轮片在左手拇指按住玻璃管(棒)的地方用力锉出一条凹痕。应注意向一个方向锉,不要来回锉,否则不但凹痕多,而且易使锉刀或小砂轮变钝。两拇指紧按凹痕两边,捏住后向外用力折。为了安全,折时应尽可能远离眼睛,在锉的两边包上布或戴上手套再折。在凹痕处蘸水,较容易折断且断面光滑。

4. 玻璃管(棒)的截面如果不平整则必须圆口。将断截面斜插入煤气灯的氧化焰中熔烧，缓慢地转动玻璃管（棒）使其熔烧均匀，直到熔烧光滑为止。灼热的玻璃管（棒）应放在石棉网上，以免烧焦桌面，也不要用手去触摸，以免烫伤。

5. 拉玻璃管时，应先将玻璃管用小火预热。然后双手持玻璃管，把要拉的地方斜插入氧化焰中以增大玻璃的受热面积。同时缓慢而均匀地转动玻璃管，两手用力均等，转速要一致，以免玻璃管在火焰中扭曲。当玻璃管烧到红黄色发软时从火焰中取出，顺着水平方向边拉边转动玻璃管，拉到所需的细度时，一手持玻璃管，使玻璃管垂直下垂，冷却后，可按长度将其截断。拉制毛细管时，玻璃管的加热面要大一些，拉伸速度要稍快些。

6. 玻璃棒（管）熔光时，即将玻璃棒（管）呈45°在氧化焰边沿一边烧、一边来回转动直至平滑即可。毛细管熔光时应特别注意，不应烧得太久，以免熔化的玻璃把管口封住。

7. 制玻璃弯管时，当玻璃管发黄软化后从火中取出，不可在火焰中弯玻璃管，两手水平端持，玻璃软化段在重力作用下向下弯曲，两手再轻轻地向中心施力，使其弯曲到所需角度。用力不能太大，否则在弯曲处玻璃管会瘪陷。如果玻璃管要弯成较小的角度，则可分几次进行上述操作，用积累的方式达到所需的角度。

8. 加工后的玻璃棒（管）均应随即退火处理，即再在弱火焰中加热一会儿，然后将玻璃棒（管）慢慢移离火焰，在石棉网上冷却至室温。否则玻璃棒（管）因急剧冷却，内部将产生很大的应力，即使不立即开裂，过后也有破碎的可能。

9. 称量时必须注意以下几点：

① 台秤不能称量热的物体。

② 称量物不能直接放在托盘上，根据情况称量物应放在称量纸、表面皿或其它容器中。吸湿或有腐蚀性的药品（如 NaOH、KOH 等）必须放在玻璃容器内进行称量。

③ 称量完毕，放回砝码（包括游码也必须复位至零点刻度处），使台秤各部分恢复原状。

④ 经常保持台秤的整洁，托盘上有药品或其它污物时应立即清除干净。

二、问题与讨论

1. 煤气的组成是什么？

煤气的主要成分是：CH_4、CO、H_2 和不饱和烃，还有少量 N_2、CO_2 和 H_2S 等。产地不同，组成有较大差异。但是，无论哪里产的煤气，里面都会有一种臭鱼味的物质称为甲硫醇，因此在实验室闻到此种气味，就应有所警惕，因为 CO 有毒。

2. 煤气灯的正常火焰分为哪三层？各具有什么性质？

煤气灯的正常火焰可分为内层（焰心）、中层（还原焰）和外层（氧化焰）三层。

内层（焰心）：在这里煤气和空气混合，并未燃烧，温度低，约为 $300℃$。

中层（还原焰）：在这里煤气不完全燃烧，由于煤气的组成分解为含碳的基团，所以这部分火焰具有还原性。

外层（氧化焰）：在这里煤气完全燃烧，但由于含有过量的空气（由于温度高，有较多的原子氧），这部分火焰具有氧化性，称为氧化焰。

煤气灯正常火焰的最高温度处于还原焰顶端上部的氧化焰中，$800\sim900℃$（煤气的组成不同，火焰的温度也有所差异），火焰呈淡紫色。实验时，一般用氧化焰来加热。

3. 点燃煤气灯时，当空气或煤气的进入量调节得不合适时，将会产生哪些不正常火焰？

点燃煤气灯时，当煤气和空气的进入量都很大时，火焰就会临空燃烧，称为临空火焰。待引燃用的火柴熄灭后，它也立即自行熄灭。当煤气进入量很小，而空气进入量很大时，煤气会在灯管内燃烧而不是在灯管口燃烧，这时还能听到特殊的嘶嘶声和看到一根细长的火焰，这种火焰称为侵入火焰。它会将灯管烧热，一不小心就会烫伤手指。有时在煤气灯使用过程中，煤气量突然因某种原因而减小，这时也会产生侵入火焰，这种现象称为回火。遇到临空火焰或侵入火焰后，就应立即关闭煤气开关，待灯管冷却后，将空气入口关闭，重新点燃煤气灯和调节空气入口。

三、实验室准备工作注意事项

1. 实验室应准备好去污粉与合成洗涤剂，以备学生洗涤仪器时使用。

2. 实验室应多准备一些玻璃管和玻璃棒，在学生做玻璃管（棒）加工实验失败时备用。

3. 实验室还应准备一些红药水、烫伤油膏、药棉、绷带、橡皮膏等药品材料，以备学生在割破或烫伤手指时使用。

四、实验前准备的思考题

1. 煤气灯的构造是怎样的？怎样正确使用？

2. 侵入火焰是怎样发生的？如何避免和处理？

3. 煤气灯的正常火焰分为几层？各层的温度和性质是怎样的？

4. 截割玻璃管时应注意哪些问题？为什么截断后的玻璃管要圆口？

5. 怎样拉制滴管？制作滴管时应注意哪些问题？

工厂生产中相应的操作工艺设备

一、加热

（1）矿石的热化学加工有煅烧、焙烧、烧结、熔融等，常用煤炭明火加热（见第一章第四节化工生产简介）。

（2）反应釜加热通过反应釜夹套和内置盘管或内充介质。若所需温度不超过 100℃，夹套中通热水或蒸汽；若所需温度超过 100℃，夹套中通高温导热油。通过控制水温、油温并辅以水、油进入阀门控制反应釜内温度。

（3）电加热：在某些反应容器外包金属导热带，通过控制电压来调节温度。

二、搅拌

（1）自然搅拌：在蒸发时，溶液底部温度较高，通过自然对流达到搅拌的目的。

（2）搅拌器，反应釜上按搅拌要求不同，安装锚式、推进式等搅拌器，可通过电机控制搅拌转速。

（3）导入气体搅拌，把气体导入反应釜底部，利用气体的溢出搅动液体。

实验二 从天然芒硝制取无水硫酸钠

实验部分

一、实验目的

1. 了解天然芒硝制取无水硫酸钠的过程。

2. 练习台秤的使用，以及加热、溶解、过滤、蒸发、干燥等基本操作。

3. 学会计算产品的产率。

二、实验原理

$Na_2SO_4 \cdot 10H_2O$ 俗称芒硝，通常由海水或盐湖水蒸发、浓缩结晶而得，或由盐湖干涸形成的矿床开采而来。天然芒硝中的主要成分是 $Na_2SO_4 \cdot 10H_2O$，此外还含有可溶性杂质（如 Ca^{2+}、Mg^{2+}、K^+、Cl^- 等），不溶性杂质可通过过滤除去。

Na_2SO_4 在水中的溶解度随温度的变化比较特殊：在 32.38℃ 以下随温度升高溶解度至最大，温度再升高时，溶解度反而下降，见图 2-8。

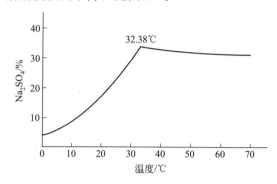

图 2-8 硫酸钠溶解度与温度的关系

32.38℃ 为 $Na_2SO_4 \cdot 10H_2O$ 和 Na_2SO_4 的转变温度。纯度较高、颗粒较细的无水硫酸钠工业上称作元明粉，在通常条件下是无色菱形结晶。

三、实验用品

1. 仪器： 台秤、漏斗、漏斗架、蒸发皿、坩埚钳、泥三角、石棉网、烧杯（100mL 2个）。

2. 药品： 天然芒硝。

3. 材料： 滤纸。

四、实验内容

（1）用台秤称取天然芒硝 15g，置于 100mL 烧杯中，加入约 40mL 自来水，于石棉网上加热搅拌使之溶解。趁热用漏斗过滤，除去泥沙等不溶性杂质，滤液盛于干净烧杯或蒸发皿中。

（2）将盛有滤液的蒸发皿放在泥三角上用煤气灯直接加热。开始时，火焰可大些，沸腾后，要边搅拌边用小火加热，溶液蒸发至约 10mL 时，用坩埚钳将蒸发皿移到石棉网上继续用小火加热，直至有白色粉末状无水硫酸钠形成。抽滤，得到产品。

（3）放入干燥器中冷却至室温，称重，计算产率。

实验指导

一、实验操作注意事项

1. 本实验操作部分均为中学化学中做过的基本操作，操作前回忆一下中学实验。

2. 40mL 水是溶解 15g 芒硝所用，不必很精确，用量筒量即可，但不能以带刻度的烧杯量，否则误差太大。

3. 搅拌用的玻璃棒不能太长，不超过烧杯对斜距离的 2 倍（1.5 倍最合适，否则搁在烧杯中会掉下）。搅拌时手腕转动，玻璃棒沿烧杯内壁转动，但不碰到烧杯壁，无玻璃碰撞响声，搅拌溶液中心有旋涡。

4. 由于需趁热过滤，故可用抽滤，以减少过滤时间，所以在过滤过程中保持温度较高状态，以防 Na_2SO_4 析出。

5. 蒸发时，要蒸到有白色粉末物质出现，如看到晶膜后停止加热，得到的是 $Na_2SO_4 \cdot 10H_2O$。按经验，至少要蒸到溶液剩 10mL。具体做法是，取一相同大小的蒸发皿，加入 10mL 水来比较。

二、问题探讨

1. 在制备无水硫酸钠的过程中，过滤只去除了泥沙等不溶性杂质，Ca^{2+}、Mg^{2+}、K^+、Cl^- 等等可溶性杂质并未出去，对最后产品有什么影响？

由于硫酸钙本来溶解度就很小，故混合溶液中 Ca^{2+} 浓度不大。在制备、蒸发、硫酸钠析出过程中保持酸性，Ca^{2+}、Mg^{2+}、K^+、Cl^- 等一直在溶液中，通过过滤与产品分离，对工业无水硫酸钠的纯度影响不大。如用两碱法去除 Ca^{2+}、Mg^{2+}，硫酸钠产品纯度会提高，但工艺会复杂一些，成本会增加很多。

2. 蒸发过程中，如果要获得颗粒较大的晶体，可以向接近饱和溶液中加入适当数量和适当粒度的晶种，使溶质在品种表面上生长，通过搅拌，使晶种均匀悬浮在整个溶液中，以避免初级成核，用此方法来控制产品粒度的大小。另外，由于晶种的加入，会使料液中结晶的物料在晶种表面上结晶，而不沉淀在管壁上，能够阻止在传热面上形成垢层，减少了蒸发罐结垢，进一步提高了传热效率，提高了产量，降低了能耗，减少了生产中洗罐次数。

3. 无水硫酸钠的冷却为什么要放在干燥器中？

硫酸钠易吸收水分形成带结晶水的物质，最多每分子硫酸钠能带 10 分子结晶水，如空气中湿度大会带结晶水，湿度小会风化，即失去结晶水，为了保证不带结晶水，硫酸钠的冷却过程要放在干燥器中。

干燥器中的干燥剂要经常检查，以保证干燥效果。若用无水氯化钙作干燥剂，无水氯化钙应是块状，若变成粉末状了，表示已吸了大量水，没有再吸水干燥能力了，要马上更换新的、块状的无水氯化钙。若用硅胶作干燥剂，注意观察干燥剂颜色，若是蓝色的，说明有干燥能力，若变为红色，说明干燥剂已吸水近饱和，要更换干燥剂。硅胶干燥剂可通过在烘箱中烘的方法再生，在 100～105℃，硅胶重新变为蓝色时又恢复了干燥的效果。

生产工艺

将原料芒硝送入化硝槽中，加入适量的补充水，与大气冷凝器下水管来的热循环浑硝液直接混合，热循环浑硝液经换热后，再被硝水真空泵送到大气冷凝器，如此循环往复，以冷凝末效蒸发器的二次蒸汽。合格的浑硝液送往澄清槽中自然沉降，除去其中的泥沙等水不溶物。合格的清硝液送至蒸发器，蒸发后的硝浆分别顺流压入二、四效蒸发器。浓缩至密度为 $1.26g/cm^3$，加入无水硫酸钠晶种（$1m^3$ 硫酸钠清液，加入晶种 10kg），该硝浆送至旋液分离器，底流进入离心机进行固液分离，分离后的湿硝由离心机卸料口经流槽、螺旋输送机送入气流干燥筒进行干燥。干燥后的物料经旋风分离器气固分离，气体进入回收系统，固体经锁气器、旋振筛进入料仓，得到成品无水硫酸钠。

实验三　硫酸亚铁铵的制备

实验部分

一、实验目的

1. 掌握硫酸亚铁铵的制备方法。

2. 练习加热、溶解、过滤、蒸发、结晶等基本操作。

3. 了解产品纯度的检验方法。

二、实验原理

硫酸亚铁铵〔$(NH_4)_2SO_4 \cdot FeSO_4 \cdot 6H_2O$〕可用等物质的量的 $FeSO_4$ 和 $(NH_4)_2SO_4$ 在水溶液中相互作用，生成溶解度较小的硫酸亚铁铵复盐晶体得到。其反应为：

$$FeSO_4 + (NH_4)_2SO_4 + 6H_2O \longrightarrow (NH_4)_2SO_4 \cdot FeSO_4 \cdot 6H_2O$$

硫酸亚铁铵俗称摩尔盐，是一种复盐，为浅蓝色透明晶体。它在空气中不易被氧化，比硫酸亚铁稳定。它能溶于水，但难溶于乙醇。

$FeSO_4$ 可由铁粉与稀硫酸作用制得：

$$Fe + H_2SO_4 \longrightarrow FeSO_4 + H_2 \uparrow$$

在制备过程中，溶液要保持较强的酸性，因在弱酸性溶液中，$FeSO_4$ 容易发生水解和氧化反应：

$$4FeSO_4 + O_2 + 2H_2O === 4Fe(OH)SO_4 \downarrow$$

产品纯度的检验采用目测比色法，将产品配成溶液，与标准溶液进行比色，以确定杂质的含量范围。硫酸亚铁铵产品中的杂质主要是 Fe^{3+}，产品质量等级也常以 Fe^{3+} 含量的多少来确定。如果产品溶液的颜色比某一标准溶液的颜色浅，就能确定 Fe^{3+} 杂质含量低于该标准溶液中的含量，即低于某一规定的限度。所以这种方法又称为限量分析。

三、实验用品

1. 仪器： 电子天平（0.1g）、烧杯、量筒、布氏漏斗、吸滤瓶、蒸发皿、表面皿、25mL 比色管、比色管架。

2. 试剂： H_2SO_4（3mol/L）、KSCN（1mol/L）、$(NH_4)_2SO_4$（s）、铁粉、Fe^{3+} 的标准溶液三份。

3. 材料： pH 试纸、滤纸。

四、实验内容

1. 硫酸亚铁的制备

称 2g 铁粉放入 100mL 小烧杯中，加入 3mol/L 的 H_2SO_4 溶液 15mL 左右（需过量20%），盖上表面皿，在石棉网上小火加热（或在水浴中加热），使铁粉与稀硫酸发生反应，注意控制 Fe 与 H_2SO_4 的反应不要过于激烈。在反应过程中，要适当添加去离子水，以补充蒸发掉的水分，以防硫酸亚铁晶体析出。当小烧杯中不再产生小气泡时，表示反应基本完成。趁热抽滤，用少量去离子水洗涤布氏漏斗中的不溶物，将滤液转移到蒸发皿中。计算出生成的 $FeSO_4$ 的理论产量。

2. 硫酸亚铁铵的制备

根据 $FeSO_4$ 的理论产量，计算出所需 $(NH_4)_2SO_4$（s）的质量［若使用的是试剂铁粉，且与 H_2SO_4 几乎完全反应完，不考虑在过滤操作中的损失，$(NH_4)_2SO_4$ 的用量可按生成 $FeSO_4$ 理论产量的 100％ 计算］。将称好的 $(NH_4)_2SO_4$（s）加入盛 $FeSO_4$ 溶液的蒸发皿中，搅拌溶解（必要时可小火加热），完全溶解后，用 pH 试纸检验溶液的 pH 是否为 1～2。若酸度不够，可用 3mol/L 的 H_2SO_4 溶液调节。调好后将蒸发皿放在石棉网上，加热蒸发（尽量不使溶液沸腾），浓缩至表面出现一薄层晶膜为止（注意蒸发过程后期不宜搅动）。静置，让溶液自然冷却至室温，析出浅绿色 $(NH_4)_2SO_4 \cdot FeSO_4 \cdot 6H_2O$ 晶体，抽滤，将水分尽量抽干，用滤纸吸干晶体上残存的母液，观察晶体的形状和颜色，称重并计算产率。

3. 产品的检验

用烧杯将去离子水煮沸 5min，以除去溶解的氧，盖上表面皿，冷却后备用。称取 1g 产品置于 25mL 比色管中，加 15mL 备用的去离子水，将其溶解，再加入 1.0mL 3mol/L 的 H_2SO_4 溶液和 2 滴 1mol/L 的 KSCN 溶液，最后以备用的去离子水稀释到 25.00mL，摇匀，与标准溶液进行目测比色，以确定产品等级。

标准溶液的配制（实验室配制）：用吸量管依次吸取 Fe^{3+} 的标准溶液（0.100mg/mL）0.50mL、1.00mL、2.00mL，分别放入 3 支比色管中，然后各加入 1.0mL 3mol/L 的 H_2SO_4 溶液和 1.0mL 1mol/L 的 KSCN 溶液，用备用的含氧较少的去离子水将溶液稀释到 25.00mL，摇匀，配成三个级别的标准溶液（见下表）。

三个级别的标准溶液

规　　格	Ⅰ级	Ⅱ级	Ⅲ级
Fe^{3+} 含量/mg	0.05	0.10	0.20

五、思考题

1. 为什么硫酸亚铁溶液和硫酸亚铁铵溶液都要保持较强的酸性？
2. 进行目测比色时，为什么用含氧较少的去离子水配制硫酸亚铁铵溶液？
3. 计算硫酸亚铁铵的产率时，应以 $FeSO_4$ 的量为准，还是以 $(NH_4)_2SO_4$ 的量为准？为什么？

实验指导

一、实验操作注意事项

1. 配制 3mol/L 的 H_2SO_4 溶液时，应将浓硫酸沿玻璃棒慢慢倒入已加有适量去离子水的烧杯中，边倒边搅拌均匀，切不可将去离子水倒入浓硫酸中，以免浓硫酸溅出伤人。如实验室已经准备好了其它浓度的 H_2SO_4，则应根据物质的量取相应的体积。

2. 如使用的是工业铁屑，则要用 Na_2CO_3 溶液洗涤去除表面油污，而后必须用水洗至中性，否则，残留的碱液要耗去即将加入的部分硫酸致使反应过程中溶液酸度不够。

3. 铁屑与稀硫酸反应相当剧烈冒出大量气泡，因此烧杯应盖上表面皿，烧杯放在石棉网上只能用小火加热（最好改用在水浴中加热）。应随时注意观察反应现象，使铁屑与稀硫酸反应至基本上不再有气泡冒出为止（反应约需 20min）。当发现反应中有溢泡现象时，应立即移去小火，并加入少量去离子水以防止反应液溢出。在加热过程中应不时加入少量去离子水以补充被蒸掉的水分，这样可以防止 $FeSO_4$ 结晶出来。但加水量也不能太多，否则最后溶液蒸发的时间就会延长（在烧杯上做初始液面的记号）。

4. 溢泡与氢气泡的区别。氢气泡细小，在整个有铁粉的底部不断地析出；溢泡大，常在靠近底部的侧壁上偶尔放出，从上向下看时很容易区别。

5. 在用稀硫酸溶解铁屑的过程中，会产生大量氢气及少量有毒气体（如 PH_3、H_2S 等），应注意实验室通风，避免发生事故，此实验最好能在通风橱中进行操作（若用试剂铁粉则不产生有毒气体）。此外应防止煤气灯火焰与反应过程中溢出的气体产生爆鸣现象。

6. 在蒸发过程中，有时溶液会由浅蓝色逐渐变为黄色（这是由于溶液的酸度不够，Fe^{2+} 被氧化为 Fe^{3+} 以及 Fe^{3+} 进一步水解所致），这时要向溶液中加几滴浓硫酸以提高溶液的酸度，同时加极少量的铁粉或洗净的铁屑，使 Fe^{3+} 转变为 Fe^{2+}。

7. 反应液过滤时，有时铁粉很细，需垫两张滤纸过滤。

8. 以铁或硫酸亚铁为标准，计算并加入硫酸铵，加入后，要搅拌使硫酸铵完全溶解，溶液澄清。

9. 蒸发后的溶液，必须充分冷却待硫酸亚铁铵结晶完全后，才能用布氏漏斗减压过滤。若未充分冷却，则由于抽滤时抽真空，溶液蒸发而进一步降温，在滤液中会有硫酸亚铁铵晶体析出，致使产量降低。这时应重新抽滤，以提高硫酸亚铁铵的产量。

二、问题与讨论

1. 为什么制备硫酸亚铁铵晶体时，溶液必须呈酸性？

亚铁盐在空气中不稳定，易被氧化成铁盐，在溶液中，亚铁盐的氧化还原稳定性，随介质的不同而异，这可从下面的电极电势值看出。

在酸性介质中：　　　　　　$Fe^{3+}+e^- \longrightarrow Fe^{2+}$　　　　$E^{\ominus}=0.77V$

在碱性介质中：　　　　$Fe(OH)_3+e^- \longrightarrow Fe(OH)_2+OH^-$　　　　$E^{\ominus}=-0.56V$

以上电极电势值表明，Fe^{2+} 在酸性介质中还是比较稳定的，但 Fe^{2+} 在碱性溶液中易被氧化成 Fe^{3+}。例如，亚铁盐与碱作用生成白色的 $Fe(OH)_2$ 沉淀，它一旦接触空气（即使是溶解在水中的少量氧气）就很快被氧化而逐渐变成红棕色的 $Fe(OH)_3$。

$$4\,Fe(OH)_2+2H_2O+O_2 \longrightarrow 4Fe(OH)_3$$

硫酸亚铁在中性溶液中也很容易氧化并水解，析出黄褐色的碱式硫酸亚铁沉淀。

$$4FeSO_4+2H_2O+O_2 \longrightarrow 4Fe(OH)SO_4$$

如果溶液的酸性减弱则水解度就增加。因此，在制备硫酸亚铁铵的过程中，为了使 Fe^{2+} 不被氧化和水解，溶液就必须保持足够的酸度。

2. 硫酸亚铁铵晶体从母液中析出并经减压过滤后，为什么还要用酒精洗涤？

用酒精洗涤的目的是洗去晶体表面所吸附的杂质和残留的母液，以获得纯净的晶体。若用去离子水洗涤，则会使部分晶体溶解而造成产率降低。硫酸亚铁铵在酒精中溶解度小，因此用酒精洗涤可减少晶体的损失；同时，由于酒精易于挥发并与水互溶，因此有利于继续减压抽滤时除去晶体间隙的水分，而使产物易于干燥。

3. 计算硫酸亚铁铵的理论产量时，应该以哪一种物质作为标准？

计算理论产量时，总是以反应物中用量较少的物质作为依据。铁与稀硫酸作用时，为保持溶液的酸性，硫酸总是过量的；而 $(NH_4)_2SO_4$ 的量是根据铁量计算的，不能作为标准。所以，硫酸亚铁铵的理论产量应以铁或硫酸亚铁的量作为标准进行计算。

三、补充说明

1. 蒸发与结晶时应注意的问题。

蒸发浓缩也可在水浴上进行，若溶液较稀，且被浓缩的物质是热稳定的，则可以放在石棉网上直接加热蒸发。蒸发的快慢不仅和温度的高低有关，而且和被蒸发液体的表面积大小有关；蒸发皿的表面积大，有利于快速蒸发，蒸发皿内所盛液体的量不应超过其容量的三分之二。随着水分的不断蒸发，溶液逐渐被浓缩，浓缩到什么程度，则取决于溶质溶解度的大小与结晶时对浓度的要求。当物质的溶解度较小，或其溶解度随温度变化较大时，蒸发到一定程度即可停止。如果物质的溶解度较大或其溶解度随温度变化较小时，则必须使溶液表面出现较多薄层晶膜或呈稀粥状时才停止蒸发。此外，如结晶时希望得到较大晶体，就不宜将溶液浓缩得太浓。

结晶颗粒的大小要适当，颗粒较大且均匀的晶体夹带母液较少，易于洗涤。晶体太小且大小不匀时，会形成稠厚的糊状物，夹带的母液较多不易洗涤。结晶颗粒的大小与结晶时的条件有关，如果溶液浓度较高，冷却速率快并不时搅拌，则析出的结晶颗粒细小；若缓慢地自然冷却则析出结晶的颗粒较粗大。

2. 什么叫目视比色法？简单介绍它的操作步骤与此法的优缺点。

用眼睛观察，比较溶液颜色深度以确定物质含量的方法称为目视比色法。

常用的目视比色法是标准系列法。用一套由相同材料制造的、形状和大小相同的比色管（容量有 10mL、25mL 及 100mL 几种），将一系列不同量的标准溶液依次加入各比色管中，再分别加入等量的显色剂及其它试剂，并控制其它实验条件相同，最后稀释至同样体积，这样便配成了一套颜色逐渐加深的标准色阶。将一定量被测试液置于另一比色管中，在同样条件下进行显色，并稀释至同样体积。比色时从管口垂直向下观察，也可以从比色管的侧面观察，为了使溶液颜色的深浅易于观察和比较，可以在比色管下面的桌面上放一张白纸，或将装有标准溶液和被测试液的两支比色管并列在一起，周围用白纸裹住，使光线从底部进入进行比色。若被测试液与标准系列中某溶液的颜色深度相同，则说明这两支比色管中溶液的浓度相同；如果被测试液颜色深度介于相邻两个标准溶液之间，则该被测试液的浓度也就介于这两个标准溶液浓度之间。

标准系列比色的优点是：仪器简单，操作方便，适宜于大批试样分析，速度快；比色管由上往下观色，液体厚度大，适宜于稀溶液中微量物质的测定，灵敏度高；有些不符合朗伯-比耳定律（有色溶液对光的吸收程度与溶液中有色物质的浓度和液层厚度的乘积成正比）的有色液体仍可用目视比色法进行测定。但此法也有以下缺点：显示颜色一般不太稳定，常需临时配制一套标准色阶；相对误差较大，一般在 5%～20%；对比色管的要求更为严格（玻璃质量、管子形状、大小、平底、磨口以及刻度准确等均应保持一致）。

3. 不同温度下 $FeSO_4 \cdot 7H_2O$、$(NH_4)_2SO_4$、$(NH_4)_2SO_4 \cdot FeSO_4 \cdot 6H_2O$ 晶体在水中的溶解度数据见下表。

三种晶体在水中的溶解度　　　　　　　　单位：g/100g 水

温度/℃	0	10	20	30	40	50	60	80	100
$FeSO_4 \cdot 7H_2O$	15.65	20.51	26.5	32.9	40.2	48.6			
$(NH_4)_2SO_4$	70.6	73.0	75.4	78.0	81.0		88.0	95.3	103.3
$(NH_4)_2SO_4 \cdot FeSO_4 \cdot 6H_2O$	12.5	17.2		33	40		53		

$(NH_4)_2SO_4 \cdot FeSO_4 \cdot 6H_2O$ 为透明浅蓝色单斜晶体。

四、实验室准备工作注意事项

1. 实验室应预先制备好三支比色管中分别含有 Fe^{3+} 0.05mg、0.10mg、0.20mg 的标准色阶，以供学生目视比色法检验产品含 Fe^{3+} 量时使用。

2. $(NH_4)_2SO_4$ 固体必须纯度高（可用分析纯）。

五、实验前准备的思考题

1. 铁屑表面的油污是怎样除去的？
2. 为什么要保持硫酸亚铁溶液和硫酸亚铁铵溶液呈较强的酸性？
3. 如何计算 $(NH_4)_2SO_4 \cdot FeSO_4 \cdot 6H_2O$ 的理论产量和反应所需 $FeSO_4 \cdot 7H_2O$ 的质量？
4. 怎样证明产品中含有 NH_4^+、Fe^{2+} 和 SO_4^{2-}？怎样分析产品中的 Fe^{3+} 含量？
5. 预习台秤的使用以及加热、溶解、减压过滤、蒸发、结晶、干燥等基本操作内容。

生产工艺

（以钛白粉生产的废亚铁为原料，见实验十七）

在 500L 反应釜中泵入 200kg 含量为 7.5%～7.6%（wt）稀硫酸（一般用反应废硫酸），启动搅拌机，从反应釜人孔加入 100kg 废亚铁渣，搅拌 0.5～1.5h，定时取样分析 Fe^{3+} 含量，补加铁粉使 Fe^{3+} 在规定含量内。通入氨气或加浓氨水，控制反应锅内液温不超过 110℃，pH 不超过 1.0，当 pH 升高到 0.5 时，停止加氨，保温 0.5～1.5h 后得硫酸亚铁铵混合溶液；趁热过滤后通入结晶釜，混合溶液经冷却结晶、分离纯化后固相为硫酸亚铁铵，液相作为母液补加硫酸、水后作为溶解液循环利用。该工艺主要原料为硫酸法钛白粉行业的废酸废亚铁渣，化废为宝；所得产品市场前景好，综合效益显著。

实验四　碳酸钠的制备

实验部分

一、实验目的

1. 通过实验了解联合制碱法的反应原理。

2. 学会利用各种盐类溶解度的差异并通过水溶液中离子反应来制备一类盐的方法。

二、实验原理

碳酸钠俗称苏打，工业上叫纯碱，用途很广。工业上的联合制碱法是将二氧化碳和氨气通入氯化钠水溶液，先生成碳酸氢钠，再在高温下灼烧，生成碳酸钠。

$$NH_3 + CO_2 + NaCl + H_2O \Longrightarrow NaHCO_3 \downarrow + NH_4Cl$$

$$2NaHCO_3 \xrightarrow{\triangle} Na_2CO_3 + CO_2 \uparrow + H_2O$$

本实验以 $NaCl$ 和 NH_4HCO_3 为原料制备，反应方程式为

$$NaCl + NH_4HCO_3 \Longrightarrow NaHCO_3 \downarrow + NH_4Cl$$

$$2NaHCO_3 \xrightarrow{\triangle} Na_2CO_3 + CO_2 \uparrow + H_2O$$

第一个反应实质上是水溶液中离子交换反应。反应后溶液中存在着 $NaCl$、NH_4HCO_3、$NaHCO_3$、NH_4Cl 四种盐。这些盐虽然均溶于水，但溶解度相差较大，相互之间的溶解性能还会发生影响。比较各自在不同温度下的溶解度，可以粗略地找到分离这些盐的最佳条件。表 2-1 列出四种盐在不同温度下的溶解度。

表 2-1　四种盐在不同温度下的溶解度　　　　　　　　　（单位：g/100g 水）

温度/℃	0	10	20	30	40	50	60	70	80	90	100
NaCl	35.7	35.8	36.0	36.3	36.6	37.0	37.3	37.8	38.4	39.0	39.8
NH_4HCO_3	11.9	15.8	21.0	27.0							
$NaHCO_3$	6.9	8.15	9.6	11.1	12.7	14.5	16.4				
NH_4Cl	29.4	33.3	37.2	41.1	45.8	50.4	55.2	60.2	65.6	71.3	77.3

　　当温度超过 35℃，NH_4HCO_3 就开始分解，若温度太低又影响了 NH_4HCO_3 的溶解度，故反应温度控制在 30～35℃ 为宜，从表可知，此时 $NaHCO_3$ 的溶解度也很低，因此将研细的 NH_4HCO_3 固体溶于浓 NaCl 溶液，充分搅拌后就析出 $NaHCO_3$ 晶体。经过滤、洗涤和干燥即可得到 $NaHCO_3$ 晶体。加热 $NaHCO_3$，其分解产物就是 Na_2CO_3。

三、实验用品

1. **仪器**：烧杯、蒸发皿。
2. **试剂**：粗食盐、碳酸氢铵。

四、实验内容

1. 化盐与精制

　　称取 8g 粗食盐，于 100mL 烧杯中加水配制成 25% 的粗食盐水溶液。用 3mol·L^{-1} NaOH 和 3mol·L^{-1} Na_2CO_3 组成 1∶1（体积比）的混合溶液调 pH＝11 左右，得到大量胶状沉淀，加热至沸，抽滤，分离沉淀，将滤液用 6mol·L^{-1} HCl 调 pH 至 7。

2. 转化

　　将盛有滤液的烧杯放在水浴上加热，控制温度在 30～35℃ 之间。在不断搅拌下，分多次把 10g 研细的 NH_4HCO_3 固体加入滤液中。加完料后，继续保温、搅拌 30min，使反应充分进行。静置，抽滤，得到 $NaHCO_3$ 晶体，用少量水洗涤两次，再抽干。称湿重。

3. 制纯碱

　　将抽干的 $NaHCO_3$ 放入蒸发皿中，在煤气灯上灼烧 1h 即得到纯碱。放入干燥器中冷却至室温，称重，计算产率。

实验指导

一、实验操作注意事项

　　1. 有些工业粗食盐颗粒很大（像枣一样），很硬，难以溶解，要先敲碎，溶解时要加热。

　　2. 在用沉淀法除去 Ca^{2+}、Mg^{2+} 和 Fe^{3+} 等离子时，沉淀剂应稍微加入过量些以使沉淀反应完全。为了检查沉淀是否完全，可将烧杯从石棉网上取下，待沉淀沉降后，在上层清夜中再滴加 1～2 滴沉淀剂，观察澄清液中是否还有浑浊现象，如无浑浊，说明已沉淀完全。如仍有浑浊现象，则须继续滴加沉淀剂，直至沉淀完全为止。否则将因杂质离子没有完全除去而影响产品的纯度。此外，在沉淀完全后应继续加热煮沸数分钟，以使颗粒长大而易于过滤。

3. 使用 pH 试纸时，应先将 pH 试纸剪成小条，放在干燥洁净的点滴板或表面皿上，绝不能将试纸直接投入溶液中，否则不仅将使检测结果不准，而且还会污染溶液。

4. 用盐酸除去过量 Na_2CO_3 与 NaOH 时，必须将溶液调至中性（pH＝6～7），而且所用的必须是纯盐酸（可用化学纯）。因为工业用盐酸常含有 Fe^{3+} 等杂质而带黄色，从而影响氯化钠的纯度。

5. 所购 NH_4HCO_3 固体易结块，使用时必须研成粉末状。在不断搅拌下，分批加入，前一小批溶解后再加后面一批。加完料必须再加热 30min。虽然 $NaHCO_3$ 溶解度小，应该沉淀，NH_4HCO_3 溶解度大，应该溶解，但 $NaHCO_3$ 沉淀可能会吸附 NH_4HCO_3 细小颗粒，使反应不完全，充分加热、搅拌驱使 NH_4HCO_3 溶解，发生复分解反应，但加热必须是小火，且温度不超过 30℃，因 NH_4HCO_3 分解的温度更低，最后温度确保不超过 35℃。

6. 洗涤布氏漏斗中 $NaHCO_3$ 固体时，先关真空，滴少量水在 $NaHCO_3$ 固体表面，等 1min 后再抽滤（使吸附在表面的可溶性杂质有时间溶解除去）。

7. 在灼烧 $NaHCO_3$ 时，先小火蒸去湿润水，要不断翻动，防止结块，再大火，也要适当翻动，以使分解反应完全。

二、问题探讨

1. 该类反应从复分解反应角度来说是不能进行的，因为产物中无气体、弱电解质如水和沉淀生成。但由于碳酸氢钠的溶解度远低于其它物质，在一定温度下沉积下来与其它物质分离，得到产物。通过这种利用一定温度下溶解度的差别来制备或提纯物质的例子在无机制备中不少。

2. 粗食盐中还有大量其它阴离子，为什么不用化学方法除去？

本实验是通过复分解反应生成 $NaHCO_3$ 沉淀，过滤得到固体，在产品过滤过程中，阴离子留在溶液中，过滤产品时自然得到了分离，故不必用化学方法除去杂质阴离子。

3. 从制备碳酸氢钠的复分解方程式及几种物质的溶解度可见，产物碳酸氢钠的收率不高，还有很多杂质，该如何处理？

沉淀碳酸氢钠过滤后，母液中确实还有一些碳酸氢钠、氯化钠、氯化铵等物质，在实际生产中，母液是循环套用的。根据 NH_4Cl 在常温时的溶解度比 NaCl 大，而在低温下却比 NaCl 溶解度小的原理，在 278～283K（5～10℃）时，向母液中加入食盐细粉，而使 NH_4Cl 单独结晶析出供做氮肥，或加热分解回收，其它组分都是下一步套用的原料。实际上，碳酸氢钠加热分解放出的二氧化碳也是收集套用的。

工厂实际生产工艺

1. 精制盐水

所用的氯化钠溶液中或多或少地含有 Ca^{2+}、Mg^{2+} 等杂质离子，它们在氨化或碳酸化过程中会生成 $CaCO_3$、$Mg(OH)_2$、$MgCO_3$ 及其它不溶性复盐，堵塞设备与管道，影响传热和成品质量。故盐水在进入吸氨塔前必须除去这些杂质。

精制方法是加入碱性物质如 Na_2CO_3 和 NaOH 等。使 Mg^{2+} 生成 $Mg(OH)_2$ 沉淀，Ca^{2+} 生成 $CaCO_3$ 沉淀。

$$Mg^{2+} + 2OH^- \longrightarrow Mg(OH)_2 \downarrow$$
$$Ca^{2+} + CO_3^{2-} \longrightarrow CaCO_3 \downarrow$$

生成的沉淀可借沉降法除去。沉淀除去 Ca^{2+}、Mg^{2+} 以后的盐水，称为精制盐水。

2. 生成碳酸氢钠沉淀

氨盐水碳酸化生成碳酸氢钠沉淀

$$NaCl+NH_3+CO_2+H_2O \longrightarrow NaHCO_3\downarrow+NH_4Cl \tag{1}$$

这一过程在碳酸化塔中进行。

由于 NaCl 水溶液不能吸收 CO_2，故如上式所示，NH_3 与 CO_2 同时通入时 CO_2 的吸收率是很低的。因此，必须先用 NaCl 溶液吸收 NH_3，再吸收 CO_2。吸氨在吸氨塔中完成。

3. 得到纯碱

反应式（1）所生成的 $NaHCO_3$ 固体，经过过滤分离后，送入煅烧炉中，在 160℃ 以上高温煅烧，即得纯碱。

$$2NaHCO_3 \xrightarrow{\triangle} Na_2CO_3+CO_2\uparrow+H_2O\uparrow$$

此时形成共晶的 NH_4HCO_3 也一起分解：

$$NH_4HCO_3 \xrightarrow{\triangle} NH_3+CO_2\uparrow+H_2O$$

放出的气称为炉气，经冷却，吸收除去氨后，压缩返回碳酸化塔中。

4. 生产流程图

见图 2-9。

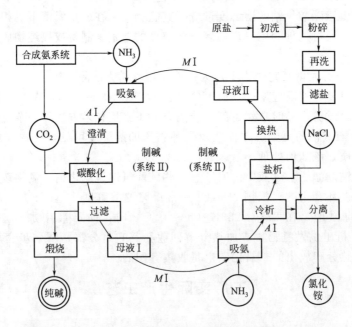

图 2-9 纯碱生产流程

实验五 无机颜料（铁黄）的制备

实验部分

一、实验目的

1. 了解用亚铁盐制备氧化铁黄的原理和方法。

2. 熟练掌握溶液 pH 的调节、沉淀的洗涤、减压过滤及结晶的干燥等基本操作。

二、实验原理

氧化铁颜料由于无毒、化学性质稳定、色彩多样，其重要性与日俱增，是无机彩色颜料中生产量和消费量最大的一类颜料，根据色泽和成分可以分为氧化铁红、氧化铁黄和氧化铁黑。

氧化铁黄又称羟基氧铁，简称铁黄，其分子式为 FeO(OH) 或 $Fe_2O_3 \cdot H_2O$。是化学性质比较稳定的碱性化合物，不溶于碱，微溶于酸，完全溶于热的浓盐酸。铁黄由于具有良好的着色力、遮盖力，常用作建筑墙面粉刷剂、橡胶及造纸等工业的着色剂，也可作为生产铁红、铁黑的原料。同时由于铁黄无毒，可用作药片的糖衣着色剂及化妆品的添加剂。

本实验制取铁黄是采用湿法亚铁盐氧化。制备过程分为两步。

1. 晶种的形成

由于铁黄为晶体，因而制取时必须先形成晶核，晶核长大成为晶种。如果没有晶种的参与，就只能得到稀薄的色浆而非颜料。形成铁黄晶种的过程大致分为两步。

（1）生成氢氧化亚铁胶体 在一定温度下，向硫酸亚铁铵（或硫酸亚铁）溶液中加入氢氧化钠液（或氨水），立刻有胶状氢氧化亚铁生成，反应如下：

$$FeSO_4 + 2NaOH \longrightarrow Fe(OH)_2 \downarrow + Na_2SO_4$$

氢氧化亚铁溶解度非常小，而晶核生成的速度相当迅速，晶种无暇长大，因而将得到较细小粒子。一般来说，细小而均匀的晶种粒子有利于在氧化阶段得到高质量的产品，因此反应需在充分搅拌下进行。反应后溶液中要留有硫酸亚铁晶体。

（2）FeO(OH)晶核的形成 要生成铁黄晶种，需将氢氧化亚铁进一步氧化，反应如下：

$$4Fe(OH)_2 + O_2 \longrightarrow 4FeO(OH) \downarrow + 2H_2O$$

此氧化过程俗称"发胶"，是一个复杂的过程，反应温度和 pH 必须严格控制在规定范围内，此步温度控制在 20℃左右，绝对不能超过 40℃；溶液 pH 保持在 4~4.5。若溶液 pH 接近中性或略偏碱性，则呈棕黑色；pH＞9 时会形成红棕色的铁红晶种；若 pH＞12，则又产生一系列过渡色相的铁氧化物，失去作为晶种的作用。

2. 铁黄的制备（氧化阶段）

氧化阶段的氧化剂主要为 $KClO_3$，另外空气中的氧气也参加氧化反应。氧化时必须升温，温度保持在 80~85℃，控制溶液的 pH 为 4~4.5。氧化过程的化学反应如下：

$$4FeSO_4 + O_2 + 6H_2O \longrightarrow 4FeO(OH) \downarrow + 4H_2SO_4$$

$$6FeSO_4 + KClO_3 + 9H_2O \longrightarrow 6FeO(OH) \downarrow + 6H_2SO_4 + KCl$$

氧化反应过程中，沉淀的颜色起初为灰绿色，继而转变为墨绿色，进一步变为红棕色，最后成淡黄色。

三、实验用品

1. 仪器：恒温水浴槽、托盘天平、水循环真空泵。

2. 药品：硫酸亚铁铵(s)、氯酸钾(s)、NaOH 溶液($2mol \cdot L^{-1}$)、$BaCl_2$ 溶液（$0.1mol \cdot L^{-1}$）、pH 试纸。

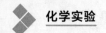

四、实验步骤

1. 氢氧化亚铁胶体的制备

称取 7.0g $(NH_4)_2Fe(SO_4)_2 \cdot 6H_2O$ 放在 100mL 烧杯中，加 15mL 蒸馏水，磁力搅拌 5min，在 20℃的恒温水浴中加热至溶解。检验此时溶液的 pH，边搅拌边慢慢滴加 2mol·L^{-1} NaOH 溶液，随着氧化反应的进行，溶液的 pH 为 4～4.5 时，停止加碱。观察反应过程中沉淀颜色的变化。

2. FeO(OH)晶核的形成

取 0.2g $KClO_3$ 加入上述溶液中，搅拌后检验溶液的 pH，将恒温水浴升到 85℃，进行氧化反应，边搅拌边不断滴加 2mol·L^{-1} NaOH 溶液，当 pH 为 4～4.5 时停止加碱。

3. 可溶性盐除去

用 60℃左右的去离子水以倾析法洗涤淡黄色颜料数次，至溶液中基本上无 SO_4^{2-} 为止（如何检验？）。

4. 减压过滤

减压过滤得黄色颜料滤饼，弃去母液（倒入回收瓶），将黄色颜料滤饼转入蒸发皿中，在水浴加热下进行烘干，称其质量，并计算产率。

五、思考题

1. 在洗涤黄色颜料过程中如何检验溶液基本没有 SO_4^{2-}，目视观察达到什么程度算合格？
2. 为何制得铁黄后干燥温度不能太高？
3. 如何从铁黄制备铁红、铁绿、铁棕和铁黑？

实验指导

一、实验操作注意事项

1. 硫酸亚铁铵在加热溶解过程中要保持酸性、温度不超过 30℃，以免被提前部分氧化。
2. 在滴加 NaOH 溶液过程中滴加速度要慢，要快速搅拌（如无磁力搅拌），避免局部过碱性。在滴加过程中要常检验体系的 pH。$FeSO_4$ 始终是远远过量的。
3. 滴加 NaOH 溶液过程中要严格控温，如气温较高，可用冷水浴，温度不超过 20℃左右，体系颜色为灰绿色至绿色，体系中应还有部分硫酸亚铁存在，以保证 $Fe(OH)_2$ 的细小晶种。
4. 0.2g $KClO_3$ 加入后，水浴加热至 85℃左右，搅拌中继续加 NaOH 溶液，但 pH 基本不变（因 OH^- 与 Fe^{2+} 或 Fe^{3+} 反应），还是 4～4.5，颜色由绿色变为红棕色，至最后变为黄色。
5. 洗涤 SO_4^{2-} 时，用试管接一定体积的洗涤液，加入一定量的 $BaCl_2$ 溶液，移入比色管，与一系列标准浓度 SO_4^{2-} 比较浊度，直到达到标准。

二、问题与探讨

1. 亚铁离子与 NaOH 生成 $Fe(OH)_2$ 在较低温度（20℃左右）时，晶体生长速度较慢，能得到细小的晶体，有利于下一步的氧化，若温度太低，则会有 γ-FeO(OH) 杂晶，影响产量。

2. 反应中，pH 一直保持在 4～4.5，若 pH 大于 5，会生成 Fe_3O_4 杂晶，pH 太低，晶体生长速度快，晶体颗粒过大，会增加下一步氧化的难度。

3. $FeSO_4$ 中 Fe^{2+} 在溶液中以 $[Fe(H_2O)_6]^{2+}$ 配离子形式存在，以保证溶液中游离的 Fe^{2+} 浓度恒定，形成规则的、微小的晶体。温度过高会破坏配离子结构，使晶核大小不一致。

4. 氧化分两步，首先是空气中的氧气，将 $Fe(OH)_2$ 氧化为铁黄晶种，在 $FeSO_4$ 介质中，Fe^{2+} 进一步沉淀在晶种上，晶体长大成为铁黄，但速度太慢。待晶种长成后，加入氧化剂氯酸钾，以加快氧化速度，提高产率。

5. 硫酸亚铁的浓度高，反应速率快，颜色不易控制；浓度低，反应时间长，产品颜色发暗。硫酸亚铁的浓度一般控制在 5％～15％范围内。

生产工艺

一、酸法制备工艺

1. 铁皮法

该方法使用的原料为 $FeSO_4$，为维持反应介质中 Fe^{2+} 浓度在特定的范围，在反应过程中加入还原剂铁皮。加入铁黄晶种和通入空气，在一定 pH 条件下合成铁黄。该方法主要有两步。

（1）首先以 $FeSO_4 \cdot 7H_2O$ 为原料，NaOH 或 $NH_3 \cdot H_2O$ 为沉淀剂或 pH 调节剂，空气为氧化剂氧化制备晶种；

（2）用晶种、$FeSO_4$、铁皮、空气进行二步氧化产出铁黄。此处，NaOH 或 $NH_3 \cdot H_2O$ 用作沉淀剂或 pH 调节剂，与 $FeSO_4$ 反应生成氢氧化亚铁沉淀；空气用作氧化剂；铁皮与 $FeSO_4$ 氧化水解过程中所产生的硫酸反应。提供反应体系中所需的亚铁离子，并维持溶液的 pH。

2. 滴加法

在二步氧化中若采用滴加硫酸亚铁溶液代替铁皮，滴加氨水中和氧化过程中产生的酸，则这种方法称为滴加法。所涉及的反应为：

$$4FeSO_4 + O_2 \text{（空气）} + 6H_2O \longrightarrow 4\alpha\text{-FeO(OH)} \downarrow + 4H_2SO_4$$

滴加法需以一定的速度向反应釜中滴加硫酸亚铁母液和氨水，每隔一段时间用 pH 计测定反应体系的 pH。用重铬酸钾法分析 Fe^{2+}、Fe^{3+} 的浓度，以控制反应体系的 pH 和 Fe^{2+} 浓度。

二、氧化工艺

1. 空气氧化法

因空气的零成本和取之不尽的特性，从而成为氧化沉淀法中首选的氧化剂。这种方法是在分散剂和表面活性剂的存在下，将 $FeSO_4$ 与 NaOH（或氨水）反应生成 $Fe(OH)_2$ 胶体，$Fe(OH)_2$ 被空气氧化成铁黄晶种。在 $FeSO_4$ 介质中，Fe^{2+} 进一步沉淀在晶种上，晶种长大成为铁黄。空气氧化法具有工艺技术成熟、设备简单、生产成本低、易工业化等优点；但也有生产周期长（通常一批产品需 30～50h）、能耗高等缺点。

在亚铁氧化过程中，可以把亚铁盐水溶液在硅酸盐或铝酸盐存在下用空气氧化。也可在亚铁盐中加入添加剂，控制氧化铁黄粒度的增大，使其达到均一。如添加乙二酸、酒石酸等来控制粒子的大小和均匀性，这些添加剂可以防止 Fe^{2+} 被氧化成 Fe^{3+}。有时，为了得到更细的氧化铁黄颗粒，在空气氧化过程中，可以加入晶型转化促进剂，常见的无机晶型转化促进剂有钙、镁、铝等元素的氯化物或硫酸盐、磷酸盐、亚磷酸盐等。有机晶型转化促进剂有多元醇、单糖或多糖等化合物，其用量为氧化铁黄的 $5\% \sim 15\%$。过滤后的透明铁黄滤饼，可重新分散在 $NaOH$ 溶液中，在一定温度和 pH 下搅拌一段时间，以除去颜料中的杂质阳离子和阴离子，提高颜料的透明度和色相纯度。

2. 氯酸钠氧化法

氯酸钠氧化法是以 $FeSO_4$ 为原料，在酸性溶液中用 $NaClO_3$ 将 Fe^{2+} 氧化成 Fe^{3+}，然后再用 $NaOH$ 将 Fe^{3+} 沉淀为 $Fe(OH)_3$ 胶体，在铁皮存在的条件下，将 $Fe(OH)_3$ 转化为 α-$FeO(OH)$。α-$FeO(OH)$ 经过水洗、过滤、干燥、粉碎即可得到氧化铁黄。我国自上世纪 70 年代就开始用该法生产氧化铁黄，水浆中的水合氧化物用十二烷基苯磺酸钠等进行表面处理，制得透明度较高的氧化铁黄颜料。该工艺的关键步骤是 $Fe(OH)_3$ 胶体的制备、晶型转化及表面处理；优点是流程短，但过程难以控制，因此所得颜料质量不稳定。

实验六 硫代硫酸钠的制备

实验部分

一、实验目的

1. 了解硫代硫酸钠的制备方法。
2. 了解硫代硫酸钠的性质。
3. 熟练并巩固一些基本操作。

二、实验原理

硫代硫酸钠的五水合物（$Na_2S_2O_3 \cdot 5H_2O$）俗称海波，又名大苏打，为单斜晶系大粒菱晶，56℃时溶于其结晶水中，100℃时脱水。硫代硫酸钠易溶于水，其水溶液呈弱碱性。工业上或实验室的制备，可用硫黄和亚硫酸钠溶液共煮而发生化合反应：

$$Na_2SO_3 + S \longrightarrow Na_2S_2O_3$$

经过滤、蒸发、浓缩结晶，即可制得 $Na_2S_2O_3 \cdot 5H_2O$ 晶体。硫代硫酸钠溶液在浓缩时能形成过饱和溶液，此时加入几粒晶体（称为晶种），就可有晶体析出。

硫代硫酸钠的重要性质之一是具有还原性，它是常用的还原剂。例如遇中等强度的氧化剂（I_2、Fe^{3+}）时，硫代硫酸钠被氧化成连四硫酸钠：

$$2Na_2S_2O_3 + I_2 \longrightarrow Na_2S_4O_6 + 2NaI$$

这一反应是定量分析中碘量法的基础。

硫代硫酸钠遇强氧化剂如 $KMnO_4$、Cl_2 时，可被氧化成硫酸盐：

$$8KMnO_4 + 5Na_2S_2O_3 + 7H_2SO_4 \longrightarrow 8MnSO_4 + 5Na_2SO_4 + 4K_2SO_4 + 7H_2O$$

$$4Cl_2 + Na_2S_2O_3 + 5H_2O \longrightarrow Na_2SO_4 + H_2SO_4 + 8HCl$$

后一反应可用于纺织漂染及自来水中除氯。

硫代硫酸钠的另一重要性质是配位性。例如银盐遇过量硫代硫酸钠反应，能生成可溶性的二硫代硫酸根合银（Ⅰ）酸钠而使难溶的 AgBr 溶解：

$$AgBr + 2Na_2S_2O_3 \longrightarrow Na_3[Ag(S_2O_3)_2] + NaBr$$

基于这一性质，硫代硫酸钠常用作感光胶片拍摄后的定影剂。

硫代硫酸钠可看作硫代硫酸的盐，硫代硫酸（$H_2S_2O_3$）极不稳定，所以硫代硫酸盐遇酸即分解：

$$Na_2S_2O_3 + 2HCl \longrightarrow S\downarrow + SO_2\uparrow + 2NaCl + H_2O$$

分解反应既有 SO_2 气体逸出，又有乳白色或乳黄色的硫析出而使溶液浑浊，这是硫代硫酸盐和亚硫酸盐的区别。

三、实验用品

1. 仪器：烧杯（100mL）、表面皿、布氏漏斗、吸滤瓶、蒸发皿、石棉网。
2. 药品：硫黄粉、Na_2SO_3、乙醇。

四、实验内容

1. 硫代硫酸钠的制备

① 称取 Na_2SO_3 12.6g（0.1mol）置于烧杯中，加 75mL 水，用表面皿作为盖，加热、搅拌溶解，继续加热到近沸。

② 称取硫黄粉 4g（0.125mol）放在小烧杯中，加水和乙醇（各半），将硫黄粉调成糊状，在搅拌下分次加入近沸的亚硫酸钠的溶液中，在保持沸腾下继续加热并搅拌 1h 左右。注意：在沸腾过程中，要经常搅拌，并将烧杯壁上黏附的硫用少量水冲淋下去，同时补充水分的蒸发损失。

③ 反应完毕，趁热用布氏漏斗减压过滤，弃去未反应的硫黄粉。

④ 滤液转入蒸发皿中，并放在石棉网上加热蒸发、浓缩至 20mL 左右，搅拌，冷却至室温。如无结晶析出，加几粒硫代硫酸钠晶体，即有大量晶体析出，静置 20min。

⑤ 用布氏漏斗减压过滤，并用玻璃瓶盖面轻压晶体，尽量抽干，取出称量，计算产率。

2. 产品性质检验

称取 0.3g 产品，溶于 10mL 蒸馏水制成试液，做以下性质实验，观察并记录实验现象。

① 检验试液的酸碱性。
② 试液与 2mol/L 的盐酸的反应。
③ 试液与碘水的反应。
④ 试液与氯水的反应，并检验有 SO_4^{2-} 生成。
⑤ 试液与 $KMnO_4$ 酸性溶液的反应。
⑥ $S_2O_3^{2-}$ 的鉴定。

根据以上实验现象，对产品性质作出结论。

五、思考题

1. 根据制备反应原理，实验中哪种反应物应过量？可以倒过来吗？
2. 在蒸发浓缩的过程中，溶液可以蒸干吗？
3. 计算出理论产量。

4. 拟好产品性质检验的实验操作步骤。

实验指导

一、实验操作注意事项

1. 因亚硫酸钠溶液与硫黄是非均相反应，硫黄必须磨成粉末状，再用酒精水溶液调成糊状，否则会浮在液面上难以反应。

2. 由于产物 $Na_2S_2O_3$ 在酸性溶液中不稳定，因此应保持溶液呈碱性，加入少量 NaOH 溶液，使溶液 pH 在 10 左右。

3. 硫黄与溶液不互溶，反应中要不断搅拌以增加反应物间的接触和使表面产物迅速溶解。

4. 反应一直要维持在微沸状态，若加热到溶液剧烈沸腾，则要用较大的烧杯，以免溶液溅出影响产量；剧烈沸腾时，相当于强力搅拌，反应时间 0.5h 左右，但应注意液面高度，不时补充去离子水以维持溶液体积，以免由于水的减少而使溶质析出。

5. 用蒸发皿蒸发溶液时，由于 $Na_2S_2O_3$ 容易形成过饱和溶液，表面一般不出现晶膜，蒸发到 20mL 时停止加热（可用同样的蒸发皿加 20mL 水，比较液面来判断），冷却溶液析出晶体。

6. 若反应在三口烧瓶中进行并带回馏搅拌装置则更佳。

二、问题与讨论

1. 为什么反应液的 pH 要保持在 10 左右？

$Na_2S_2O_3$ 在酸性溶液中不稳定，会分解成 SO_2 和 S。

$$Na_2S_2O_3 + 2H^+ \longrightarrow 2Na^+ + SO_2\uparrow + S\downarrow + H_2O$$

若碱性太强，硫会歧化成 Ns_2SO_3 和 Na_2S。

$$3S + 6NaOH \longrightarrow 2Na_2S + Na_2SO_3 + 3H_2O$$

2. 为什么要把硫粉调成糊状？为什么在反应时要不停地快速搅拌？能否靠溶液的沸腾来搅动？

硫和 Na_2SO_3 溶液的反应是非均相反应，很好地混合和反应物不断地接触是本反应的关键。若硫粉不调成糊状，则会浮在溶液表面，在搅拌中会飘散到空气中，只有很少留在溶液中；本实验在反应的 1h 中几乎要不停地搅拌，若单靠溶液沸腾搅动，则会发现硫全浮在表面，即使在锥形瓶中沸腾 1h，最后产率也不超过 85%，而不停地搅拌，产率能达到 95%。若用机械搅拌当然更好，但实验装置要复杂许多。

3. 怎样判断反应完成的程度？

反应时，体系中硫粉减少，在停止搅拌溶液静止时，可观察到表面絮状的硫黄层不断变薄，到最后，硫黄层只有表面很薄的一层，趁热抽滤时，滤纸上硫粉很少，表示反应已基本完全。

4. 溶液要蒸发浓缩到什么程度？如何判断？

由于 $Na_2S_2O_3$ 的溶解度受温度影响大，冷却后容易形成过饱和溶液，故从现象上较难判断应蒸发到何种程度。只能根据产物的溶解度推算出蒸发到溶液还剩 20mL 时已饱和，溶液稍有黏性，可冷却等待结晶。有时过 1h 都不结晶，此时可加入少量硫代硫酸钠晶种，晶体会在加入晶种的瞬间析出。

若把溶液蒸发过量，冷却后晶块会与蒸发皿结成一体，难以从蒸发皿中取出。

三、补充说明

1. 实验室制备硫代硫酸钠有多种方法，常用的还有在碳酸钠和硫化钠混合溶液中通入 SO_2 气体的方法，方程式为：

$$Na_2CO_3 + 2Na_2S + 4SO_2 \longrightarrow 3Na_2S_2O_3 + CO_2$$

该方法装置较复杂，且反应中 SO_2 气体有毒，应在通风橱中进行。

2. 在剧烈搅拌的反应中后期，溶液呈橙黄色，但过滤后溶液仍为无色。

3. 产品硫代硫酸钠的纯度检验，可用间接碘量法滴定。反应方程式为：

$$Cr_2O_7^{2-} + 6I^- + 14H^+ \longrightarrow 2Cr^{3+} + 3I_2 + 7H_2O$$
$$I_2 + 2S_2O_3^{2-} \longrightarrow 2I^- + S_4O_6^{2-}$$

该实验可与分析化学实验结合起来作为综合实验。

4. 硫代硫酸钠浓缩结晶时，若过饱和晶体不析出，也可将过饱和液加入到乙醇中使结晶很快出现，但结晶颗粒很小，纯度稍低。

5. 反应温度要保持在 100℃ 或稍高，即保持微沸状态，转化率可达到 99%。若温度为 95℃，则转化率为 70%；温度为 90℃，转化率为 61%；温度为 80℃ 时，转化率仅为 58%。

6. 本实验计量应以不足量的 Na_2SO_3 为标准，而不应以稍过量的硫粉为标准，实验表明，硫粉过量 20% 左右即可，再增加硫粉，Na_2SO_3 的转化率也不增加。

7. 有关物质的溶解度见表 2-2。

表 2-2　有关物质的溶解度　　　　　　　　　单位：g/100g 水

温度/℃	10	20	30	40	50
$Na_2SO_3 \cdot 7H_2O$	20	26.9	36		
Na_2SO_3				28	28.2
$Na_2S_2O_3$	61.0	70.0	84.7	102.6	169.7

四、实验室准备工作注意事项

1. 所用硫粉要干燥、磨细，不能有结块。

2. 亚硫酸钠最好用新的，因暴露在空气中较长时间的亚硫酸钠容易被氧化成硫酸钠，使反应物的量减少并使产物不纯。

五、实验前准备的思考题

1. 本实验在计算 $Na_2S_2O_3 \cdot 5H_2O$ 的理论产率时，应以哪种原料为准？

2. 蒸发浓缩硫代硫酸钠溶液时，为什么不能蒸发得太浓？

3. 干燥硫代硫酸钠晶体的烘箱温度为什么要控制在 40℃？

工厂实际生产工艺

向带夹套的反应釜加计量的水，加入一定量的亚硫酸钠，亚硫酸钠与水的质量比约为 1:1，搅拌至溶解。计量的硫黄用水和酒精混合液调至糊状，加入反应釜。快速搅拌中加热至沸腾。用 NaOH 溶液控制溶液的 pH，反应中浮在表面的硫黄不断减少。当硫黄剩下很少时，从取样口用真空吸少许反应液，取 3 滴加入中性甲醛振荡，再加 2 滴酚酞指示剂观察颜色变化以判断反应完成程度。若溶液无色说明反应已完，若溶液呈红色说明反应还未完全，继续反应直至取出的反应液加甲醛和酚酞后呈无色。加热蒸发至饱和。

饱和液进入槽式搅拌结晶器，搅拌转速控制在 60~80 转/min，进料温度控制在 90~

100℃，溶液密度控制在 1.53g/cm^3（冬季），$1.54\sim1.55\text{g/cm}^3$（夏季），结晶器夹套控温在80℃，以防器壁上粘附。物料在1h内快速降温至45℃，然后很缓慢地降温至43℃，约需8h。所得结晶为较大的透明棱晶，均匀、整齐、美观。

实验七 醋酸铬(Ⅱ)水合物的制备

实验部分

一、实验目的

1. 学习无氧条件下制备易被氧化的不稳定化合物的原理和方法。

2. 通过测定醋酸铬（Ⅱ）的磁化率来表征其纯度。

3. 练习和巩固沉淀的洗涤、过滤等基本操作。

二、实验原理

通常二价铬的化合物非常不稳定，它们能迅速被空气中的氧气氧化为三价铬的化合物。只有铬（Ⅱ）的卤化物、磷酸盐、碳酸盐和醋酸盐可存在于干燥状态。

醋酸铬（Ⅱ）是淡红色结晶性物质，不溶于水，但易溶于盐酸。这种溶液与其它所有亚铬酸盐一样，能被空气中的氧气氧化。

含有三价铬的化合物通常呈绿色或紫色（根据阴离子的不同而不同），且多溶于水，不溶于醇。

制备容易被空气氧化的化合物不能在大气气氛下进行，通常用惰性气体如氮气、氩气作为保护性气氛，有时也在还原性气氛下进行。

本实验在封闭体系中利用金属锌作还原剂，将三价铬还原为二价，再与醋酸钠溶液作用制得醋酸铬（Ⅱ）。反应体系中产生的氢气除了增大体系的压强使铬（Ⅱ）溶液进入醋酸钠溶液外，还起到隔绝空气使体系保持还原性气氛的作用。

制备反应的离子方程式如下：

$$2Cr^{3+} + Zn \longrightarrow 2Cr^{2+} + Zn^{2+}$$
$$2Cr^{2+} + 4Ac^- + 2H_2O \longrightarrow [Cr(Ac)_2]_2 \cdot 2H_2O$$

纯的醋酸铬（Ⅱ）$[Cr(Ac)_2]_2 \cdot 2H_2O$ 是反磁性的，因为它是二聚分子，铬原子之间存在电子间的相互作用，自旋单电子全部配对。反磁性物质的 $X_m < 0$。若 $X_m > 0$，即有顺磁性就意味着样品不纯。

三、实验用品

1. 仪器：吸滤瓶（50mL）、两孔玻璃塞、滴液漏斗（50mL）、锥形瓶（150mL）、烧杯（100mL）、布氏漏斗、量筒、古埃磁天平、平底试管。

2. 药品：浓盐酸、乙醇（AR）、乙醚（AR）、去氧水（已煮沸过的蒸馏水）、六水合三氯化铬、锌粒、无水醋酸钠。

四、实验内容

1. 醋酸铬（Ⅱ）的制备

仪器装置如图2-10所示，称取5g无水醋酸钠于锥形瓶中，用12mL去氧水配成溶液。

在吸滤瓶中放入 8g 锌粒和 5g 三氯化铬晶体，加入 6mL 去氧水，摇动吸滤瓶，得到深绿色混合物。夹住通往醋酸钠溶液的橡皮管，通过滴液漏斗缓慢加入浓盐酸 10mL，并不断摇动吸滤瓶。当溶液颜色逐渐变为蓝绿色，最终变为亮蓝色，氢气仍然较快地放出时，松开连接吸滤瓶与锥形瓶的橡皮管，以迫使氯化铬（Ⅱ）溶液进入盛有醋酸钠溶液的锥形瓶中。搅拌，形成红色铬（Ⅱ）沉淀。用铺有双层滤纸的布氏漏斗过滤沉淀，并用 15mL 去离子水洗涤沉淀数次。然后用少量乙醇、乙醚各洗涤 3 次。将一薄层产物铺在表面皿上，在室温下干燥。称重，计算产率。保存产品。

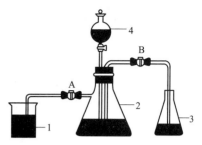

图 2-10 醋酸铬（Ⅱ）的制备装置
1—烧杯；2—吸滤瓶；
3—锥形瓶；4—滴液漏斗

2. 醋酸铬（Ⅱ）的纯度测定

将醋酸铬（Ⅱ）的粉末装入平底试管，填充过程中不断用玻璃棒挤压样品，使粉末样品均匀填实，直到约 15cm 为止，用直尺测量样品的高度 h。

选定励磁电流为 3A、4A。读取高斯计上指示的对应磁感应强度。测出无磁场时的 $m_{样品+空管}$、$m_{空管}$。分别测出 $B_{I=3A}$、$B_{I=4A}$、$B_{I=0}$ 时 $m_{样品+空管}$、$m_{空管}$。则摩尔磁化率为：

$$X_m = 2(\Delta m_{样品+空管} - m_{空管}) \frac{ghM}{\mu_0 B^2 m}。$$

五、思考题

1. 为何要用封闭的装置来制取醋酸亚铬？

2. 为什么反应中锌要过量？产物为什么用乙醇、乙醚洗涤？

3. 根据醋酸铬（Ⅱ）的性质，如何保存该化合物？

实验指导

一、实验操作注意事项

1. 装置要检查气密性，不能漏气。

2. 反应物锌粒要过量，一部分锌会与盐酸反应。

3. 滴加盐酸的速度不宜太快，反应时间控制在 1h 左右。

4. 醋酸铬（Ⅱ）容易被氧化，为防止产品与空气接触，过滤和洗涤时，在晶体上面要有一层液体覆盖。过滤时在前一次溶液或洗涤液滤完前，就要加下一次的洗涤液。

5. 产品在抽滤过程中很容易被氧化，因此在抽滤前必须准备好抽滤装置和去氧水，并迅速完成抽滤和洗涤步骤。

6. 产品需在惰性气氛中保存。

二、问题与讨论

1. 由于锌粒与 $CrCl_3$ 溶液的反应是固液非均相反应，可在吸滤瓶中加搅拌子，用电磁搅拌加快反应。实际进行的过程应为锌粒还原 H^+ 成原子氢，一部分原子氢还原 Cr^{3+} 至 Cr^{2+}。

2. 由于红色醋酸亚铬很容易被氧化成蓝色的醋酸铬，因此可在 $CrCl_2$ 溶液被倒入醋酸钠溶液及反应期间用 N_2 或 CO_2 气体保护，这样可避免红色醋酸亚铬被氧化，同时起到气泡搅拌作用。

3. 对实验装置稍加改动，使装醋酸钠溶液的锥形瓶与用于水封的烧杯串联连接，如图 2-11 所示，在溶液逐渐由暗绿色→绿色→蓝绿色→亮蓝色时，迅速按图 2-12 连接，这样能保持反应体系一直处在氢气气氛中，避免红色醋酸亚铬被氧化。

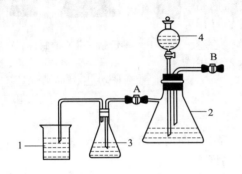 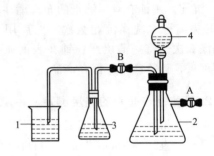

图 2-11　改动后的制备装置　　　　　　　图 2-12　变色时装置的连接
1—烧杯；2—吸滤瓶；　　　　　　　　1—烧杯；2—吸滤瓶；
3—锥形瓶；4—滴液漏斗　　　　　　　3—锥形瓶；4—滴液漏斗

三、补充说明

1. 也可用重铬酸钾作被还原物质，这时需要较多的锌。

$$Cr_2O_7^{2-}+3Zn+14H^+ \longrightarrow 2Cr^{3+}+3Zn^{2+}+7H_2O$$

$$2Cr^{3+}+Zn \longrightarrow 2Cr^{2+}+Zn^{2+}$$

在吸滤瓶中放入 10g 锌粒与 2g 重铬酸钾晶体。通过滴液漏斗缓缓加入 15mL 浓盐酸，在不断搅拌下溶液逐渐变为蓝绿色到亮蓝色。

2. 均相反应和非均相反应。

相是指物理和化学性质完全相同的均匀部分。两种物质间进行反应，若能使它们成为同一相，即组成气体混合物或相互溶解，则反应物分子间得到最大机会的接触，反应速率较大；有些物质间由于液体不互溶、固体不溶于另一反应物的溶液中或固体间反应，反应物处于不同相，仅靠有限的接触界面发生反应，反应速率很慢，此时需要快速搅拌来增加反应物间的接触。有时用相转移催化剂使非均相变为部分均相以增大反应速率。

四、实验室准备工作注意事项

可准备氮气钢瓶或 CO_2 钢瓶，并做好连接。

五、实验前准备的思考题

1. 为何要用封闭的装置来制备醋酸亚铬？
2. 产物为什么用乙醇、乙醚洗涤？
3. 无氧水如何制备？

实验八 化学反应热效应的测定

实验部分

一、实验目的

1. 了解反应热效应测定的原理、方法。

2. 熟悉台秤、温度计和秒表的正确使用。

3. 学习数据测量、记录、整理、计算等的方法。

二、实验原理

化学反应中常伴随有能量的变化。一个恒温化学反应所吸收或放出的热量称为该反应的热效应。一般把恒温恒压下的热效应称为焓变（ΔH）。当体系放出热量时（放热反应），ΔH 为负值；当体系吸收热量时（吸热反应），ΔH 为正值。同一个化学反应，若反应温度或压力不同，则热效应也不一样。

反应热效应的测量方法很多，本实验采用普通的保温杯和精密温度计作为简易量热计来测量。假设反应物在量热计（见图 2-13）中进行的化学反应是在绝热条件下进行的，即反应体系（量热计）与环境不发生热量传递。这样，从反应体系前后的温度变化和量热器的热容及有关物质的质量和比热容等，就可以按式(2-1)计算出反应的热效应。本实验是以锌粉和硫酸铜溶液发生置换反应：

$$Zn + CuSO_4 \longrightarrow ZnSO_4 + Cu$$

该反应是一个放热反应，所以实验热效应计算式为：

$$\Delta_r H_m^{\ominus} = -\frac{(Vdc + C_p)\Delta T}{1000n} \qquad (2-1)$$

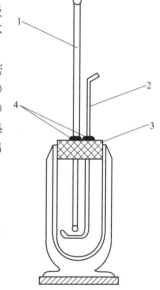

图 2-13 保温杯式简易量热计装置

1—温度计；2—搅拌棒；3—塑料盖；4—橡皮圈

式中 $\Delta_r H_m^{\ominus}$——反应热效应，kJ/mol；

V——硫酸铜溶液的体积，mL；

d——溶液的密度，g/mL；

c——溶液的比热容，J/(g·K)；

C_p——量热计的热容，J/K；

ΔT——溶液反应前后的温差，K；

n——体积为 V 的溶液中硫酸铜的物质的量，mol。

由于反应后温度需要一段时间才能升到最高值，而实验所用简易量热计不是严格的绝热系统，在这段时间内，量热计不可避免地会与周围环境发生热交换，为了矫正由此带来的温度偏差，需用图解法确定系统温度变化的最大值，即以测得的温度为纵坐标，时间为横坐标（见图 2-14），按虚线外推到开始混合的时间（$t=0$），求出温度变化最大值（ΔT），这个外推的 ΔT 值能较客观地反映出热效应所引起的真实温度变化。

量热计的热容是指量热计温度升高 1℃所需要的热量。在测定反应热之前，应先测定量热计的热容。本实验的测定方法是：在量热计中加入一定量（如 50g）的冷水，测得其温度为 T_1，加入相同量的热水（加入前测得热水温度为 T_2），混合均匀后，测得体系（混合水）的温度为 T_3，已知水的比热容为 4.18J/(g·K)，量热计的热容可由式(2-2)计算：

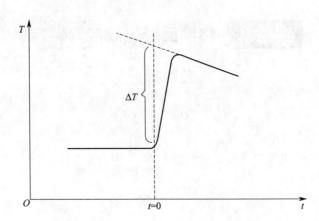

图 2-14　反应温度的变化

$$冷水得热 = (T_3 - T_1) \times 50g \times 4.18J/(g \cdot K)$$
$$热水失热 = (T_2 - T_3) \times 50g \times 4.18J/(g \cdot K)$$
$$量热计得热 = (T_3 - T_1)C_p$$

$$C_p = \frac{[(T_2 - T_3) - (T_3 - T_1)] \times 50g \times 4.18J/(g \cdot K)}{T_3 - T_1} \qquad (2-2)$$

三、实验用品

1. 仪器: 保温杯式简易量热计、量筒、精密温度计（-5～+50℃，1/10 刻度）、移液管（50mL）、台秤、秒表、洗耳球、烧杯、称量纸。

2. 药品: 锌粉（AR）、$CuSO_4$（0.2000mol/L）。

四、实验内容

1. 测量量热计的热容(C_p)

① 按图 2-10 装配保温杯式简易量热计。保温杯盖也可用泡沫塑料或大橡皮塞代替。在温度计和搅拌棒上套一小橡皮圈，使温度计和搅拌棒不接触杯底。

② 用量筒量取 50.00mL 自来水，小心打开量热计的盖子，将水放入干燥的量热计中，加上盖后缓慢搅拌，5min 后开始记录温度，读数精确到 0.1℃（以下同），然后每隔 20s 记录一次，直至三次温度读数相同，表示体系温度已达平衡，此温度即为 T_1。

用量筒量取 50.00mL 自来水，注入 100mL 小烧杯中加热到高于冷水温度 20℃，停止加热，静置 1min，用同一支温度计测量其温度，然后每隔 20s 记录一次，直至三次温度读数不变，此温度即为 T_2。

③ 迅速将烧杯中的热水倒入量热计中，加盖搅拌，同时立即记录温度计读数，然后每隔 20s 记录一次，直至三次温度相同，此温度即为 T_3。

将测得数据记录于下方空白处。

室温: _____大气压力: _____

测温度 T_1:

t/s	0	20	40	60	···
T/℃					

测温度 T_2：

t/s	0	20	40	60	...
$T/℃$					

测温度 T_3：

t/s	0	20	40	60	...
$T/℃$					

2. 锌与硫酸铜置换反应热的测定

① 倒出量热计中的水后，用蒸馏水将量热计漂洗两次，用吸水纸擦干量热计。

② 在台秤上称 2.5g 锌粉。

③ 用移液管移取 0.2000mol/L 的 $CuSO_4$ 溶液 100mL 于洁净的量热计中，加盖搅拌 5min 后，开始记录温度，然后每隔 20s 记录一次，直至三次温度相同，此温度即为 T_4。

④ 打开量热计盖子，小心、迅速地将锌粉倒入 $CuSO_4$ 溶液中，盖好、搅拌，记录温度，每隔 20s 记录一次。当温度升到最高点后，再延续测定 2min。按图 2-11 所示，以温度（T）对时间（t）作图，用外推法求出温度变化最大值（ΔT）。

将测得数据记录于下表中。

t/s	0	20	40	...
$T/℃$				

3. 数据处理

① 量热计热容测定：将测得结果填入下表中。

冷水温度(T_1)/℃	
热水温度(T_2)/℃	
冷热水混合水温度(T_3)/℃	
热水降低温度(T_2-T_3)/℃	
冷水升高温度(T_3-T_1)/℃	
量热计热容(C_p)/(J/K)	

② 锌与硫酸铜置换反应热 $\Delta_r H_m^{\ominus}$ 的测定：将测得结果填入下表中。

硫酸铜溶液温度(T_4)/℃	
反应后溶液升温(ΔT)/℃	
溶液的体积(V)/mL	
硫酸铜或生成铜的物质的量(n)/mol	
量热计热容(C_p)/(J/K)	
反应的热效应($\Delta_r H_m^{\ominus}$)/(kJ/mol)	
相对误差/%	

设：溶液的比热容接近水的比热容 $C=4.18J/(g \cdot K)$，溶液的密度接近水的密度 $d=1.0g/mL$。

③ 已知在恒压下，上述置换反应的焓变 $\Delta_r H_m^{\ominus}=-218.7kJ/mol$。计算实验的相对误差，并分析造成误差的原因。

五、思考题

1. 实验中为什么硫酸铜的浓度和体积要求比较精确，而锌粉只需用台秤称量？

2. 试分析本实验结果产生误差的原因。

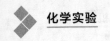

实验指导

一、实验操作注意事项

1. 精密温度计水银球外面的玻璃很薄,测量时不能接触杯底,先量一下温度计与杯底的距离,然后在温度计上套一小橡皮圈以固定温度计的高度,绝对不能用温度计搅拌。

2. 用移液管移取 $CuSO_4$ 溶液前,移液管不仅要用蒸馏水洗净,还要用待取用的 $CuSO_4$ 溶液润洗,若移液管内有少量水,则会稀释所移 $CuSO_4$ 溶液,出现误差。

3. 在测量热计比热容时初加冷水和测反应热效应时加 $CuSO_4$ 溶液测温度时,不能急,一定要等 5min,使量热计与溶液充分热交换,温度趋于一致,然后每隔 20s 读一次温度,直至三次温度读数相同,此时体系温度达到平衡。热水在测温时其温度可能一直会下降,这时可用 t-T 曲线外推法得到热水倒入量热计时的温度来计算。

4. 反应中, $CuSO_4$ 与 Zn 的摩尔比是 1:1,但 $CuSO_4$ 的加入量是 $0.02mol(0.100L \times 0.2000mol/L)$,而 Zn 的用量为 $0.038mol[2.5g/(65.39g/mol)]$,因是固体,不容易充分混合,故用量稍过量。但反应是按不足量的 $CuSO_4$ 的量进行的,计算也按不足量的 $CuSO_4$ 的量来计算。

5. 在测 $CuSO_4$ 与 Zn 的反应热效应时,应先在量热计中加入 $CuSO_4$ 溶液,等测到稳定的温度后,再加入 Zn 粉,顺序不能颠倒。

6. 反应中的容器及仪器,包括量热计、精密温度计、搅拌棒均要洗净、擦干,以减小误差。

7. 为使固体 Zn 粉与 $CuSO_4$ 溶液迅速反应并反应完全,可稍摇晃保温杯相当于搅拌。

二、补充说明

1. 取比所需量稍多的分析纯 $CuSO_4 \cdot 5H_2O$ 晶体于一干净的研钵中研细后,倒入称量瓶或蒸发皿中,再放入电热恒温干燥箱中,在低于 60℃ 的温度下烘 1~2h,放入干燥器中冷却,备用。在分析天平上准确称取研细、烘干的 $CuSO_4 \cdot 5H_2O$ 晶体,并置于一只 250mL 的烧杯中,加入约 150mL 的去离子水,用玻璃棒搅拌使其完全溶解,再将该溶液倒入 1000mL 容量瓶中,用去离子水将玻璃棒及烧杯冲洗 2~3 次,洗涤液全部转入容量瓶中,最后用去离子水稀释至刻度,摇匀。

2. 取该 $CuSO_4$ 溶液 25.00mL 于 250mL 锥形瓶中,将 pH 调到 5.0,加入 1mL $NH_3 \cdot H_2O$-NH_4Cl 缓冲溶液,加入 8~10 滴 PAR 指示剂 [4-(2-吡啶偶氮)间苯二酚],4~5 滴亚甲基蓝指示剂,摇匀,立即用标准 EDTA 溶液滴定到恰好由紫红色转为黄绿色为止。

3. 所取锌粉若有结块,要磨细后加入。

三、实验室准备工作注意事项

1. $CuSO_4 \cdot 5H_2O$ 晶体在低于 60℃ 的温度下烘 1~2h,放入干燥器中冷却备用。

2. 所取锌粉若有结块,要先磨细。

3. 要准备长 2~3cm 的乳胶管以备套在精密温度计上。

四、实验前准备的思考题

1. 预习化学反应焓变测定的原理和方法及其计算;预习保温杯式量热计的操作要领;

预习分析天平、容量瓶及移液管的使用方法。

2. 思考并回答下列问题:

① 为什么本实验所用的 $CuSO_4$ 溶液的浓度和体积必须准确?而实验中所用的 Zn 粉则可用台秤称量?

② 在计算化学反应焓变时,温度变化 ΔT 的数值,可采用反应前($CuSO_4$ 溶液与 Zn 粉混合前)的平衡温度值与反应后($CuSO_4$ 溶液与 Zn 粉混合)的最高温度值之差,而采用 $t\text{-}T$ 曲线外推法得到 ΔT 值则更为准确,将这两种方法所得数据进行对照。

③ 本实验中对所用的量热计、温度计有什么要求?是否允许反应器内有残留的洗液或水?为什么?

④ 影响实验成败的因素有哪些?

实验九　化学反应速率和化学平衡

实验部分

一、实验目的

1. 了解浓度、温度、催化剂对反应速率的影响。

2. 了解浓度、温度对化学平衡的影响。

3. 练习在水浴中进行恒温操作。

4. 根据实验数据练习作图。

二、实验原理

化学反应速率是以单位时间内反应物浓度的减少或生成物浓度的增加来表示的。化学反应速率首先取决于化学反应的本性,此外,外界条件(如浓度、温度、催化剂等)也对化学反应速率有影响。

碘酸钾和亚硫酸氢钠在水溶液中发生如下反应:

$$2KIO_3 + 5NaHSO_3 \longrightarrow Na_2SO_4 + 3NaHSO_4 + K_2SO_4 + I_2 \downarrow + H_2O$$

反应中生成的碘遇淀粉变为蓝色。如果在反应物中预先加入淀粉作指示剂,则淀粉变蓝色所需的时间 t 可以用来指示反应速率的大小(实验中需碘酸钾过量)。反应速率与 t 成反比,而与 $1/t$ 成正比。本实验固定 $NaHSO_3$ 的浓度,改变 KIO_3 的浓度,可以得到与一系列不同浓度 KIO_3 相应的淀粉变蓝色的时间,将 KIO_3 浓度相对于 $1/t$ 作图,理论上可得到一条直线。

温度可显著地影响化学反应速率,对大多数化学反应来说,温度升高,反应速率增大。

催化剂可大大改变化学反应速率。催化剂与反应系统处于同相,称为均相(或单相)催化。在 $KMnO_4$ 和 $H_2C_2O_4$ 的酸性混合溶液中,加入 Mn^{2+} 可增大反应速率。该反应的反应速率可由 $KMnO_4$ 紫红色褪去时间的长短来指示。

$$2KMnO_4 + 5H_2C_2O_4 + 3H_2SO_4 \longrightarrow 2MnSO_4 + 10CO_2 \uparrow + K_2SO_4 + 8H_2O$$

催化剂与反应系统不为同一相,称为多相催化,如 H_2O_2 溶液在常温下极其缓慢地分解放出氧气,而加入催化剂 MnO_2 后则 H_2O_2 分解速率明显加快。

在可逆反应中,当正、逆反应速率相等时即达到化学平衡。改变平衡系统的条件如浓度(系统中有气体时的压力)或温度时,会使平衡发生移动。根据吕·查德里原理,当条件改变时,平衡就向着减弱这个改变的方向移动。

如 $CuSO_4$ 水溶液中，Cu^{2+} 以水合配离子形式存在，$[Cu(H_2O)_4]^{2+}$ 呈蓝色，当加入一定量的 Cl^- 后，会发生下列反应：

$$[Cu(H_2O)_4]^{2+} + 4Cl^- \rightleftharpoons [CuCl_4]^{2-} + 4H_2O \quad \Delta_r H_m^{\ominus} > 0$$

$[CuCl_4]^{2-}$ 为黄绿色，改变反应物或生成物浓度，会使平衡移动，从而使溶液改变颜色。

该反应为吸热反应，升高温度会使平衡向右移动，降低温度平衡则向左移动。温度变化也会使溶液颜色发生变化。

三、实验用品

1. 仪器： 烧杯（100mL、500mL）、量筒、温度计、秒表、内盛 NO_2 的玻璃球的平衡仪。

2. 试剂： $NaHSO_3$（0.05mol/L）、KIO_3（0.05mol/L）、H_2SO_4（3mol/L）、$MnSO_4$（0.1mol/L）、$H_2C_2O_4$（0.05mol/L）、$KMnO_4$（0.01mol/L）、H_2O_2（3%）、$FeCl_3$（0.1mol/L）、NH_4SCN（0.1mol/L）、$CuSO_4$（1mol/L）、HCl（6mol/L，浓）、MnO_2 粉末。

四、实验内容

1. 浓度对反应速率的影响

用量筒准确量取 10mL 0.05mol/L 的 $NaHSO_3$ 溶液和 35mL 蒸馏水，倒入 100 mL 小烧杯中，搅拌均匀。用另一支量筒准确量取 5mL 0.05mol/L 的 KIO_3 溶液，将量筒中的 KIO_3 溶液迅速倒入盛有 $NaHSO_3$ 溶液的烧杯中，立即按下秒表计时，并搅拌溶液，记录溶液变为蓝色的时间，并填入表 2-3。用同样的方法依次按表 2-3 中的实验编号进行实验。

表 2-3　浓度对反应速率的影响

实验编号	NaHSO₃体积 /mL	H₂O 体积 /mL	KIO₃体积 /mL	溶液变蓝时间(t) /s	$100/t$ /s⁻¹	KIO₃的浓度 /(5×10^{-3}mol/L)
1	10	35	5			
2	10	30	10			
3	10	25	15			
4	10	20	20			
5	10	15	25			

根据表 2-2 中的实验数据，以 KIO_3 的浓度为横坐标，$1/t$ 为纵坐标，用作图纸绘制曲线（见图 2-15）。

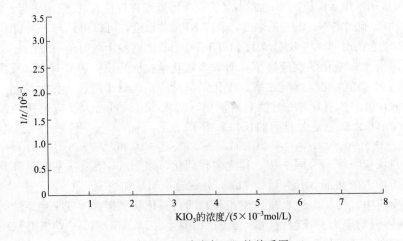

图 2-15　KIO_3 浓度与 $1/t$ 的关系图

2. 温度对反应速率的影响

在一只 100mL 的小烧杯中，混合 10mL $NaHSO_3$ 和 35mL H_2O，在试管中加入 5mL KIO_3 溶液，将小烧杯和试管同时放在水浴中（见图 2-16），加热到比室温高出约 10℃，恒温 3min 左右，将 KIO_3 溶液倒入 $NaHSO_3$ 溶液中，立即计时，并搅拌溶液，记录溶液变为蓝色的时间，并填入表 2-4 中。

表 2-4 温度对反应速率的影响

实验编号	$NaHSO_3$ 体积/mL	H_2O 体积/mL	KIO_3 体积/mL	实验温度/℃	溶液变蓝时间(t)/s
1	10	35	5	室温	
2	10	35	5	室温+10℃	

如果在室温 30℃ 以上做本实验，用冰浴代替热水浴，温度比室温低 10℃ 左右。根据实验结果，说明温度对反应速率的影响。

3. 催化剂对反应速率的影响

① 均相催化。在试管中加入 3mol/L 的 H_2SO_4 溶液 1mL、0.1mol/L 的 $MnSO_4$ 溶液 10 滴、0.05mol/L 的 $H_2C_2O_4$ 溶液 3mL。在另一试管中加入 3mol/L 的 H_2SO_4 溶液 1mL、蒸馏水 10 滴、0.05mol/L 的 $H_2C_2O_4$ 溶液 3mL。然后向两支试管中各加入 0.01mol/L 的 $KMnO_4$ 溶液 3 滴，摇匀，观察并比较两支试管中紫红色褪去的快慢。

② 多相催化。在试管中加入 3% H_2O_2 溶液 1 mL，观察是否有气泡产生，然后向试管中加入少量 MnO_2 粉末，观察是否有气泡产生，并检验是否为氧气。

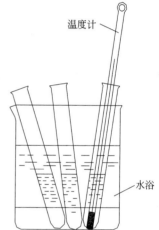

图 2-16 试管中反应物水浴温度的测量

4. 浓度对化学平衡的影响

① 在小试管中先加入 H_2O 1mL，然后加入 0.1mol/L 的 $FeCl_3$ 和 0.1mol/L 的 NH_4SCN 溶液各 2 滴，观察溶液的颜色。此试管内反应为：

$$Fe^{3+} + nSCN^- \longrightarrow \left[Fe(SCN)_n\right]^{3-n} (n=1\sim6)$$

把所得溶液平均放入两支试管中，在其中一支试管中逐滴加入 1.0mol/L 的 $FeCl_3$ 溶液，与另一支试管比较，观察溶液颜色的变化。由此说明浓度对化学平衡的影响。

② 在三支试管中分别加入 1.0mol/L 的 $CuSO_4$ 溶液 10 滴、5 滴、2 滴，在第二支试管中加入 6mol/L 的 HCl 溶液 5 滴，在第三支试管中加入浓 HCl 溶液 8 滴，比较三支试管中溶液的颜色，并进行解释。

5. 温度对化学平衡的影响

取一支带有两个玻璃球的平衡仪，里面装有 NO_2 和 N_2O_4 的混合气体，它们之间的平衡关系为：

$$2NO_2(g) \rightleftharpoons N_2O_4(g) \quad \Delta_r H_m^{\ominus} = -54.43kJ/mol$$

NO_2 为红棕色气体，N_2O_4 为无色气体，气体混合物的颜色视二者的相对含量不同，可从浅红棕色至红棕色变化。将平衡仪的一个玻璃球浸入热水浴中，另一个玻璃球浸入冰水中，观测两个玻璃球中气体颜色的变化，指出平衡移动的方向，用吕·查德里原理进行解释。

五、思考题

1. 影响化学反应速率的因素有哪些？本实验中如何研究温度、浓度、催化剂对反应速率的影响？

2. 通过实验说明如何应用吕·查德里原理判断浓度（分压）、温度的变化对化学平衡移动的影响。

实验指导

一、实验操作注意事项

1. 浓度、温度对反应速率影响的两步实验可以两人为一组进行实验，但两人必须分工明确、配合密切，做到溶液量准，混合迅速，搅拌速度均匀，看准现象，准确计时。在实验中所移取的液体试剂应该用干燥洁净的量筒准确量取，烧杯、量筒如不洁净，绝对不能用自来水做最后一次清洗（因自来水中含有少量氯气，会与 Na_2SO_3 反应，降低 Na_2SO_3 的浓度，使反应时间大为增加）。相差少量试剂时可用滴管（也必须是干燥的，若量筒和滴管一时无干燥的，可用少量反应液润洗两次）滴加或弃去。每种试剂用一个量筒和一支滴管（可预先做好标记，防止用错）。

2. 用来配制不同浓度 Na_2SO_3 所用的水必须是蒸馏水，绝对不能用自来水。

3. 在对两支试管中的化学反应速率进行比较时，其它各方面的条件应尽可能保持一致。试管和烧杯洗涤后应该沥干，以免溶液浓度变小。

4. 用水浴加热反应液时，为了测量反应液温度时尽量准确，可把温度计放入另一有一半水的试管中，然后把该插有温度计的试管与盛有反应液的小烧杯同时放入水浴中（见图 2-13），这样读出的温度与反应液的温度最为接近。

5. 要认真仔细观察实验过程中的各种现象：如颜色的变化、气体的逸出、沉淀或浑浊的程度等，并立即记录下实验数据，尤其是颜色变蓝的反应，因为这个颜色变化是突变。

6. 尽可能使水浴温度在反应期间保持不变，且与试管及烧杯中溶液温度保持一致。温度若有变动，可取测定前后的平均温度为反应温度，大试管放入水浴时要小心轻放，避免打破试管或烧杯底。改变水浴温度时可用热水或冷水来调节。

7. $[Fe(NCS)_n]^{3-n}$ 本身就是血红色的，加 $FeCl_3$ 后颜色加深不明显，可取出几滴 $[Fe(NCS)_n]^{3-n}$，加水稀释使颜色变浅，然后加 $FeCl_3$ 溶液，颜色加深就很明显。

8. H_2O_2 加 MnO_2 后放出的 O_2 不多，不足以使余烬的木条复燃，观察到有大量气泡就可以了。

9. 取用试剂时要仔细认准瓶上标签，切勿错拿。本实验中特别要注意分辨 Na_2SO_3 和 $Na_2S_2O_3$ 两种溶液。

10. 在以浓度和反应速率作图时，并非每一个点均要连接起来，可以作拟合曲线，即点到该曲线距离的平方和的值最小。

11. 观察玻璃密封管中 NO_2 和 N_2O_4 混合气体因温度不同而颜色不同时，可将两相同的密封管分别放入热水和冷水，然后观察各自水下部分的颜色，可明显地看出颜色的差别。

二、问题与讨论

1. KIO_3 和 Na_2SO_3 在酸性溶液中反应的速率方程式如何表示？为什么淀粉变蓝可作为

反应完成的标志？

KIO_3 和 Na_2SO_3 在酸性介质中的总反应为：

$$2KIO_3 + 5Na_2SO_3 + H_2SO_4 \longrightarrow K_2SO_4 + 5Na_2SO_4 + I_2 + H_2O$$

而实际反应可能按下列连续过程进行（反应原理）（在酸性介质中 Na_2SO_3 以 H_2SO_3 表示）：

$$HIO_3 + H_2SO_3 \longrightarrow HIO_2 + H_2SO_4 \tag{1}$$

$$HIO_2 + 2H_2SO_3 \longrightarrow HI + 2H_2SO_4 \tag{2}$$

$$5HI + HIO_3 \longrightarrow 3I_2 + 3H_2O \tag{3}$$

$$I_2 + H_2SO_3 + H_2O \longrightarrow 2HI + H_2SO_4 \tag{4}$$

反应（4）比反应（3）快，反应（3）比反应（2）快，反应（2）比反应（1）快。

在本实验中，H_2SO_3 的浓度和反应温度保持不变，而只改变 KIO_3 的浓度，测定从混合的时刻到蓝色突然出现所经过的时间。根据反应机理可知，最慢的步骤（1）是总反应速率的决定步骤，所以：

$$v = kc(HIO_3)c(H_2SO_3)$$

由较快的步骤（3）生成的游离态碘，又迅速地按反应（4）与 H_2SO_3 作用，因而在所有的 H_2SO_3 消耗完毕以前，I_2 的浓度不会增加，只有当全部 H_2SO_3 作用完以后，I_2 才能存在，并与淀粉作用而显蓝色。故可用蓝色的出现作为 H_2SO_3 反应完的标志。但要注意，KIO_3 总是过量的（即按总化学方程式计算，比足以与所有存在的 H_2SO_3 起反应的量还要多），故随着 KIO_3 浓度的增大，变为蓝色所需的时间缩短。

2. H_2O_2 的催化分解反应与其浓度有何关系？

H_2O_2 的分解反应由于各种催化剂（如 MnO_2、活性炭、Fe^{3+}、过氧化氢酶等）的存在而得以加速进行。多数场合下这个反应的反应速率和 H_2O_2 浓度的一次方成正比：

$$v = kc(H_2O_2)$$

3. 写出 $KMnO_4$ 与 $H_2C_2O_4$ 在酸性介质中反应的离子方程式。

离子方程式为：

$$2MnO_4^- + 5H_2C_2O_4 + 6H^+ = 2Mn^{2+} + 10CO_2 + 8H_2O$$

因为 $H_2C_2O_4$ 是有机弱酸，写离子方程式时不应写成 $C_2O_4^{2-}$，其中碳的氧化数为 $+3$。在反应中作为还原剂，被氧化成 CO_2。

三、补充说明

1. 淀粉指示剂的组成和变色条件

可溶性淀粉和碘作用形成蓝色配合物，灵敏度很高，它很容易检出浓度达到 10^{-5} mol/L 的碘。温度升高可使指示剂的灵敏度降低（例如 $50℃$ 时的灵敏度只有 $25℃$ 时的 $1/10$）。此外，若有醇类存在，也能降低灵敏度，在 50% 以上的乙醇溶液中便无蓝色出现，小于 50% 时则无影响。使用淀粉指示剂时，还应注意溶液的酸度，在弱酸性（pH＝4）溶液中最为灵敏。若溶液的 pH＜2，则淀粉易水解而成糊精，遇碘显红色；若溶液的 pH＞9，则碘因生成 IO^-（$I_2 + 2OH^- = I^- + IO^- + H_2O$）而不显蓝色。大量电解质的存在，能与淀粉结合而降低灵敏度。

淀粉不是一个单纯分子，而是一种混合物。它由两种不同类型的分子组成：一种是可溶性淀粉，称为直链淀粉；另一种是不溶性淀粉，称为支链淀粉。在一般得自马铃薯等的淀粉中，直链淀粉含 20%～30%，支链淀粉 70%～80%。直链淀粉与碘形成蓝色配合物，支链淀粉与碘的相互作用很弱,形成紫红色产物。实践证明,直链淀粉遇碘必须有 I^- 存在,并且 I^- 离子浓度越大显色的灵敏度也越高。欲使碘在 $2\times10^{-5}\,mol/L$ 时出现蓝色,I^- 浓度必须大于 $4\times10^{-5}\,mol/L$。

2. 根据实验数据作图的有关知识

实验数据常用作图法来处理。作图可直接显示出数据的特点、数据变化的规律,还可以求得斜率、截距、外推值等。因此作图正确与否直接影响着实验结果,最常用的作图纸是直角毫米坐标纸。下面介绍作图的一般方法。

（1）**选取坐标轴** 用直角坐标纸作图时,在坐标纸上画两条互相垂直的直线,分别作为横坐标和纵坐标,代表实验数据的两个变量。习惯上以横坐标表示自变量,纵坐标表示因变量。横、纵坐标的读数不一定从"0"开始。坐标轴旁应注明所代表的变量的名称及单位。坐标轴比例尺的选择应遵循下列原则:

① 从图上读出的有效数字与实验测量得到的有效数字一致。

② 所选择的坐标标度应便于读数和计算。通常应使单位坐标格子的变量为 1、2、5 的倍数,而不宜为 3、7 等的倍数。

③ 尽量使数据点分散开,占满纸面,使整个图布局均匀,不要使图形太小,只偏于一角。

（2）**点、线的描绘**

① 点的描绘。代表各组读数的点可分别用 ⊙、○、△、× 等符号表示,这些符号的中心位置即为读数值,其面积应近似地表明测量的误差范围。

② 线的描绘。描出的线必须是平滑的曲线或直线。作线时,应尽可能接近或贯穿大多数的点,但无须通过全部点,只要使处于曲线或直线两边的点的数目大致相同且均匀分布即可。这样描出的曲线或直线就能近似地表示出被测物理量的平均变化情况。

根据浓度对化学反应速率影响的实验数据,以 KIO_3 的浓度（15×10^{-3}）为横坐标,$1/t\times100$ 为纵坐标,用作图纸绘制曲线。

3. 书写实验报告的目的与要求

书写实验报告的首要目的,是把实验结果和对实验结果的分析报告给指导教师,另一个十分重要的目的,是训练学生写技术报告的能力。

必须将实验过程中所观察到的各种现象及时、如实地记录在实验报告内。实验报告严禁相互抄袭,马虎行事。报告内容应该简明扼要,原始数据不得随意涂改。实验报告一般应包括下列四个部分。

（1）**实验步骤** 尽量用简图、表格、化学反应式、符号等表示。

（2）**实验现象或数据记录** 把实验中观察到的现象或测得的各种数据记录下来。

（3）**解释、结论或数据的处理和计算** 根据实验现象进行整理、归纳,作出解释,写出有关化学反应式,或根据记录的数据进行计算,并将计算结果与理论值比较,作出结论,分析产生误差的原因。

（4）**思考题和实验体会** 认真回答教材上的思考题,并结合自己的实验写出自己对本次的实验体会,做到每做一次实验进一步。

四、实验室准备工作注意事项

1. Na_2SO_3 溶液（含有淀粉且用 H_2SO_4 酸化过）需要当天配制,如果放置时间过长,

低浓度的 Na_2SO_3 会和 H_2SO_4 反应，部分生成 SO_2 逸出而降低浓度。

2. Na_2SO_3 溶液的配制：1L 溶液中含 1g Na_2SO_3（或 2g $Na_2SO_3 \cdot 7H_2O$）、5g 可溶性淀粉及 4mL 浓 H_2SO_4（本溶液需新配制）。

3. 锥形瓶中的 NO_2 和 N_2O_4 气体可由铜和浓 HNO_3 溶液反应产生。收集气体的配有磨口玻璃瓶塞的锥形瓶必须干燥，两瓶气体的颜色要适度且尽可能深浅一致，充气后用蜡封口。

4. 实验室准备好一批干燥洁净的小烧杯，每组发五只，以供学生实验时使用。

实验十　解离平衡

实验部分

一、实验目的

1. 进一步理解弱酸、弱碱解离平衡及同离子效应等概念。

2. 研究盐的水解反应及影响水解的因素。

3. 掌握缓冲溶液的作用原理及其配制方法。

4. 练习 pH 试纸及酸度计的使用。

二、实验原理

弱电解质在水溶液中存在着解离平衡，如在 HAc 水溶液中存在以下平衡：

$$HAc \rightleftharpoons H^+ + Ac^-$$

若在此平衡系统中加入含有相同离子的强电解质（如 NaAc），则会使 HAc 解离平衡向左移动，从而使解离程度降低，这种作用称为同离子效应。

盐类（除了强酸和强碱所生成的盐以外）在水溶液中都会发生水解，例如：

$$Ac^- + H_2O \rightleftharpoons OH^- + HAc$$
$$NH_4^+ + H_2O \rightleftharpoons H^+ + NH_3 \cdot H_2O$$

盐类水解程度的大小主要与盐类的本性有关，此外，还受温度、浓度和酸度的影响。盐类的水解过程是吸热过程，升高温度可促进水解；加水稀释溶液，也有利于水解；如果水解产物中有沉淀或气体产生，则水解程度更大。例如 $BiCl_3$ 的水解：

$$BiCl_3 + H_2O \rightleftharpoons BiOCl\downarrow + 2HCl$$

在盐类的水溶液中，加入酸或碱，则有抑制水解或促进水解的作用，上例中如加入盐酸，则可抑制 $BiCl_3$ 的水解，平衡向左移动，使沉淀消失。如果加碱则促进水解。

一种水解呈酸性的盐 [如 $Al_2(SO_4)_3$] 和另一种水解呈碱性的盐（如 $NaHCO_3$）相混合时，将加剧两种盐的水解。

$$Al^{3+} + 3HCO_3^- \rightleftharpoons Al(OH)_3\downarrow + 3CO_2\uparrow$$

$Cr_2(SO_4)_3$ 溶液与 Na_2CO_3 溶液及 NH_4Cl 溶液与 Na_2CO_3 溶液混合时也会发生这种现象。

$$Cr^{3+} + 3CO_3^{2-} + 3H_2O \rightleftharpoons Cr(OH)_3\downarrow + 3HCO_3^-$$
$$NH_4^+ + CO_3^{2-} + H_2O \rightleftharpoons NH_3 \cdot H_2O + HCO_3^-$$

弱酸（或弱碱）及其盐的混合溶液，例如 HAc 和 NaAc，具有抵抗外来少量酸、碱或稀释的影响，而使溶液 pH 基本不变的性质，这种溶液称为缓冲溶液。

三、实验用品

1. **仪器**：酸度计、玻璃电极、甘汞电极、烧杯、量筒、试管。

2. **试剂**：HCl（0.1mol/L、6.0mol/L）、HAc（0.1mol/L、1.0 mol/L）、NaOH（0.1mol/L）、$NH_3 \cdot H_2O$（0.1mol/L）、NaCl（0.1mol/L）、NaAc（0.1mol/L、1.0mol/L）、NH_4Ac（0.1mol/L）、Na_2CO_3（0.1mol/L、1.0mol/L）、$NaHCO_3$（0.5mol/L）、NH_4Cl（0.1mol/L、1.0mol/L）、$Al_2(SO_4)_3$（0.1mol/L）、$Fe(NO_3)_3$（0.1mol/L）、$CrCl_3$（0.1mol/L）、$BiCl_3$（0.1mol/L）、$NH_4Ac(s)$、酚酞、甲基橙。

3. **材料**：pH 试纸、石蕊试纸。

四、实验内容

1. 同离子效应

① 在一试管中装有 2mL 0.1mol/L 的 HAc 溶液，加入 1 滴甲基橙，摇匀，观察溶液的颜色，然后加入少量固体 NH_4Ac，振荡使其溶解，观察颜色有何变化并进行解释。

② 在一试管中装有 2mL 0.1mol/L 的 $NH_3 \cdot H_2O$ 溶液，加入 1 滴酚酞，摇匀，观察溶液的颜色，然后加入少量固体 NH_4Ac，振荡使其溶解，观察颜色变化并进行解释。

2. 盐类水解

① 用 pH 试纸测定浓度为 0.1mol/L 的 NaCl、NaAc、NH_4Cl、NH_4Ac 溶液的 pH，同时测出去离子水的 pH，将所得结果与计算值进行比较，解释 pH 各不相同的原因。

② 在一试管中装有 2mL 1.0mol/L 的 NaAc 溶液，加入 1 滴酚酞，摇匀，观察溶液颜色，再将溶液加热至沸腾，观察溶液颜色的变化并进行解释。

③ 在两支试管中各加入 2mL 去离子水和 3 滴 0.1mol/L 的 $Fe(NO_3)_3$ 溶液，摇匀，将其中一支试管用小火加热，观察两支试管中溶液的颜色有何不同并说明原因。

④ 在一试管中加入 3 滴 0.1mol/L 的 $BiCl_3$ 溶液，加入 2mL 去离子水，观察出现的现象。再加入 6mol/L 的 HCl 溶液，观察有何变化。试解释观察到的现象。

⑤ 在一试管中装有 1mL 0.1mol/L 的 $Al_2(SO_4)_3$ 溶液，加入 1mL 0.5mol/L 的 $NaHCO_3$ 溶液，观察出现的现象。写出有关的离子反应方程式，并说明该反应的实际应用。

⑥ 在一试管中装有 1mL 0.1mol/L 的 $CrCl_3$ 溶液，加入 1mL 0.1mol/L 的 Na_2CO_3 溶液，观察出现的现象。写出有关的离子反应方程式。

⑦ 在一试管中装有 1mL 1.0mol/L 的 NH_4Cl 溶液，加入 1mL 1.0mol/L 的 Na_2CO_3 溶液，并立即用润湿的红色石蕊试纸在试管口检验是否有氨气生成（可将试管微热后观察）。写出有关的离子反应方程式。

3. 缓冲溶液

（1）缓冲溶液的配制及其 pH 的测定　按表 2-5 配制三种缓冲溶液，用量筒分别量取 HAc 和 NaAc 溶液各为 25mL，放入小烧杯中混合，并用酸度计测定其 pH。记录测定结果，并进行计算，将计算值与测定结果相比较。

表 2-5　缓冲溶液的配制及其 pH 的测定

编号	加入 HAc 的浓度/(mol/L)	加入 NaAc 的浓度/(mol/L)	pH 计算值	pH 测定值
1	0.10	1.00		
2	1.00	0.10		
3	0.10	0.10		

（2）**缓冲溶液的缓冲作用**　将上述配制的 3 号缓冲溶液中，加入 0.5mL（10 滴）0.1mol/L 的 HCl 溶液，摇匀，用酸度计测定其 pH，再加入 1.0mL（20 滴）0.1mol/L 的 NaOH 溶液，摇匀，用酸度计测定其 pH，将结果记录在表 2-6 中。与表 2-5 中的实验结果相比较，说明缓冲溶液的缓冲能力。

表 2-6　缓冲溶液的缓冲作用

3 号缓冲溶液	pH 计算值	pH 测定值
加入 0.5mL（10 滴）0.1mol/L 的 HCl 溶液		
加入 1.0mL（20 滴）0.1mol/L 的 NaOH 溶液		

五、思考题

1. 制备缓冲溶液时，将 100mL 2.3mol/L 的 HCOOH 溶液与 3mL 15mol/L 的 $NH_3 \cdot H_2O$ 溶液混合。该溶液的 pH 为多少？

2. 将 Na_2CO_3 溶液与 $AlCl_3$ 溶液作用，产物是什么？写出反应方程式。

3. 将 $BiCl_3$、$FeCl_3$ 或 $SnCl_2$ 固体溶于水中发现溶液浑浊时，能否用加热的方法使它们溶解？为什么？

4. 在分离混合金属离子时，为何要在缓冲溶液中进行？能否用 pH＝9 的 NaOH 溶液代替 $NH_3 \cdot H_2O$-NH_4Cl 溶液以分离 Fe^{3+} 和 Mg^{2+}？

5. 如何正确使用酸度计？

实验指导

一、实验操作注意事项

1. 试剂的取用。应根据实验要求合理取量，在试管中加液量不能超过 1/3，否则不易振荡混合，使现象不明显。一般取溶液 2mL 以上用量筒，2mL 以下用滴管。注意：使用滴管根据滴数计算体积时，1mL 约 20 滴，所以 1 滴≈0.05mL。将少量细粒晶体加入试管时，大多数会粘在试管壁上，可用纸卷将药品送入试管底部。

2. 醋酸铅试纸的制备和使用。将醋酸铅溶液滴加在滤纸条上，当即使用，若干涸则要用蒸馏水润湿。使用时，可将湿的试纸卷贴在玻璃棒上，深入到试管口以下、液面以上（不要碰试管壁）（用润湿的石蕊试纸检验氨气也可用此法）。

3. 在使用点滴板之前，须将其清洗干净，并且不要用手直接拿取 pH 试纸，以防污染。

4. pH 试纸的使用与数据记录。

① 使用 pH 试纸时，先将试纸剪成长 1cm 左右的片段，铺在表面皿上，用干净的玻璃棒蘸取待测液，滴在 pH 试纸上，变色后与标准色阶比较，得出溶液的 pH。

② 广泛 pH 试纸，pH 的间隔为 ± 1，如与标准色阶比较时，pH 为 $4 \sim 5$，不能计为 4.5，精密 pH 试纸，若 pH 的间隔为 ± 0.5（规格不一，间隔也不一，分为 ± 0.3 和 ± 0.2），应计为 4.0、4.5、5.0 等，不能计为 4、5、6 等。

二、问题与讨论

1. 去离子水（或蒸馏水）的 pH 为什么常常低于 7.0？怎样测定用 pH 小于 7.0 的"纯水"配制的溶液的 pH？

实验室所用的去离子水（或蒸馏水）可视为纯水，纯水的 pH 理论上应为 7.0。但因在制取过程中一般不隔绝空气，空气中或多或少含有一定量的酸性气体，例如 CO_2 等，它溶于水（20℃时 1L 水能溶解 0.9L CO_2）再电离而呈弱酸性。

$$CO_2 + H_2O \rightleftharpoons H_2CO_3 \rightleftharpoons H^+ + HCO_3^- \rightleftharpoons 2H^+ + CO_3^{2-}$$

所以实际测得的 pH 常小于 7.0。

一般实验室中所用的去离子水，其 pH 在 7 左右达不到 7.0，若分别测定用 pH 低于 7.0 的纯水来配制的溶液和用 pH 等于 7.0 的纯水来配制的溶液的 pH，并加以比较可知，测量方法不同（指用广泛 pH 试纸、精密 pH 试纸或 pH 计），所配制的溶液的 pH 表现出程度不同的差异。

2. 酚酞指示剂滴入 NaAc 溶液中时，为什么会产生白色胶状浑浊？振荡或加热后浑浊为什么又可能消失？

酚酞是一种在常温下呈白色的固体有机物质。它在水中溶解度极小，20℃时 100g 水中仅能溶解 0.2g；而在乙醇中，酚酞的溶解度较大，25℃时 100g 乙醇中能溶解 10g。一般将酚酞溶在乙醇和水的混合溶液中配成酚酞指示剂。当酚酞指示剂滴入溶液时，由于乙醇和水迅速互溶，相对地降低了指示剂液滴中乙醇的含量，被溶解了的酚酞分子则因乙醇量的减少而析出，故可见白色胶状浑浊。

如果对加有酚酞指示剂的溶液加以振荡或加热，指示剂液滴中酚酞分子运动加剧，迅速扩散到整个水溶液。若酚酞量少，由于在 20℃ 时 100g 水中还能溶解 0.2g 酚酞，所以即使不振荡，不加热，只要时间足够，也能自然溶解。加热在增强溶液水解度（碱性增强）的同时也增大了酚酞在水溶液中的溶解度。

3. 为什么 NaHCO₃ 水溶液呈碱性，而 NaHSO₄ 水溶液呈酸性？

H_2CO_3 是弱酸，HCO_3^- 在水中同时有解离和水解两种反应，具体酸碱性要看上述两种倾向的相对强弱。计算公式为

$$pH = \frac{pK_{a1} + pK_{a2}}{2} = \frac{6.38 + 10.25}{2} = 8.31$$

而 H_2SO_4 是强酸，HSO_4^- 在水中只有解离反应，其水溶液当然呈酸性。

4. 为什么 H₃PO₄ 溶液呈酸性，NaH₂PO₄ 溶液呈微酸性，Na₂HPO₄ 溶液呈微碱性，Na₃PO₄ 溶液呈碱性？

H_3PO_4 是酸，在水溶液中解离出 H^+，故溶液呈酸性，Na_3PO_4 在水溶液中只有水解，水解出 OH^-，故溶液呈碱性。NaH_2PO_4 和 Na_2HPO_4 在水溶液中有解离和水解两种反应，酸碱性要看解离和水解两种反应的相对强弱。

对于 NaH_2PO_4：$\quad pH = \frac{pK_{a1} + pK_{a2}}{2} = \frac{2.12 + 7.20}{2} = 4.66$

对于 Na_2HPO_4：$\quad pH = \dfrac{pK_{a2} + pK_{a3}}{2} = \dfrac{7.20 + 12.36}{2} = 9.78$

5. 灭火器原理实验。在 250mL 吸滤瓶的支管上，用一小段橡皮管套上一根尖嘴玻璃管（孔径 3mm 左右）。在瓶内装入约 100mL 饱和 $NaHCO_3$ 溶液，在另一支普通试管内加入约 20mL 饱和 $AlCl_3$ 溶液，并在试管内插一根比吸滤瓶略短的玻璃棒，然后把试管小心地放进吸滤瓶，由于玻璃棒的支撑作用，试管不会倾倒。最后在吸滤瓶口上紧塞一支橡皮塞。

将尖嘴玻璃管对准一小堆燃烧物（事先将废纸或木柴准备好，点燃），把吸滤瓶倒转过来，使两种溶液混合起来反应。反应时，由于产生氢氧化铝和二氧化碳，形成大量浓厚的泡沫，瓶内压力增大，使这些泡沫带着瓶里的液体从支管口喷射出来，覆盖在燃烧物上，一方面可以隔绝空气，另一方面可以降温，使燃烧物熄灭（此实验应到室外去做）。用离子方程式表示反应过程为：

$$3HCO_3^- + Al^{3+} \longrightarrow Al(OH)_3 + 3CO_2$$

三、补充说明

弱酸的解离常数 K_i 随温度而变化，但由于热效应是解离和水合的综合效应（解离吸热，水合放热），热效应较小，K_i 在同一数量级，可忽略其变化。在浓度变化不大时，解离度 α 的变化也不大。

四、实验室准备工作注意事项

1. pH 为 4.00 的缓冲液的配制：称取 10.21g 纯邻苯二甲酸氢钾（G. R.），用蒸馏水溶解后稀释至 1L。然后分装在 60mL 或 100mL 塑料瓶中，用一只小塑料杯配套使用。

2. 冰醋酸装在滴瓶中。冬天易固化，此时可用热水温化。

3. 玻璃电极球泡在每次测溶液 pH 前要用蒸馏水清洗。按"少量多次"原则，清洗三次。

4. 准备标签纸、糨糊、吸水纸（剪滤纸的边角料）、记号笔等。

5. pHS-3 型玻璃电极的保质期为一年，出厂一年以后，不管是否使用，其性能都会受到影响，应及时更换。此外，电极如长期不用，容易老化，这是造成仪器不正常的重要原因。因此，每年要申购一些复合电极，平常注意保护。已老化的电极，可在 1% HF 中浸泡 5~10s 后取出，清洗使用（称为电极活化）。

6. 第一次使用的 pH 电极或长期未用的 pH 电极，在使用前必须在 3mol/L 氯化钾溶液中浸泡 24h。

五、实验前准备的思考题

1. 在含有酚酞的氨水溶液中加入少量 NH_4Ac 固体，溶液的颜色将会产生怎样的改变？解释颜色变化的原因。

2. 将含有酚酞的 NaAc 溶液加热至沸腾，溶液的颜色有何变化？解释此现象。

3. 将 10mL 0.20mol/L 的 HAc 和 10mL 0.10mol/L 的 NaOH 混合，所得溶液是否具有缓冲作用？这个溶液的 pH 在什么范围内？

实验十一　弱酸的解离度和解离常数的测定

实验部分

一、实验目的

1. 了解用酸度计测定醋酸解离常数和解离度的原理。
2. 加深对解离平衡常数、解离度和弱电解质解离平衡的理解。
3. 掌握酸度计的使用方法。

二、实验原理

醋酸是弱电解质，在溶液中存在如下解离平衡：

$$HAc \rightleftharpoons H^+ + Ac^-$$

其平衡常数表达式为：

$$K_a^\ominus = \frac{c(H^+)c(Ac^-)}{c(HAc)}$$

式中，$c(H^+)$、$c(Ac^-)$、$c(HAc)$ 分别为 H^+、Ac^-、HAc 的平衡浓度，若以 c 代表 HAc 的初始浓度，则

$$K_a^\ominus = \frac{c^2(H^+)}{c - c(H^+)}$$

HAc 的解离度可表示为：

$$\alpha = \frac{c(H^+)}{c} \times 100\%$$

可在一定温度下用酸度计测定一系列已知浓度的 HAc 溶液的 pH，根据 $pH = -lgc(H^+)$ 关系式，计算出相应的 $c(H^+)$。将 $c(H^+)$ 的不同值代入上式，可求出一系列对应的解离常数 $K_a^\ominus$ 和解离度 α，将 $K_a^\ominus$ 取其平均值，即为该温度下 HAc 的解离常数。

三、实验用品

1. **仪器**：酸度计、干燥烧杯（50mL，4 只）、酸式滴定管（2 支）。
2. **试剂**：HAc 溶液（0.1mol/L 标准溶液）、缓冲溶液（pH＝4.003）。
3. **材料**：擦镜纸或滤纸片。

四、实验内容

1. 配制 HAc 溶液

用酸式滴定管分别加入 3.00mL、6.00mL、12.00mL 和 24.00mL 已知准确浓度的 HAc 溶液于四只干燥的小烧杯中，并依次编号为 1、2、3、4。然后再从另一滴定管中依次加入 45.00mL、42.00mL、36.00mL 和 24.00mL 去离子水，并混合均匀。计算出稀释后 HAc 溶液的精确浓度并填于表 2-7 中。

2. 测定 HAc 溶液的 pH

把以上四种不同浓度的 HAc 溶液，按由稀至浓的次序依次在酸度计上分别测定它们的

pH，记录数据和室温，根据实验数据计算解离度 $K_a^\ominus$ 和解离常数 α。

五、数据记录与处理

室温：＿＿＿＿＿＿＿＿＿＿

表 2-7　HAc 溶液解离度和解离常数的测定

编号	HAc 的体积 /mL	H_2O 的体积 /mL	HAc 的浓度 /(mol/L)	pH	$c(H^+)$ /(mol/L)	α	$K_a^\ominus$	$K_a^\ominus$ 平均值
1								
2								
3								
4								

注：25℃ HAc 解离常数 $K_a^\ominus$ 的文献值为 1.76×10^{-5}。

六、思考题

1. 根据实验结果讨论 HAc 解离度和解离常数与其浓度的关系，改变温度对 HAc 的解离度和解离常数有何影响？

2. 若所用 HAc 溶液的浓度极稀，是否能用 $K_a^\ominus \approx \dfrac{c^2(H^+)}{c}$ 求解离常数？

3. 配制不同浓度的 HAc 溶液有哪些注意之处？为什么？

4. 在测定一系列同一种电解质溶液的 pH 时，测定的顺序按浓度由稀到浓和由浓到稀，结果有何不同？

5. 测得的 HAc 解离常数是否与文献所给的 $K_a^\ominus$ 有误差？试讨论怎样才能减小误差。

实验指导

一、实验操作注意事项

酸度计是用来测定溶液的 pH 的常用仪器之一，故又称 pH 计。以现在实验室常用的 pHS-3C 数显型酸度计为例，具体操作时应注意下列事项。

1. 安装、开机前的准备工作。将电极插头旋入 pH 计电极插入孔中，将电极夹于电极支架上，并调节到适当位置。清洗电极头。每次测量溶液前须用蒸馏水清洗电极，清洗后用滤纸吸干。

2. 预热。接通电源，按下（打开）背面的开关，预热 0.5h。

3. 标定（或称定位）。正常使用，每天至少标定一次。其步骤如下。

① 拔去短路插头，插入复合电极插头。

② 把"选择"钮调至 pH 挡。

③ 把"温度"钮调至溶液温度值（溶液温度事先用温度计测量好）。

④ 把"斜率"钮顺时针旋到底（即调到 100％位置或旋尽）。

⑤ 把清洗后的电极插入 pH 为 6.86（该值不一定是 6.86，它的值随温度的变化而变化）的缓冲溶液，晃动烧杯或搅拌溶液。

⑥ 调节"定位"钮，使屏幕上显示的 pH 等于上述缓冲溶液的 pH（例如，混合磷酸盐，25℃，pH＝6.86；10℃，pH＝6.92。所以具体测量时需要参阅说明书中的缓冲溶液的

pH与温度关系对照表）。

⑦ 蒸馏水清洗电极，用滤纸吸干，再插入pH＝4.00（测酸时）或pH＝9.18（测碱时）的缓冲溶液中，晃动烧杯或搅拌溶液，调节"斜率"钮，使屏幕上显示的pH等于该缓冲溶液室温下的pH（在5～25℃时，pH＝4.00）。

⑧ 重复④～⑦的操作步骤，直至不用再调节"定位"或"斜率"两调节钮为止，说明仪器完成标定。注意：经标定后，"定位"调节钮及"斜率"调节钮不应再有变动。若有变动，则需重新标定。

4. 测量pH。 经标定过的仪器，即可用来测量被测溶液，被测溶液与标定溶液温度是否相同，测量步骤也有所不同。

① 被测溶液与标定溶液温度相同时，测量步骤如下。

a. 用蒸馏水清洗电极头部，再用被测溶液清洗一次。

b. 把电极浸入被测溶液中，用搅拌子电磁搅拌溶液，使溶液均匀，在显示屏上读出溶液的pH。

② 被测溶液和标定溶液温度不同时，测量步骤如下。

a. 用蒸馏水清洗电极头部，再用被测溶液清洗一次。

b. 用温度计测出被测溶液的温度值。

c. 调节"温度"钮，使白线对准被测溶液的温度值。

d. 把电极浸入被测溶液中，用搅拌子电磁搅拌溶液，使溶液均匀，在显示屏上读出溶液的pH。

5. 电极使用维护的注意事项。

① 电极在测量前必须用已知pH的缓冲溶液进行标定，其值越接近被测值越好。

② 取下电极套后，应避免电极的敏感玻璃泡与硬物接触，因为任何破损或擦毛都会使电极失效。

③ 测量后，及时将电极保护套套上，套内应放入少量补充液以保持电极球泡的湿润。切忌浸泡在蒸馏水中。

④ 复合电极的外参比补充液为3mol/L氯化钾溶液，补充液可以从电极上端小孔加入。电极的引出端必须保持清洁干燥，绝对防止输出两端短路，否则将导致测量失准或失效。

⑤ 电极应与输入阻抗较高的酸度计（＞1012Ω）配套，以使其保持良好的特性。

⑥ 应避免电极长期浸泡在蒸馏水、蛋白质溶液和酸性氟化物溶液中。

⑦ 避免电极与有机硅油接触。

⑧ 电极经长期使用后，如发现斜率略有降低，则可把电极下端浸泡在1% HF中5～10s，用蒸馏水洗净，然后在0.1mol/L盐酸溶液中浸泡，使之复新。

⑨ 被测溶液中如含有易污染球泡或堵塞液接界的物质则会使电极钝化，出现斜率降低现象，读数不准。如发生该情况，则应根据污染物的性质，用适当溶液清洗，使电极复新。

⑩ 玻璃球泡不可粘有油污，如果发生这种情况，则应将球泡先浸入酒精中，再放于乙醚或四氯化碳中（不能碰到电极套），然后再浸入酒精中，最后用去离子水清洗并浸入去离子水中。

⑪ 在测强碱性溶液时，应尽快操作，测完后立即用去离子水洗涤，以免碱液腐蚀玻璃。

注意：选用清洗剂时，不能用四氯化碳、三氯乙烯、四氢呋喃等能溶解聚碳酸酯的清洗液，因为电极外壳是用聚碳酸酯制成的，其溶解后极易污染敏感的玻璃球泡，从而使电极失效。也不能用复合电极去测上述溶液。

二、问题与讨论

1. 在配制不同浓度的醋酸溶液时，48.00mL HAc 是否也必须精确量取？

不必。因为当温度一定时弱电解质的解离度仅与浓度有关，而与体积无关。但其它四只烧杯内溶液（24.00mL HAc、12.00mL HAc、6.00mL HAc、3.00mL HAc）则必须精确量取，因为起始的用量与稀释后的浓度有关。

2. 为什么醋酸溶液的 pH 要用 pH 计来测定？pH 计测定弱电解质的酸度有什么优点？

用标准碱液滴定醋酸只能测得醋酸的浓度，而不能测得醋酸的酸度［即 $c(H^+)$ 或 pH］。因为醋酸在水溶液中存在解离平衡，碱液的加入会破坏这种平衡，直到全部解离。用 pH 试纸可以测定醋酸溶液的 pH，其方法虽然简便可行，但其精确度受到限制。用 pH 计（电位法）测定醋酸等弱电解质的酸度，它不破坏醋酸的解离平衡，又可直接测得一定精确度的数据并在 pH 计上方便地直接读出 pH。目前，一般 pH 计能测到的 pH 精确度是小数点后两位（十分位是可靠的，百分位是估计的）。精密 pH 计可测到的 pH 精确度是小数点后三位（百分位是可靠的，千分位是估计的）。

3. pH 计测定溶液 pH 的原理是什么？

pH 计是测定溶液 pH 最常用的仪器之一。它主要利用一对电极在 pH 不同的溶液中能产生不同的电动势这一原理。在这对电极中，一个是指示电极（如玻璃电极），另一个是参比电极（如甘汞电极）。玻璃电极是用一种导电玻璃（含 72% SiO_2、22% Na_2O、6% CaO）吹制成的极薄的空心小球，球中装有 0.1mol/L 盐酸（或一定 pH 的缓冲溶液）和 Ag-AgCl（覆盖有 AgCl 的 Ag 丝）电极，把它插入待测溶液，便组成了原电池的一极，例如：

$$Ag,AgCl(s)|HCl(0.1mol/L)|玻璃|待测溶液$$

此导电玻璃膜把两种溶液隔开，小球内氢离子浓度是固定的，所以该电极的电位随待测溶液的 pH 不同而改变。在 25℃时有：

$$\phi_G = \phi_G^\ominus - 0.0592pH$$

式中　ϕ_G、$\phi_G^\ominus$——电极电位、标准电位。

将玻璃电极和参比电极（如甘汞电极）组成电池，并与检流计连接，即可测定该电池的电动势 E，在 25℃时有：

$$E = \phi_正 - \phi_负 = \phi_{甘汞} - \phi_G = \phi_{甘汞} - (\phi_G^\ominus - 0.0592pH)$$

$$pH = (E_{已知或未知} - \phi_{甘汞} + \phi_G^\ominus)/0.0592$$

式中　$\phi_{甘汞}$——甘汞电极的电极电位，常用的是饱和甘汞电极，在 25℃ 时，其电位为 0.2415V。

若已知 $\phi_G^\ominus$ 的数值，则可从电动势求出 pH；而 $\phi_G^\ominus$ 的数值是可以用一已知 pH 的标准溶液代替待测溶液，从组成原电池的电动势求得的。

pH 计上一般是把检流计测得的电池电动势直接用 pH 表示出来。为了方便起见，仪器加装了定位调节器，当测量标准缓冲溶液时，利用这一调节器，把读数直接调节在标准缓冲溶液的 pH 上面，这样就使得在以后测未知溶液的时候，指针可以直接指出溶液的 pH，省去了计算手续。一般都把前一步称为"校准"，后一步称为"测量"。一台已经校准过的仪器在一定时间内可以连续测量许多份未知液。温度对 pH 测定值的影响，可根据能斯特方程式予以校正，在 pH 计中已配有温度补偿器。

4. pH 计的读数不稳定或读数不准的原因是什么？

可能有以下一些原因：

① 电极未按规定处理，没有稳定其不对称电位，或玻璃膜粘有油污，或玻璃球泡有裂纹

或老化；玻璃电极的玻璃球和甘汞电极的细支管未全部浸入溶液中；安装电极时接触不良等。

② 由外电源输入的电流没有将仪器预热，致使有关部件（如电子管）尚不稳定。

③ 原电池中溶液（标准缓冲溶液或未知液）在插入电极后没有振荡，体系未达到平衡，H^+ 浓度不均匀。

④ 测量过程中，零点调节器、定位调节器等旋钮可能因操作疏忽而转动。

⑤ 仪器接地不良。

以上这些原因都可使通过指示电表的电流时大时小，越是精密仪器，反应就越明显。

三、补充说明

1. pH 的测量标准。

为了使 pH 的测量有一个统一的标准，本实验采用了国际承认的实用标准。它是在同一温度下，对两种溶液（一种是已知 pH 的溶液，一种是未知 pH 的溶液）分别用玻璃电极作指示电极、甘汞电极作参比电极组成两组电池，分别测量其电动势 E。

（一）玻璃电极|被测电极（已知或未知）|甘汞电极（＋）

$$E_{已知或未知} = \phi_{甘汞} - \phi_G = \phi_{甘汞} - \phi_G^\ominus + 0.0592 \text{pH}$$

$$\text{pH} = (E_{已知或未知} - \phi_{甘汞} + \phi_G^\ominus)/0.0592$$

因为所用的电极相同，所以两次测量中的 $\phi_{甘汞}$ 和 $\phi_G^\ominus$ 也相同，因此测得的电动势（$E_{已知}$ 和 $E_{未知}$）与溶液的 pH（$\text{pH}_{已知}$ 和 $\text{pH}_{未知}$）间关系为：

$$\text{pH}_{未知} - \text{pH}_{已知} = (E_{未知} - E_{已知})/0.0592$$

根据上式，可选用已知 pH 的标准缓冲溶液作基准来确定未知溶液的 pH。

一般采用 0.05mol/L 邻苯二甲酸氢钾标准溶液作原始基准点，它的 pH 在 0～60℃ 范围内符合关系式：

$$\text{pH} = 4.00 + \frac{1}{2}\left(\frac{t-15}{100}\right)^2$$

常被用作 pH 基准点的还有以下两种标准溶液：0.025mol/L 磷酸二氢钾（KH_2PO_4）和 0.025mol/L 磷酸氢二钠（Na_2HPO_4）标准溶液与 0.01mol/L 硼砂（$Na_2B_4O_7 \cdot 10H_2O$）标准溶液。

2. 电导率法测定解离度和解离常数。

电解质溶液是离子电导体，在一定温度下，电解质溶液的电导（电阻的倒数）Λ 为：

$$\Lambda = \kappa A/l$$

式中　κ—— 电导率，表示长度 l 为 1m、截面积 A 为 $1m^2$ 导体的电导，S/m。

为了便于比较不同溶质的溶液电导，常采用摩尔电导率 Λ_m。它表示在相距 1m 的两平行电极之间，放置含有 1 单位物质的量电解质的电导，其数值等于电导率 κ 乘以此溶液的全部体积。若溶液的浓度为 c(mol/L)，则含有 1 单位物质的量电解质的溶液体积 $V = 10^{-3}/c$(mol/L)，溶液的摩尔电导率为：

$$\Lambda_m = \kappa V = 10^{-3}\kappa/c$$

Λ_m 的单位为 $S \cdot m^2/mol$。

根据解离度与弱电解质溶液浓度的关系式：

$$K_i^\ominus = \frac{c\alpha^2}{1-\alpha}$$

$$\alpha \approx \sqrt{\frac{K_i^\ominus}{c}}$$

可知弱电解质溶液浓度 c 越小，弱电解质的解离度越大，无限稀释时弱电解质也可看作是完全解离的，即此时的 $\alpha=100\%$。从而可知，一定温度下，某浓度的摩尔电导率 Λ_m 与无限稀释时的摩尔电导率 $\Lambda_{m,\infty}$ 之比即为该弱电解质的解离度：

$$\alpha=\Lambda_m/\Lambda_{m,\infty}$$

以 HAc 为例，不同温度时其 $\Lambda_{m,\infty}$ 见表 2-8。

表 2-8　不同温度时 HAc 无限稀释时的摩尔电导率 $\Lambda_{m,\infty}$

温度 T/K	273	291	298	303
$\Lambda_{m,\infty}/(S \cdot m^2/mol)$	0.0245	0.0349	0.0391	0.0428

通过电导率仪测定一系列已知初始浓度的溶液的值，即可求得解离度。将此公式代入前式，可得：

$$K_i^\ominus=\frac{c\Lambda_m^2}{\Lambda_{m,\infty}(\Lambda_{m,\infty}-\Lambda_m)}$$

根据上式，可求得 HAc 的解离常数。

四、实验室准备工作注意事项

1. pH 计使用前，一定要进行检查，调试零点。若零点调节器不能使指针调到 pH＝7 的位置时，则要打开仪器、调节零点粗调节器。每次使用前先打开电源开关，使仪器稳定 20min 左右。

2. 玻璃电极在初次使用时，先在去离子水中浸泡两昼夜以上，以稳定其不对称电位；不用时及时将电极保护套套上，套内应放入少量补充液以保持电极球泡的湿润。切忌浸泡在蒸馏水中。

3. 实验室应预先准备好一定体积的标准缓冲溶液以供 pH 计在测未知液前给标准缓冲溶液 pH 定位之用。

4. pH 计必须接地，如果实验室内的电源插口是两线的，没有地线或地线性能不佳的时候，则必须另接一根导线，它的一端与自来水管等接地金属接通。

5. 实验室准备好一批干燥洁净的小烧杯，每组发给五只，以供学生实验时使用。

五、实验前准备的思考题

1. 本实验测定醋酸解离常数的依据是什么？
2. 测定不同浓度醋酸溶液的 pH 时，测定顺序应由稀到浓，为什么？
3. 用 pHS-3C 数显型酸度计测量 pH 的操作步骤有哪些？写出操作步骤的要点。
4. 怎样正确使用复合电极？

实验十二　难溶强电解质溶度积常数 $K_{sp}^\ominus$ 的测定

实验部分

一、实验目的

1. 了解极稀溶液浓度的测量方法。

2. 了解测定难溶盐 $K_{sp}^\ominus$ 的方法。

3. 巩固活度、活度系数、浓度的概念及相关关系。

二、实验原理

在一定温度下，一种难溶盐电解质的饱和溶液在溶液中形成一种多相离子平衡，一般表示式为：

$$A_n B_m (s) \rightleftharpoons n A^{m+} (aq) + m B^{n-} (aq)$$

$$K_{sp}^{\ominus} = c^n (A^{m+}) c^m (B^{n-})$$

这个平衡常数 $K_{sp}^{\ominus}$ 称为溶度积常数，或简称溶度积，严格地讲 $K_{sp}^{\ominus}$ 应为相应各离子活度的乘积，因为溶液中各离子有相互制约的作用，但考虑到难溶电解质饱和溶液中离子强度很小，可近似地用浓度来代替活度。

就 AgCl 而言，有

$$AgCl(s) \rightleftharpoons Ag^+ (aq) + Cl^- (aq)$$

$$K_{sp,AgCl}^{\ominus} = c(Ag^+) c(Cl^-)$$

从上式可知，测出难溶电解质饱和溶液中各离子的浓度，就可以计算出溶度积 $K_{sp}^{\ominus}$，因此最终还是测量离子浓度的问题。设计出一种测量浓度的方法，就找到了测量 $K_{sp}^{\ominus}$ 的方法。

具体测量浓度的方法，包括滴定法（如 AgCl 溶度积的测定）、离子交换法（如 CaSO₄ 溶度积的测定）、电导法（如 AgCl 溶度积的测定）、离子电极法（如氯化铅溶度积的测定）、电极电势法（$K_{sp}^{\ominus}$ 与电极电势的关系）、分光光度法（如碘酸铜溶度积的测定）等，本实验用离子交换法测定硫酸钙的溶度积常数。

离子交换树脂是一类人工合成的，在分子中含有特殊活性基团，能与其它物质进行离子交换的固态、球状的高分子聚合物，含有酸性基团而能与其它物质交换阳离子的为阳离子交换树脂，含有碱性基团而能与其它物质交换阴离子的为阴离子交换树脂。最常用的聚苯乙烯磺酸型树脂是一种强酸性阳离子交换树脂，其结构式可表示为：

本实验是用强酸性阳离子交换树脂（用 R-SO₃H 表示，型号 732）交换 CaSO₄ 饱和溶液中的 Ca^{2+}，其交换反应为：

$$2R\text{-}SO_3H + Ca^{2+} \longrightarrow (RSO_3)_2Ca + 2H^+$$

由于 CaSO₄ 是微溶盐，其溶解部分除了 Ca^{2+} 和 SO_4^{2-} 以外，还有以离子对形式存在的 CaSO₄，因此饱和溶液中存在着离子对和简单离子间的平衡：

$$CaSO_4 (aq) \rightleftharpoons Ca^{2+} + SO_4^{2-}$$

当溶液流经交换树脂时，由于 Ca^{2+} 被交换平衡向右移动，CaSO₄（aq）解离，结果溶液中的 Ca^{2+} 和离子对中的 Ca^{2+} 全部被交换成 H^+，从流出液的 H^+ 浓度可计算 CaSO₄ 的摩尔溶解度 y 为：

$$y = c(Ca^{2+}) + c[CaSO_4(aq)] = \frac{c(H^+)}{2}$$

$c(H^+)$ 可用 pH 计测出，也可由标准 NaOH 溶液滴定得出，这里介绍滴定法。

设饱和 CaSO₄ 溶液中 $c(Ca^{2+}) = c$，则 $c(SO_4^{2-}) = c$，$c[CaSO_4(aq)] = y - c$，且

$$K_d^{\ominus} = \frac{c(Ca^{2+}) c(SO_4^{2-})}{c[CaSO_4(aq)]}$$

$K_d^{\ominus}$ 为离子对解离常数，25℃时 $K_d^{\ominus} = 5.2 \times 10^{-3}$，则

$$K_d^\ominus = \frac{c(\mathrm{Ca}^{2+})c(\mathrm{SO}_4^{2-})}{c[\mathrm{CaSO}_4(\mathrm{aq})]} = \frac{c^2}{y-c} = 5.2 \times 10^{-3}$$

由方程求出 c，并根据溶度积定义，由 $K_{sp}^\ominus = c(\mathrm{Ca}^{2+})c(\mathrm{SO}_4^{2-}) = c^2$，求出 $K_{sp}^\ominus$。

三、实验用品

1. **仪器**：碱式滴定管、移液管、洗耳球、pH 计（用 pH 计测流出液值）、容量瓶（100mL）、螺旋夹、玻璃纤维。

2. **试剂**：饱和硫酸钙溶液、标准 NaOH 溶液、溴百里酚酞（0.1%）、强酸性阳离子交换树脂。

四、实验内容

1. 装柱

将离子交换柱（可用碱式滴定管代用）洗净，底部填以少量玻璃纤维或脱脂棉，称取一定数量的 732 强酸型阳离子交换树脂，放入小烧杯中，加蒸馏水浸泡，搅拌，除去悬浮的颗粒及杂质后，与水一起转移到离子交换柱中，打开交换柱下端旋钮夹，让水慢慢流出，直到液面高于树脂 1cm 左右为止，夹紧螺旋夹，若有气泡，则用玻璃棒插入树脂中赶走气泡，在以后的操作过程中，均应使树脂泡在溶液中。气泡赶走后，在树脂上方加少量玻璃纤维（或脱脂棉）。

2. 转型

为保证 Ca^{2+} 完全交换成 H^+，必须将 Na^+ 型树脂完全转变成 H^+ 型，取 40mL 2mol/L 的 HCl 溶液分批加入交换柱，控制每分钟 80～85 滴的流速让其通过离子交换树脂，HCl 溶液流完后，保持 10min 后［注意：如果使用酸处理好的树脂，则可在装柱后直接按下法处理］，用 50～70mL 的蒸馏水淋洗树脂，直到流出液的 pH 值为 6～7（用 pH 试纸检验）。

3. 硫酸钙饱和溶液的制备

将 1g 分析纯 CaSO_4 固体置于约有 70mL 煮沸后又冷却至室温的蒸馏水中，搅拌 10min 后静置 5min，用定量滤纸过滤（滤纸、漏斗和抽滤瓶均应干燥），滤液即为 CaSO_4 饱和溶液。

4. 交换

用移液管取 20.00mL 饱和 CaSO_4 溶液，注入离子交换柱内，控制交换柱流出液的速度为 20～25 滴/min，用洗净的锥形瓶盛接流出液。在饱和溶液几乎完全流进树脂床时，加蒸馏水洗涤树脂（约 50mL 水分批淋洗）至流出液的 pH 为 6～7。在整个交换和淋洗过程中注意勿使流出液损失。

5. 氢离子浓度的测定

采用酸碱滴定法，流出液加 2 滴溴百里酚酞指示剂，用标准 NaOH 溶液滴定，当溶液由黄色转变为鲜艳的蓝色时即为滴定终点。精确记录所用 NaOH 溶液的体积，按下式计算溶液中氢离子的浓度。

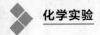

$$c(\mathrm{H}^+) = \frac{c(\mathrm{NaOH})V(\mathrm{NaOH})}{20.00}$$

五、数据记录与处理

CaSO$_4$饱和液温度	
通过交换柱的饱和溶液体积/mL	
$c(\mathrm{NaOH})$/(mol/L)	
$V(\mathrm{NaOH})$/mL	
$c(\mathrm{H}^+)$/(mol/L)	
CaSO$_4$的溶解度 y	
CaSO$_4$的溶度积 $K_{sp}^{\ominus}$	

计算时 $K_{d}^{\ominus}$ 近似取 25℃ 的数据，将计算过程写进实验报告。

误差分析，根据 CaSO$_4$ 溶解度的文献值来计算误差，并讨论误差产生的原因。

六、思考题

1. 操作过程中为什么液体流速不宜太快？树脂层为什么不允许有气泡的存在？应如何避免？

2. 如何根据实验结果计算 CaSO$_4$ 的溶度积？

3. 制备硫酸钙饱和溶液时，为什么要使用已除去 CO$_2$ 的蒸馏水？

4. 影响最终测定结果的因素有哪些？通过影响因素分析，你认为整个操作过程中的关键步骤是什么？

5. 以下情况对实验结果有何影响？

① 转型时，树脂未完全转换为 H$^+$ 型。

② CaSO$_4$ 饱和液未冷却至室温就过滤。

③ 过滤 CaSO$_4$ 饱和液的漏斗和接收瓶未干燥。

④ 转型时，流出的淋洗液未达中性就停止淋洗并进行交换。

附：CaSO$_4$ 溶解度的文献值见表 2-9。

表 2-9 CaSO$_4$ 溶解度的文献值

T/℃	0	10	20	30	40
溶解度/(10^{-2}mol/L)	1.29	1.43	1.50	1.54	—
溶解度/(g/100g)	0.1759	0.1928	—	0.2090	0.2097

实验指导

一、实验操作注意事项

1. 盛取饱和 CaSO$_4$ 溶液和取流出液测 pH 的容器必须是干燥的，如来不及放在干燥箱中干燥，用可电吹风快速吹干。

2. 初次使用移液管量取液体试剂，先要学会较熟练地使用移液管。可先练习用移液管量取一定体积的水，直至操作动作规范熟练，量取体积正确后再量取试剂。移液管正式量取试剂时先要润洗。

3. 注意液面始终高于离子交换树脂 1cm 以上，不能使离子交换树脂露出液面。

4. 注意控制流出液的速度，出液控制器螺旋夹有时会不稳或失控。

5. 流出液包括最后洗涤交换柱的流出液全要收集在一起，定容后测 pH。

二、问题与讨论

1. 难溶电解质 $CaSO_4$ 在体系中的平衡并非是固体 $CaSO_4$ 与 Ca^{2+}、SO_4^{2-} 间的直接平衡，而是固体 $CaSO_4$ 与溶解态 $CaSO_4$ 分子，溶解态 $CaSO_4$ 分子再与 Ca^{2+}、SO_4^{2-} 之间的平衡，虽然公式 $K_{sp}^{\ominus}(CaSO_4) = c(Ca^{2+})c(SO_4^{2-})$ 仍成立，但此时被树脂交换掉的离子不仅有原溶液中的 Ca^{2+}、SO_4^{2-}，还有原溶解态 $CaSO_4$ 分子由于平衡移动而全部解离出的 Ca^{2+}、SO_4^{2-}，故计算溶度积常数时要扣除后一部分离子浓度。

2. 若盛取的烧杯不干燥，有少量水分，则烧杯中的 $CaSO_4$ 并不饱和，会使实验结果偏低，若取定容好的流出液测 pH 的烧杯不干燥，会使里面的 H^+ 稍被稀释，浓度偏低，同样会使实验结果偏低。

3. 离子在树脂上交换，相对于溶液中的离子反应，速度较慢，故液体流出速度不宜过快，否则会使部分离子来不及交换已流出，会使实验结果偏低。

4. 溶度积常数测定的实验有多种，有些是通过离子交换法测定溶度积，如硫酸钙、氯化铅的溶度积测定；有些是通过分光光度计测定难溶电解质在溶液中的离子（或再生成颜色较深的配合物）浓度求得溶度积，如碘化铅、碘酸铜溶度积的测定；有些是通过沉淀滴定法测定难溶电解质在溶液中的离子来求得溶度积，如醋酸银溶度积的测定。

三、补充说明

将化合物通过装有离子交换树脂的离子交换柱后，由于离子间交换而得到相应产物的方法被称为离子交换法。该法广泛用于元素的分离、提取、纯化、有机物的脱色精制、水的净化以及用作反应的催化剂等方面，离子交换法所需要的物品包括相应的离子交换树脂和离子交换柱等。

离子交换树脂包括天然的和合成的两大类别，其中比较重要的是人工合成的有机树脂，它主要是利用苯乙烯和二乙烯苯交联成高聚物作为树脂的母体结构，然后再连接上相应的活性基团而合成的。人工合成的离子交换树脂是一种不溶性的具有网状结构的含有活性基团的高分子聚合物，在网状结构的骨架上有许多可以电离、能和周围溶液中的某些离子进行交换的活性基团，离子交换树脂的网状结构在水或者酸、碱性溶液中极难溶解，且对多数有机溶剂、氧化剂、还原剂及热均不发生作用。

1. 离子交换树脂的分类

因所带基团和所起作用不同，离子交换树脂又可以分为可与阳离子发生交换反应的阳离子交换树脂、可与阴离子发生交换反应的阴离子交换树脂及具有特殊功能的离子交换树脂等类别。

（1）阳离子交换树脂　阳离子交换树脂是带有酸性交换基团的树脂，这些酸性基团包括磺酸基（—SO_3H）、羧基（—$COOH$）、酚羟基（—OH）等。在这些树脂中，它们的阳离子可被溶液中的阳离子所交换，根据活性基酸碱性的强弱不同，将阳离子交换树脂再细分为强酸性阳离子交换树脂（活性基为—SO_3H，如国产的 732 型树脂，新牌号为 001-100♯）、中等酸性阳离子交换树脂（活性基为—PO_3H_2，国产新牌号为 401-500♯）和弱酸性阳离子交换树脂（活性基为—CO_2H、—C_6H_4OH 等，如 724 型，新牌号为 101-200♯）等，其中以强酸性树脂用途最广。

（2）**阴离子交换树脂**　含有碱性活性基的树脂，这类树脂的阴离子可被溶液中的阴离子交换。根据活性基碱性的强弱差别分为强碱性阴离子交换树脂（活性基为季铵碱，如国产的 711♯、714♯ 等）和弱碱性阴离子交换树脂（活性基为伯胺基、仲胺基和叔胺基，如 701♯ 树脂等）。

（3）**具有特殊功能的树脂**　如螯合树脂、两性树脂、氧化还原树脂等（见表 2-10）。

在使用中应根据实验的具体要求，选择不同的离子交换树脂。

表 2-10　离子交换树脂的种类

类	型	活性基	类 别	举 例
阳离子交换树脂	强酸性	磺酸基团	H 型（$R-SO_3H$）、Na 型（$R-SO_3Na$）	732 型、IR-120 型
		磷酸基团	H 型（$R-PO_3H_2$）、Na 型（$R-PO_3Na_2$）	
	弱酸性	羧酸基团	H 型（$R-CO_2H$）、Na 型（$R-CO_2Na$）	724 型、IRC-50 型
		苯酚基团	H 型（$R-C_6H_4OH$）、Na 型（$R-C_6H_4ONa$）	
阴离子交换树脂	强碱性	季铵基团	OH 型（$R-NR_3'OH$）、Cl 型（$R-NR_3'Cl$）	717 型、IRA-400 型
		伯胺基团	OH 型（$R-NH_3OH$）、Cl 型（$R-NH_3Cl$）	701 型、IR-45 型
	弱碱性	仲胺基团	OH 型（$R-NR'H_2OH$）、Cl 型（$R-NR'H_2Cl$）	
		叔胺基团	OH 型（$R-NHR_2'OH$）、Cl 型（$R-NHR'2Cl$）	
特殊功能离子交换树脂			螯合树脂、两性树脂、氧化还原树脂等	

2. 离子交换的基本原理

离子交换过程是溶液中的离子通过扩散进入到树脂颗粒内部，与树脂活性基上的 H^+（或 Na^+ 及其它离子）离子进行交换，被交换的 H^+ 又扩散到溶液中并被排出。因此离子交换过程是可逆的，对于阳离子交换树脂来说，离子价越大交换势越大，即与树脂结合的能力越强：

$$Li^+ < H^+ < Na^+ < K^+ < Ag^+ < Fe^{2+} < Co^{2+} < Ni^{2+} < Cu^{2+} < Mg^{2+} < Ca^{2+} < Ba^{2+} < Sc^{3+}$$

同样，对于阴离子交换树脂而言，其交换势也随着离子价的增大而加大，如对强碱性阴离子交换树脂而言：

$$Ac^- < F^- < OH^- < HCOO^- < H_2PO_4^- < HCO_3^- < BrO_3^- < Cl^- < NO_3^- < Br^- < NO_2^-$$
$$< I^- < CrO_4^{2-} < C_2O_4^{2-} < SO_4^{2-}$$

一般离子的交换能力可用交换容量来表示，所谓的交换容量指的是 1g 干树脂可以交换相应离子的物质的量。不同类型的树脂交换容量不同，对于强酸性离子交换树脂来说，一般交换容量≥4.5mmol/g 干树脂，因此可由此计算出某一实验所需的最低树脂量。

3. 影响树脂交换的因素

影响树脂交换的因素很多，主要包括以下几个方面。

① 树脂本身的性质。不同厂家、不同型号的树脂交换容量不同。

② 树脂的预处理或再生的好坏。

③ 树脂的填充。离子交换柱中树脂填充是否有气泡。

④ 柱径比与流出速度。由于离子交换过程是一个缓慢的交换过程，并且这个交换过程是可逆的。因此流出速度对于交换结果影响很大，流出速度过大，来不及进行离子交换，离子交换效果较差。同时流出速度又与流动相溶液中离子的浓度和离子交换柱的柱径比［离子交换柱的高度与直径的比值（图 2-17）］等因素有关，如离子浓度小时，可适当增大流出速

度。在实验室中柱径比一般要求在 10：1 以上，柱径比较大时可适当增大流出速度。为了得到较好的结果，流出速度一般要控制在 20～30 滴/min。

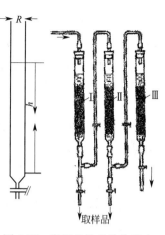

图 2-17 离子交换柱的柱径比
Ⅰ—阳离子交换柱；Ⅱ—阴离子交换柱；Ⅲ—混合离子交换柱

4. 新树脂的预处理与老化树脂的再生

（1）阳离子交换树脂的预处理

① 漂洗。目的在于除去一些外源性杂质，将购买的新树脂用自来水浸泡，并不时搅动。弃去浸洗液，不断换水直到浸洗液无色为止。

② 碱洗。因稳定性的要求，购买的新树脂基本上都是钠型的，利用碱洗过程，可将某些非钠型转换为钠型，便于下一步的处理。加等容量 8％的 NaOH 溶液浸泡 30min，分离碱液，用水洗至中性。

③ 转换。用 7％的 HCl 溶液处理三次，每次均为等容量并浸泡 30min，分离酸液，并用水洗至中性备用。

注意：最后几次应用蒸馏水或去离子水洗涤。

（2）阴离子交换树脂的预处理

① 将新购阴离子交换树脂加等量 50％乙醇搅拌放置过夜，除去乙醇，用水洗至浸洗液无色无味。

② 用 7％的 HCl 溶液处理三次，每次均为等容量并浸泡 30min，分离酸液，并用水洗至中性。

③ 用 8％的 NaOH 溶液处理三次，每次均为等容量并浸泡 30min，水洗至 pH 为 8～9 为止。

（3）离子交换树脂的再生 离子交换树脂用过一段时间后，会发生色变，并失去交换能力，这就是树脂的老化，可通过处理使其再生。再生的方法因树脂不同而异，但基本步骤与预处理相类似，首先是漂洗，然后利用离子交换过程的可逆性原理，用 H^+、Na^+（或 OH^-、Cl^-）交换树脂上的离子即可。再生过程可以使用静态法和动态法等方法，下面以阳离子交换树脂的再生为例进行介绍。

① 静态法。将经过漂洗的树脂加入适量（2～3 倍体积或更多）的 2mol/L 的盐酸放置 24h 以上（放置过程中要经常加以搅拌），弃去酸液，用水冲洗至中性。

② 动态法。先将离子交换柱的残水放出，加入 2～3 倍容量的 2mol/L（约为 7％）的 HCl 溶液（或其它酸），打开离子交换柱下部的旋钮，使液体缓慢流出，并随时检验流出液的 pH，当流出液呈强酸性时，关闭旋钮静置一段时间，使交换充分（静态再生）后再放出酸液，并将其余酸液不断加入（动态再生），最后用水冲洗至中性即可。

注意事项：①为避免洗涤过程中自来水中的离子与树脂发生交换作用，最好先用自来水将树脂中的大部分酸（或碱）洗出［此时流出液 pH 为 2～3（或 11～12）］之后，再用蒸馏水（去离子水）洗涤至 pH 为 6～7（或 8～9）。②阴离子树脂在 40℃以上极易分解，应特别注意。③离子交换树脂在使用过程中会逐渐裂解破碎，但是一般可以用 3～4 年甚至更长，不要轻易倒掉。④已处理好（或再生好）的树脂，应立即使用，不可放置太久，因为它的稳定性较差。一般阳离子离子交换树脂 Na^+ 型比 H^+ 稳定，阴离子离子交换树脂 Cl 型比 OH 型稳定。⑤树脂再生时，应根据结合在树脂上的离子选择不同的酸（碱），如结合的是 Pb^{2+}，就不能用 HCl，而应该用 HNO_3，因为 Pb

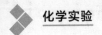

（NO₃）₂是易溶的。

5. 离子交换法的具体操作

（1）树脂的转型 即树脂应先经预处理或再生，转型后的树脂放置在蒸馏水中。

（2）装柱

① 树脂的选择。根据实验目的和具体情况选择不同性能的离子交换树脂，若被吸附的是无机阳离子或有机碱时，宜选用阳离子交换树脂，反之若被吸附的是无机阴离子或有机酸时应选用阴离子交换树脂，如果是分离氨基酸这样的两性物质时，则使用阳离子、阴离子交换树脂均可。确定了阳离子、阴离子交换树脂后，需确定交换基的种类，如对于吸附性强的离子，可选用弱酸（碱）性离子交换树脂，而对于吸附性较弱者，宜选用强酸（碱）性离子交换树脂。在数种离子共存时，宜先选用吸附性较弱的，以后再选用吸附性较强的交换树脂。若将树脂作催化剂时，应选用强酸（碱）性离子交换树脂。

② 树脂装柱。将已经活化好的树脂装入离子交换柱的过程叫装柱。装柱的关键就在于不能使树脂出现断层或气泡，具体做法是：先将离子交换柱中加入部分去离子水，然后将树脂带水装进柱内并打开下部活塞，使水缓缓流出。当树脂加完后，用去离子水将树脂冲洗至流出液为中性。在装柱过程中特别注意不能使树脂层断水，以免产生气泡而引起树脂断层。当不慎有气泡产生时，可利用玻璃棒搅动树脂，并将气泡带出。

（3）离子交换 打开离子交换柱下端的旋钮，将已经处理好的离子交换柱中的去离子水放出（注意：此时要再检验一次流出液的 pH，如不为中性则继续用去离子水冲洗至中性）。直到去离子水刚刚浸没树脂时，将待处理的样品液加入到离子交换柱中（注意：加入时不要使树脂翻动），打开树脂柱下端开关旋钮，控制流速在 20～30 滴/min，当样品液几乎全部进入到树脂中时，加入去离子水（注意：在离子交换过程中同样不能让树脂层断水，以免产生气泡，影响离子交换效果）继续进行离子交换，直到流出液的 pH 为 6～7 时为止。

（4）树脂再生 方法见前所述。

四、实验室准备工作注意事项

1. 给每组学生准备三个洁净干燥的 100mL 烧杯。

2. 新配制的硫酸钙饱和溶液要经过过滤，温度保持在室温。

3. 准备好调试 pH 计的标准缓冲溶液。

4. 用过的树脂要及时再生。

五、实验前准备的思考题

1. 如何配制饱和 $CaSO_4$ 溶液？对所用蒸馏水有何要求？过滤 $CaSO_4$ 沉淀时，对滤纸、漏斗及盛接容器有什么要求？

2. 在进行离子交换操作过程中，为什么要控制流出液的流速？如太快，将会产生什么后果？

3. 为什么交换前与交换洗涤后的流出液都要呈中性？为什么要将洗涤液合并到容量瓶中？

4. 除用酸度计测定流出液的 $c(H^+)$ 外，还有哪些方法可以测定流出液的 $c(H^+)$？试设计测定方法，列出计算关系式。

实验十三　p 区典型非金属元素单质及化合物的性质

实验部分

一、实验目的

1. 掌握卤素单质的氧化性及卤素离子的还原性。

2. 掌握过氧化氢的氧化还原性。

3. 了解氮、硫含氧酸盐的性质。

4. 掌握 Cl^-、Br^-、I^- 的分离与鉴定方法。

二、实验原理

1. 卤素单质的氧化性及卤素离子的还原性

卤素单质都是氧化剂，其氧化性强弱的顺序为：$F_2 > Cl_2 > Br_2 > I_2$；卤素离子具有一定的还原性，其还原性变化规律为：$I^- > Br^- > Cl^- > F^-$。Br^-、I^- 可以被氯水氧化为 Br_2 和 I_2，如用 CCl_4 萃取，CCl_4 层中含有 Br_2 时为橙黄色，CCl_4 层中含有 I_2 时则呈现紫色。根据上述反应现象可以定性鉴定 Br^- 和 I^-。

Cl^- 与 Ag^+ 反应生成 $AgCl$ 白色沉淀。由于 $AgCl$ 与 $NH_3 \cdot H_2O$ 能反应生成 $[Ag(NH_3)_2]^+$ 而溶解，因此 $AgCl$ 可溶于氨水。用 HNO_3 酸化 $[Ag(NH_3)_2]^+$ 溶液后，重新生成白色的 $AgCl$ 沉淀。

$$[Ag(NH_3)_2]^+ + Cl^- + 2H^+ \Longrightarrow AgCl\downarrow + 2NH_4^+$$

2. H_2O_2 的性质

H_2O_2 不稳定，见光或加热易分解。H_2O_2 中 O 的氧化数为 -1，处于 O 元素氧化数的中间状态，因此 H_2O_2 既具有氧化性，又具有还原性。作为氧化剂时还原产物为 H_2O 或 OH^-，作为还原剂时产物为 O_2。

3. 硫代硫酸钠的性质

硫代硫酸钠（$Na_2S_2O_3$）是常用的还原剂，其氧化产物取决于氧化剂氧化性的强弱。当与强氧化剂（如 Cl_2）反应时，$S_2O_3^{2-}$ 被氧化为 SO_4^{2-}；当与氧化性较弱的氧化剂（如 I_2）反应时，$S_2O_3^{2-}$ 被氧化为 $S_4O_6^{2-}$。此外，$Na_2S_2O_3$ 在酸性介质中不稳定，易分解为 S 和 SO_2。

$$Na_2S_2O_3 + 4Cl_2 + 5H_2O \Longrightarrow Na_2SO_4 + H_2SO_4 + 8HCl$$
$$2Na_2S_2O_3 + I_2 \Longrightarrow Na_2S_4O_6 + 2NaI$$
$$S_2O_3^{2-} + 2H^+ \Longrightarrow H_2O + S\downarrow + SO_2\uparrow$$

4. 亚硝酸及其盐的性质

亚硝酸及其盐具有氧化还原性，但以氧化性为主。作为氧化剂时被还原的还原产物为 NO。

$$NO_2^- + Fe^{2+} + 2H^+ \Longrightarrow NO\uparrow + Fe^{3+} + H_2O$$

亚硝酸及其盐不稳定，易分解。

$$2HNO_2 \underset{冷}{\overset{热}{\rightleftharpoons}} H_2O + N_2O_3（在水中为蓝色）\underset{冷}{\overset{热}{\rightleftharpoons}} H_2O + NO\uparrow + NO_2\uparrow$$

三、实验用品

1. 仪器：离心机、试管、试管架、试管夹。

2. 试剂：固体 NaCl，固体 NaBr，固体 NaI，Zn 粉，H_2SO_4（1mol/L、1:1、浓），HCl（2mol/L、6mol/L、浓），HNO_3（2mol/L、6mol/L、浓），NaOH（2mol/L、6mol/L），$NH_3 \cdot H_2O$（2mol/L、6mol/L），$NaNO_2$（0.1mol/L、1mol/L），KI（0.1mol/L），NaCl（0.1mol/L），KBr（0.1mol/L），$AgNO_3$（0.1mol/L），Pb（Ac）$_2$（0.1mol/L），$Na_2S_2O_3$（0.1mol/L），$KMnO_4$（0.01mol/L），碘水，淀粉溶液，H_2O_2（3%），CCl_4，Cl^-、Br^-、I^- 混合溶液。

四、实验内容

1. 卤化氢或氢卤酸的还原性

在三支干燥的试管中分别放入米粒大小的 NaCl、NaBr、NaI 固体，然后分别加入数滴浓 H_2SO_4 溶液，观察现象。分别用 pH 试纸、淀粉-KI 试纸、Pb(Ac)$_2$ 试纸检验所产生的气体，根据现象分析产物。比较 HCl、HBr、HI 的还原性，写出反应方程式。

2. 过氧化氢的氧化还原性质

① 将 10 滴 3% 的 H_2O_2 溶液放入试管中，用 2 滴 1mol/L H_2SO_4 酸化后，滴加 KI-淀粉溶液，观察现象，写出反应方程式。

② 将 10 滴 0.01mol/L 的 $KMnO_4$ 溶液放入试管中，用 2 滴 1mol/L 的 H_2SO_4 酸化后，滴加 3% H_2O_2 溶液，观察现象，写出反应方程式。

3. 硫代硫酸及其盐的性质

① 将 10 滴 0.1mol/L $Na_2S_2O_3$ 的溶液放入试管中，滴加数滴稀 HCl 溶液，静置并观察现象，写出反应方程式。

② 向装有 10 滴 0.1mol/L 的 $Na_2S_2O_3$ 溶液的试管中加入 I_2 水，观察反应现象，写出反应方程式。

4. 亚硝酸及其盐的性质

① 将在冰水中冷却了的 1mol/L 的 $NaNO_2$ 溶液和 1:1 的 H_2SO_4 溶液等体积混合，观察溶液的颜色和液面上气体的颜色，写出反应方程式。

② 将 10 滴 0.01mol/L 的 $KMnO_4$ 溶液放入试管中，用 2 滴 H_2SO_4 酸化后，滴加 0.1mol/L 的 $NaNO_2$ 溶液，观察反应现象，写出反应方程式。

5. Cl^-、Br^-、I^- 的分离与鉴定

图 2-18 列出了 Cl^-、Br^-、I^- 的分离与鉴定流程。

五、思考题

1. 在 Br^-、I^- 混合溶液中，逐滴加入氯水，为何 CCl_4 层先呈现紫色，然后变为橙黄色？

2. 为什么用 KI-淀粉试纸检验氯气时，刚开始试纸呈现蓝色，放置一段时间后，蓝色会褪去？

3. 向一未知液中滴加 $AgNO_3$ 溶液，若无沉淀产生，能否说明溶液中不存在卤素离子？

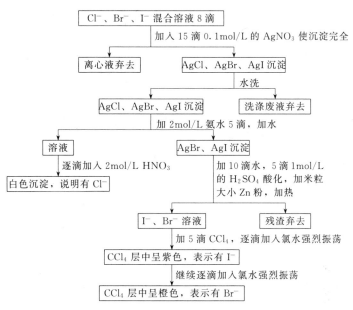

图 2-18　Cl^-、Br^-、I^- 离子的分离与鉴定流程

实验指导

一、实验操作注意事项

1. 在做卤化氢还原性比较实验时，应先准备好已经湿润的 pH 试纸、KI-淀粉试纸与 Pb（Ac）$_2$ 试纸分别验证 NaCl、KBr、KI 三种晶体与浓 H_2SO_4 反应时逸出的气体，观察试纸颜色变化情况，并记录实验现象。NaCl、KBr、KI 三种晶体只需用两颗米粒大小即可，用量不宜太多，否则它们与浓 H_2SO_4 反应时放出大量刺激性的有毒气体，使实验室遭到污染，故反应应在通风橱中进行。当反应进行到看清现象后，应在试管中加入 NaOH 溶液中和未反应的酸，并立即在水槽内用水冲洗掉试管内的反应物。

2. 在验证亚硝酸盐的氧化性和还原性时应控制 $NaNO_2$ 和 KI 的加入量：0.1mol/L 的 $NaNO_2$ 为 5mL（即大量），而 KI 为 0.5mL（少量），能见到红棕色气体和黑色的碘沉淀，这是因为在酸性介质中 $NaNO_2$ 和 KI 反应生成了亚硝酸，亚硝酸分解成 NO_2 气体；具有氧化性的亚硝酸将 KI 氧化为 I_2。实验效果比较明显；反之，如果 KI 用量过多，则由于生成的 I_2 可以同 KI 反应生成无色的 I_3^-，实验最终只能见到红棕色的气泡，看不到黑色的沉淀。若反应后加入 CCl_4 萃取，则在下层（CCl_4 层）有明显的紫红色。

3. 试剂用量要严格按照课本要求进行，如操作 I^- 的鉴定时：取 2 滴 0.1mol/L 的 KI 和 5～6 滴 CCl_4，然后逐滴加入氯水，边加边振荡，若 CCl_4 层出现紫色，则表示有 I^- 存在。如果在实验过程中氯水用量很多，则当氯水同 KI 溶液反应时，Cl_2 首先将 KI 中 I_2 置换出来，此时溶液显紫色，但由于溶液中氯水很多，被置换出来的 I_2 将会进一步同 Cl_2 反应而被氧化为无色的 IO_3^-。因此实验中很可能观察不到紫色。

$$I_2 + 5Cl_2 + 6H_2O \rightleftharpoons 2IO_3^- + 10Cl^- + 12H^+$$

也可用另一鉴定方法，取 2 滴 0.1mol/L 的 KI 加入 1 滴 2mol/L 的 $NaNO_2$ 后，又滴加 1mol/L 的 H_2SO_4 酸化。这样才能观察到 I_2 出现的现象。

4. 鉴定 Cl^-、Br^-、I^- 沉淀完全的方法：往混合溶液中先加入稀硝酸酸化，然后加入 $AgNO_3$ 溶液至完全沉淀。将沉淀在水浴中加热，离心沉降后在上层清液中再加入沉淀剂，如不再产生沉淀，表示沉淀已经完全。

5. 用氯水检验 I^- 存在时，如果加入过量 Cl_2 水则反应产生的 I_2 将进一步被氯水氧化为 IO_3^- 而使紫色变为无色。

同理用氯水检验 Br^- 存在时，如果加入过量 Cl_2 水则反应产生的 Br_2 将进一步被氯水氧化为 $BrCl$ 而使橙黄色变为浅黄色。因而影响 Br^- 的检出。

6. 用 CCl_4 萃取 Br_2 和 I_2 时，必须充分振荡试管，由于 Br_2 或 I_2 在 CCl_4 中的溶解度远远大于在水中的溶解度，而且与水互不相溶，其密度又大于水，因此根据 CCl_4 层（下层）的颜色可以检出 Br_2 或 I_2（Br_2 在 CCl_4 层中呈橙黄色，I_2 在 CCl_4 层中呈紫色）。萃取时应采用"少量多次"原则，这样经过反复几次操作后，就能将 Br_2 或 I_2 几乎全部萃取至 CCl_4 层中。

7. 检验沉淀完全的方法。在 Cl^-、Br^-、I^- 的混合溶液中先加入 HNO_3 酸化，然后加入 $AgNO_3$ 溶液至沉淀完全。将沉淀在水浴上加热，离心沉淀后在上层清液中再加入沉淀剂，如不再产生新的沉淀，表示沉淀已完全。

8. KI-淀粉试纸与 $Pb(Ac)_2$ 试纸的制取和使用。KI-淀粉试纸主要用来定性地检验氧化性气体（如 Cl_2、Br_2 等）。在一张滤纸上滴加一滴淀粉溶液和一滴 KI 溶液即可成 KI-淀粉试纸。

$Pb(Ac)_2$ 试纸用来检验反应中是否有 H_2S 气体产生。在滤纸条上滴加一滴 $Pb(Ac)_2$ 溶液即成 $Pb(Ac)_2$ 试纸。

检验挥发性气体时，应将试纸贴在玻璃棒一端悬空放在试管口的上方。若逸出的气体较少，可将试纸伸进试管，但必须注意，切勿使试纸接触到溶液或试管壁。

9. 酸化、碱化操作。
酸化：用弱酸（如 HAc）或缓冲溶液，调节溶液 pH 为 4~5。
碱化：用弱碱（如 $NH_3 \cdot H_2O$）或缓冲溶液，调节溶液 pH 为 9~10。

10. 检验沉淀是否完全的方法。将沉淀与溶液的混合物离心分离，在上层清液中再滴加沉淀剂，如上层清液不再产生沉淀，则表示沉淀已经完全。得到的沉淀一般要进行水洗，以防止吸附的离子干扰下一步沉淀的鉴定。

二、问题与讨论

做元素性质实验时，根据课时数，可选择性地做部分实验，如课时多，可多做一些性质实验，下面问题与讨论有些是本次实验中未安排的，现放在一起讨论，以备课时数多时应用。

1. H_2S 与强氧化剂 $KMnO_4$ 反应时，H_2S 可以被氧化至 S 或 SO_4^{2-}，这和 $KMnO_4$ 的浓度、用量及溶液的酸度有何关系？
当 $KMnO_4$ 的浓度较小、用量较少、溶液的酸度较强时，H_2S 被氧化为 S 析出。

$$2KMnO_4 + 5H_2S + 3H_2SO_4 == 2MnSO_4 + 5S\downarrow + K_2SO_4 + 8H_2O$$

当 $KMnO_4$ 的浓度较大、用量较多、在碱性溶液中与 $H_2S(g)$ 反应时，$H_2S(g)$ 可被氧化为 SO_4^{2-}。

$$8KMnO_4 + 3H_2S(g) == 8MnO_2\downarrow + 3K_2SO_4 + 2KOH + 2H_2O$$

2. 当 H_2S 溶液逐滴滴加到 $Hg(NO_3)_2$ 溶液中制取 HgS 时，为什么有时得不到黑色的 HgS 沉淀？

因为在产生 HgS 沉淀的过程中，生成的少量 HgS 与 $Hg(NO_3)_2$ 之间形成一系列中间产物，颜色由白→黄→棕→黑。$Hg(NO_3)_2 \cdot 2HgS$ 沉淀为白色，继续滴加 H_2S 时，沉淀逐渐变为黄色、棕色，最后变为黑色沉淀。

当 H_2S 浓度太低，得不到黑色 HgS 沉淀时，可加入少量 Na_2S 溶液，即生成黑色沉淀。

3. CdS 属于不溶于稀酸的硫化物，为什么会溶于 $2mol/L$ 的 HCl？

H_2S 与 Cd^{2+} 反应时，当 $c(H^+)$ 约为 $0.3mol/L$ 时，可得到较多量的 CdS 黄色沉淀，离心分离弃去清液后，往沉淀中加入少量 $2mol/L$ 的 HCl 时，并无明显溶解。当 HCl 加入量较多时，可见有部分甚至全部 CdS 溶解。

由于 CdS 的溶度积并不太小（$K_{sp} = 8.0 \times 10^{-27}$），因此，它在稍浓的盐酸中即可明显地溶解。这不仅是因为 $c(H^+)$ 的增大会引起 $c(S^{2-})$ 的降低 $[c(S^{2-}) = K_1 K_2 c(H_2S)/c^2(H^+)]$，同时也由于 Cd^{2+} 易与 Cl^- 形成配离子（如 $CdCl^+$ 等）而降低了 Cd^{2+} 浓度，从而使得 $c(Cd^{2+})c(S^{2-}) < K_{sp}CdS$，因而 CdS 沉淀溶解。

4. 在 $ZnSO_4$ 溶液中滴入 H_2S 溶液，为何没有 ZnS 沉淀？

配制 $ZnSO_4$ 溶液时为防止其水解，往往在较强的酸性条件下进行。在 $ZnSO_4$ 溶液中滴入 H_2S 溶液时，由于强酸性，解离出的 S^{2-} 较少，又由于 ZnS 的溶度积常数较大（$K_{sp} = 2.93 \times 10^{-25}$），$S^{2-}$ 不足以与 Zn^{2+} 生成 ZnS 沉淀，故无沉淀。要制得 ZnS 沉淀，要在 $ZnSO_4$ 溶液中加入 Na_2S 溶液。

5. 在 S^{2-}、SO_3^{2-}、$S_2O_3^{2-}$ 混合溶液中要鉴定 SO_3^{2-} 与 $S_2O_3^{2-}$ 时，为什么要预先除去 S^{2-}，采用什么方法除去？

因为 S^{2-} 会妨碍 SO_3^{2-} 和 $S_2O_3^{2-}$ 的检出，例如 S^{2-} 和 SO_3^{2-} 共存，酸化时它们即相互作用生成 S。如果 S^{2-} 是过量的，就检不出 SO_3^{2-}；如果 SO_3^{2-} 是过量的，则产物是 S 和 SO_2，而这些正是 $S_2O_3^{2-}$ 与酸作用的产物，因而会误认为试液中存在 $S_2O_3^{2-}$。此外，S^{2-} 与 SO_3^{2-} 均能与 $Na_2[Fe(CN)_5NO]$ 反应生成红色化合物，S^{2-} 也能与 $AgNO_3$ 作用生成黑色 Ag_2S 沉淀而影响 $S_2O_3^{2-}$ 的检出。因此在检出 SO_3^{2-} 与 $S_2O_3^{2-}$ 前，必须把 S^{2-} 除去。除去的方法可在 S^{2-}、SO_3^{2-}、$S_2O_3^{2-}$ 混合溶液中加入固体 $PbCO_3$，充分搅拌，根据沉淀理论，使 $PbCO_3$ 转化为溶解度更小的 PbS 沉淀而除去 $[K_{sp}(PbCO_3) = 7.4 \times 10^{-14} > K_{sp}(PbS) = 8.0 \times 10^{-27}]$。离心分离证明 S^{2-} 已被完全除去后，将离心液分成两份，分别鉴定 SO_3^{2-} 和 $S_2O_3^{2-}$。

6. 在鉴定 $S_2O_3^{2-}$ 时，当加入 $AgNO_3$ 溶液后，为什么生成的沉淀颜色由白→黄→棕→黑？

$S_2O_3^{2-}$ 与 Ag^+ 作用先生成白色的 $Ag_2S_2O_3$ 沉淀，当放置一些时间后，此沉淀在空气中会最终变为黑色 Ag_2S 的。根据 $Ag_2S_2O_3$ 转变为 Ag_2S 量的多少，因而会使沉淀的颜色由白→黄→棕→黑。

$$2Ag^+ + S_2O_3^{2-} =\!=\!= Ag_2S_2O_3 \downarrow (白色)$$
$$Ag_2S_2O_3 + H_2O =\!=\!= Ag_2S \downarrow (黑色) + H_2SO_4$$

这是 $S_2O_3^{2-}$ 最特殊的反应之一，进行反应时应注意，$Ag_2S_2O_3$ 沉淀能溶解于过量的硫代硫酸盐中，生成 $[Ag_2(S_2O_3)_3]^{3-}$ 配离子。因此仅在 Ag^+ 存在过量时才能生成 $Ag_2S_2O_3$ 沉淀。

7. 验证 $NaNO_2$ 的氧化或还原性时为什么不能先酸化？

因为 $NaNO_2$ 酸化时立即生成 HNO_2，HNO_2 很不稳定，很快就会分解产生 N_2O_3（使溶液呈天蓝色），气体一旦逸出液面即分解为 NO 和 NO_2。根据加入酸量的多少，在加 KI

或 $KMnO_4$ 溶液验证 $NaNO_2$ 的氧化或还原性前，$NaNO_2$ 可能已部分甚至全部作用完，从而导致实验失败。

$$2NO_2^- + 2H^+ === N_2O_3\uparrow + H_2O$$
$$N_2O_3 === NO + NO_2$$

故实验时应先将 $NaNO_2$ 与 KI 或 $KMnO_4$ 溶液混合，然后加酸（稀硫酸）酸化，观察溶液颜色的变化情况。

8. 在 $KClO_3$ 溶液中加入 KI 溶液，然后逐滴加入 H_2SO_4 酸化，不断振荡试管并加微热，为什么溶液会由黄色（I_3^-）变为紫黑色（I_2 析出），最后变为无色（IO_3^-）？

因为 $KClO_3$ 在酸性介质中表现出强氧化性，它能将 KI 氧化为 I_2。由于此时溶液中存在着还未作用完的 KI，它与 I_2 作用生成 I_3^- 而呈黄色。当溶液中的全部 KI 与 $KClO_3$ 作用完后则变为紫黑色。由于 I_2 在水中的溶解度较小（20℃，2.9×10^{-2} g/100g H_2O），因而观察到有紫黑色单质碘结晶状沉淀析出。单质碘与过量 $KClO_3$ 在酸性介质中又发生反应最后变为无色的 IO_3^-。如果加热，则大部分碘升华，此时可以观察到有紫红色碘的蒸气逸出。上述各步反应的方程式如下：

$$ClO_3^- + 6I^- + 6H^+ === Cl^- + 3I_2 + 3H_2O$$
$$I_2 + I^- === I_3^-$$
$$2ClO_3^- + I_2 + 2H^+ === 2HIO_3 + Cl_2\uparrow$$

9. 当氯水逐滴滴入碘化钾溶液至过量时，应先出现紫色，然后紫色褪去，但有时为什么观察不到紫色 I_2 的消失？

当饱和氯水和 KI 溶液反应时，首先从 KI 中把 I_2 置换出来，此时溶液呈紫色，被置换出来的 I_2 能进一步被 Cl_2 氧化成无色的碘酸（HIO_3）。其反应方程式如下：

$$Cl_2 + 2I^- === 2Cl^- + I_2 \tag{5}$$
$$I_2 + 5Cl_2 + 6H_2O === 2IO_3^- + 10Cl^- + 12H^+ \tag{6}$$

如果所用的氯水不饱和（不是新配制的）或所用 KI 量太多，那就观察不到紫色 I_2 的消失了。根据能斯特方程式：

$$E(氧化态/还原态) = E^\ominus(氧化态/还原态) + \frac{0.0592}{n}\lg\frac{c(氧化态)}{c(还原态)}$$

从反应式（5）中可以看出，若 Cl_2 的浓度过低，$E(Cl_2/Cl^-)$ 值下降；因为 $E(Cl_2/Cl^-) = 1.36V \gg E(I_2/I^-) = 0.535V$，浓度改变并不影响反应（5）的顺利进行。但 KI 量过多，消耗的 Cl_2 也多，使 Cl_2 的浓度进一步下降，在反应式（6）中 $E(Cl_2/Cl^-)$ 的值更小。但由于 $E(Cl_2/Cl^-) = 1.36V$ 与 $E(IO_3^-/I_2) = 1.19V$ 相差不大，因此就有可能使 $E(Cl_2/Cl^-) < E(IO_3^-/I_2)$，致使反应（6）不能顺利进行，$I_2$ 的紫色就不能消失。

因此，为了使实验能顺利进行，所用氯水必须是新配制的饱和氯水，而且 KI 的量不宜用得过多。

10. 在 Br^- 与 I^- 的混合溶液中逐滴加入氯水时，在 CCl_4 层中，为什么先出现紫红色后呈橙黄色？

氯水能将 Br^- 与 I^- 氧化为 Br_2 与 I_2，在 CCl_4 层中 Br_2 呈橙黄色，I_2 呈紫色，由于 I_2 的颜色较 Br_2 深，故实际观察到的是紫红色。当氯水逐滴加入至过量，I_2 进一步被 Cl_2 氧化成无色的 HIO_3，此时呈现出来的橙黄色即为 Br_2 在 CCl_4 层中的颜色。但必须注意的是，加入过量氯水后，Br_2 也能进一步被 Cl_2 氧化为 BrCl 而使橙黄色变为淡黄色，影响 Br^- 的检出。

11. 用锌粉置换 AgBr、AgI 中的银时，为什么要加入稀硫酸？

因为锌与 AgBr、AgI 均为固相，为非均相反应。要分子间碰撞发生反应很难，速度很慢。加入稀硫酸后，锌与酸中的氢离子反应生成氢原子，易运动的氢原子再使溶液中少量 Ag^+ 还原，$AgBr$、AgI 再溶解出 Ag^+，这样就把银置换出来了，H^+ 起了传递电子的作用，相当于催化剂。方程式是：

$$Zn + 2H^+ \longrightarrow Zn^{2+} + 2H\cdot$$

$$H\cdot + AgBr(或 AgI) \longrightarrow Ag + Br^-(或 I^-) + H^+$$

三、补充说明

1. 用奈氏试剂鉴定 NH_4^+ 时，为什么必须采用气室法而不能直接在试管内进行？

奈氏试剂是 $K_2[HgI_4]$ 的碱性溶液与 NH_4^+ 作用后生成的红棕色沉淀。如果在待测液中含有少量重金属杂质离子（如 Fe^{3+}、Cr^{3+}、Co^{2+}、Ni^{2+} 等）的话，这些杂质离子均能与奈氏试剂中的 OH^- 生成深色氢氧化物沉淀。如果鉴定直接在试管中进行的话，则这些有色沉淀就会干扰 NH_4^+ 的检出，若改用气室法后，因为待测液与溶液是滴在一块表面皿内，而滴有奈氏试剂的滤纸条是贴在另一块表面皿内。这样，这些杂质重金属离子不会气化，它们的存在就不会干扰 NH_4^+ 的检出了。

2. 为什么可以用 $(NH_4)_2CO_3$ 溶液或 $AgNO_3$-NH_3 溶液将 $AgCl$ 和 $AgBr$、AgI 分离？

$AgCl$ 能溶于氨水，$AgBr$ 能部分溶于氨水，AgI 则不溶于氨水。如以 $(NH_4)_2CO_3$ 溶液处理 $AgCl$、$AgBr$ 和 AgI 沉淀时，由于 $(NH_4)_2CO_3$ 水解得到 NH_3 能使 $AgCl$ 溶解，而 $AgBr$ 和 AgI 不能溶解。如以 $AgNO_3$-NH_3 溶液来处理 $AgCl$、$AgBr$ 和 AgI 沉淀时，由于混合液中除 NH_3 外，还含有 $[Ag(NH_3)_2]^+$ 配离子，后者正是卤化银溶于溶液时的反应产物，例如：

$$AgBr + 2NH_3 \rightleftharpoons [Ag(NH_3)_2]^+ + Br^-$$

混合液内的 $[Ag(NH_3)_2]^+$ 配离子使上述反应向左移动，因而使 $AgBr$ 的溶解度更为降低，几乎完全不溶。反之，由于 $AgCl$ 的溶解度较大，仍能部分溶于混合液中，从而使 $AgCl$ 和 $AgBr$、AgI 分离。

四、实验室准备工作注意事项

1. 下列试剂都必须现用现配：饱和 H_2S 溶液、Na_2S 溶液、Na_2SO_3 溶液、$NaNO_2$ 溶液、1‰ $Na_2[Fe(CN)_5NO]$ 溶液、$K_4[Fe(CN)_6]$ 溶液、奈氏试剂、钼酸铵试剂、饱和氨水、淀粉溶液、$NaNO_2$ 溶液、$(NH_4)_2CO_3$ 溶液、氯水。

2. 奈氏试剂的配制：溶解 115g HgI_2 和 80g KI 于去离子水中，冲稀至 500mL，加入 500mL 6mol/L 的 $NaOH$ 溶液，静置后，取其清液，保存在棕色瓶中。

3. 钼酸铵试剂（0.1mol/L）的配制：溶解 124g $(NH_4)_6Mo_7O_{24}\cdot4H_2O$ 于 1L 去离子水中，将所得溶液倒入 1L 6mol/L 的 HNO_3 中，放置 24h，取其澄清液。

4. 1‰ $Na_2[Fe(CN)_5NO]$ 溶液的配制：溶解 1g $Na_2[Fe(CN)_5NO]$ 于 100mL 去离子水中，如溶液变成蓝色，则需重新配制（只能保存数天）。

5. $AgNO_3$-NH_3 溶液的配制：溶解 1.7g $AgNO_3$ 于去离子水中，加 17mL 浓氨水，再用去离子水稀释至 1L。

6. 四只瓶内分别装入 $NaNO_2$、$NaNO_3$、NH_4NO_3、Na_3PO_4 四种白色晶体，并分别用标签标识。

7. 实验室应准备好 pH 试纸、KI-淀粉试纸、$Pb(Ac)_2$ 试纸以供学生实验时使用。

五、实验前准备的思考题

1. 本实验中怎样检验硫化氢的还原性？

2. 金属硫化物根据它们的溶解情况可以分为哪几类？

3. 亚硫酸盐与硫代硫酸盐有哪些主要性质？怎样用实验加以验证？

4. 本实验中怎样检验亚硝酸的氧化性？稀硝酸对金属的作用与稀硫酸或稀盐酸有何不同？

5. 卤化氢的还原性有什么递变规律，在实验时应注意哪些安全问题？怎样检验逸出的气体？

6. 在水溶液中氯酸盐的氧化性与介质有何关系？

7. 在 KI 溶液中逐滴滴入氯水时，在 CCl_4 层中为什么先出现紫色后紫色又褪去？

8. Cl^-、Br^-、I^- 混合离子怎样分离和鉴定？

实验十四　若干 p 区金属元素单质及化合物的性质

实验部分

一、实验目的

1. 了解锡、铅、锑、铋氢氧化物的酸碱性，离子的沉淀、配位性能，不同氧化态的氧化还原性。

2. 了解锡、铅、锑、铋的离子鉴定法。

3. 了解锡、铅、锑、铋难溶盐的生成和性质。

二、实验原理

锡、铅、锑、铋是周期表中 p 区金属元素，锡、铅是第ⅣA 族元素，其价电子构型为 ns^2np^2，能形成＋2、＋4 氧化数的化合物。锑、铋是第Ⅴ族元素，其价电子构型为 ns^2np^3，能形成＋3、＋5 氧化数的化合物。

1. 锡、铅、锑、铋氢氧化物的酸碱性

Sn、Pb、Sb、Bi 的低氧化态氢氧化物均是难溶于水的白色化合物。除 $Bi(OH)_3$ 为碱性氢氧化物以外，其它氢氧化物都是两性氢氧化物，它们溶解在相应的酸中，也可以溶解在过量的 NaOH 溶液中。发生的反应如下：

$$Sn(OH)_2 + 2NaOH = Na_2[Sn(OH)_4]$$
$$Pb(OH)_2 + NaOH = Na[Pb(OH)_3]$$
$$Sb(OH)_3 + NaOH = Na[Sb(OH)_4]$$

2. Sn(Ⅱ)、Sb(Ⅲ)、Bi(Ⅲ)氯化物的水解性

Sn(Ⅱ)、Sb(Ⅲ)、Bi(Ⅲ) 氯化物和它们的可溶性盐均发生不同程度的水解，水解的产物为碱式盐、酰基盐或氢氧化物。例如：

$$SnCl_2 + H_2O = Sn(OH)Cl\downarrow(白色) + HCl$$
$$SbCl_3 + H_2O = SbOCl\downarrow(白色) + 2HCl$$
$$BiCl_3 + H_2O = BiOCl\downarrow(白色) + 2HCl$$

Pb^{2+} 水解不显著。为了抑制水解，在配制这些盐溶液时，应加入相应的酸。

3. 锡、铅、锑、铋的难溶盐

锡、铅、锑、铋的常见难溶盐主要是硫化物及某些含氧酸盐，其中多数铅盐是难溶的，如 $PbSO_4$、$PbCrO_4$（铬黄）、$[Pb(OH)]_2CO_3$（铅白）、PbX_2 等，而可溶性铅盐都有毒。

常见的硫化物如下：

$$\begin{array}{ccccc} SnS & SnS_2 & PbS & Sb_2S_3 & Bi_2S_3 \\ 暗棕 & 黄色 & 黑色 & 橙色 & 棕色 \end{array}$$

锡、铅、锑的硫化物不溶于稀 HCl，但可溶于浓 HCl，生成氯化配离子和 H_2S 气体，如：

$$SnS_2 + 6HCl \rightleftharpoons H_2[SnCl_6] + 2H_2S\uparrow$$

SnS_2、Sb_2S_3 能溶于 Na_2S 溶液中，生成相应的硫代酸盐。

$$SnS_2 + Na_2S \rightleftharpoons Na_2SnS_3$$
$$Sb_2S_3 + 3Na_2S \rightleftharpoons 2Na_3SbS_3$$

所有硫代酸盐只能存在于中性或碱性介质中，遇酸生成不稳定的硫代酸，继而分解，放出 H_2S 气体并析出相应的硫化物沉淀：

$$Na_2SnS_3 + 2HCl \rightleftharpoons SnS_2\downarrow + H_2S\uparrow + 2NaCl$$
$$2Na_3SbS_3 + 6HCl \rightleftharpoons Sb_2S_3\downarrow + 3H_2S\uparrow + 6NaCl$$

Bi_2S_3 既不溶于浓盐酸，也不溶于 Na_2S 和多硫化物，只能借助氧化性酸如硝酸将其氧化，使 Bi^{3+} 转移到溶液中去。

4. 氧化还原性

$Sn(II)$ 是常用的还原剂，即使是较弱的氧化性物质（Fe^{3+}、$HgCl_2$ 等）也能被它还原，相应的反应式为：

$$Sn^{2+} + 2Fe^{3+} \rightleftharpoons Sn^{4+} + 2Fe^{2+}$$
$$Sn^{2+} + 2HgCl_2 \rightleftharpoons Sn^{4+} + Hg_2Cl_2\downarrow（白色）+ 2Cl^-$$
$$Sn^{2+} + Hg_2Cl_2 \rightleftharpoons Sn^{4+} + 2Hg（黑色）+ 2Cl^-$$

后两个反应是 Sn^{2+} 对 $HgCl_2$ 的分步反应，常用于鉴定 Hg^{2+}（或 Sn^{2+}）。在碱性介质中，$Sn(II)$ 的还原性更强，如通常鉴定 Bi^{3+} 的反应式为：

$$3SnO_2^{2-} + 2Bi(OH)_3 \rightleftharpoons 3SnO_3^{2-} + 2Bi\downarrow（黑色）+ 3H_2O$$

PbO_2 和 $Bi(V)$ 的化合物都具有较强的氧化性，在酸性条件下，能将 Mn^{2+} 氧化成 MnO_4^-：

$$5PbO_2 + 2Mn^{2+} + 4H^+ \rightleftharpoons 5Pb^{2+} + 2MnO_4^- + 2H_2O$$
$$5NaBiO_3 + 2Mn^{2+} + 14H^+ \rightleftharpoons 2MnO_4^- + 5Na^+ + 5Bi^{3+} + 7H_2O$$

5. Pb(II)盐的溶解性

除了 $Pb(NO_3)_2$ 和 $Pb(Ac)_2$ 能溶于水外，其它的 $Pb(II)$ 盐均难溶于水，例如：

$$\begin{array}{cccccc} PbCl_2 & PbSO_4 & PbCO_3 & PbS & PbI_2 & PbCrO_4 \\ 白色 & 白色 & 白色 & 黑色 & 金黄色 & 黄色 \end{array}$$

$PbCl_2$ 虽然难溶于冷水，却可以溶于热水。$PbSO_4$ 溶于饱和 NH_4Ac。$PbCrO_4$ 溶于稀 HNO_3、浓 HCl、浓 $NaOH$。PbI_2 溶于浓 KI：

$$2PbSO_4 + 2NH_4Ac \rightleftharpoons (PbAc)_2SO_4 + (NH_4)_2SO_4$$
$$2PbCrO_4 + 2HNO_3 \rightleftharpoons PbCr_2O_7 + Pb(NO_3)_2 + H_2O$$

$$PbCrO_4 + 4NaOH == Na_2PbO_2 + Na_2CrO_4 + 2H_2O$$
$$PbI_2 + 2KI == K_2[PbI_4]$$

三、实验用品

1. **仪器**：离心机。

2. **试剂**：NaOH（2mol/L、6mol/L）、HCl（2mol/L、6mol/L）、H_2SO_4（2mol/L）、浓 HCl、HNO_3（6mol/L、2mol/L）、HAc（2mol/L）、浓 H_2SO_4、饱和 H_2S、K_2SO_4（0.1mol/L）、饱和 NH_4Ac、$SnCl_2$（0.1mol/L）、$Pb(NO_3)_2$（0.1mol/L、1mol/L）、$HgCl_2$（0.1mol/L）、$Bi(NO_3)_3$（0.1mol/L）、$MnSO_4$（0.1mol/L）、KI（0.1mol/L）、K_2CrO_4（0.1mol/L）、Na_2S（0.5mol/L）、$SbCl_3$（0.1mol/L）；$PbO_2(s)$、$NaBiO_3(s)$、锡片、砂纸、pH 试纸。

四、实验内容

1. 锡、铅、锑、铋氢氧化物的酸碱性

取 2mL 0.1mol/L 的 $SnCl_2$ 溶液，逐滴加入 2mol/L 的 NaOH 溶液，生成沉淀后，离心分离，弃去清液。将沉淀分成两份，分别与 6mol/L 的 NaOH 溶液和 6mol/L 的 HCl 溶液作用。

按照上述操作，分别用 $Pb(NO_3)_2$、$SbCl_3$ 和 $BiCl_3$ 溶液进行实验。将实验结果填入下表。

氢氧化物		溶解情况		氢氧化物酸碱性
化学式	颜色	NaOH	HCl（HNO_3）	
$Sn(OH)_2$				
$Pb(OH)_2$				
$Sb(OH)_3$				
$Bi(OH)_3$				

2. 锡、铅、锑、铋的水解

取少量 $SbCl_3$ 溶液，用 pH 试纸测其 pH。加水稀释，观察现象，再用 pH 试纸测溶液的 pH，然后逐滴滴加 6mol/L 的 HCl，沉淀是否溶解？最后再用水稀释，又有什么变化？按上述操作，分别试验 $SnCl_2$、$Pb(NO_3)_2$ 和 $Bi(NO_3)_3$ 溶液的水解情况。

3. 锡、铅、锑、铋的难溶盐

（1）难溶铅盐

① 取 5 滴 $Pb(NO_3)_2$ 溶液，加入数滴 HCl 溶液，观察沉淀颜色。将试管微热，观察沉淀是否溶解。静置冷却后，观察是否又有沉淀出现。离心分离，弃去清液，在沉淀上加浓 HCl，沉淀是否溶解？

② 取 5 滴 $Pb(NO_3)_2$ 溶液，加入数滴 0.1mol/L 的 K_2CrO_4 溶液，观察沉淀颜色。离心分离，沉淀分成两份，分别研究沉淀与 6mol/L 的 HNO_3 和 6mol/L 的 NaOH 溶液作用的情况。

③ 取 5 滴 $Pb(NO_3)_2$ 溶液，加入数滴 0.1mol/L 的 K_2SO_4 溶液，观察沉淀颜色。离心分离，沉淀分成两份，分别研究沉淀与浓 H_2SO_4 溶液（加热）和饱和 NH_4Ac 溶液作用的情况。

④ 取 5 滴 $Pb(NO_3)_2$ 溶液，加入数滴 0.1mol/L 的 KI 溶液，观察沉淀颜色。离心分离，

弃去清液，在沉淀上加 2mol/L 的 KI 溶液，观察沉淀是否溶解。

将上述结果填入下表。

难溶盐	颜　　色	溶解性	
$PbCl_2$		热水	
		浓 HCl	
$PbCrO_4$		6mol/L 的 HNO_3	
		6mol/L 的 NaOH	
$PbSO_4$		浓 H_2SO_4	
		饱和 NH_4Ac	
PbI_2		2mol/L 的 KI	

（2）**难溶硫化物**　在离心试管中加入 5 滴 $Bi(NO_3)_3$ 溶液，再加入饱和 H_2S 溶液，观察沉淀的颜色。离心分离，弃去清液，将沉淀洗涤 1～2 次，然后将沉淀分成 4 份，分别研究沉淀与稀 HCl、浓 HCl、6mol/L 的 HNO_3 和 0.5mol/L 的 Na_2S 溶液作用的情况。

分别用 $SnCl_2$、$SbCl_3$ 和 $Pb(NO_3)_2$ 溶液重复上述实验，将实验现象填入下表。

	实验项目	Bi_2S_3	Sb_2S_3	SnS	PbS
	颜色				
硫化物	加 2mol/L 的 HCl				
	加浓 HCl				
	加 6mol/L 的 HNO_3				
	加 0.5mol/L 的 Na_2S				

4. 氧化还原性

① 研究 $[Sn(OH)_4]^{2-}$ 溶液（自制）与 $Bi(NO_3)_3$ 溶液的作用（此反应可鉴定 Sn^{2+} 和 Bi^{3+}）。

② 在 $HgCl_2$ 溶液中，用 2mol/L 的 HCl 酸化，逐滴滴加 $SnCl_2$ 溶液，观察反应现象（此反应可鉴定 Hg^{2+}）。

③ 向 1mL 6mol/L 的 HNO_3 溶液中加入 5 滴 0.1mol/L 的 $MnSO_4$ 溶液，再加入少量的 PbO_2 固体，微热，静置片刻，观察溶液的颜色。

④ 向 1mL 6mol/L 的 HNO_3 溶液中加入 5 滴 0.1mol/L 的 $MnSO_4$ 溶液，再加入少量的 $NaBiO_3$ 固体，微热，静置片刻，观察溶液的颜色。

五、思考题

1. 若需验证 $Pb(OH)_2$ 的碱性，应使用何种酸？

2. 研究 PbO_2 和 $NaBiO_3$ 的氧化性时，应使用何种酸进行酸化？

3. 怎样配制和保存 $SnCl_2$ 溶液？

实验指导

一、实验操作注意事项

1. 在进行 $Pb(OH)_2$ 的两性实验时应加稀 HNO_3 检验它的碱性，因为常见的铅盐中只有 $Pb(NO_3)_2$ 和 $Pb(Ac)_2$ 是易溶于水的。如果改用 HCl 和 H_2SO_4 的话，由于反应生成的 $PbCl_2$ 和 $PbSO_4$ 都是难溶于水的白色沉淀，就难以判断 $Pb(OH)_2$ 是否具有碱性了。

2. 在做 $SnCl_2$ 还原性的验证（或 Hg^{2+} 与 Sn^{2+} 的鉴定）实验时，$HgCl_2$ 溶液只需用 2～3 滴即可，不能多加，否则将需加入大量 $SnCl_2$ 溶液才能观察到白色沉淀转变为灰黑色沉淀。

滴加的顺序是把 $SnCl_2$ 滴入 $HgCl_2$ 中，而且需不断振荡试管并放置片刻后才能观察到沉淀颜色的变化情况。

3. 在进行 PbO_2、$NaBiO_3$ 氧化性（即 Mn^{2+} 鉴定）实验时，必须用 HNO_3 酸化，振荡试管，并加微热，静置片刻，使溶液逐渐澄清后，观察上层澄清溶液应呈现紫红色。否则，由于溶液中有过量 PbO_2、$NaBiO_3$ 存在，使溶液浑浊不清，很难观察到紫红色溶液。

4. 在 $SnCl_2$ 溶液中加 $NaOH$ 溶液制备沉淀 $Sn(OH)_2$ 时，为了避免 $NaOH$ 过量使 $Sn(OH)_2$ 沉淀马上消失，$NaOH$ 要逐滴加入。因在配制 $SnCl_2$ 溶液时为防止水解加了过量的酸，会消耗较多的碱后才有 $Sn(OH)_2$ 沉淀出现。

5. 把沉淀分成几份并分别加入其它试剂中反应，取出少量沉淀比较困难，可把浊液先分成几份，分别离心沉淀，这样比较容易得到几份近似等量的同一种沉淀。

6. 在做 Sb^{3+} 和 Bi^{3+} 的硫化物实验时，由于生成的 Sb_2S_3 和 Bi_2S_3 沉淀的量很少，难以将沉淀分成三份，故实验时可分别取三支试管各制取三份 Sb_2S_3 和 Bi_2S_3 沉淀，然后分别逐滴加入 $2mol/L$ 的 HCl、浓 HCl 和 $0.5\ mol/L$ 的 Na_2S 溶液检验 Sb_2S_3 和 Bi_2S_3 沉淀是否都能溶解。

二、问题与讨论

1. $SnCl_2$、$SbCl_3$、$BiCl_3$ 水解后的产物是否相似？为什么它们的水解产物均难溶于水？

$SnCl_2$、$SbCl_3$、$BiCl_3$ 水解后都先生成碱式盐沉淀，如 $Sn(OH)Cl$、$Sb(OH)_2Cl$、$Bi(OH)_2Cl$。但后两种脱水后即生成 $SbOCl$ 与 $BiOCl$ 酰基盐沉淀。

$$SnCl_2 + H_2O \Longrightarrow Sn(OH)Cl\downarrow + HCl$$
$$SbCl_3 + 2H_2O \Longrightarrow Sb(OH)_2Cl\downarrow + 2HCl$$
$$\longrightarrow SbOCl(氯化氧锑或氯化酰锑) + H_2O$$
$$BiCl_3 + 2H_2O \Longrightarrow Bi(OH)_2Cl\downarrow + 2HCl$$
$$\longrightarrow BiOCl\downarrow(氯化氧铋或氯化酰铋) + H_2O$$

这些碱式盐在水中或酸性不强的溶液中溶解度很小，这是因为它们的"金属离子"都具有外层为 18＋2 的电子构型。这种外层电子结构不仅增强了离子的极化能力，而且增加了离子的变形性，从而增大了这些离子与负离子的相互极化作用，增强了它们之间的作用力，以致使它们难以再与水结合，因而难溶于水。

2. 有时 $SnCl_2$ 水解产生的白色沉淀在盐酸中不能溶解，这是什么原因？在新配制的 $SnCl_2$ 溶液中常加少量锡粒起什么作用？

$SnCl_2$ 固体溶于水即发生水解，产生碱式氯化亚锡 $Sn(OH)Cl$ 的白色沉淀。由于 $Sn(OH)Cl$ 易溶于盐酸，故加入适量的盐酸可抑制水解而得到澄清溶液。但有时即使采用纯度较高的 $SnCl_2$ 固体来配制，白色沉淀也不能全部溶于盐酸而仍略显浑浊。这可能是由于 $SnCl_2$ 已部分被空气中的氧气氧化为 $SnCl_4$（在光的作用下氧化作用显著加速）。

$$2SnCl_2 + 4HCl + O_2 \!=\!=\! 2SnCl_4 + 2H_2O$$

$SnCl_4$ 水解更加剧烈，产生不溶于酸和碱的 β-锡酸（与 H_2O 作用所得新鲜沉淀称为 α-锡酸，可溶于酸或碱）所致。

$$SnCl_4 + 3H_2O \!=\!=\! H_2SnO_3 + 4HCl$$

此时若更换质量好的 $SnCl_2$ 固体来配制，就不会有浑浊现象发生了。

在新配制的 $SnCl_2$ 溶液中常加入少量金属锡粒，主要是防止溶液中的 Sn^{2+} 氧化，它可以使已被氧化生成的 Sn^{4+} 又还原为 Sn^{2+}。

$$Sn^{4+} + Sn \!=\!=\! 2Sn^{2+}$$

3. 在 $NaBiO_3$ 的氧化性实验中是否需要加酸酸化？为什么需用 HNO_3 而不能用 HCl？

$$NO_3^- + 2H^+ + e^- \Longrightarrow NO_2 + H_2O \qquad\qquad E^\ominus = 0.79V$$

$$Cl_2 + 2e^- \Longrightarrow 2Cl^- \qquad\qquad E^\ominus = 1.36V$$

$$MnO_4^- + 8H^+ + 5e^- \Longrightarrow Mn^{2+} + 4H_2O \qquad\qquad E^\ominus = 1.49V$$

$$NaBiO_3(s) + 6H^+ + 2e^- \Longrightarrow Bi^{3+} + Na^+ + 3H_2O \qquad E^\ominus > 1.80V$$

因为根据 $E^\ominus$ 值可知 $NaBiO_3$ 只有在酸性溶液中才能表现出氧化性。在 HNO_3 溶液中，$NaBiO_3$ 的氧化能力远大于 HNO_3，且 HNO_3 不能氧化溶液中仅有的还原性物质 Mn^{2+}，故只可能发生下述反应：

$$5NaBiO_3(s) + 2Mn^{2+} + 14H^+ \Longrightarrow 2MnO_4^- + 5Bi^{3+} + 5Na^+ + 7H_2O$$

而在 HCl 溶液中，氧化剂只有 $NaBiO_3$，而还原剂却有 Cl^- 与 Mn^{2+} 两种，且 Cl^- 的还原能力强于 Mn^{2+}，故首先发生如下反应：

$$2NaBiO_3(s) + 4Cl^- + 12H^+ \Longrightarrow 2Bi^{3+} + 2Na^+ + 2Cl_2 + 6H_2O$$

4. 哪些硫化物能溶于 Na_2S 或 $(NH_4)_2S$ 溶液中？哪些硫化物能溶于 Na_2S_x 或 $(NH_4)_2S_x$ 溶液中？哪些硫化物不溶于 Na_2S_x 或 $(NH_4)_2S$ 溶液中？

As_2S_3、As_2S_5、Sb_2S_3、Sb_2S_5、SnS_2、GeS_2 这些硫化物均能溶于 Na_2S 或 $(NH_4)_2S$ 溶液中生成硫代亚酸盐或硫代酸盐。例如：

$$As_2S_3 + 3Na_2S \Longrightarrow 2Na_3AsS_3 (硫化亚砷酸钠)$$

$$Sb_2S_5 + 3(NH_4)_2S \Longrightarrow 2(NH_4)_3SbS_4 (硫代锑酸铵)$$

$$SnS_2 + Na_2S \Longrightarrow Na_2SnS_3 (硫代锡酸钠)$$

由于 Na_2S_x 或 $(NH_4)_2S_x$ 溶液多硫离子（S_x^{2-}）的氧化作用，它能将 Sn^{2+} 或 Ge^{2+} 氧化成硫代锡酸盐或硫代锗酸盐而溶解。

$$SnS + Na_2S_2 \Longrightarrow Na_2SnS_3$$

此外由于 As_2S_3 和 Sb_2S_3 都具有一定的还原性，故它们能和具有氧化性的 Na_2S_x 或 $(NH_4)_2S_x$ 反应生成硫代酸盐并析出单质硫。

$$As_2S_3 + 3Na_2S_2 \Longrightarrow 2Na_3AsS_4 + S$$

$$Sb_2S_3 + 3(NH_4)_2S_2 \Longrightarrow 2(NH_4)_3SbS_4 + S$$

而 PbS 与 Bi_2S_3 因显碱性故不能溶于 Na_2S 或 $(NH_4)_2S$ 溶液中。

5. Sb_2S_3 与 Bi_2S_3 是否均能溶于 HCl 中？

Sb_2S_3 溶于浓度约为 $9mol/L$ 的 HCl 中，而 Bi_2S_3 可溶于约 $4mol/L$ 的 HCl 中，Sb_2S_3 与 Bi_2S_3 能与热的浓 HCl 作用生成 $SbCl_3$ 与 $BiCl_3$ 而溶解。Sb_2S_3 与浓 HCl 作用也能生成 $H_3[SbCl_6]$ 而溶解。

$$Sb_2S_3 + 6HCl(浓,热) \Longrightarrow 2SbCl_3 + 3H_2S\uparrow$$

$$Sb_2S_3 + 12HCl(浓) \Longrightarrow 2H_3[SbCl_6] + 3H_2S\uparrow$$

6. 硫酸铅能否溶于硫酸？

很多实验书上有硫酸铅能溶于硫酸的说法，方程式是：

$$PbSO_4 + H_2SO_4 \Longrightarrow Pb(HSO_4)_2$$

作者进行了多次实验，不论用什么浓度的硫酸，不论 $PbSO_4$ 沉淀是新鲜制备的还是老化过的，不论是否加热，都未观察到硫酸铅溶于硫酸的现象。

三、补充说明

验证氢氧化物酸碱性的方法有哪几种？如何选用？

本课程中验证氢氧化物的方法有三种：①指示剂显色；②pH 试纸或 pH 计测定；③试

验其与强酸、强碱溶液的反应情况。方法①、②只适用于易溶或溶解度虽不大但仍足以引起指示剂变色者。方法②还要求该溶液是弱酸或弱碱性的，即 $2<pH<12$，才能测得明确的 pH。方法③一般用于不溶于水的氢氧化物。如能与强酸反应而溶解，说明该氢氧化物呈碱性；能与强碱反应而溶解，说明该氢氧化物呈酸性；如果在强酸、强碱溶液中都能溶解，则该氢氧化物呈两性。

验证某些难溶氢氧化物的酸性时，还应注意碱的浓度，有时可采用浓碱甚至固碱。如 $Cu(OH)_2$ 微显两性，它易溶于酸，但只能溶于过量浓的强碱溶液中。而 $Mg(OH)_2$ 即使与浓碱也不起作用故它不具有酸性。使用的碱一般采用 NaOH 或 KOH，而不宜用氨水（因为它是弱碱而且易与许多过渡金属离子产生氨的配合反应）。

验证某些难溶氢氧化物的碱性时应注意选用合适的酸。如对于 $Pb(OH)_2$ 来说，若选用 H_2SO_4 或 HCl，由于反应产生的 $PbSO_4$ 或 $PbCl_2$ 都是较难溶于水的白色沉淀，不易判断反应是否进行，故应选用 HNO_3 最为适当，因为 $Pb(NO_3)_2$ 是易溶于水的。而对 $Sn(OH)_2$ 来说就不宜用具有氧化性的 HNO_3 而应该选用 HCl，Sn^{2+} 因具有较强的还原性，它易被 HNO_3 氧化为 Sn^{4+} 而影响试验。总之，选用何种酸最为恰当，既要考虑生成盐的溶解度，又要考虑到不致发生氧化还原反应等其它反应。

四、实验室准备工作注意事项

1. Na_2S 溶液应该现用现配，不要放置时间太长。

2. $HgCl_2$ 溶液有毒，使用时注意安全。

3. 实验室应准备好锡箔（剪成小方块），以备学生鉴定 Sb^{3+} 时使用。

五、实验前准备的思考题

1. 若需验证 $Pb(OH)_2$ 的碱性，应使用何种酸？
2. 验证 PbO_2 和 $NaBiO_3$ 的氧化性时，应使用何种酸进行酸化？
3. 怎样从标准电极电位判断金属的置换反应是否能够进行？
4. 根据平衡移动的原理，是否可以用金属铜将铅从铅盐中置换出来？

实验十五　若干过渡元素化合物的性质

实验部分

一、实验目的

了解过渡元素 Cr、Mn、Fe、Co、Ni、Cu、Ag、Zn、Cd、Hg 等元素的性质和反应。

1. 各种价态及其相互转化。

2. 氢氧化物和配合物的生成和性质。

3. 鉴定反应和分离方法。

二、实验原理

铬的稳定氧化数有 +3、+6，可以通过氧化还原反应而相互转化。

+3 价铬的氢氧化物呈两性，+3 价铬盐容易水解。在碱性溶液中，+3 价铬盐易被强

氧化剂如 Na_2O_2 或 H_2O_2 氧化为黄色的铬酸盐。
$$2CrO_2^- + 3H_2O_2 + 2OH^- \rightleftharpoons 2CrO_4^{2-} + 4H_2O$$

铬酸盐和重铬酸盐在水溶液中存在着下列平衡：
$$2CrO_4^{2-} + 2H^+ \rightleftharpoons Cr_2O_7^{2-} + H_2O$$
$$\text{黄色} \qquad\qquad \text{橙色}$$

上述平衡在酸性介质中向右移动，在碱性介质中向左移动。

铬酸盐和重铬酸盐都是强氧化剂，易被还原为 +3 价铬（+3 价铬离子呈绿色或紫色）。

在酸性溶液中，$Cr_2O_7^{2-}$ 与 H_2O_2 反应而生成蓝色过氧化铬 CrO_5（必须有乙醚或戊醇存在才稳定）。这个反应常用来鉴定 $Cr_2O_7^{2-}$ 或 Cr^{3+}。

锰在溶液中以 MnO_4^- 和 Mn^{2+} 较为常见。分别具有强氧化性和弱还原性。MnO_4^- 被还原时，因介质的酸碱性不同，可能生成浅桃红色的 Mn^{2+}、棕色的 MnO_2 固体或墨绿色的 MnO_4^{2-}。

Mn^{2+} 能被强氧化剂如 Na_2O_2、PbO_2、$NaBiO_3$ 等在 HNO_3 介质中氧化为紫红色 MnO_4^-，如：
$$5NaBiO_3 + 2Mn^{2+} + 14H^+ \rightleftharpoons 2MnO_4^- + 5Bi^{3+} + 5Na^+ + 7H_2O$$

常用这类反应来鉴定 Mn^{2+}。

+2 价和 +3 价的铁盐在溶液中易起水解作用。+2 价铁离子是还原剂，而 +3 价铁离子是弱的氧化剂。+2 价铁、钴、镍的盐大部分是有颜色的。在溶液中，Fe^{2+} 呈浅绿色，Co^{2+} 呈粉红色，Ni^{2+} 呈亮绿色。

铁、钴、镍都能生成不溶于水而易溶于稀酸的硫化物。但是 CoS 和 NiS 一旦从溶液中析出，晶格会发生改变，成为难溶物质，不再溶于稀酸。

铁能生成很多配位化合物，其中常见的有亚铁氰化钾 $K_4[Fe(CN)_6]$ 和铁氰化钾 $K_3[Fe(CN)_6]$。钴和镍也能生成配位化合物，如 $[Co(NH_3)_6]Cl_3$、$K_3[Co(NO_2)_6]$、$[Ni(NH_3)_6]SO_4$ 等。

$Co(II)$ 的配位化合物不稳定，易被氧化为 $Co(III)$ 的配位化合物，而 Ni 的配位化合物则以 +2 价的为稳定。

铜和银是周期系 IB 族的元素，锌、镉、汞是 IIB 族的元素。在化合物中，铜的氧化数是 +1 或 +2，银的氧化数通常是 +1，锌和镉的氧化数通常为 +2，汞的氧化数为 +1 或 +2。

蓝色的 $Cu(OH)_2$ 为碱性稍偏两性，在加热时容易脱水而分解为黑色 CuO。AgOH 极不稳定，在常温下极易脱水而转变为棕色的 Ag_2O。$Zn(OH)_2$ 和 $Cd(OH)_2$ 均呈两性。$Hg(I、II)$ 的氢氧化物极不稳定，极易脱水而生成黄色的 HgO 和黑色的 Hg_2O。

铜、银、锌、镉、汞离子均能生成多种配合物，如 Cu^{2+}、Ag^+、Zn^{2+}、Cd^{2+} 与过量氨水反应均能生成氨的配合物。$Hg(I、II)$ 与氨水的反应比较复杂。难溶于水的卤化银可通过生成配合物而溶解。

从元素铜和汞在酸性溶液中的标准电势图可知，Cu^+ 在水溶液中不能以自由离子形式存在，因此 Cu^{2+} 难以被还原为 Cu^+，但可被还原为 $Cu(I)$ 难溶物或配合物；同理，Hg_2^{2+} 只有生成 $Hg(II)$ 难溶物或配合物时才能发生歧化反应。

$$E_A^{\ominus}/V$$
$$Cu^{2+} \xrightarrow{+0.158} Cu^+ \xrightarrow{+0.522} Cu$$
$$Hg^{2+} \xrightarrow{+0.907} Hg_2^{2+} \xrightarrow{+0.792} Hg$$

如：
$$2Cu^{2+} + 4I^- \rightleftharpoons 2CuI\downarrow + I_2$$
$$CuI + I^- \rightleftharpoons [CuI_2]^-$$

$$Cu^{2+} + Cu + 4Cl^- \Longrightarrow 2[CuCl_2]^-$$

Cu^{2+}能与$K_4[Fe(CN)_6]$反应而生成棕红色$Cu_2[Fe(CN)_6]$沉淀，利用这个反应可鉴定Cu^{2+}（若存在Fe^{3+}，则需消除Fe^{3+}对Cu^{2+}的鉴定干扰）。Zn^{2+}可由它与二苯硫腙反应而生成粉红色螯合物来鉴定。Cd^{2+}可由它与饱和H_2S溶液反应而生成黄色CdS沉淀来鉴定。可通过Ag^+与Cl^-反应生成白色沉淀，在沉淀中加入$6mol/L$的$NH_3 \cdot H_2O$沉淀溶解，再加$6mol/L$的HNO_3，白色沉淀又重新析出，证明Ag^+的存在。Hg^{2+}的存在可由它与$SnCl_2$反应生成白色Hg_2Cl_2来鉴定。

三、实验用品

1. 仪器：离心机。

2. 试剂

（1）酸：HCl（$2mol/L$、$6mol/L$、浓）、HNO_3（$2mol/L$、$6mol/L$）、H_2SO_4（$2mol/L$）、HAc（$2mol/L$）、H_2S（饱和）。

（2）碱：$NaOH$（$2mol/L$、$6mol/L$、40%）、氨水（$2mol/L$、$6mol/L$）。

（3）盐：$CrCl_3$（$0.1mol/L$）、$K_2Cr_2O_7$（$0.1mol/L$）、$KMnO_4$（$0.01mol/L$）、$MnSO_4$（$0.1mol/L$、$0.5mol/L$）、$NiSO_4$（$0.1mol/L$、$0.5mol/L$）、$CoCl_2$（$0.1mol/L$、$0.5mol/L$）、$KSCN$（$0.1mol/L$，饱和）、$K_3[Fe(CN)_6]$（$0.1mol/L$）、$K_4[Fe(CN)_6]$（$0.1mol/L$）、$NaCl$（$0.1mol/L$）、$FeCl_3$（$0.1mol/L$）、$CrCl_3$（$0.1mol/L$）、NH_4Cl（$1mol/L$）、Na_2SO_3（$0.1mol/L$）、$FeSO_4$（晶体）、Na_2S（$0.5mol/L$）、$AgNO_3$（$0.1mol/L$）、$Cd(NO_3)_2$（$0.1mol/L$）、$CuCl_2$（$1mol/L$）、$Cu(NO_3)_2$（$0.1mol/L$）、$CuSO_4$（$0.1mol/L$）、$HgCl_2$（$0.1mol/L$）、Hg_2Cl_2（$0.1mol/L$）、$Hg(NO_3)_2$（$0.1mol/L$）、$Hg_2(NO_3)_2$（$0.1mol/L$）、KBr（$0.1mol/L$）、KI（$0.1mol/L$）、$Na_2S_2O_3$（$0.1mol/L$）、NH_4NO_3（固体）、$SnCl_2$（$0.1mol/L$）、$Zn(NO_3)_2$（$0.1mol/L$）、二苯硫腙、CCl_4。

（4）其它：H_2O_2（3%）、淀粉溶液、二乙酰二肟（1%酒精溶液）、丙酮、乙醚。

四、实验内容

1. 铬和锰

（1）氢氧化铬的制备和性质　用$CrCl_3$溶液制备氢氧化铬沉淀，观察沉淀的颜色。用实验证明$Cr(OH)_3$是否呈两性，并写出反应方程式。

（2）铬（Ⅲ）的氧化　在少量$CrCl_3$溶液中，加入过量的$NaOH$溶液，再加入H_2O_2溶液，加热，观察溶液颜色变化。解释现象，并写出反应方程式。

（3）铬酸盐和重铬酸盐的相互转变　在$K_2Cr_2O_7$溶液中，滴入少许$2mol/L$的$NaOH$溶液，观察颜色变化。加入$1mol/L$的H_2SO_4，酸化，观察颜色变化。解释现象，并写出反应方程式。

（4）铬（Ⅵ）的氧化性

① 用Na_2SO_3溶液验证$K_2Cr_2O_7$在酸性溶液中的氧化性，写出反应方程式。

② $K_2Cr_2O_7$是否能将盐酸氧化产生氯气？试用实验证明。

（5）铬（Ⅲ）的鉴定　取$0.1mol/L$的$CrCl_3$溶液2滴，加入$6mol/L$的$NaOH$溶液使Cr^{3+}转化为CrO_2^-，然后加入3滴3% H_2O_2，微热至溶液呈浅黄色。冷却后加入10滴乙醚，然后逐滴加入$6mol/L$的HNO_3酸化，振荡。乙醚层出现深蓝色表示有Cr^{3+}。

（6）MnO_4^- **还原产物与介质的关系** 设计三个试管试验，证明 MnO_4^- 在酸性、中性和强碱性介质中被 Na_2SO_3 还原后的产物是不同的。

（7）**Mn^{2+} 的鉴定** 取 5 滴 0.1mol/L 的 $MnSO_4$ 溶液，加入数滴 6mol/L 的 HNO_3，然后加入少量 $NaBiO_3$ 固体，振荡，沉降后，上层清液呈紫色，表示有 Mn^{2+}。

2. 铁盐的氧化还原性

（1）**Fe(Ⅱ)的还原性** 用 0.01mol/L 的 $KMnO_4$ 验证 $FeSO_4$ 溶液的还原性，观察现象并进行解释，写出反应方程式。

（2）**Fe(Ⅲ)的氧化性** 用 0.1mol/L 的 KI 来验证 0.1mol/L 的 $FeCl_3$ 的氧化性。观察现象并进行解释，写出反应方程式。

3. 铁、钴、镍的配合物

（1）**铁的配合物**

① ＋2 价铁的配合物。在 0.1mol/L 的 $K_4[Fe(CN)_6]$ 中，滴加 2mol/L 的 NaOH 数滴。观察是否有 $Fe(OH)_2$ 沉淀产生，试进行解释。

在 0.1mol/L 的 $FeCl_3$ 中滴入 1～2 滴 $K_4[Fe(CN)_6]$。观察现象，并写出反应方程式（这个反应可以用来鉴定＋3 价铁离子）。

② ＋3 价铁的配合物。在 0.1mol/L 的 $K_3[Fe(CN)_6]$ 中，滴加 2mol/L 的 NaOH 数滴。观察是否有 $Fe(OH)_3$ 沉淀产生，试进行解释。

在试管中加入几粒 $FeSO_4$ 晶体，用水溶解后，滴加 1～2 滴 $K_3[Fe(CN)_6]$ 溶液。观察现象，并写出反应方程式（这个反应可以用来鉴定＋2 价铁离子）。

（2）**钴的配合物**

① ＋2 价钴的配合物。在 0.5mol/L 的 $CoCl_2$ 中，加入几滴 1mol/L 的 NH_4Cl 和过量的 6mol/L 氨水。观察二氯化六氨合钴 （Ⅱ）$[Co(NH_3)_6]Cl_2$ 溶液的颜色，静置片刻，观察颜色的改变。加以解释，并写出反应方程式。

② 在试管中加入 5 滴 0.1mol/L 的 $CoCl_2$，加入少量饱和 KSCN，再加丙酮数滴，生成的配位离子 $[Co(NCS)_4]^{2-}$ 溶于丙酮而呈现蓝色（这个反应可用来鉴定 Co^{2+}）。

（3）**镍的配合物** 在 5 滴 0.1mol/L 的 $NiSO_4$ 中，加入 5 滴 2mol/L 氨水，再加一滴 1％乙酰二肟，于 Ni^{2+} 与二乙酰二肟生成稳定的螯合物而产生红色沉淀（这个反应可用来鉴定 Ni^{2+}）。

4. 混合离子的分离和鉴定

取 0.1mol/L 的 $FeCl_3$、$NiSO_4$ 和 $CrCl_3$ 各 5 滴，混合后设法将三种阳离子分离，并分别进行鉴定。

5. 铜、银、锌、镉、汞的氢氧化物的制备和性质

① 在三支试管中各加入 10 滴 0.1mol/L 的 $CuSO_4$ 溶液，再各滴入 2mol/L NaOH 溶液，观察沉淀的生成。然后，在第一支试管中加入适量的 2mol/L 的 HCl，在第二支试管中加入适量的 6mol/L 的 NaOH，观察现象，判断 $Cu(OH)_2$ 的酸碱性。将第三支试管放在煤气灯上加热，观察现象，写出以上各反应式。

② 取 10 滴 0.1mol/L 的 $AgNO_3$ 溶液，加入 2mol/L 的 NaOH 溶液，观察现象。验证沉淀物的酸碱性，写出反应式。

③ 在两支试管中各加入 5 滴 0.1mol/L 的 $Zn(NO_3)_2$ 溶液，并各滴加 2mol/L 的 NaOH

溶液，直到生成大量沉淀为止。然后在其中一支试管中加入几滴 0.2mol/L 的 H_2SO_4，在另一支试管中加入过量的 2mol/L 的 NaOH 溶液，观察现象。

以 0.1mol/L 的 $Cd(NO_3)_2$ 溶液做同样的实验，观察现象。写出以上各反应方程式。

④ 在两支试管中各加入 2 滴 0.1mol/L 的 $Hg(NO_3)_2$ 溶液，并各滴加 2mol/L 的 NaOH 溶液，观察现象。然后在其中一支试管中加入几滴 2mol/L 的 HNO_3，在另一支试管中加入过量 2mol/L 的 NaOH 溶液，观察现象。

以 0.1mol/L 的 $Hg_2(NO_3)_2$ 溶液做同样的实验，观察现象。

写出以上各反应方程式。

6. 铜、银、锌、镉、汞配合物的制备

① 在 5 滴 0.1mol/L 的 $CuSO_4$ 溶液中，逐滴加入 2mol/L 的 NaOH 溶液，观察 $Cu(OH)_2$ 沉淀的生成。离心分离后，验证 $Cu(OH)_2$ 沉淀是否溶解于 2mol/L 的 $NH_3 \cdot H_2O$，写出反应方程式。

② 在 0.5mL 0.1mol/L 的 $AgNO_3$ 溶液中，加入数滴 0.1mol/L 的 NaCl 溶液，观察沉淀的生成。继续滴加 6mol/L 的 $NH_3 \cdot H_2O$，观察沉淀的溶解。再加入数滴 0.1mol/L 的 KBr 溶液，观察又有沉淀生成。继续加入 0.1mol/L 的 $Na_2S_2O_3$ 溶液，沉淀又溶解。写出反应方程式。

③ 在 5 滴 0.1mol/L 的 $Zn(NO_3)_2$ 溶液中，滴加 2mol/L 的 $NH_3 \cdot H_2O$，观察沉淀的生成。继续滴加 2mol/L 的 $NH_3 \cdot H_2O$，观察沉淀的溶解。

以 0.1mol/L 的 $Cd(NO_3)_2$ 溶液做同样的实验，观察现象。

写出以上各反应方程式。

④ 在 5 滴 0.1mol/L 的 $HgCl_2$ 溶液中，滴加 2mol/L 的 $NH_3 \cdot H_2O$，观察沉淀的生成。继续加入过量 2mol/L 的 $NH_3 \cdot H_2O$，观察沉淀是否溶解，写出反应方程式。

在 5 滴 0.1mol/L 的 $Hg(NO_3)_2$ 溶液中，加入数滴 6mol/L 的 $NH_3 \cdot H_2O$，观察现象。继续加入少许固体 NH_4NO_3，观察沉淀是否溶解，写出反应方程式。

根据以上实验，比较铜、银、锌、镉、汞离子与 $NH_3 \cdot H_2O$ 反应的异同。

7. Cu(Ⅱ)-Cu(Ⅰ)、Hg(Ⅱ)-Hg(Ⅰ) 之间的相互转化以及 Cu(Ⅰ) 和 Hg(Ⅰ) 难溶物的性质

① 在离心试管中加入 5 滴 0.1mol/L 的 $CuSO_4$ 溶液，并加入 1mL 0.1mol/L 的 KI 溶液，观察现象。离心分离，弃去液体并洗涤沉淀后，再在试管中加入饱和 KI 溶液至沉淀刚好溶解，并将溶液逐滴加入盛有水的烧杯中，观察现象，写出反应方程式。

在试管中加入 10 滴 1mol/L 的 $CuCl_2$ 溶液，并加入 10 滴浓 HCl 和少量铜屑，加热至沸，待溶液呈泥黄色时停止加热。用滴管吸出少量溶液加入盛有水的烧杯中，观察现象，写出反应方程式。

② 在 5 滴 0.1mol/L 的 $Hg_2(NO_3)_2$ 溶液中，滴加 0.1mol/L 的 KI 溶液，观察沉淀的生成。再加过量 0.1mol/L 的 KI 溶液，观察沉淀的变化，写出反应方程式。

8. Cu^{2+}、Ag^+、Zn^{2+}、Cd^{2+}、Hg^{2+} 的鉴定

① 在 2 滴 0.1mol/L 的 $Cu(NO_3)_2$ 溶液中，加入 2 滴 0.1mol/L 的 $K_4[Fe(CN)_6]$ 溶液。如有棕红色沉淀，表示有 Cu^{2+}，写出反应方程式。

② 在离心试管中加入 5 滴 0.1mol/L 的 $AgNO_3$ 溶液，并滴加 2mol/L 的 HCl 至沉淀完

全。离心分离，弃去液体并洗涤沉淀后，加入过量 $6mol/L$ 的 $NH_3 \cdot H_2O$，待沉淀溶解后，再加入 2 滴 $0.1mol/L$ 的 KI 溶液。若有淡黄色沉淀生成，表示有 Ag^+，写出反应方程式。

③ 在 2 滴 $0.1mol/L$ 的 $Zn(NO_3)_2$ 溶液中，加入 5 滴 $6mol/L$ 的 NaOH 溶液和 10 滴二苯硫腙，搅动并在水浴上加热。水溶液中呈粉红色或 CCl_4 层由绿色变为棕色，均表示有 Zn^{2+}，写出反应方程式。

④ 在 10 滴 $0.1mol/L$ 的 $Cd(NO_3)_2$ 溶液中，加入饱和 H_2S 溶液，若有黄色沉淀生成，表示有 Cd^{2+}，写出反应方程式。

⑤ 在 5 滴 $0.1mol/L$ 的 $HgCl_2$ 溶液中，逐滴加入 $0.1mol/L$ 的 $SnCl_2$ 溶液，若有白色沉淀生成，并继而转变为黑色沉淀，表示有 Hg^{2+}，写出反应方程式。

9. Cu^{2+}、Ag^+ 和 Zn^{2+} 混合离子的分离和鉴定

分别取 5 滴 $0.1mol/L$ 的 $Cu(NO_3)_2$、$0.1mol/L$ 的 $AgNO_3$ 和 $0.1mol/L$ 的 $Zn(NO_3)_2$ 溶液，混匀。试自行设计方案，将它们分离并逐个进行鉴定。

五、思考题

1. 在 Cr^{3+} 的鉴定中为什么要加乙醚？加乙醚前为什么要先将溶液冷却？
2. 怎样分离和鉴定以下各对离子？
①Cr^{3+} 和 Mn^{2+}；②Fe^{3+} 和 Co^{2+}。
3. 比较铜、银、锌、镉、汞的氢氧化物的热稳定性。
4. 比较铜、银、锌、镉、汞离子与 $NH_3 \cdot H_2O$ 反应有什么相同和不同之处。
5. $Hg(Ⅱ)$ 与 $Hg(Ⅰ)$ 之间的相互转化条件是什么？
6. 在什么条件下，$Cu(Ⅰ)$ 才能稳定存在？

实验指导

一、实验操作注意事项

1. Cr^{3+} 鉴定时，先加入稍过量的 NaOH 溶液，使 Cr^{3+} 转化为 CrO_2^-，然后加入几滴 H_2O_2 微热至溶液生成浅黄色的 CrO_4^{2-}。注意应严格控制 H_2O_2 的用量，微热的目的主要促使 CrO_2^- 氧化为 CrO_4^{2-}，防止生成褐红色的过铬酸钠（Na_3CrO_8）。加入乙醚前一定先要把溶液冷却，因为乙醚沸点很低，挥发性大，密度小于水（$\rho = 0.74g/mL$），如果溶液热的话加入的乙醚就将挥发掉。然后慢慢加入 HNO_3 使溶液呈酸性（用 pH 试纸测定），摇动试管，在上层的乙醚层就出现深蓝色的 CrO_5，也可写成 $CrO(O_2)_2$。$CrO(O_2)_2$ 很不稳定，在 pH <1 时会迅速分解为绿色的 Cr^{3+} 并放出 O_2；加入乙醚或戊醇可增加 $CrO(O_2)_2$ 的稳定性，这是由于 $CrO(O_2)_2$ 在乙醚中能形成较稳定的深蓝色 $CrO(O_2)_2 \cdot (C_2H_5)_2O$。

2. MnO_4^- 与 MnO_2 只有在强碱溶液中长时间加热才能反应生成绿色的 MnO_4^{2-}。在中性、酸性或微碱性溶液中极不稳定，均易发生歧化反应，MnO_4^{2-} 只有在强碱性溶液中（pH>13.5）才能稳定存在。当加酸酸化后可歧化成紫色的 MnO_4^- 和棕色的 MnO_2 沉淀，如果现象不明显可稍加热。

3. 用 $K_2Cr_2O_7$ 氧化盐酸时分别用浓盐酸和稀盐酸，用 KI-淀粉试纸检验可能产生的氯气。该实验放在通风橱中进行。

4. 在 $KMnO_4$ 的还原产物和介质关系的实验中，酸、碱介质的条件要控制适当，而且氧

化剂 $KMnO_4$ 与还原剂 Na_2SO_3 的用量也要控制适当，否则将使实验达不到预期效果。

5. 制取 $Fe(OH)_2$ 沉淀时应先将去离子水与 $NaOH$ 溶液煮沸以除去溶解在其中的 O_2，操作必须迅速，制得的 $Fe(OH)_2$ 不要摇动，因为 $Fe(OH)_2$ 极易被氧化成为 $Fe(OH)_3$。

6. 在 $CoCl_2$ 溶液中逐滴加入 $NaOH$ 溶液时先生成蓝色的 $Co(OH)Cl$ 沉淀，继续滴加 $NaOH$ 溶液时可得粉红色的 $Co(OH)_2$ 沉淀。

7. 鉴定 Fe^{3+} 除可采用与 $K_4[Fe(CN)_6]$ 溶液作用生成"铁蓝"沉淀的方法外，还可通过与 SCN^- 作用生成血红色的 $[Fe(NCS)_n]^{3-n}$ 来鉴定。后者的反应必须在稀酸溶液中进行，但不能用 HNO_3，因为其有氧化性，能破坏 SCN^-。

8. 在制取配合物 $[Co(NH_3)_6]Cl_2$、$[Ni(NH_3)_4]SO_4$ 时，除需加入过量氨水外还要加入一定量的 NH_4Cl。

9. 鉴定 Co^{2+} 时生成的蓝色配位离子 $[Co(NCS)_4]^{2-}$ 不稳定，在水中溶解度大，故常加入丙酮，以提高此配位离子的稳定性。

10. Ni^{2+} 可与二乙酰二肟作用生成鲜红色螯合物沉淀，为了使鉴定的现象更为明显，在鉴定 Ni^{2+} 时常加入氨水。

11. Fe^{2+}、Fe^{3+}、Ni^{2+} 的鉴定反应均可在点滴板中进行，这样可以清晰地观察到沉淀的颜色。

12. 本实验因内容较多，故应仔细观察各种实验现象，注意所产生的各种沉淀颜色以及颜色变化的情况，及时把所观察到的各种现象记录在预习报告上，以免相互混淆。

13. 验证 Ag_2O、HgO、Hg_2O 的碱性时应选用稀 HNO_3，因为 $AgNO_3$、$Hg(NO_3)_2$、$Hg_2(NO_3)_2$ 是溶于水的，而其氯化物或硫酸盐大多不溶于水。

14. 在 $CuSO_4$ 溶液中加入 KI 溶液后生成白色 CuI 沉淀和 I_2。但此时观察到的沉淀由于吸附了 I_2 而略带棕黄色，因此需把沉淀洗涤两次，离心分离后，才能观察到白色的 CuI。也可在溶液中加入适量 $Na_2S_2O_3$ 溶液，以除去反应中生成的 I_2：

$$2Na_2S_2O_3 + I_2 =\!=\!= Na_2S_4O_6 + 2NaI$$

这样就便于观察到 CuI 的颜色。但 $Na_2S_2O_3$ 溶液若加得太多，也会与 Cu^+ 进行配合而使 CuI 沉淀溶解。

$$CuI + 2S_2O_3^{2-} =\!=\!= [Cu(S_2O_3)_2]^{3-} + I^-$$

15. 在 $CuCl_2$ 溶液中加入浓 HCl，再加入少许铜屑，加热时最初溶液呈蓝绿色，继续加热至沸腾（加热时间应稍长些，但应注意勿使试管内溶液溅出），待溶液呈泥黄色时，停止加热。用滴管吸出少量这种溶液，滴入到盛有半杯水的小烧杯中，观察应有白色 $CuCl$ 沉淀产生。如无现象，则试管内的溶液尚需继续加热。

16. 用 $K_4[Fe(CN)_6]$ 溶液鉴定 Cu^{2+} 时，需在中性或稀酸溶液中反应生成红棕色 $Cu_2[Fe(CN)_6]$ 沉淀，此沉淀可溶于 $NH_3 \cdot H_2O\text{-}NH_4Cl$ 中，生成深蓝色的 $[Cu(NH_3)_4]^{2+}$，与强碱作用时，被分解成蓝色 $Cu(OH)_2$ 沉淀。此外 Fe^{3+} 的存在能干扰 Cu^{2+} 的鉴定，只要加入适量 NaF 溶液作为掩蔽剂，使 Fe^{3+} 生成 $[FeF_6]^{3-}$ 配离子掩蔽起来，这样对 Cu^{2+} 的鉴定就没有影响了。Cu^{2+} 的鉴定可以在滴定板上进行。

17. 二苯硫腙是溶于 CCl_4 中配制而成（呈绿色），在强碱性条件下与 Zn^{2+} 反应生成螯合物，在水层中呈粉红色，在下层 CCl_4 中呈棕色。

18. 汞盐有剧毒，操作时必须注意安全，切勿让它进入口内或与伤口接触。

二、问题与讨论

1. 为什么验证 +3 价铬的还原性常在碱性介质中进行，而验证 +6 价铬的氧化性则总利用酸性条件？在验证 Cr^{3+} 的还原性时，为什么需严格控制 H_2O_2 用量并需加微热？

氧化数为 +3 的铬和氧化数为 +6 的铬各有两种存在形态，有关的电极电势为：

$$CrO_4^{2-} + 2H_2O + 3e^- = CrO_2^- + 4OH^- \qquad E^\ominus = -0.13V$$

$$Cr_2O_7^{2-} + 14H^+ + 6e^- = 2Cr^{3+} + 7H_2O \qquad E^\ominus = 1.33V$$

由此可见，在碱性条件下氧化数为 +3 的铬（以 CrO_2^- 形式存在）有较强的还原性，而在酸性条件下，氧化数为 +6 的铬（以 $Cr_2O_7^{2-}$ 形式存在）有较强的氧化性。

在验证 Cr^{3+} 的还原性时，如果加入过量 H_2O_2，有时会出现褐红色，这是生成 Na_3CrO_8 的缘故。

$$2CrCl_3 + 3H_2O_2 + 10NaOH = 2Na_2CrO_4 + 8H_2O + 6NaCl$$
$$\text{黄色}$$
$$2Na_2CrO_4 + 2NaOH + 7H_2O_2 = 2Na_3CrO_8 + 8H_2O$$
$$\text{褐红色}$$

过铬酸钠不稳定，加热后易分解，溶液由褐红色转变为黄色。

$$4Na_3CrO_8 + 2H_2O = 4NaOH + 7O_2 + 4Na_2CrO_4$$

因此为了得到明显的实验现象，必须严格控制 H_2O_2 的用量并需加热。

2. 介质对 MnO_4^- 的还原产物有何影响？如果氧化剂与还原剂的用量不当对 MnO_4^- 的还原产物又有何影响？

MnO_4^- 在酸性介质中的还原产物为 Mn^{2+}（无色或浅红色）；在中性介质或弱碱性介质中的还原产物为 MnO_2 水合物（棕色沉淀）；在强碱性介质中的还原产物为 MnO_4^{2-}（绿色）。

例如，在酸性溶液中，如果用过量还原剂如 SO_3^{2-}，它可将 MnO_4^- 还原为 Mn^{2+}：

$$2MnO_4^- + 5SO_3^{2-} + 6H^+ = 2Mn^{2+} + 5SO_4^{2-} + 3H_2O$$

如果 MnO_4^- 过量，它可与 Mn^{2+} 发生如下反应：

$$2MnO_4^- + 3Mn^{2+} + 2H_2O = 5MnO_2(s) + 4H^+$$

在中性或弱碱性溶液中 MnO_4^- 可被 SO_3^{2-} 还原为 MnO_2 水合物：

$$2MnO_4^- + 3SO_3^{2-} + H_2O = 2MnO_2(s) + 3SO_4^{2-} + 2OH^-$$

在强碱性溶液中，MnO_4^- 过量时可被 SO_3^{2-} 还原为 MnO_4^{2-}：

$$2MnO_4^- + SO_3^{2-} + 2OH^- = 2MnO_4^{2-} + SO_4^{2-} + H_2O$$

如果 MnO_4^- 量不足，则过剩的还原剂 SO_3^{2-} 可被 MnO_4^{2-} 氧化，最后产物是 MnO_2：

$$MnO_4^{2-} + SO_3^{2-} + H_2O = MnO_2 + SO_4^{2-} + 2OH^-$$

3. 为什么不能在水溶液中由 Fe^{3+} 和 KI 作用来制取 FeI_3？

根据下列电对的电极电势：

$$Fe^{3+} + e^- = Fe^{2+} \qquad E^\ominus = 0.770V$$

$$I_2 + 2e^- = 2I^- \qquad E^\ominus = 0.535V$$

可以得出，在酸性介质中 Fe^{3+} 是个中强氧化剂，它与 KI 作用后的产物是 I_2 与 Fe^{2+}，而不是 FeI_3。

$$2Fe^{3+} + 2I^- = 2Fe^{2+} + I_2$$

4. Fe^{2+} 与 Fe^{3+} 与过量氨水作用是否能生成氨配合物？

Fe^{2+} 难以形成稳定的氨配合物，无水状态下 $FeCl_2$ 虽然可以与氨气形成 $[Fe(NH_3)_6]Cl_2$，但它遇水即分解成 $Fe(OH)_2$ 沉淀。

$$[Fe(NH_3)_6]Cl_2 + 6H_2O = Fe(OH)_2(s) + 4NH_3 \cdot H_2O + 2NH_4Cl$$

对 Fe^{3+} 而言，由于其水合离子发生剧烈水解，所以在水溶液中加入氨时，不是形成氨配合物，而是形成 $Fe(OH)_3$ 沉淀。

因此常利用 Fe^{2+} 与 Fe^{3+} 与过量氨水容易生成 $Fe(OH)_2$ 与 $Fe(OH)_3$ 沉淀的特点而与一些易与过量氨水形成氨配合物的重金属离子（如 Cu^{2+}、Zn^{2+}、Cd^{2+}、Ag^+ 等）进行分离。

5. Ni^{2+} 与二乙酰二肟的螯合反应为什么必须在氨性溶液中进行？$NiCl_2$ 中加入氨水时，产生的绿色沉淀是什么？

在中性、HAc 酸性或氨性溶液中，Ni^{2+} 与二乙酰二肟作用生成鲜红色螯合物沉淀，此沉淀能溶于强酸和强碱中，但氨水如加得太多也会与 Ni^{2+} 作用生成 $[Ni(NH_3)_4]^{2+}$，而使沉淀溶解。较合适的酸度是 pH＝5～10。

$NiCl_2$ 中加入氨水后产生蓝绿色沉淀物为碱式盐 $Ni(OH)Cl$（它能溶于过量的氨水中），并不妨碍 Ni^{2+} 的检出。

6. 在制备 Co^{2+} 的氨配合物时，需加入 NH_4Cl，因为 Co^{2+} 除能与氨形成配合物外，还能与溶液中少量的 OH^- 形成 $Co(OH)Cl$ 沉淀。加入 NH_4Cl 可抑制氨水的解离，以至于 OH^- 浓度小到不能使 Co^{2+} 生成沉淀。制备 Ni^{2+} 的氨配合物时加入 NH_4Cl 也是同样的道理。

7. 采取什么配位剂可以使卤化银沉淀生成配离子而溶解？

$AgCl$ 在浓氨水中能生成 $[Ag(NH_3)_2]^+$ 而溶解，而 $AgBr$ 和 AgI 却难溶于氨水。但 $AgBr$ 能溶于 $Na_2S_2O_3$ 溶液中生成 $[Ag(S_2O_3)_2]^{3-}$ 而溶解，而 AgI 只能溶于 KCN 溶液中生成 $[Ag(CN)_2]^-$ 而溶解。

根据卤化银溶度积的不同和银配离子不稳定性的差异，可以通过平衡常数 $K^\ominus$ 值的计算来判断配离子与沉淀间的转化关系。

① $AgCl$ 沉淀，在加入氨水时，可以形成而溶解：

$$AgCl(s)+2NH_3 \rightleftharpoons [Ag(NH_3)_2]^+ + Cl^-$$

$$K^\ominus = \frac{c[Ag(NH_3)_2^+]c(Cl^-)}{c^2(NH_3)} = \frac{K_{sp}(AgCl)}{K_d[Ag(NH_3)_2^+]} = \frac{1.8\times10^{-10}}{8.9\times10^{-8}} = 2\times10^{-3}$$

② $[Ag(NH_3)_2]^+$ 的溶液，在加入 Br^- 时，可因沉淀的生成而离解：

$$[Ag(NH_3)_2]^+ + Br^- \rightleftharpoons AgBr(s)+2NH_3$$

$$K^\ominus = \frac{c^2(NH_3)}{c[Ag(NH_3)_2^+]c(Br^-)} = \frac{K_d[Ag(NH_3)_2^+]}{K_{sp}(AgBr)} = \frac{8.9\times10^{-8}}{5.0\times10^{-13}} = 1.8\times10^5$$

③ $AgBr$ 沉淀，在加入 $S_2O_3^{2-}$ 时，可因 $[Ag(S_2O_3)_2]^{3-}$ 的形成而溶解：

$$AgBr(s)+2S_2O_3^{2-} \rightleftharpoons [Ag(S_2O_3)_2]^{3-} + Br^-$$

$$K^\ominus = \frac{c[Ag(S_2O_3)_2^{3-}]c(Br^-)}{c^2(S_2O_3^{2-})} = \frac{K_{sp}(AgBr)}{K_d[Ag(S_2O_3)_2^{3-}]} = \frac{5.0\times10^{-13}}{3.5\times10^{-14}} = 14.3$$

④ $[Ag(S_2O_3)_2]^{3-}$ 的溶液，在加入 KI 时，可因 AgI 沉淀的生成而离解：

$$[Ag(S_2O_3)_2]^{3-} + I^- \rightleftharpoons AgI(s)+2S_2O_3^{2-}$$

$$K^\ominus = \frac{c^2(S_2O_3^{2-})}{c[Ag(S_2O_3)_2^{3-}]c(I^-)} = \frac{K_d[Ag(S_2O_3)_2^{3-}]}{K_{sp}(AgI)} = \frac{3.5\times10^{-14}}{8.3\times10^{-17}} = 4.2\times10^2$$

⑤ AgI 沉淀在加入 CN^- 时，可因配离子 $[Ag(CN)_2]^-$ 的形成而溶解：

$$AgI(s)+2CN^- \rightleftharpoons [Ag(CN)_2]^- + I^-$$

$$K^\ominus = \frac{c[Ag(CN)_2^-]c(I^-)}{c^2(CN^-)} = \frac{K_{sp}(AgI)}{K_d[Ag(CN)_2^-]} = \frac{8.3\times10^{-17}}{6.3\times10^{-22}} = 1.3\times10^5$$

⑥ $[Ag(CN)_2]^-$ 的溶液，在加入 S^{2-} 时，可因 Ag_2S 沉淀的生成而离解：

$$2[Ag(CN)_2]^- + S^{2-} \rightleftharpoons Ag_2S(s)+4CN^-$$

$$K^\ominus = \frac{c^4(CN^-)}{c^2[Ag(CN)_2^-]c(S^{2-})} = \frac{K_d^2[Ag(CN)_2^-]}{K_{sp}(AgS)} = \frac{(6.3 \times 10^{-22})^2}{1.6 \times 10^{-49}} = 2.48 \times 10^6$$

从上述各步转化反应的平衡常数 $K^\ominus$ 值的大小，可知各步转化的难易及其完全程度。$K^\ominus$ 值越大，其转化就越容易和越完全。

8. Cr^{3+}、$Cr(OH)_3$ 沉淀的颜色在不同书上写法不同，有蓝绿色、暗绿色等，原因是溶液中阴离子不同形成不同的配离子。

$[Cr(H_2O)_6]Cl_3$ $[CrCl(H_2O)_5]Cl_2 \cdot H_2O$ $[CrCl_2(H_2O)_4]Cl \cdot 2H_2O$

    蓝绿色   浅绿色   暗绿色

$Cr(OH)_3$ 沉淀灰蓝色、灰绿色不同写法。实际上纯的 $Cr(OH)_3$ 应该是灰蓝色的，若溶液中还存在较多的 OH^- 或 Cl^-，形成绿色的 $Cr(OH)_4^-$ 或 $CrCl_3$ 掩盖 $Cr(OH)_3$ 的灰蓝色。若 $Cr(OH)_3$ 沉淀用蒸馏水洗涤，可看到灰蓝色 $Cr(OH)_3$ 沉淀。

9. 在 $HgCl_2$ 溶液中加入 KI 溶液时，首先出现的黄色沉淀是什么？

这种黄色沉淀是碘化汞的一种变体。碘化汞有红色、黄色和无色三种变体。当从溶液中缓慢地形成结晶时，初时显黄色，然后立刻变成红色。也就是说，黄色变体在常温时不稳定，立即转变为红色变体，而红色变体只有加热至 126℃ 时才会转变为黄色变体。当碘化汞蒸气在减压下被冷却时，形成无色变体。

10. $HgCl_2$ 和 Hg_2Cl_2 是否与氨水形成氨配合物？

$HgCl_2$ 和 Hg_2Cl_2 与过量氨水反应时，并不生成氨配离子，而是生成白色的氯化氨基汞沉淀（Hg_2Cl_2 则歧化生成氯化氨基汞和金属汞沉淀）。

$$HgCl_2 + 2NH_3 = HgNH_2Cl \downarrow (白色) + NH_4Cl$$

$$Hg_2Cl_2 + 2NH_3 = HgNH_2Cl \downarrow (白色) + Hg \downarrow (黑色) + NH_4Cl$$

$HgCl_2$ 只有在 NH_4Cl 的浓溶液中与 $NH_3 \cdot H_2O$ 反应才能生成配合物。

$$HgCl_2 + 2NH_3 \xrightarrow{NH_4Cl} [Hg(NH_3)_2Cl_2]$$

$$[Hg(NH_3)_2Cl_2] + 2NH_3 \xrightarrow{NH_4Cl} [Hg(NH_3)_4]Cl_2$$

三、补充说明

1. 硅胶干燥剂吸水后为什么会变色？采用什么方法可使它再生？

作为干燥剂用的硅胶中常含有 $CoCl_2$。$CoCl_2$ 由于盐中结晶水数目的不同而呈现不同颜色，它们的相互转换温度及特征颜色如下：

$$CoCl_2 \cdot 6H_2O \xrightarrow{52.25℃} CoCl_2 \cdot 2H_2O \xrightarrow{90℃} CoCl_2 \cdot H_2O \xrightarrow{120℃} CoCl_2$$

（粉红）   （紫红）   （蓝紫）   （蓝）

利用 $CoCl_2$ 在吸水和脱水而发生的颜色变化来表示硅胶的吸湿情况。当干燥硅胶吸水后，逐渐由蓝色变为粉红色，升高温度时，又失水由粉红色变为蓝色。因此当作为干燥剂用的硅胶变为粉红色时，表示不再有效。此时只要将吸湿后的硅胶放在烘箱中加热至 120℃，并不时翻动，待粉红色的硅胶又变为蓝色后，即可使它再生而能重复使用了。

2. 为什么铬酸洗液能够洗净仪器？洗液在使用一段时间后，为什么会逐渐变成暗绿色？

实验室中常见的铬酸洗液是重铬酸钾饱和溶液和浓硫酸的混合溶液，它有强氧化性，可用来洗涤化学玻璃仪器，以除去器壁上黏附的油脂层。洗液在使用过一段时间后，棕红色逐渐转变成暗绿色。若全部变成暗绿色，说明 +6 价铬已转变为 +3 价铬，洗液即失效。

铬酸洗液的配制方法：称取研细了的 $K_2Cr_2O_7$ 固体 20g 置于 500mL 烧杯内，加水 40mL，加热使之溶解，待其溶解后冷却之，再慢慢加入 350mL 粗浓硫酸（注意边加边搅拌）即成。因加浓硫酸时会放出大量的热量，故应在烧杯下面垫一块木板或石棉板，以防烫坏桌面。

3. 如何从废定影液以及实验室的废银液中回收金属银？

照相底片上的溴化银，在定影时，未感光的溴化银被定影液中的硫代硫酸钠溶解，以 $Na_2S_2O_3 \cdot NaAgS_2O_3$ 的形式，即 $Na_3[Ag(S_2O_3)_2]$ 存在于废定影液中。实验室的废银液中通常多以 $[Ag(S_2O_3)_2]^{3-}$、Ag^+、$AgCl$、$AgBr$、AgI 等形式存在。从废定影液以及实验室的废银液中回收金属银，通常采用下列三种方法：

① 沉淀法。加入适当试剂使银生成难溶化合物沉淀。再经高温灼烧等方法制取银。例如：在废定影液或实验室的废银液中加入 Na_2S 后即有黑色的沉淀产生。

$$2[Ag(S_2O_3)_2]^{3-} + S^{2-} \Longrightarrow Ag_2S\downarrow + 4S_2O_3^{2-}$$
$$2Ag^+ + S^{2-} \Longrightarrow Ag_2S\downarrow$$
$$2AgX + S^{2-} \Longrightarrow Ag_2S\downarrow + 2X^- \, (X^- = Cl^-、Br^- 或 I^-)$$

由于废银液通常是微酸性的，为了避免产生气体，在加入 Na_2S 前先要用碱液中和掉酸。然后使 Ag_2S 和 Na_2CO_3 在高温下（1000℃）反应，即能得到 Ag：

$$2Ag_2S + 2Na_2CO_3 \Longrightarrow 4Ag + 2Na_2S + 2CO_2\uparrow + O_2\uparrow$$

在反应进行时，往往加一些硼砂作助熔剂。三种成分的质量比为：$Ag_2S : Na_2CO_3 : Na_2B_4O_7 \cdot 10H_2O = 3 : 2 : 1$。

② 化学还原法。可用于还原含银溶液的还原剂很多，例如，利用离子化倾向较大的金属（如锌）置换银。也可用甲醛、葡萄糖、亚硫酸钠、连二硫酸钠、抗坏血酸、蚁酸或水合肼等还原剂来还原银。

③ 电还原法。利用电解的方法，使银在阴极上析出。

四、实验室准备工作注意事项

1. 下列试剂都必须现用现配：Na_2SO_3、3％H_2O_2、$K_4[Fe(CN)_6]$溶液、$K_3[Fe(CN)_6]$溶液、淀粉溶液、二乙酰二肟试剂、溴水、饱和H_2S溶液、KSCN饱和溶液、二苯硫腙溶液。

2. 二乙酰二肟试剂的配制：取 1g 二乙酰二肟溶于 100mL95％乙醇中。

3. 乙醚（沸点为 34.6℃）与丙酮（沸点为 56℃）均系低沸点易挥发易燃的有机溶剂，乙醚还有麻醉作用，使用时应注意安全。

4. 二苯硫腙溶液的配制：溶解 0.1g 二苯硫腙于 1L 的 CCl_4 或 $CHCl_3$ 中。

5. KI 溶液有 0.1mol/L 及饱和溶液两种。

6. 五支试剂瓶内分别装入 $Zn(NO_3)_2$、$AgNO_3$、$Mn(NO_3)_2$、$Fe(NO_3)_3$、$Ba(NO_3)_2$ 五种溶液（浓度都是 0.1mol/L），并分别用标签 A、B、C、D、E 标识。

五、实验前准备的思考题

1. 怎样用实验来确定 $Cr(OH)_3$ 是两性氢氧化物？$Mn(OH)_2$ 是否呈两性？将 $Mn(OH)_2$ 放在空气中，将产生什么变化？

2. 在本实验中，如何实现从 $Cr(Ⅲ) \rightarrow Cr(Ⅵ) \rightarrow Cr(Ⅲ)$ 的转变？

3. 怎样用生成过氧化铬的方法来鉴定 Cr^{3+} 的存在？实验过程中应注意哪些问题？

4. $KMnO_4$ 的还原产物与介质有什么关系？

5. 如何制备+2 价和+3 价铁、钴、镍的氢氧化物？本实验中验证它们的哪些性质？铁、钴、镍是否都能生成+2 价和+3 价的配合物？

6. 怎样验证＋2 价铁盐的还原性和＋3 价铁盐的氧化性？

7. 怎样鉴定 Mn^{2+}、Fe^{2+}、Fe^{3+}、Co^{2+}、Ni^{2+}？

8. 怎样分离下列各组混合离子：①Cr^{3+} 和 Mn^{2+}；②Fe^{3+} 和 Co^{2+}；③Fe^{3+} 和 Ni^{2+}；④Cr^{3+}、Mn^{2+} 和 Fe^{3+}。

9. 在 Cu^{2+}、Ag^+、Zn^{2+}、Cd^{2+}、Hg^{2+}、Hg_2^{2+} 盐溶液中加入 NaOH 后，哪些生成氢氧化物？哪些生成氧化物？它们的酸碱性有什么不同？

10. 在 Cu^{2+}、Ag^+、Zn^{2+}、Cd^{2+}、Hg^{2+}、Hg_2^{2+} 盐溶液中各加入少量氨水和过量氨水，各有什么现象？

11. 将 KI 加到 $CuSO_4$ 溶液中会产生什么沉淀？此沉淀是否可以溶于饱和 KI 或饱和 KSCN 溶液中？为什么？CuCl 沉淀是否能溶于浓 HCl 中？为什么？

12. 在 $Hg(NO_3)_2$ 和 $Hg_2(NO_3)_2$ 溶液中各加入少量 KI 和过量 KI 溶液，将分别生成什么产物？

13. 怎样鉴定 Cu^{2+}、Ag^+、Zn^{2+}、Cd^{2+}、Hg^{2+}？

14. 怎样分离和鉴定下列各组离子：①Cu^{2+} 和 Ag^+；②Zn^{2+}、Cd^{2+} 和 Hg^{2+}；③Fe^{3+}、Cr^{3+} 和 Cu^{2+}；④Ag^+、Zn^{2+}、Mn^{2+}、Fe^{3+} 和 Ba^{2+}。

实验十六　未知阳离子混合液的分析

实验部分

一、实验目的

1. 掌握用两酸三碱系统分析法对常见阳离子进行分组分离的原理和方法。

2. 掌握分离、鉴定的基本操作与实验技能。

二、实验原理

阳离子的种类较多，常见的有 20 多种，个别定性检出时，容易发生相互干扰，所以阳离子的分析都是利用阳离子的某些共同特征，先分成几组，然后再根据阳离子的个别特性加以检出。本实验对 Pb^{2+}、Sn^{2+}、Ag^+、Cu^{2+}、Zn^{2+}、Cd^{2+}、Hg^{2+}、Cr^{3+}、Mn^{2+}、Fe^{3+} 等离子进行分离鉴定。在阳离子系统分析中，利用不同的组试剂，可以提出许多种分组方案。比较有意义的是硫化氢系统分组方案和两酸两碱系统分组方案，下面介绍硫化氢系统分组方案。

其原理是根据阳离子的硫化物以及它们的氯化物、碳酸盐等溶解度的不同，以 HCl、H_2S、$(NH_4)_2S$ 和 $(NH_4)_2CO_3$ 为组试剂把阳离子分成五组（盐酸组、硫化氢组、硫化铵组、碳酸铵组和易溶组），然后再分别加以检出。硫化氢系统的分组与分离步骤如图 2-19 所示。

三、实验内容

1. 向教师领取未知液 2mL，取 0.5mL，根据自己设计的方案进行分析。

2. 根据初步观察的实验现象，综合考虑，得出初步分析结果，然后用剩余的未知液进一步验证，最后得出正确结果。

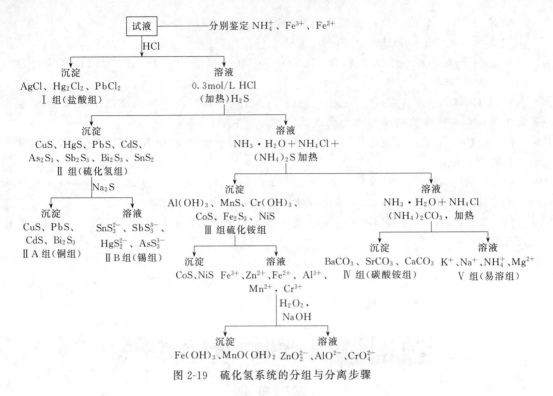

图 2-19　硫化氢系统的分组与分离步骤

实验指导

一、实验操作注意事项

1. 每次实验所用的试管、玻璃棒、滴管等仪器必须洗刷干净。应严格按照规定要求进行操作,如加热、振荡、冷却等。试剂也必须按规定要求量加入,如要求加入量适量、足量或过量时,就必须严格控制试剂加入的量,否则会影响实验结果。溶液与沉淀可用离心分离法分离,但是所分离出的沉淀物必须洗涤干净。

2. 加酸酸化或加碱碱化时,可用 pH 试纸测试溶液的酸碱性。

3. pH 试纸、KI-淀粉试纸与 Pb(Ac)$_2$ 试纸必须按规定的方法使用。

4. 对给定范围的未知阳离子混合液,可通过各种消去实验消去不可能存在的离子。消去实验一般包括以下几个内容:

① 观察试样颜色,初步判断某些有色阳离子是否存在。

② 测试溶液 pH,消去在该 pH 条件下可生成沉淀的离子,但溶解度较大的阳离子不可消去(可能少量存在)。

③ 依次用 HCl、(NH$_4$)$_2$SO$_4$ 或 H$_2$SO$_4$、NaOH、NH$_3$·H$_2$O、H$_2$S 等组试剂进行消去实验,若消去实验无明显区别,则可消去那些反应灵敏度较高的阳离子。

④ 经消去实验后,对未消去的离子应选择合适的简便方法加以验证,如鉴别反应易受其它离子干扰,则需要进行分离或掩蔽。已经实验消去的离子可不必逐一鉴定。一些离子(如 Fe^{3+}、Fe^{2+}、Mn^{2+}、NH$_4^+$ 等)具有特效性的检出方法,可在其它离子共存的情况下不经分离而直接从样品中检出。

5. 乙醚属于低沸点(沸点为 34.6℃)、易挥发、易燃的有机溶剂,且具有麻醉作用,使用后应将瓶塞盖紧并应注意安全。

6. 注意应将实验观察到的现象及反应结果及时记录在实验报告内。

二、问题与讨论

如何判断未知物或鉴别未知液？

未知物的判断与未知液的鉴别实际上是无机化学知识的综合应用。各种物质的颜色、溶解性、酸碱性、水解性、氧化还原性以及生成配合物的能力方面都会有所不同，而且有些物质（或离子）还具有其特征的反应，这些因素均可作为判别时的依据。故实际上在判别时可供选择的实验方案往往不止一种，有条件时就应多选择几种进行实验，并将实验结果进行综合分析与比较。这样既可使实验结果准确无误，又有利于巩固和活用所学到的知识，扩大了知识面。

在本实验中对于未知物的判断就应根据实验的各个步骤综合起来进行分析，研究后再作出判断结论。

例如，判断未知物 $CuSO_4$ 时可从以下几个方面来考虑其性质的特点：它的氢氧化物是蓝色沉淀物，略显两性，而且具有脱水性。它与氨水作用先生成蓝色碱式盐沉淀，在过量氨水中沉淀溶解成为深蓝色的配离子溶液，在此溶液中通入 H_2S 或加入 Na_2S 溶液即产生黑色沉淀。此沉淀能溶解于 HNO_3 中。它能与铜粉在浓 HCl（或 NaCl 溶液）作用下，当加热至沸时发生歧化逆反应生成泥黄色的配离子溶液，将此配离子用大量水稀释后生成白色沉淀物。此外 $CuSO_4$ 溶液遇到 $K_4[Fe(CN)_6]$ 或 $BaCl_2$ 后均能产生特征的沉淀反应等等。根据以上这些综合的实验现象就可基本上证明它是 $CuSO_4$ 了。

对于多种未知液的鉴定也可采用以上这种综合方法进行分析、研究，最后作出结论。

例如，对于 $Zn(NO_3)_2$、$Pb(NO_3)_2$、$SnCl_2$ 三瓶未知液可通过如下方法进行鉴别。它们都是无色透明溶液，而阳离子 Zn^{2+}、Pb^{2+}、Sn^{2+} 的氢氧化物都是典型的两性氢氧化物。但三者硫化物的颜色却有明显差别：ZnS 白色，PbS 黑色，SnS 棕色，而且 ZnS 可以溶于稀酸，其余则不溶，故可用此法来进行初步鉴别。其次是 Sn^{2+} 不同于 Zn^{2+} 和 Pb^{2+}，它容易水解生成白色 Sn(OH)Cl 碱式盐沉淀，并且 Sn^{2+} 具有较强的还原性，能与 $HgCl_2$ 作用先生成白色沉淀后又转变为灰黑色沉淀。Pb^{2+} 能与 CrO_4^{2-} 作用生成黄色 $PbCrO_4$ 沉淀等。阴离子 NO_3^- 和 Cl^- 也可方便地用加 $AgNO_3$ 的方法，借助于 AgCl 的难溶性来鉴别。通过以上这些综合实验就可基本上把它们分别鉴别出来了。

应该注意的是当加入某种试剂鉴定某种离子时还要考虑到其它离子的干扰作用。如上面提到的 Cu^{2+} 能与 $K_4[Fe(CN)_6]$ 作用生成红棕色沉淀，但是当有 Fe^{3+}、Co^{2+}、Ni^{2+} 存在时，对此鉴定会有干扰作用，因为这些离子与 $K_4[Fe(CN)_6]$ 作用后也会生成有色的沉淀，从而影响了 Cu^{2+} 的检出，所以在进行鉴别实验时，应该全面地考虑问题，综合各方面的因素进行分析、研究，这样才能得出准确的结论。

上面列举的仅是在已知范围内对几种未知液的鉴别，由于未知液涉及的范围较小，因此鉴别方法相对来说还是比较简单的。下面将介绍常见阴、阳离子的分离与鉴定的方法，以供参考。

三、补充说明

1. 常见阴离子的分离与鉴定

常见的阴离子在实验中并不多，有的阴离子具有氧化性，有的具有还原性，它们互不相容。所以很少有多种离子共存。在大多数情况下，阴离子彼此不妨碍鉴定，因此通常采用个别鉴定的方法。为了节省不必要的鉴定手续，一般都先通过初步实验的方法，判断溶液中不可能存在的阴离子，然后对可能存在的阴离子进行个别检出。只有在鉴定时，某些离子发生相互干扰的情况下，才适当地采取分离反应，例如，Cl^-、Br^-、I^- 共存时，以及 S^{2-}、SO_3^{2-}、$S_2O_3^{2-}$ 共存时。下面对 SO_4^{2-}、SO_3^{2-}、S^{2-}、$S_2O_3^{2-}$、Cl^-、Br^-、I^-、NO_3^-、NO_2^-、PO_4^{3-}，等十种阴离子的分离与鉴定的步骤介绍如下。

（1）初步实验

① 测定试液的pH。用pH试纸测定试液的酸碱性，如果 pH<2，则不稳定的 $S_2O_3^{2-}$ 不可能存在，如果此时无气味，则 SO_3^{2-}、S^{2-}、NO_2^- 也不存在。

② 稀硫酸实验。如果试液呈中性或碱性．可进行下面的实验：取试液10滴，用3mol/L的 H_2SO_4 酸化，用手指轻敲试管下部，如果没有发现气泡生成，可将试管放在水浴中加热，这时如果仍没有气体产生，则表示 SO_3^{2-}、S^{2-}、$S_2O_3^{2-}$、NO_2^- 等离子不存在。如有气体产生，应注意气体的颜色和气味。

③ 还原性阴离子实验。

a. 取分析试液5滴，用稀 H_2SO_4 酸化，并逐滴加入 0.01mol/L 的 $KMnO_4$ 溶液，观察紫色是否褪去？如果紫色褪去，思考一下，哪些阴离子可能存在？为什么？

b. 另取分析试液5滴，用稀 NaOH 碱化，逐滴加入 0.01mol/L 的 $KMnO_4$ 溶液，根据 $KMnO_4$ 紫色的变化情况，思考一下，哪些阴离子可能存在？为什么？

c. 再取分析试液5滴，用 1mol/L 的 H_2SO_4 酸化，逐滴加入淀粉-碘溶液，如果蓝色褪去，思考一下，哪些阴离子可能存在？为什么？

④ 氧化性阴离子实验。取分析试液5滴，用 1mol/L 的 H_2SO_4 酸化，加入 CCl_4 5滴，再加 0.01mol/L 的 KI 溶液 1～2 滴，观察 CCl_4 层是否显紫色。如果 CCl_4 层显紫色，思考一下，哪些阴离子可能存在？为什么？

⑤ $BaCl_2$ 实验。取分析试液5滴，加入 5滴 0.1mol/L 的 $BaCl_2$ 溶液，观察是否有沉淀生成？如果有沉淀生成，表示 SO_4^{2-}、SO_3^{2-}、$S_2O_3^{2-}$ 等阴离子可能存在。离心分离，在沉淀中加入 6mol/L 的 HCl 数滴，沉淀不完全溶解，则表示有 SO_4^{2-} 存在。

⑥ $AgNO_3$ 实验

取分析试液5滴，加入 5滴 0.1mol/L 的 $AgNO_3$ 溶液，如立即生成黑色沉淀，表示有 S^{2-} 存在。如果生成白色沉淀，且迅速变黄→棕→黑，表示有 $S_2O_3^{2-}$ 存在。离心分离，在沉淀中加入 5滴 6mol/L 的 HNO_3，必要时加热搅拌，如沉淀不溶或部分溶解，表示可能有 Cl^-、Br^-、I^- 存在。

（2）阴离子的个别鉴定　根据上面初步实验的结果，可以综合判断有哪些阴离子存在，然后对可能存在的阴离子进行个别鉴定。有关阴离子的个别鉴定方法，可参阅前面各实验中的有关内容，但下列阴离子个别鉴定时应注意其它离子的干扰。

① SO_3^{2-} 的鉴定。S^{2-} 在碱性溶液中也能与亚硝酰铁氰化钠 $Na_2[Fe(CN)_5NO]$ 作用而呈红紫色，因而对 SO_3^{2-} 的鉴定有干扰。

② $S_2O_3^{2-}$ 的鉴定。S^{2-} 能与 $AgNO_3$ 作用生成黑色 Ag_2S 沉淀，因而对 $S_2O_3^{2-}$ 的鉴定有干扰。

③ SO_4^{2-} 的鉴定。$S_2O_3^{2-}$ 的存在对鉴定 SO_4^{2-} 有影响，最好先用稀 HCl 酸化，除去沉淀后，再进行 SO_4^{2-} 的检出。

④ PO_4^{3-} 的鉴定。如果有还原性离子如 SO_3^{2-}、S^{2-}、$S_2O_3^{2-}$ 存在，则六价钼将会被还原为低价的"钼蓝"，所以应该用浓 HNO_3 煮沸后，再加钼酸铵试剂，并稍热至 40～50℃ 以鉴定 PO_4^{3-}。

⑤ Br^- 的鉴定。如果溶液中有 S^{2-}、SO_3^{2-}、I^- 等还原性离子存在，氯水将先氧化这些还原剂，所以此时氯水应适当过量。

⑥ NO_3^- 的鉴定。NO_2^- 也会发生类似 NO_3^- 的鉴定反应，故如有 NO_2^- 存在，必须先予以除去。

Br^- 和 I^- 存在时能与浓 H_2SO_4 发生反应生成 Br_2 和 I_2，与棕色环的颜色相似，因此必须预先除去。其方法如下：取分析试液 20 滴，加入约 50mg 固体 Ag_2SO_4，加热并搅拌数分钟，再滴入 1mol/L 的 Na_2CO_3 溶液以沉淀溶液中的 Ag^+。离心分离，弃去沉淀，取上层清液鉴定 NO_3^- 的存在。

（3）几种干扰性阴离子共同存在时的分离和鉴定　下列几种干扰性阴离子共同存在时的分离和鉴定的方法，可参阅前面各实验中已介绍过的有关内容。

① SO_3^{2-}、S^{2-}、$S_2O_3^{2-}$ 共同存在时的分离和鉴定。取分析试液 20 滴，参阅实验十三，分离和鉴定。

② Cl^-、Br^-、I^- 共同存在时的分离和鉴定。取分析试液 10 滴，参阅实验十三，分离和鉴定。

③ NO_3^-、NO_2^- 共同存在时的分离和鉴定。取分析试液 10 滴，参阅实验十三，分离和鉴定。

在分离鉴定过程中可以采用"空白实验"和"对照实验"两种方法来加以验证和比较。

"空白实验"是以去离子水代替试液，在同样条件下进行试验，确定试液中是否真正含有检验的离子。空白实验用于检查试剂或去离子水中是否含有被检验的离子。

"对照实验"即用已知含有被检验离子的试液，在同样条件下进行试验，与未知试液的试验结果进行比较。对照实验用于检验试剂是否失效，或反应条件是否控制正确。

2. 常见阳离子的分离与鉴定

阳离子的种类较多，常见的有二十多种，个别定性检出时，容易发生相互干扰，所以一般阳离子分析都是利用阳离子的某些共同特性，先分成几组，然后再根据阳离子的个别特性加以检出。凡能使一组阳离子在适当的反应条件下生成沉淀而与其它组阳离子分离的试剂称为组试剂。利用不同的组试剂把阳离子逐组分离，再进行检出的方法称为阳离子的系统分析。

在阳离子系统分析中，利用不同的组试剂，可以提出许多种分组方案。比较有意义的是硫化氢系统分组方案和两酸两碱系统分组方案，下面分别对这两种方案作简单的介绍。

硫化氢系统分组方案在实验部分已经介绍。硫化氢系统分析法的优点是系统性强，分离方法比较严密，并可与溶度积等基本概念联系起来，不足之处是与化合物的两性及形成配合物的性质联系较少。另外此法由于操作步骤繁多，分析花费时间较多，硫化氢污染空气等缺点的存在，因此许多化学家提出了各种新的分析方法。如两酸两碱分析方法，两酸两碱分离示意图如图 2-20 所示。

四、实验室准备工作注意事项

1. 下列试剂必须现用现配：H_2S 饱和溶液、Na_2S 溶液、Na_2CO_3 溶液、3% H_2O_2、$K_4[Fe(CN)_6]$ 溶液。

2. 实验室应将五个未知物样品分别在瓶外用标签标明，尤其是两种固体（P）的未知物（一种是属于内容 A 的，另一种是属于内容 B 的）更要给以特殊的标记。把 A、B 内容的未知物分别放在两盘内置于实验室公用台的两边，不要放在一起，以免学生取样时搞错。

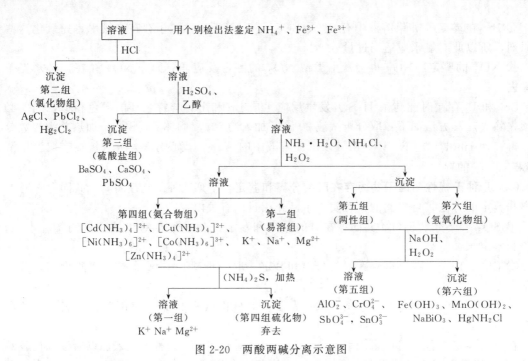

图 2-20　两酸两碱分离示意图

3. 实验室准备好 pH 试纸、KI-淀粉试纸与 Pb（Ac）$_2$ 试纸，以备学生实验时使用。

4. 乙醚属于低沸点（沸点为 34.6℃）、易挥发、易燃的有机溶剂，且具有麻醉作用。HgCl$_2$ 有毒，使用时应注意安全。

五、实验前准备的思考题

1. 实验前预习有关ⅣA、ⅤA族以及第一过渡系某些元素及其化合物的以下主要性质：溶解性、酸碱性、水解性、氧化还原性、生成配合物的能力、金属硫化物的颜色、溶解性和酸碱性以及各种离子的鉴定反应等。根据以上这些性质，总结出它们相互之间的共同性与特殊性。

2. 实验前先根据本实验中五个未知物实验过程中的各种实验现象，初步判断这五个未知物分别是哪些物质，然后再通过实验验证自己的判断是否正确。写出各步的反应方程式，并写出各实验中字母所表示的物质的名称。

3. 预习各种试纸的测试方法以及试剂滴加、试管加热、离心分离和沉淀洗涤等基本操作内容。

实验十七　综合实验（一）　钛铁矿的综合利用

Ⅰ　由钛铁矿制取二氧化钛
实验部分

一、实验目的

学习用硫酸分解钛铁矿制备二氧化钛的原理和方法。

二、实验原理

钛铁矿的主要成分为钛酸铁 $FeTiO_3$，其它杂质主要为镁、锰、钒、铬、铝等。由于这些杂质的存在，还有一部分铁（Ⅱ）在风化过程中转化为铁（Ⅲ），所以二氧化钛的含量变化范围较大，一般为 50% 左右。

在 $160\sim200℃$，过量的浓硫酸与钛铁矿作用，即发生下列反应：

$$FeTiO_3 + 2H_2SO_4 =\!=\!= TiOSO_4 + FeSO_4 + 2H_2O$$

$$FeTiO_3 + 3H_2SO_4 =\!=\!= Ti(SO_4)_2 + FeSO_4 + 3H_2O$$

它们都是放热反应。反应一旦开始，进行得就很激烈。

分解产物用水浸取，这时钛和铁等以硫酸氧钛和硫酸亚铁形式进入溶液，还有一部分硫酸高铁也进入溶液。把溶液冷却到 $0℃$ 附近，便有大量 $FeSO_4 \cdot 7H_2O$ 晶体析出。剩下的硫酸亚铁只要铁不被氧化为三价，可以在以后的硫酸氧钛水解或偏钛酸（水解产物）的水洗过程中除去。为此，必须把浸出液中的铁（Ⅲ）盐全部用金属铁屑还原为亚铁盐：

$$2Fe^{3+} + Fe =\!=\!= 3Fe^{2+}$$

铁屑应当过量些，可以进一步把小部分 TiO^{2+} 还原为 Ti^{3+}，以保护 Fe^{2+} 不被氧化（参考下列有关电对的电极电势）。

$$Fe^{3+} + e^- =\!=\!= Fe^{2+} \qquad E^\ominus = 0.771V$$

$$TiO^{2+} + 2H^+ + e^- =\!=\!= Ti^{3+} + H_2O \qquad E^\ominus = 1.0V$$

为了实现在高酸度下使 $TiOSO_4$ 水解，可先取一部分 $TiOSO_4$ 溶液，使其水解并分散为偏钛酸溶胶，以此作为晶种与其余的 $TiOSO_4$ 溶液一起，加热至 $100℃$ 以上进行水解即得到偏钛酸沉淀：

$$TiOSO_4 + 2H_2O =\!=\!= H_2TiO_3 + H_2SO_4$$

偏钛酸在高温（$800\sim1000℃$）下灼烧，即得二氧化钛：

$$H_2TiO_3 \xrightarrow{\triangle} TiO_2 + H_2O$$

三、实验用品

1. **仪器**：蒸发皿、吸滤瓶、布氏漏斗、玻璃砂芯漏斗、坩埚、台秤、沙浴盘。

2. **药品**：钛铁矿精矿粉（325 目）、铁粉、浓硫酸、硫酸（$1mol \cdot L^{-1}$）、H_2O_2（3%）。

四、实验步骤

（1）**分解精矿** 称取 $25g$ 磨细（325 目）的钛铁矿精矿，放入瓷蒸发皿中。加入 $20mL$ 浓硫酸，搅拌均匀。然后放在沙浴上加热，并经常搅拌。用温度计测量反应物的温度，当温度升至 $100\sim120℃$ 时，要不停地搅动反应物，并注意观察反应物的变化（开始有白烟冒出，颜色变蓝，且黏度逐渐增大）。当温度升至 $150℃$ 左右时，反应猛烈进行，反应物迅速变稠变硬，这一过程在数分钟内即可结束。因此，在这段时间要大力搅动，避免反应物凝固在蒸发皿壁上。猛烈反应结束后，继续保持温度约 $0.5h$（把温度计插在沙浴中，测量沙浴温度，保持在 $200℃$ 以下）。最后冷至室温。

（2）**浸取** 将产物取出，放在烧杯中，加入 $60mL$ 水，搅拌，浸取约 $1h$（至产物全部分散为止）。为了加速溶解，也可稍稍加热，但整个浸取过程中，温度不能超过 $70℃$，以免硫酸氧钛过早水解为白色乳浊状极难过滤的产物。用玻璃砂芯漏斗抽滤，滤渣用少量水（约10mL）洗涤一次，弃去滤渣。

取少量滤液，滴加 3‰ H_2O_2 溶液，便会发生如下反应：

$$TiO^{2+} + H_2O_2 \longrightarrow [TiO(H_2O_2)]^{2+} \qquad （橙黄色）$$

这是 TiO^{2+} 的特征反应，可用于鉴定 TiO^{2+}，用此方法可检验滤液中是否有 TiO^{2+}。

（3）**分离硫酸亚铁** 往滤液中慢慢加入约 1g（勿多于 1g）铁粉，并不断搅拌，至溶液变为紫黑色为止［此时铁粉除将 Fe^{3+} 还原为 Fe^{2+} 外，过量铁还可以使部分钛（Ⅳ）还原为紫色的钛（Ⅲ）］。用玻璃砂芯漏斗抽滤，滤液用冰-盐混合物冷却至低于 0℃，即有 $FeSO_4 \cdot 7H_2O$ 晶体析出。冷却一段时间后，进行抽滤。硫酸亚铁作为副产品回收。下表列出 $FeSO_4 \cdot 7H_2O$ 在水中的溶解度。

$FeSO_4 \cdot 7H_2O$ 在水中的溶解度

$t/℃$	0	10	20	30	40	50
$S/g/100gH_2O$	15.65	20.51	26.5	32.9	40.2	48.6

（4）**钛盐水解** 先取经分离硫酸亚铁后的浸出液约 1/5 体积，在不断搅拌下，逐滴加进约为浸出液总体积 8～10 倍的沸水中。继续煮沸约 10～15min 后，再慢慢加入其余全部浸出液。加完后继续煮沸约 0.5h（应不断补充水）。然后静置沉降，先用倾析法以热的 $1mol \cdot L^{-1}$ 硫酸洗涤两次，再用热水冲洗多次，直至检验不到 Fe^{2+} 离子为止。用布氏漏斗抽滤即得偏钛酸。

（5）**灼烧** 把偏钛酸放在坩埚中，先小火烘干，然后大火灼烧至不再冒白烟为止（亦可放在马弗炉内灼烧，温度 850℃左右）。冷却，即得白色二氧化钛粉末。称量，计算产率。

实验指导

一、实验操作注意事项

1. 因使用的是浓硫酸，有强烈的腐蚀性，又因反应剧烈，有溅出伤人的危险，分解精矿实验中应戴防护面具。

2. 钛铁矿与浓硫酸反应是非均相反应，钛铁矿颗粒大小与反应速率有关，如钛铁矿受潮结块，应磨细后再用。

3. 为提高反应速率，应不断搅拌。又因为反应放热，为防止局部过热沸腾溢出，损失产量，要均匀搅拌，冒白烟时，反应剧烈，搅拌速率要更快，以防止稍冷时粘在蒸发皿上，难以取出。反应结束后的冷却过程中，要继续搅拌，直至不再具有大的黏性时停止搅拌。

4. 在浸取过程中，要保持溶液较强的酸性，加热温度不能太高，以防硫酸氧钛过早水解为白色乳浊状极难过滤的产物。

5. 滤液中加入铁粉可稍多些，不仅可使 Fe^{3+} 还原为 Fe^{2+}，以防止 Fe^{3+} 的早期水解（Fe^{3+} 水解所需 pH 最低），还可使其它重金属离子还原后析出，提高了最后产品的纯度。

6. 结晶析出的硫酸亚铁易氧化表面出现黄斑，洗涤水要用硫酸酸化，最好用少量酒精洗，这样就可以增加干燥速度，干燥后的亚铁盐就比较稳定了。

7. 灼烧偏钛酸时，先用小火烘干水分，搅拌时发现比较干燥了再用大火加热，分解偏钛酸为二氧化钛。

二、问题与探讨

1. 硫酸用量

钛铁矿的主要化学组成是偏钛酸亚铁 $FeTiO_3$，是一种弱酸弱碱盐，能与强酸反应并能进行得较完全。实验中应采用过量的浓硫酸来反应，主要是因为：第一，每一个化学反应要完全有效地进行，反应物应完全接触，如果浓硫酸太少，则不能将钛矿完全润湿，导致反应不完全；第二，按照化学反应规律，增加主反应的硫酸用量，可提高酸解反应的速率及酸解率；第三，反应生成的硫酸氧钛在一定条件下会发生水解反应。要避免钛液的水解，保证溶液中有足够的有效酸来抑制钛液的水解。但硫酸的用量也不是越多越好，工业生产中证明，当钛液比例增加到 6:1（摩尔比）时，酸解率仅提高 $6\%\sim7\%$。本实验中钛铁矿按 100% 有效成分计，需浓硫酸 17.7mL，再增加约 10%，用 20mL 比较合适。

2. 反应温度的影响

一般情况下，开始时物料需适当加热，以引发酸解反应。随着反应温度的升高，参加反应的 TiO_2 量逐渐增加，反应越剧烈，越完全，酸解率越高。但是酸解反应是放热反应，使反应温度迅速上升，在温度为 130℃时发生转折。当温度大于 130℃时，会使反应过于猛烈而发生冒锅或早期水解，在钛铁矿表面形成一层硫酸盐，阻碍其内部继续溶解，温度小于 60℃，反应时间过长，反应不剧烈，容易生成难溶性的固体物，酸解率降低，所以反应温度以 130℃为宜，短期不超过 150℃。

3. 钛白粉的均相沉淀制备介绍

均相沉淀法是通过化学反应使沉淀剂（如 $NH_3 \cdot H_2O$）在整个溶液中先缓慢生成，然后利用某一化学反应使构晶离子由溶液中缓慢均匀地释放出来，使沉淀能在整个溶液中均匀出现的方法。其制备纳米 TiO_2 的反应原理是：

沉淀剂的生成　　　$CO(NH_2)_2 + 3H_2O \longrightarrow 2NH_3 \cdot H_2O + CO_2 \uparrow$

沉淀反应　　　$TiOSO_4 + 2NH_3 \cdot H_2O \longrightarrow TiO(OH)_2 \downarrow + (NH_4)_2SO_4$

热处理　　　　$TiO(OH)_2 \longrightarrow TiO_2(s) + H_2O$

钛液为原料，尿素为沉淀剂，采用均相沉淀法，在 $90\sim100℃$ 下，控制反应体系的 pH 为工作反应终点，得到偏钛酸沉淀，后洗净吸附在沉淀上的 Fe^{2+} 和 SO_4^{2-}，再经干燥后，分别在 550℃和 850℃下焙烧得到 TiO_2 超细粉体。该粉体粒度均匀、致密、分散性好、便于洗涤、纯度高。

钛白粉工业生产工艺——硫酸法

1. 酸解

酸分解是利用热浓硫酸与钛铁矿粉反应，使钛铁矿各组分转化成可溶性硫酸盐的过程，所得产物为钛液。

$$FeTiO_3 + 2H_2SO_4 \Longrightarrow TiOSO_4 + FeSO_4 + 2H_2O$$
$$FeTiO_3 + 3H_2SO_4 \Longrightarrow Ti(SO_4)_2 + FeSO_4 + 3H_2O$$

2. 钛液沉降

酸解钛液置入沉降槽，加入助沉剂 0.1% AMPAM（改性氨甲基聚丙烯）或 FeS 静置沉降，沉降温度为 60℃±3℃。

3. 结晶、亚铁分离

澄清的钛液中主要存在 $Ti(SO_4)_2$ 和 $TiOSO_4$ 及 $FeSO_4$。分离 $FeSO_4$ 的方法有在冷冻罐中的冷冻结晶法和在真空罐中的真空结晶法。

4. 钛液的控制过滤和钛液浓缩

钛液中的胶体杂质在沉降中难以被除尽，在水解过程前应进一步除去，一般采用板框压滤机进行严格的控制过滤（精滤）。经亚铁分离和精滤后的钛液为稀钛液，需经过浓缩，一般采用薄膜浓缩或真空浓缩。

5. 水解

钛液水解是可溶性的硫酸钛和硫酸氧钛在晶种诱导下，转化成水合二氧化钛，俗称偏钛酸的过程，水解的目的是制取符合一定组成或粒子大小的偏钛酸。水解反应下：

$$Ti(SO_4)_2 + H_2O \longrightarrow TiOSO_4 + H_2SO_4$$
$$TiOSO_4 + 2H_2O \longrightarrow TiO(OH)_2 \downarrow + H_2SO_4$$

6. 偏钛酸的净化（水洗与漂洗）

水解得到的偏钛酸浆液尚含有大量的游离硫酸及硫酸亚铁、少量的其它金属盐。净化的目的是采用过滤的方法分离出偏钛液。国内主要采用真空压滤机法和板框压滤机法。

7. 盐处理和过滤

在洗净的偏钛酸浆液中加入某些盐处理剂，促进 TiO_2 晶型转化，降低煅烧温度，提高产品性能。用途不同的钛白粉，盐处理剂也不同，例如采用碳酸钾和磷酸作为盐处理剂，盐处理过程的反应为：

$$K_2CO_3 + H_2SO_4 \longrightarrow K_2SO_4 + H_2O + CO_2 \uparrow$$
$$Fe(OH)_3 + H_3PO_4 \longrightarrow FePO_4 \downarrow + 3H_2O$$

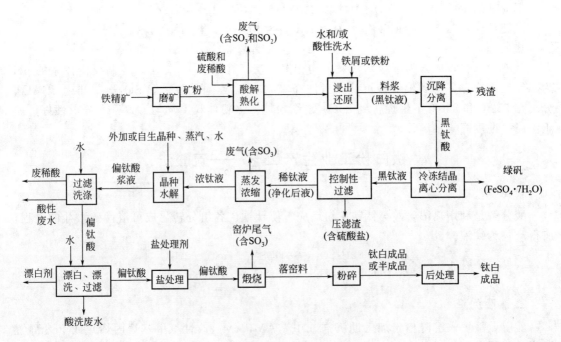

图 2-21　硫酸法钛白粉生产工艺流程

8. 煅烧

煅烧是在热的作用下，水合二氧化钛转变成二氧化钛的过程。煅烧在回转窑进行，其反应式如下：

$$TiO_2 \cdot xSO_3 \cdot yH_2O \xrightarrow{200\sim300℃} TiO_2 \cdot xSO_3 + yH_2O\uparrow$$

$$TiO_2 \cdot xSO_3 \xrightarrow{500\sim800℃} TiO_2 + xSO_3\uparrow$$

硫酸法工业生产钛白粉的工艺流程见图 2-21。

Ⅱ 聚合硫酸铁的制备——聚合硫酸铁的制备及反应条件的优化实验部分

一、实验目的

1. 学习聚合硫酸铁的制备及净化水的知识。

2. 学习探索反应的最佳条件，培养和训练独立设计实验的能力。

二、实验原理

聚合硫酸铁（PFS）也称碱式硫酸铁或羟基硫酸铁，分子式一般可表示为 $[Fe_2(OH)_n(SO_4)_{3-n/2}]_m$，是硫酸铁在水解絮凝过程中的中间产物之一。聚合硫酸铁溶液本身含有大量聚合阳离子，它们通过羟基桥联形成巨大的无机高分子化合物，可作为絮凝剂使用。与其它凝凝剂如三氯化铁、硫酸铝、碱式氯化铝等相比，聚合硫酸铁生产成本低、适用 pH 范围广、杂质（浊度、COD、悬浮物等）去除率高、残留物浓度低、脱色效果好，因而广泛应用于工业废水、城市污水、工业用水以及生活饮用水的净化处理。

生产聚合硫酸铁的原料来源很多，如硫酸盐铁、钢铁酸洗废液、铁泥和铁矿石等，其中以硫酸亚铁为原料的生产工艺简单，条件温和，产品杂质少。按照氧化方式的不同，聚合硫酸铁的生产方法可分为直接氧化法和催化氧化法两大类。直接氧化法是直接通过氧化剂（如 NaClO、KClO_3、H_2O_2 等）将亚铁离子氧化为铁离子，经水解和聚合获得聚合硫酸铁；催化氧化法是在催化剂（如 NaNO_2、HNO_3 等）的作用下，利用空气或氧气将亚铁离子氧化为铁离子，经水解和聚合获得聚合硫酸铁。催化氧化法一般以空气为氧化剂，生产成本相对较低，在实际生产中应用较广，但需要较高的温度（80℃）和压力（0.3MPa）下进行，反应时间较长，需要安装废水净化装置，以脱去反应过程中产生的大量氮氧化物气体，工艺流程复杂，对设备要求较高，投资较大。

七水合硫酸亚铁在酸性条件下，可被双氧水氧化成硫酸铁，在一定 pH 下，铁离子水解、聚合生成红棕色的聚合硫酸铁。主要反应如下：

氧化反应：　　　　　$2FeSO_4 + H_2O_2 + H_2SO_4 == Fe_2(SO_4)_3 + 2H_2O$

水解反应：　　　　　$Fe_2(SO_4)_3 + nH_2O == Fe_2(OH)_n(SO_4)_{3-n/2} + n/2H_2SO_4$

聚合反应：　　　$m[Fe_2(OH)_n(SO_4)_{3-n/2}] == [Fe_2(OH)_n(SO_4)_{3-n/2}]_m$

氧化、水解和聚合三个反应同时存在于一个体系当中，且相互影响。硫酸在合成过程中有两个作用：一是作为反应的原料参与反应；二是决定体系的酸度，其用量直接影响产品性能。

三、实验用品

1. 仪器： 锥形瓶，电磁搅拌器，滴液漏斗，pHs-3C 型酸度计，密度计，恒温水浴，量筒（250～500mL），721 型分光光度计。

2. 药品：固体 $FeSO_4 \cdot 7H_2O$，H_2O_2，浓 H_2SO_4。

四、实验内容

本实验主要考察 H_2SO_4 和 H_2O_2 用量对合成聚合硫酸铁的影响，通过改变 H_2SO_4 和 H_2O_2 的用量合成一系列聚合硫酸铁产品，比较产品的性能，从而获得最佳反应条件。实验流程如下：把七水合硫酸亚铁加水溶解，在不断搅拌下，按一定比例滴加浓硫酸和双氧水，反应约 1h，冷却，熟化，即可得到红棕色聚合硫酸铁。

1. H_2SO_4 用量的影响

在 250mL 锥形瓶中加入 $30gFeSO_4 \cdot 7H_2O$ 和 30mL 水并加入不同体积（1.7mL、3.5mL、5mL 和 9mL）的浓硫酸，用滴液漏斗插入液面以下慢慢滴入 H_2O_2 13mL，控制 H_2O_2 加入量约为 $1mL \cdot min^{-1}$。通过产品质量检验，得出最佳硫酸用量。

问题：加入浓硫酸的作用是什么？硫酸用量对产品质量有何影响？

2. H_2O_2 用量的影响

在 250mL 锥形瓶中加入 $30gFeSO_4 \cdot 7H_2O$、30mL 水及上步实验得到的最佳浓硫酸用量。按上述实验的速度用滴液漏斗滴加不同量的（5mL、9mL 和 13mL）H_2O_2，通过产品质量检验，得出最佳 H_2O_2 用量。

问题：H_2O_2 的用量、H_2O_2 加入的速度对产品质量有何影响？

3. 产品质量检验

通过观察产品的外观和絮凝效果，测定产品的密度、去浊率及产品的 pH 来确定最佳试验条件。

（1）聚合硫酸铁的絮凝作用　取 1g 泥土放入 100mL 烧杯中，搅拌混匀后倒一半到另一 100mL 烧杯中。在一烧杯中加入 1% 聚合硫酸铁产品少许，搅拌均匀，静置后观察现象，与另一同时搅拌的烧杯对比，记录溶液澄清所需时间。

（2）去浊率的测定　取 200mL 水样，加入 1∶100 稀释后的聚合硫酸铁 5mL，剧烈搅拌几分钟。取上层清液（液面以下 2~3cm 处），测定其吸光度（选用波长 380nm），比较处理前后吸光度的差别，得到去浊率。

（3）密度的测定（密度计法）　将聚铁试样注入清洁、干燥的量筒内，不得有气泡。将量筒置于恒温水浴中，待温度恒定后，将密度计缓缓地放入试样中，待密度计在试样中稳定后，读出密度计弯月面下缘的刻度，即为 20℃ 试样的密度。

（4）pH 的测定　本实验以测定 1% 水溶液的 pH 为准。用 pH＝4.00 缓冲溶液定位后，将 1% 的试样溶液倒入烧杯，将复合电极浸入被测溶液中，至 pH 稳定时读数。

净水剂聚合硫酸铁的国家标准（GB 14591—2006）及产品性能如表 2-11 所示。

表 2-11　净水剂聚合硫酸铁的国家标准及产品性能

项目	1品	2品
外观	红棕色溶液	红棕色溶液
密度/$g \cdot mL^{-1}$	1.45	1.33
Fe^{3+}/%	11.0	9.0
Fe^{2+}/%	0.1	0.2
盐基度/%	12.0	8.0
pH（1%水溶液）	2.0~3.0	2.0~3.0

实验指导

一、实验操作注意事项

1. 用滴液漏斗滴加 H_2O_2 时，控制滴加速度约 3s 1 滴，并要经常观测、记录。因为随着搅拌的震荡，漏斗滴加的活塞会松动，滴加速度会加快。

2. 反应中始终要快速搅拌，即使 H_2O_2 已滴完，搅拌速度（约 200 转/min），持续 1h。

3. 所制得的红棕色产品也可以通过抽滤纯化。

4. 测去浊率时，加聚合硫酸铁搅拌后等澄清时，等待时间要统一，均 3min。取液面以下 2～3cm 处水样时，用滴管深入液面以下吸取。

二、问题与探讨

1. 硫酸的用量

硫酸用量太大，亚铁离子氧化不完全，样品颜色由红褐色变黄绿色，部分铁离子没有参与聚合；硫酸量不足，生成 $Fe(OH)_3$ 趋势越大。按反应方程式，每氧化 1mol $FeSO_4$ 需要 0.5mol H_2SO_4，实际在水解反应中，又有 H_2SO_4 生成，若仍然按比例投下 H_2SO_4，将不利于碱式硫酸铁的生成，从而无法合成聚合硫酸铁。实际生产按 0.3mol 加入已足够。

2. H_2O_2 的加入量

H_2O_2 的加入量对产品质量也有很大影响。当 H_2O_2 加入量不足时，亚铁离子氧化不完全，加入量过多时，引起氧化剂不必要的浪费，提高生产成本。

3. 氧化剂加入速度

为了保证氧化反应的进行，必须控制氧化剂加入的速度，在搅拌作用下使反应物接触。若加入速度过快，氧化剂有可能来不及与反应物充分接触就被分解；若加入速度过慢，反应所需时间过长，对工业生产不利。因此，反应条件的控制非常重要。

4. 反应温度

本实验反应温度为常温，据进一步实验发现，反应温度在 22～55℃之间，10min 后，25℃的 Fe^{2+} 转化率约为 85%，55℃时转化率约为 98%，但半小时后，转化率均为 99.5% 左右，故反应温度常温即可。

生产工艺

1. 双氧水氯化法

双氧水（H_2O_2）在酸性环境中是一种强氧化剂，可以将亚铁氧化成三价铁从而制得聚合硫铁：

$$2FeSO_4 + H_2O_2 + (1-n/2)H_2SO_4 \Longrightarrow Fe_2(OH)_n(SO_4)_{3-n/2} + (2-n)H_2O$$

制备过程中。按照生产量和所需的盐基度，在反应釜中加入硫酸亚铁、硫酸和水，混合。当温度升高到 30～45℃时，在搅拌过程中，通过加料管在釜底缓慢加入 H_2O_2。H_2O_2 很快将亚铁氧化成三价铁，取样分析，待亚铁浓度降至规定浓度时，停止反应。

以上方法生产聚合硫酸铁设备简单、生产周期短、反应不用催化剂、产品不含杂质、稳定性高等特点。但反应过程中，有 H_2O_2 分解时形成 O_2 气放出，在无催化剂时，起不到氧化作用。要减少 O_2 的生成，需控制 H_2O_2 的投加速度。制备工艺为间歇式操作时，影响生产效率，H_2O_2 成本较高，增加了聚合硫酸铁的生产成本，不利于工业化生产。

2. 氯酸钾（钠）氧化法

氯酸钾是广泛应用的强氧化剂，同样可以将亚铁氧化成三价铁：

$$6FeSO_4 + KClO_3 + 3(1-n/2)H_2SO_4 == 3Fe_2(OH)_n(SO_4)_{3-n/2} + 3(1-n)H_2O + KCl$$

制备时，将硫酸、硫酸亚铁和水按比例加入反应釜中，在常温或稍高温度下，搅拌中加入氯酸钾。检验亚铁离子减少到规定浓度即可结束反应。该法生产工艺简单，设备投资少。产品稳定性好，反应效率高。无空气污染。产品中含有氯酸盐，可兼作混凝与杀菌药剂。但制品中残留有较高的氯离子和氯酸根离子，不宜用于饮用水处理。同时，由于氯酸钾价格昂贵，产品成本高。

3. 一步法合成 PES

一步法是近年来发展较快的全新的聚合硫酸铁制备方法。该方法是用双氧水、氯酸钾等氧化剂，溶于碱性或中性含钾化合物中制成氧化剂溶液，在沸点温度下，控制 pH 为 1.5～2.5。加热搅拌 $FeSO_4$ 悬浮液，制成初始浓度为 0.02～2.0mol/L 的 $FeSO_4$ 溶液。将氧化剂溶液加入到 $FeSO_4$ 溶液中，最终可制得粒径 0.2～0.7μm 的固体聚合硫酸铁产品。现以用 $KClO_3$（工业级）为氧化剂，以 $FeSO_4$（工业级废渣）、KOH（工业级）为原料合成 PES 举一实例。工艺流程如下：

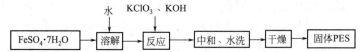

操作步骤为：将 12.5kg $FeSO_4 \cdot 7H_2O$ 投入装有 20L 水的带搅拌器的反应釜中，溶解后，在搅拌下加 1.2kg 固体 $KClO_3$ 和 0.448kg 固体 KOH，通入低压蒸汽煮沸 3min，继续反应 15min，制成粒径不大于 0.7μm 颗粒的泥浆产物。经水洗、中和、干燥（100℃），可得 7.95kg（理论值 96%）固体 PES。采用一步法合成生产 PES 避免了使用 H_2SO_4 等强酸性物质，减轻了设备腐蚀；常压下反应，无需专门反应釜；反应、中和、水洗可在同一容器内完成；设备利用率高；生产中无有害气体生成；产品应用范围广；价格低廉；有良好的社会、经济效益；发展前景广阔。

Ⅲ 硫酸亚铁铵的制备（见实验三）

实验十八 从硼镁泥制取七水硫酸镁

实验部分

一、实验目的

1. 应用氧化还原反应、水解反应等基本化学原理，掌握通过控制溶液 pH 及温度等条件去除杂质离子的方法。

2. 熟悉无机化合物制备过程中的过滤、蒸发、结晶等基本操作。

3. 通过从硼镁泥制取 $MgSO_4 \cdot 7H_2O$，了解工业废渣的综合利用。

二、实验原理

七水硫酸镁（$MgSO_4 \cdot 7H_2O$）在印染、造纸和医药等工业中有着广泛的应用。本实验采用化工厂生产硼砂（$Na_2B_4O_7 \cdot 10H_2O$）的废渣——硼镁泥为原料来制取七水硫酸镁。硼镁泥的主要成分为 Mg_2CO_3，此外还有其它杂质，硼镁泥的组成见表 2-12。

表 2-12　硼镁泥成分分析

成分	MgO	CaO	MnO	Fe_2O_3	Al_2O_3	B_2O_3	SiO_2	其它
含量/%	20～30	2～3	1	5～15	1～2	1～2	20～25	20～40

下面介绍从硼镁泥制取七水硫酸镁一般需要经过的步骤。

1. 酸解造液

加硫酸于硼镁泥中，首先分解的是碳酸盐：

$$MgCO_3 + H_2SO_4 \longrightarrow MgSO_4 + CO_2 \uparrow + H_2O$$

Fe_2O_3、Al_2O_3、MnO 等氧化物也生成相应的可溶性硫酸盐。为使硼镁泥溶解完全，加入硫酸的量应控制在反应后料浆的 pH 在 1 左右。

2. 氧化和水解

为了去除 Fe^{2+}、Fe^{3+}、Mn^{2+}、Al^{3+} 等杂质离子而又不引入其它杂质离子，可以在上述料浆中再加入少量硼镁泥，调节溶液的 pH 为 5～6，再加入氧化剂次氯酸钠，加热促使水解完全。此过程中涉及如下反应：

$$Mn^{2+} + ClO^- + H_2O \longrightarrow MnO_2 \downarrow + 2H^+ + Cl^-$$
$$2Fe^{2+} + ClO^- + 5H_2O \longrightarrow 2Fe(OH)_3 \downarrow + 4H^+ + Cl^-$$
$$Fe^{3+} + 3H_2O \longrightarrow Fe(OH)_3 \downarrow + 3H^+$$
$$Al^{3+} + 3H_2O \longrightarrow Al(OH)_3 \downarrow + 3H^+$$

水解生成的 H^+ 继续分解新加入的少量硼镁泥，使水解反应进行完全。

3. 除钙

沉淀过滤后，滤液中除了 $MgSO_4$ 之外，还有少量的 $CaSO_4$，温度升高时，$CaSO_4$ 溶解度减小。因此，溶液适当浓缩后，趁热过滤，可除去 $CaSO_4$。

4. 蒸发、结晶

将上述除去杂质的 $MgSO_4$ 溶液蒸发、浓缩、冷却结晶，可得到纯度较高的 $MgSO_4 \cdot 7H_2O$ 晶体。

三、实验用品

1. **仪器**：电子台秤、布氏漏斗、抽滤瓶、蒸发皿等。
2. **试剂**：硼镁泥、H_2SO_4（1mol/L、6mol/L）、NaClO 溶液（含 12%～15% 有效氯）、H_2O_2（3%）等。

四、实验内容

1. 硼镁泥酸解

称取 25g 研细的硼镁泥，放入 400mL 烧杯中，加水 100～150mL，搅拌成浆，用滴管滴加约 20mL（根据实际情况，可适当增减）H_2SO_4（6mol/L）溶液，小火加热并不断搅拌（小心料浆溢出！）。待反应中大部分气体放出后，保持微沸 10min，根据反应情况，控制料浆的 pH 在 1 左右。

2. 氧化和水解

分批加入少量硼镁泥（加入的少量硼镁泥要计量，以便计算 $MgSO_4 \cdot 7H_2O$ 的产率），继续加热，保持溶液体积在 150mL 左右。当浆液 pH 为 5～6 时，加入次氯酸钠溶液 5～6mL，加热煮沸，使水解完全。此时料浆转变为深棕色，趁热抽滤，用少量热水淋洗沉淀。可用 KSCN 溶液检验溶液中的 Fe^{3+} 是否完全除去。（如何检验？）

3. 除钙

将滤液倒入烧杯中，加热蒸发至 100mL 左右，$CaSO_4$ 沉淀析出，趁热过滤，除去 $CaSO_4$。

4. 蒸发、结晶

将上述除去杂质的 $MgSO_4$ 溶液转移到蒸发皿中，蒸发、浓缩至稀粥状，停止加热，自然冷却，结晶，抽滤。称量并计算产率（以硼镁泥中 MgO 的含量为 20％计）。

五、思考题

1. 酸解后，用少量硼镁泥调解料浆 pH 为 5～6，这是为什么？如何计算得到？

2. 本实验中，加入次氯酸钠氧化的目的是什么？如果控制溶液 pH 使 Mn^{2+} 和 Fe^{2+} 分别生成 $Mn(OH)_2$ 和 $Fe(OH)_2$ 是否可行？为什么？

3. 本实验中，能否用其它氧化剂，如高锰酸钾或双氧水代替次氯酸钠？为什么？

4. 蒸发浓缩时，要蒸发、浓缩至稀粥状才能停止加热，为什么？

实验指导

一、实验操作注意事项

1. 称取研细后的硼镁泥放入烧杯中，加水 150mL 搅拌成浆状物（注意料浆不宜太稠，否则将影响酸解的完全）。用滴管将 6mol/L 硫酸慢慢滴入硼镁泥的料浆中，边滴加边用玻璃棒不断搅拌料浆，使料浆的 pH 控制在 1 左右。必须注意，由于反应中放出热量和产生大量气泡，如果加入硫酸速度过快，会使料浆外溢，造成损失。然后将料浆用小火加热，并不断搅拌以使酸解完全。待反应中大部分气体放出后，将料浆煮沸 10～15min，期间需不断补充水分以保持原有体积，并检查料浆的 pH 是否已达到 1 左右，如果未达到，则需继续滴加硫酸（注意应将料浆稍冷却后再滴加），直至料浆的 pH≈1 为止（根据原料来源不同，所用硫酸的量也不同）。

2. 在酸解过程中硫酸的量不能加得太多，否则在下一步调节料浆 pH 为 5～6 时，将耗用大量的硼镁泥。

3. 在加热过程中，如果由于溶液蒸发而使料浆变稠时，可加入适量水，使溶液保持在150～200mL，否则将由于料浆太稠不但使氧化和水解反应不完全，也将使 pH 试纸检测时不易准确观察到试纸的变色情况。

4. 在氧化水解操作中，当料浆中加入次氯酸钠溶液后，需加热煮沸至料浆转为深咖啡色，表明氧化水解已较充分，可以停止加热，趁热过滤。如果加次氯酸钠溶液后，料浆颜色并未明显加深，表明氧化水解还不够充分，还需补加次氯酸钠溶液，继续加热反应。

5. 氧化水解后，应得到无色透明溶液，但有时会产生下述两种现象：①溶液呈黄色。这可能是由于氧化水解所形成的杂质固体颗粒如 MnO_2、$Fe(OH)_3$ 等太细，未能通过过滤除去。调节溶液的 pH 达到 6，继续加热，使有色微粒凝聚沉降后再过滤除去，或在加热时放一些碎滤纸片吸附有色微粒并趁热过滤；若溶液黄色仍未褪，可在蒸发浓缩时，不要将溶液浓缩得太稠，以通过结晶将杂质留在母液中。②氧化水解后溶液呈淡紫红色，这是因为次氯酸钠太过量，Mn^{2+} 被氧化为 MnO_4^- 所致，出现此现象可加入极少量 3％ H_2O_2 以还原 MnO_4^-；或在蒸发浓缩时，不要将溶液浓缩得太稠，以通过结晶将杂质 MnO_4^- 留在母液中。

6. 在除钙时，将滤液倒入烧杯中，加热蒸发至体积为 100mL 左右时，此时将有 $CaSO_4$ 沉淀析出。这是由于温度升高时 $CaSO_4$ 的溶解度减小（见表 2-13）。因此，必须趁热过滤以除去 $CaSO_4$。

表 2-13　$CaSO_4 \cdot 2H_2O$ 在不同温度下的溶解度　　　单位：g/100g 水

温度/℃	0	10	20	30	40	50	70	80	100
溶解度	0.1759	0.1928	—	0.2090	0.2097	0.2038	0.1966	—	0.1619

7. 在蒸发过程中，蒸发皿应放在石棉网上加热，蒸发浓缩至呈稀粥状的稠液时为止。注意加热时，火力不能太大，并充分搅拌，以免因局部过热出现暴沸而使溶液溅出。残留一些母液有利于可溶性杂质的溶解，从而能提高 $MgSO_4 \cdot 7H_2O$ 晶体的纯度。

8. 根据硼镁泥的用量（包括调节料浆 pH 为 5～6 时所加的硼镁泥的量）和硼镁泥中 MgO 的含量（以 30％ 计），计算七水硫酸镁的产率。$MgSO_4 \cdot 7H_2O$ 是白色细小针状或单斜柱状结晶。

二、问题与讨论

1. 用 6mol/L 硫酸酸解硼镁泥时，pH 应控制在 1 左右，但酸解后为什么又要用少量硼镁泥调节溶液的 pH 为 5～6？

用 6mol/L 硫酸酸解硼镁泥时控制料浆的 pH 在 1 左右，主要是保证料浆有一定的酸度促使酸解完全，从而使硼镁泥中含有主要成分 $MgCO_3$ 以及其它杂质如 CaO、Fe_2O_3、Al_2O_3、MnO 等氧化物都转化为可溶性的硫酸盐。酸解后用少量硼镁泥调节溶液的 pH 为 5～6，主要是除去 Fe^{3+}、Al^{3+} 等杂质，使它们以 $Fe(OH)_3$、$Al(OH)_3$ 等沉淀形式而除去。

根据溶度积常数计算可知：$Fe(OH)_3$、$Al(OH)_3$ 沉淀完全时的 pH（以残留离子浓度为 10^{-5} mol/L 计）分别为 4.71 与 3.20（见表 2-14）

表 2-14　金属氢氧化物沉淀的 pH

金属氢氧化物	$K_{sp}^{\ominus}$	开始沉淀 pH（M^{n+} 为 1mol/L）	开始沉淀 pH（M^{n+} 为 0.1mol/L）	沉淀完全时 pH
$Mg(OH)_2$	1.8×10^{-11}	8.63	9.13	11.13
$Mn(OH)_2$	1.9×10^{-13}	7.64	8.14	10.14
$Fe(OH)_2$	8.0×10^{-16}	6.45	6.95	8.95
$Fe(OH)_3$	4.0×10^{-38}	1.54	1.87	3.20
$Al(OH)_3$	1.3×10^{-33}	3.04	3.37	4.71

2. 除去杂质 Mn^{2+} 与 Fe^{2+} 时，为什么要加入 NaClO 氧化剂？如果控制溶液的 pH 使其

水解成 $Mn(OH)_2$、$Fe(OH)_2$ 沉淀是否可以？为什么？

加入氧化剂 NaClO 的目的主要是使 Mn^{2+} 与 Fe^{2+} 氧化成 $Mn(Ⅳ)$ 与 $Fe(Ⅲ)$ 然后水解成 MnO_2 与 $Fe(OH)_3$ 沉淀，其过程如下：

$$Mn^{2+}+ClO^-+H_2O \Longrightarrow MnO_2(s)+2H^++Cl^-$$
$$2Fe^{2+}+ClO^-+5H_2O \Longrightarrow 2Fe(OH)_3(s)+4H^++Cl^-$$

如果只控制溶液的 pH 使其水解成 $Mn(OH)_2$、$Fe(OH)_2$ 沉淀，从表 2-14 可见 $Mn(OH)_2$、$Fe(OH)_2$ 沉淀完全时的 pH 分别为 10.14 与 8.95，而 $Mg(OH)_2$ 开始沉淀时的 pH 为 8.63，这样就造成分离上的困难。因此必须加入 NaClO 氧化剂，将 Mn^{2+} 与 Fe^{2+} 分别氧化成 $Mn(Ⅳ)$ 与 $Fe(Ⅲ)$，然后加热促使其水解完全，生成 MnO_2 与 $Fe(OH)_3$ 沉淀，最后控制溶液的 pH 为 5~6 时，就可将 MnO_2 与 $Fe(OH)_3$ 沉淀分离除去。

三、补充说明

1. 采用哪些试剂来调节溶液的 pH 较为合适？

调节溶液的 pH 时所用试剂一般有纯净的 $NH_3 \cdot H_2O$、该金属的氧化物或该金属的碳酸盐，因为这样可以做到不引进其它杂质。$NH_3 \cdot H_2O$ 与碳酸盐受热后分解成 NH_3 与 CO_2 挥发掉，加入该金属氧化物也不会引入其它杂质离子。此外调节 pH 时所用试剂不能与产品发生化学反应，并且要注意选用价廉易得的试剂。

2. 本实验中，利用硼镁泥的主要成分是 $MgCO_3$ 以及含有其它一些金属氧化物（如 CaO、Fe_2O_3、Al_2O_3、MnO 等）而显碱性，将其分批加入经过酸解后的料浆的 pH 为 5~6，又可增加 $MgSO_4 \cdot 7H_2O$ 的产量。至于所引进的一些金属氧化物等杂质，可以通过氧化、水解、除钙等操作步骤而除去。

四、实验室准备工作注意事项

1. 从工厂取来的硼镁泥如果潮湿结块，则应先将其敲碎成小块后晾干，以供实验使用，否则在研钵中难以研细。

2. pH 试纸应保存在干燥密封的容器中，如保存在密封的塑料袋或玻璃盘中，勿使其受潮，如发现已受潮或变色，则不能使用。

3. 下列试剂均应现用现配：次氯酸钠溶液（含 12%~15% 有效氯）、KSCN（1mol/L）、3% H_2O_2。

五、实验前准备的思考题

1. 从硼镁泥制取 $MgSO_4 \cdot 7H_2O$ 主要有哪几个步骤？

2. 用 6mol/L 硫酸酸解硼镁泥时，pH 应控制在 1 左右，但酸解后为什么又要用少量硼镁泥调节 pH 为 5~6？

3. 除去杂质 Mn^{2+} 与 Fe^{2+} 时，为什么要加入 NaClO 氧化剂？如果控制溶液的 pH 使其水解成 $Mn(OH)_2$、$Fe(OH)_2$ 沉淀是否可以？为什么？

4. 在本实验中，几次加热的目的是什么？

5. 如果控制溶液的 pH=6，问残留在溶液中的 Fe^{3+}、Al^{3+} 浓度各为多少？这两种离子是否已沉淀完全？

6. 蒸发浓缩 $MgSO_4$ 溶液时，要蒸发浓缩至稀粥状的稠液时才能停止加热，为什么？

实验十九　从废电池中回收锌皮制备硫酸锌

实验部分

一、实验目的

1. 了解由废干电池综合回收锌皮的意义。

2. 熟悉由锌皮制备七水硫酸锌的方法。

3. 掌握通过控制 pH 进行沉淀分离、去除杂质的一般方法。

4. 进一步熟悉无机制备操作的一些基本方法。

二、实验原理

目前，随着电子工业的迅速发展，各种电子产品和通信器材的大量涌现和更新换代致使电池用量急剧增加，由废电池引起的资源和环境问题也日益加剧。我国是世界上锌锰干电池的主要生产和消费国家之一，目前所使用的干电池主要以普通的糊式干电池为主，其负极是作为电池壳体的锌电极，正极是被 MnO_2 包围着的石墨电极，电解质是氯化铵及氯化锌的糊状物，其结构如图 2-22 所示。

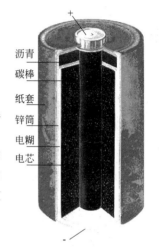

图 2-22　普通干电池结构

在干电池的制造过程中，锌的使用量较大（见表 2-15），因此对废干电池的锌皮进行回收利用既能节约资源，又能减少对环境的污染，对国民经济发展具有重大意义。

表 2-15　各类废干电池成分分析结果

成分	锌	锰	镉	铅	汞	铁	碳	其它
质量分数/%	13～22	12～20	0.01	0.1～0.3	0.004	23～26	2～6	26～47

锌是两性金属元素，既能溶于酸，又能溶于碱。在常温下，锌与碱的反应较慢，而与酸的反应则快得多。因此本实验用回收的锌皮与稀硫酸反应来制取七水硫酸锌，基本反应方程式如下：

$$Zn + H_2SO_4 \longrightarrow ZnSO_4 + H_2 \uparrow$$

此外，锌皮中含有少量的杂质铁也同时溶解，生成硫酸亚铁：

$$Fe + H_2SO_4 \longrightarrow FeSO_4 + H_2 \uparrow$$

在上面所得到的含有少量硫酸亚铁的硫酸锌溶液中，先用过氧化氢将 Fe^{2+} 氧化生成 Fe^{3+}：

$$2Fe^{2+} + H_2O_2 + 2H^+ \longrightarrow 2Fe^{3+} + 2H_2O$$

然后用 NaOH 调节溶液的 pH＝8，使 Zn^{2+} 和 Fe^{3+} 生成相应的沉淀：

$$Zn^{2+} + 2OH^- \longrightarrow Zn(OH)_2 \downarrow$$

$$Fe^{3+} + 3OH^- \longrightarrow Fe(OH)_3 \downarrow$$

在上述生成的沉淀中逐滴加入稀硫酸，控制 pH＝4。此时，$Zn(OH)_2$ 沉淀可以溶解完全，而 $Fe(OH)_3$ 不溶解，过滤除去。将所得的硫酸锌溶液酸化，蒸发浓缩，结晶，即得 $ZnSO_4 \cdot 7H_2O$ 晶体。

三、实验用品

1. 仪器：电子台秤、布氏漏斗、抽滤瓶、蒸发皿等。
2. 试剂：H_2SO_4（2mol/L）、NaOH（2mol/L）、H_2O_2（3%）等。

四、实验内容

1. 锌皮的回收和处理

用工具拆下废干电池内的锌皮。锌皮表面可能粘有氯化锌、氯化铵和二氧化锰等杂质，应先用水刷洗干净。锌皮上可能还粘有石蜡、沥青等有机物，可用砂纸打磨干净，或者在锌皮溶解于酸后过滤除去。将锌皮剪成约 3mm×15mm 的小块，备用。

2. 锌皮的溶解

用电子天平准确称取 5g 已处理过的锌片小块，放在 200mL 烧杯中，加入适量的 2mol/L 硫酸（体积自行计算）。加热，使之充分反应后过滤（如果反应不彻底，可以放置过夜或者等到下次实验时使用）。

3. $Zn(OH)_2$ 的生成

滤液稍冷却后，加入 3% 的 H_2O_2 溶液 2～3mL。将硫酸锌溶液加热近沸，不断搅拌下滴加 2mol/L 的 NaOH 溶液，逐渐有大量白色 $Zn(OH)_2$ 沉淀生成，直至溶液 pH＝8 为止，加热过程中保持溶液体积约为 150mL。稍冷，沉淀完全后，抽滤，并用蒸馏水洗涤沉淀数次，弃去滤液。

4. $Zn(OH)_2$ 的溶解和铁的去除

将 $Zn(OH)_2$ 沉淀转移到 100mL 烧杯中，不断搅拌下滴加 2mol/L 硫酸，小火加热，控制溶液 pH＝4（后面滴加过程要缓慢）。将所得溶液加热近沸，使 Fe^{3+} 完全沉淀生成 $Fe(OH)_3$，趁热过滤，弃去沉淀。

5. 蒸发浓缩、结晶

在上述滤液中，滴加 2mol/L 硫酸，调节 pH 为 1～2，转入蒸发皿中，蒸发浓缩至液面上出现晶膜，停止加热，自然冷却，结晶，抽滤。将晶体放在两层滤纸间吸干，称量并计算产率。

五、思考题

1. 实验过程中，硫酸锌溶液为什么要趁热抽滤？
2. 计算说明，$Zn(OH)_2$ 的溶解和铁的去除中，为什么要控制 pH＝4？
3. 在加热结晶前，为什么要使硫酸锌溶液呈酸性？

实验指导

一、实验操作注意事项

1. 由于有些电池为了外表牢固，在锌皮外又包了一层铁皮，在取锌皮时要注意锌皮与铁皮的区别，锌皮较软，铁皮较硬，不要误将铁皮也放入，否则很难得到产品 $ZnSO_4 \cdot 7H_2O$

晶体。

2. 电池上拆下的锌皮上常有一些糊状杂质和石蜡等黏性物质，为了使锌与酸充分反应，应先用水、稀纯碱液把这些杂质洗去。另外，锌皮与酸反应较慢，把剪碎的锌皮与酸反应应提前一周进行，以使反应完全，并节约实验时间。

3. 在拆解锌锰干电池时，下面需垫一张塑料纸，将拆解下来的其它物质放在这张塑料纸中，以便收集分门归类，避免散落，污染环境。

4. 亚铁离子的氧化。将含锌离子的溶液加热到 $70\sim80℃$ 时加入 3‰ H_2O_2 $1\sim2mL$，搅拌 $2min$ 左右让溶液中的杂质亚铁离子充分氧化为三价铁离子。

5. 氢氧化锌的生成。在不断搅拌下滴加 $2mol/L$ 的 NaOH 溶液，此时由大量白色的氢氧化锌沉淀生成。如果发现烧杯中沉淀很稠，就加入 $50\sim100mL$ 水稀释，并不断搅拌均匀，由于事先已知硫酸锌的物质的量，因此当加入 $2mol/L$ 的 NaOH 的量达到一定体积时，再多加 $Zn(OH)_2$ 沉淀会溶解时，小心滴加，加入氢氧化钠溶液的速度要慢点，并不断用 pH 试纸测定溶液的 pH，控制溶液的 pH 为 8。当 pH 为 8 时，氢氧化锌和氢氧化铁都完全沉淀出来，过滤，并用去离子水洗涤，取后期的滤液用 $AgNO_3$ 溶液鉴定是否还含有氯离子 $(Ag^++Cl^-\!=\!=\!=\!AgCl\downarrow)$。

6. $Zn(OH)_2$ 溶解以及铁离子去除。将过滤后的沉淀转移到烧杯中，另取 $2mol/L$ 硫酸约 $30mL$ 滴加到沉淀中，需要不断搅拌。小火加热，控制酸度，后期加酸的速度要慢，不断用 pH 试纸测定溶液的 pH，控制溶液的 pH 为 4。但溶液的 pH 为 4 时，即使烧杯中还有少量的白色沉淀没有完全溶解，也不必要继续加酸，只需要继续加热和搅拌就会逐渐溶解的。

将溶液进一步加热至沸腾，促使 Fe^{3+} 水解完全，趁热过滤。

7. 蒸发与结晶。在除去 Fe^{3+} 的溶液中继续滴加 $2mol/L$ 硫酸，使溶液的 pH 为 2，然后转移到蒸发皿中，水浴蒸发浓缩到液面上出现晶膜，此时让其自然冷却，布氏漏斗过滤。

将晶体放在两层滤纸中间吸干剩余的水分，称量并计算产率。

回收硫酸锌的流程图如图 2-23 所示。

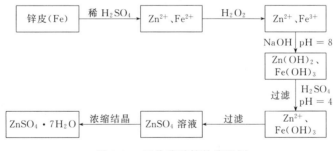

图 2-23　回收硫酸锌的流程图

二、问题与讨论

1. 实验中在加碱液之前，为什么要加入 H_2O_2？

因为废锌皮中的杂质通常为铁，溶于稀硫酸后通常成为 Fe^{2+}，有部分被氧化为 Fe^{3+}，Fe^{2+} 比 Fe^{3+} 水解程度小得多，它们完全沉淀时的 pH 分别为 9.0 和 3.2，而 $Zn(OH)_2$ 加酸溶解与铁分离的 pH 为 4.0，此时 Fe^{2+} 仍然在溶液中，所以无法用调节溶液的 pH 来除去 Fe^{2+}，

在酸性介质中，H_2O_2 是一种强氧化剂，使用 H_2O_2 能保证将 Fe^{2+} 全部转化为 Fe^{3+} 而不带进杂质。

2. 制备硫酸锌晶体时，硫酸锌溶液应蒸发到何种程度？

这要看硫酸锌溶解度与温度变化的关系以及晶体是否带结晶水。硫酸锌的溶解度与温度变化的关系不太大（表2-16），但结晶带七份结晶水，故要蒸发到表面有较多的晶膜（盖过一半的表面）。

表 2-16　不同温度下硫酸锌晶体的溶解度

温度/℃	0	10	15	22	32	39	50	70	80	100
$ZnSO_4$质量分数/%	29.4	32.0	33.4	36.6	39.9	41.2	43.1	47.1	46.2	44.0

三、补充说明

1. 干电池的种类很多，除了我们最常用的普通锌锰干电池外，还有广泛用于助听器中的锌汞电池，用于电子表、袖珍计算器中的银锌纽扣电池和手机、笔记本电脑中的镍铬电池、镍氢电池、锂离子电池等，不同电池的组成物质不同，其回收利用的方法也不同。本实验中回收利用的干电池是日常生活中常用的锌锰干电池，其负极是作为电池壳体的 Zn 电极，正极是被 MnO_2 包围着的石墨电极，电解质是 $ZnCl_2$ 及 NH_4Cl 的糊状物。同学们可以自己剥开一个废锌锰电池看看它的构造及组成，其放电过程中的化学反应为：

$$Zn+2NH_4Cl+2MnO_2 \!=\!=\!=\! Zn(NH_3)_2Cl_2+2MnOOH$$

2. 回收处理废锌锰干电池可以获得多种物质，如铜和碳棒等，本实验只回收金属锌制备硫酸锌，但拆解开的其它物质应分门别类地放好，不能乱丢，因里面有微量的汞，会污染环境。

3. 现在不少锌锰干电池外面包了一层铁皮使干电池硬挺，耐碰撞，拆解时应注意，铁皮比较硬，锌皮很软，不能把铁皮当作锌皮，否则得不到相应的产品。

4. 第一次抽滤后的母液中，仍含有相当量的硫酸锌，可考虑进一步回收。

四、实验室准备工作注意事项

1. 实验室应准备好拆解干电池用的工具，如锤子、榔头、老虎钳、塑料纸等，以便学生拆解干电池用。

2. 一周前要准备好烧杯，并贴上空白的标签纸，以便学生提前做废锌皮酸溶反应，并让学生在标签纸上写上自己的名字或学号。在做废锌皮酸溶反应的烧杯统一放在通风橱里。

3. 实验所用的 3% H_2O_2 必须现用现配。

4. 实验室应预先准备一些废锌皮酸溶液，以防学生做实验意外打翻时能让其继续做下去。

五、实验前准备的思考题

1. 计算溶解 5g 废锌皮需要 2mol/L H_2SO_4 溶液（过量25%）多少？

2. 通过计算说明，沉淀 $Zn(OH)_2$ 时为什么要控制溶液的 pH=8？

3. $ZnSO_4$ 溶液加热蒸发前为什么要加 H_2SO_4 使溶液的 pH=2？

工厂生产工艺

废干电池回收利用的工艺有多种，这里介绍酸浸后电解得到金属锌和二氧化锰的方法。

1. 机械粉碎和三次酸浸

机械粉碎的目的是使电池的外壳及金属壳破裂，以便酸浸液进入电池内部浸取可溶物，但不破坏碳棒。机械粉碎后的酸性干电渣，直接使用二次酸浸分离液进行浸溶，使含有较高锌浓度的二次酸浸液锌浓度进一步提高，降低溶液的酸度；同时保证在浸溶过程中含有过剩的金属锌，使酸浸溶液中较锌不活泼的金属，如汞、铁等被置换出来，有利于三次酸浸液的电解。悬浮物为电池的纸、塑料薄膜，打捞回收。然后用一次酸浸液进行二次酸浸，使电池的金属锌进一步溶解。用电解锌后的电解液，并加硫酸（98%）使硫酸度保持在 10%（wt），最少不低于 8%，作为酸浸液作最后一次浸取，该浓度可保证电池上的锌完全溶解，且不会附在碳棒、碳粉上。酸浸液也可用其它酸，如盐酸、硝酸等，但必须设计相应的电解工艺，使用硫酸可使用传统的电解锌工艺。如果采用副产品酸或含酸废液，则工艺生产成本将大大降低。每次酸浸时间至少在 24h 以上。

2. 分离和回收

澄清液中含有较高浓度的金属锌离子，取出后移至下一步工艺处理。残渣主要是碳棒、碳粉、排气孔垫片、金属盖及少量的泥。经分类回收后，完整的碳棒、金属盖、排气孔垫片等可直接返回电池生产商使用。碳粉及泥中混有其它金属及金属盐如汞、氯化汞、结晶氯化铵等，甚至会有贵金属，根据其组成不同，采用不同的处理方法将它们进一步分离。最简单的方法是将碳粉、汞或氯化汞、氯化铵，与新加入的氯化锌按特定电池的碳包组成进行比倒调整或补充，直接用于电池生产。由于部分电池的外金属盖是铁制的，通过铁磁场，使其从酸浸液中直接分离。

三次酸浸后溶液的 pH 仍酸性较强，通过加入已粉碎的酸、碱电池进一步降低溶液的酸性直至电解所需酸度，同时进一步提高了溶液中的锌含量。将调整后的浸出液经三层以上防酸滤布或滤纸进行过滤，滤渣返至三次酸浸，滤液用于电解。

3. 电解

三次酸浸过程中由于锌过量，使酸浸溶液中较锌不活泼的金属，如汞、铁等被置换出来。过滤后酸浸液含有 Zn^{2+}、NH_4^+、Cl^-、SO_4^{2-} 等离子，大量的 NH_4^+ 离子有利于提高溶液的导电能力，但要防止铵盐在低温时结晶析出。在过滤液中加入电解添加剂及其它辅助试剂后，即可进行电解。阳极通常采用碳板，套有防酸型阳极布套，用以收集阳极析出物二氧化锰。若用铂板作阳极，则二氧化锰的纯度较高，可达 99.9%。阴极为母板锌，溶液中的锌离子通过阴极还原沉积在母板锌上使其加厚加重，其纯度在 98% 以上。当电解液的浓度下降至电沉积困难或效率较低时，电解液返至一次酸浸。

实验二十　印制电路烂版液中铜的回收、利用及有关分析

实验部分

Ⅰ　印刷电路烂版液中铜的回收和利用

一、实验目的

1. 初步学会查阅有关的文献资料。

2. 根据实验室条件设计出合适的实验方案。

3. 学会一些常用试剂的配制方法和实验基本操作。

4. 掌握铜及其化合物的化学性质。

5. 了解废水处理和利用的一般方法。

6. 学会写实验总结报告，为今后的毕业论文（或毕业设计）奠定基础。

二、实验原理

1. 印制电路板的烂版原理

（1）$FeCl_3$ 法

$$2Fe^{3+} + Cu \longrightarrow 2Fe^{2+} + Cu^{2+}$$

采用该方法，废液再生工艺比较复杂，效率不高。

（2）$CuCl_2\text{-}HCl$ 法

$$Cu^{2+} + Cu + 4Cl^- \longrightarrow 2[CuCl_2]^-$$

采用该方法，废液可再生利用。再生利用的反应式如下：

$$2[CuCl_2]^- + H_2O_2 + 2H^+ \longrightarrow 2Cu^{2+} + 4Cl^- + 2H_2O$$

2. 回收原理

① $FeCl_3$ 法烂版废液中含有 $FeCl_3$、$FeCl_2$、$CuCl_2$、HCl 及少量其它杂质。从经济和环保的角度来说，其中的 Cu 具有较大的回收价值。一般的方法是先用 Fe 粉将 Cu^{2+} 置换出来，涉及的方程式如下：

$$Fe + Cu^{2+} \longrightarrow Fe^{2+} + Cu$$
$$2Fe^{3+} + Fe \longrightarrow 3Fe^{2+}$$

然后把 Cu 转化为 $CuSO_4$ 等化学品加以利用，常见的方法如下。

方法一：

$$2Cu + O_2 \longrightarrow 2CuO$$
$$CuO + H_2SO_4（稀）\longrightarrow CuSO_4 + H_2O$$

方法二：

$$Cu + 2HNO_3（浓）+ H_2SO_4（稀）\longrightarrow CuSO_4 + 2NO_2\uparrow + 2H_2O$$
$$3Cu + 2HNO_3（浓）+ 3H_2SO_4（稀）\longrightarrow 3CuSO_4 + 2NO\uparrow + 4H_2O$$

方法三：

$$Cu + H_2O_2 + H_2SO_4（稀）\longrightarrow CuSO_4 + 2H_2O$$

② $CuCl_2\text{-}HCl$ 法烂版废液中含有 $CuCl_2$、HCl。回收时一般以 $CuSO_4$ 或 $CuCl$ 的形式回收。以 $CuSO_4$ 形式回收时与 $FeCl_3$ 法烂版废液中 Cu 的回收方法相同，只不过在加入 Fe 粉前需加入 Na_2CO_3 中和部分 HCl。以 $CuCl$ 形式回收时可以采用下列方法。

方法一：

$$Cu^{2+} + Cu + 4Cl^- \longrightarrow 2[CuCl_2]^- \xrightarrow{H_2O} 2CuCl\downarrow（白色）+ 2Cl^-$$

方法二：

$$2CuCl_2 + Na_2SO_3 + H_2O \longrightarrow 2CuCl\downarrow + Na_2SO_4 + 2HCl$$

三、实验用品

烂版液、烧杯、量筒、煤气灯、瓷坩埚、碳酸钠、铁粉、硫酸（$3mol \cdot L^{-1}$）。

四、实验内容

1. FeCl₃ 法烂版废液中铜的回收

（1）由 FeCl₃ 烂版液中回收铜粉　用量筒量取 60mL FeCl₃ 烂版液（FeCl₃、FeCl₂、CuCl₂ 混合液），放入 250mL 的烧杯中，加入 60mL 水，加热至近沸。边加热边搅拌下，分批缓慢加入 9g 左右的 Fe 粉（注意防止溶液溢出烧杯！），注意观察氢气气泡和水蒸气气泡的产生：氢气的气泡是极细小的，而且在加热到煮沸前都会出现，而沸腾的水蒸气气泡则体积较大。其间适当加水弥补水的蒸发。到溶液颜色变浅（青绿色），没有氢气气泡产生时，取 1mL 上层清液加入极少量铁粉，若有紫红色沉淀，则还有铜未被还原，将测定的溶液再倒回烧杯继续还原反应操作；若无紫红色沉淀说明铜已经全部还原。抽滤，滤渣转移到原烧杯中，加 10mL 水和 25mL 3mol/L 的 H₂SO₄，加热直到无细小气泡产生为止。抽滤，洗涤滤渣数次，得到的铜粉在蒸发皿上小火加热除去水分（铜粉表面变黑，只是极少量氧化，不影响后续操作），冷却后称量。将所得到的铜粉均分为两份，一份放在干净的 100mL 烧杯中，另一份放到干净的瓷坩埚中备用。

（2）CuSO₄·5H₂O 晶体的制备

① 瓷坩埚连同铜粉，先在小火上加热至无气雾产生，再改用氧化焰灼烧 2h，其间不时搅拌防止结块，紫红色铜粉变成黑色 CuO 粉末，冷却后称量。将 CuO 放入 100mL 的烧杯中，加入 3mol/L 的 H₂SO₄ 约 25mL（具体视氧化铜的量而定，过量 10%），加热至黑色粉末基本溶解，若有 CuSO₄ 晶体析出，则加少量水溶解。抽滤，将滤液放入干净的蒸发皿中，加热蒸发到表面有少量结晶膜出现，关掉煤气灯，冷却到室温。抽滤，称量 CuSO₄·5H₂O 晶体。

② 另一份 Cu 粉放入 100mL 烧杯中，计算反应所需 3mol/L 的 H₂SO₄ 体积和浓 HNO₃ 的用量。在通风橱中，将 3mol/L 的 H₂SO₄ 倒入 Cu 粉中，加热近沸，搅拌下，非常缓慢地逐滴加入浓 HNO₃（不应超过理论量，尽可能使反应生成 NO），直到 Cu 粉完全溶解为止，若有 CuSO₄ 晶体析出，则加少量水溶解。抽滤，将滤液转入干净的蒸发皿中，加热蒸发到表面有少量结晶膜出现，关掉煤气灯，冷却到室温，抽滤，称量 CuSO₄·5H₂O 晶体的质量。

2. CuCl₂-HCl 法烂版废液中铜的回收

（1）以 CuSO₄ 的形式回收　用量筒量取 60mL CuCl₂-HCl 废液，放入 250mL 的烧杯中，加入 60mL 水稀释，然后加入一定量的 Na₂CO₃ 中和 HCl 至 pH 为 1～2。后续步骤与 FeCl₃ 法烂版废液中铜粉的回收及制备 CuSO₄·5H₂O 晶体完全相同。

（2）以 CuCl 的形式回收

① 用量筒量取 60mL CuCl₂-HCl 废液，放入 250mL 的烧杯中，加入 60mL 水稀释，然后加入一定量的 Na₂CO₃ 中和 HCl 至 pH 为 1～2。加热到约 80℃，在边加热边搅拌下，分批缓慢加入 9g 左右的 Fe 粉（注意防止溶液溢出烧杯！），直到溶液颜色变浅（青绿色），验证铜粉全部被还原（该操作的注意点同前述的回收铜粉一样）。抽滤，将滤渣移到原烧杯中，加 10mL 水和 3mol/L 的 H₂SO₄ 25mL，加热直到无细小气泡产生为止。抽滤，洗涤滤渣数次，得到红棕色铜粉备用。

用量筒量取 40mL CuCl₂-HCl 废液，放入 250mL 的烧杯中，用水稀释一倍，加入一定量的 Na₂CO₃ 中和 HCl 至 pH 为 1～2，放入上述回收的铜粉，加热到约 80℃，在边加热边搅拌下，分批缓慢加入 10g 左右的 NaCl，至溶液呈浅棕色。抽滤，滤渣铜粉回收，滤液在剧烈搅拌下倒入 1L 水中（事先溶解 1g Na_2SO_3 和 1mL 浓盐酸），沉淀抽滤，最后用少量 95％乙醇洗涤，少量无水乙醇洗涤，得到 CuCl 白色固体。

② 用量筒量取 50mL $CuCl_2$-HCl 废液，放入 250mL 的烧杯中，用水稀释一倍，加入一定量的 Na_2CO_3 中和 HCl 至 pH 为 1～2。加热至 80℃左右，滴加 3mol/L 的 NaOH 溶液和 Na_2SO_3 固体，控制 pH 为 3 左右。随着加入量的增大，溶液的颜色变浅，呈浅褐色，随后有白色沉淀生成，交替滴加 NaOH 溶液和 Na_2SO_3 固体，反应至溶液澄清透明。倒入已加有 1g Na_2SO_3 和 1mL 浓 HCl 的 1L 水中，沉淀抽滤，最后用少量 95％乙醇洗涤，少量无水乙醇洗涤，得到 CuCl 白色固体。

五、数据记录与处理

描述产品的外观，并计算产率。

六、思考题

1. ① 已知 $Cu^{2+} \xrightarrow{0.158V} Cu^{+} \xrightarrow{0.522V} Cu$ ，求：$Cu^{2+} + Cu \longrightarrow 2Cu^{+}$ 的平衡常数。该反应可以正向进行吗？（下方：0.337V）

② 若 $Cu^{+} + 2Cl^{-} \longrightarrow CuCl_2^{-}$ 的 $K(CuCl_2^{-}) = 3.2 \times 10^{5}$，求：$Cu^{2+} + Cu + 4Cl^{-} \longrightarrow 2CuCl_2^{-}$ 的平衡常数。该反应可以正向进行吗？

2. 已知 $K(CuCl_2^{-}) = 3.2 \times 10^{5}$，$K_{sp}(CuCl) = 1.2 \times 10^{-6}$，求：

① $CuCl + Cl^{-} \longrightarrow CuCl_2^{-}$ 的平衡常数。

② 要使 $CuCl_2^{-}$ 稳定存在（假设浓度为 1mol/L），则 Cl^{-} 至少应维持浓度为多少？

3. 还原制 Cu 时，为什么铁粉量应尽可能少？如何判断 Cu^{2+} 被全部还原？在得到的 Cu、Fe 混合物中加酸除铁，如何判断 Fe 已被全部除尽？

4. 用铜粉制 CuO 时，为什么焙烧温度不能太高，也不能太低？

5. 从铜粉直接氧化合成 $CuSO_4 \cdot 5H_2O$ 时，为什么浓 HNO_3 的量要尽可能少？为什么加入 HNO_3 的量比理论量少？

6. CuCl 有什么性质？在实验中应注意什么？

7. 使用 $CuCl_2$-HCl 烂版废液时，为什么都要事先用 Na_2CO_3 中和多余的酸？

8. $CuCl_2$ 反歧化法制备 CuCl 时，为什么加入铜粉后又要补充一定量的 NaCl？不计废液中 HCl 的量，应加入 NaCl 多少克？

9. 用 Na_2SO_3 还原 $CuCl_2$ 时，为什么还要加入 NaOH？

Ⅱ 硫酸铜的提纯

一、实验目的

1. 了解用化学法提纯硫酸铜的原理及方法。
2. 学习台秤的使用以及加热、溶解、过滤、蒸发、结晶等基本操作。
3. 掌握控制溶液的 pH 除去杂质离子的方法。

二、实验原理

制备 $CuSO_4 \cdot 5H_2O$ 常用的方法是氧化铜法，即先将铜氧化成氧化铜，然后将氧化铜溶于硫酸而制得。由于废铜和工业硫酸不纯，所得硫酸铜粗产品中含有较多杂质，因此必须加以提纯。

粗硫酸铜中含有不溶性杂质和可溶性杂质 $FeSO_4$、$Fe_2(SO_4)_3$ 及其重金属盐等。不溶性杂质可在溶解、过滤的过程中除去。而杂质 $FeSO_4$ 需用氧化剂 H_2O_2 或 Br_2 将 Fe^{2+} 氧化成 Fe^{3+}，然后调节溶液的 pH 至 3.5～4.0，使 Fe^{3+} 水解成 $Fe(OH)_3$ 沉淀，再过滤除去，反应如下：

$$2Fe^{2+} + H_2O_2 + 2H^+ \Longrightarrow 2Fe^{3+} + 2H_2O$$
$$Fe^{3+} + 3H_2O \Longrightarrow Fe(OH)_3 \downarrow + 3H^+$$

除去铁离子后的滤液经蒸发、浓缩，即可制得较纯净的 $CuSO_4 \cdot 5H_2O$ 晶体。其它微量可溶性杂质在硫酸铜结晶时，留在母液中，经过滤可与硫酸铜分离。

三、实验用品

1. **仪器**：电子天平（0.1g）、烧杯、量筒、布氏漏斗、吸滤瓶、蒸发皿、表面皿。
2. **试剂**：H_2SO_4（1mol/L）、HCl（2mol/L）、$NH_3 \cdot H_2O$（1mol/L、6mol/L）、NaOH（2mol/L）、KSCN（1mol/L）、H_2O_2（3％）。
3. **材料**：pH 试纸、滤纸。

四、实验内容

1. 粗硫酸铜的提纯

称取 6g 粗硫酸铜置于小烧杯中，加入 25～30mL 去离子水（用量筒量取），将小烧杯放在石棉网上加热至 70～80℃并搅拌，促其完全溶解。在上述溶液中滴加 2mL 3％ H_2O_2，继续加热并搅拌溶液，同时逐滴加入 0.5mol/L NaOH（自己稀释）。调节溶液的 pH＝3.5～4.0，再加热 10min，使 Fe^{3+} 充分水解成 $Fe(OH)_3$ 沉淀，常压过滤或抽滤，滤液转入洁净的蒸发皿中。

在精制后的硫酸铜滤液中滴加 1mol/L H_2SO_4 进行酸化，调节溶液的 pH 至 1～2，然后在石棉网上加热，蒸发、浓缩至液面出现一薄层晶膜时，即停止加热，冷却至室温使硫酸铜晶体析出，在布氏漏斗上进行抽滤，将水分尽量抽干。取出硫酸铜晶体，用滤纸吸干其表面水分，观察晶体的形状和颜色。称量，并计算产率。

2. 粗硫酸铜纯度检验

称取 1g 提纯后的硫酸铜晶体，置于小烧杯中，用 10mL 去离子水溶解，加入 1mL 1mol/L H_2SO_4 酸化，然后加入 2mL 3％ H_2O_2，充分搅拌后，煮沸片刻，使其中的 Fe^{2+} 氧化成 Fe^{3+}。待溶液冷却后，在搅拌下逐滴加入 6mol/L 的 $NH_3 \cdot H_2O$，直至最初生成的浅蓝色沉淀完全溶解，溶液呈深蓝色为止，此时 Fe^{3+} 已完全转化成 $Fe(OH)_3$ 沉淀，而 Cu^{2+} 则完全转化为配离子 $[Cu(NH_3)_4]^{2+}$。

$$Fe^{3+} + 3NH_3 \cdot H_2O \Longrightarrow Fe(OH)_3 \downarrow + 3NH_4^+$$
$$2CuSO_4 + 2NH_3 \cdot H_2O \Longrightarrow Cu_2(OH)_2SO_4 + (NH_4)_2SO_4$$
$$Cu_2(OH)_2SO_4 + (NH_4)_2SO_4 + 6NH_3 \cdot H_2O \Longrightarrow 2[Cu(NH_3)_4]SO_4 + 8H_2O$$

常压过滤，并用 1mol/L 的 $NH_3 \cdot H_2O$ 洗涤滤纸，直至蓝色洗去为止，此时黄色 $Fe(OH)_3$ 沉淀留在滤纸上，用滴管将 3mL 2mol/L 的 HCl 滴在滤纸上，以溶解 $Fe(OH)_3$ 沉淀。收集溶液，将溶液转移到小试管中，加入 1mL 1mol/L 的 KSCN 溶液，观察溶液的颜色。根据颜色的深浅，可以评定提纯后硫酸铜的纯度。Fe^{3+} 含量越多，溶液颜色越深。

$$Fe^{3+} + nSCN^- \rightleftharpoons Fe(NCS)_n^{3-n} \quad (n=1\sim6)$$
$$\text{（血红色）}$$

五、思考题

1. 提纯中 Fe^{2+} 为什么要氧化为 Fe^{3+} 除去？采用 H_2O_2 作氧化剂比其它氧化剂有什么优点？

2. 除 Fe^{3+} 时，为什么要调节溶液的 pH 为 4 左右？pH 太大或太小有什么影响？

3. $KMnO_4$、$K_2Cr_2O_7$、Br_2、H_2O_2 都可以将 Fe^{2+} 氧化成 Fe^{3+}，选用哪一种氧化剂较为合适？为什么？

4. 为什么除 Fe^{3+} 后的滤液还要调节 pH 至 1～2，再进行蒸发浓缩？

5. 蒸发溶液时，为什么不可将溶液蒸干？

Ⅲ 硫酸铜中铜含量的分析

一、实验目的

1. 掌握间接碘量法测定铜的原理和方法。
2. 进一步了解氧化还原滴定法的特点。

二、实验原理

在酸性溶液中，Cu^{2+} 与过量 KI 反应生成碘化亚铜沉淀，并析出与铜量相当的碘：
$$2Cu^{2+} + 4I^- \rightleftharpoons 2CuI\downarrow + I_2$$
$$I_2 + I^- \rightleftharpoons I_3^-$$

再用 $Na_2S_2O_3$ 标准溶液标定析出的 I_2，由此可计算出铜含量。

由于碘化亚铜沉淀表面容易吸附 I_3^-，因此使测定结果偏低，且终点不明显。通常需在终点到达之前加入硫氰化钾，使 CuI 沉淀（$K_{sp}^{\ominus} = 1.1 \times 10^{-12}$）转化为溶度积更小的 CuSCN 沉淀（$K_{sp}^{\ominus} = 4.8 \times 10^{-15}$），反应式如下：
$$CuI + SCN^- \rightleftharpoons CuSCN\downarrow + I^-$$

CuSCN 更容易吸附 SCN^-，从而释放出被吸附的 I_3^-，因此测定反应更趋完全，滴定终点变得明显，减少误差。

溶液的 pH 一般控制在 3～4。酸度过低，容易造成 Cu^{2+} 水解，反应速度减慢，而且反应不完全，使结果偏低；酸度过高，则 I^- 易被空气中的氧氧化成 I_2，使结果偏高。

三、实验用品

$CuSO_4 \cdot 5H_2O$（样品）、1mol/L 的 H_2SO_4、10％ KI 水溶液、10％ KCNS 水溶液、0.5％淀粉溶液、0.1mol/L 的 $Na_2S_2O_3$ 标准溶液（配制和标定请查阅分析化学实验的相关内容）。

四、实验内容

用称量瓶在粗天平上称取 $CuSO_4 \cdot 5H_2O$ 样品 2.1g 左右，然后从称量瓶中准确称取三份，各重 0.7g 左右，分别置于三支 250mL 锥形瓶中，各加 5mL 1mol/L 的 H_2SO_4、100mL 水、10mL 10％ KI 溶液，立即用 $Na_2S_2O_3$ 标准溶液滴定至呈现浅黄色，然后加入 5mL 0.5％淀粉溶液，继续滴定至浅蓝色，再加入 10mL 10％ KSCN 溶液，混合后溶液又转变为深蓝色，最后用 $Na_2S_2O_3$ 标准溶液滴定到蓝色刚刚消失为止，此时溶液为 CuSCN 的米色悬浮液。记下读数（$V_{Na_2S_2O_3}$）并计算 $CuSO_4 \cdot 5H_2O$ 样品中 Cu^{2+} 的含量。

注意：在操作过程中要不断摇动样品溶液。

五、思考题

1. 实验终点时，$CuSO_4 \cdot 5H_2O$ 中的 Cu^{2+} 转变成什么物质？为什么？

2. 为什么加入 KI 后还要加入 KSCN？如果在酸化后立即加入 KSCN 溶液，会有什么影响？

3. I_2 在淀粉溶液中呈什么颜色？I^- 在淀粉溶液中呈什么颜色？

4. 加入 KSCN 溶液混合后，溶液又转变为深蓝色，为什么？

5. 已知 $\varphi^{\ominus}_{Cu^{2+}/Cu^+} = 0.159V$　$\varphi^{\ominus}_{I_2/I^-} = 0.545V$，为何在本实验中 Cu^{2+} 却能氧化 I^- 为 I_2？

Ⅳ　硫酸铜中 SO_4^{2-} 含量的分析

一、实验目的

1. 熟悉并掌握质量分析的一般基本操作，包括沉淀陈化、过滤、洗涤、转移、烘干、灰化、灼烧、恒重。

2. 了解晶体沉淀的性质及其沉淀的条件。

3. 了解本实验误差的来源及其消除方法。

二、实验原理

在碱金属和碱土金属的硫酸盐溶液中，可直接加入适当过量的氯化钡，定量地沉淀溶液中的硫酸根，将沉淀的硫酸钡分离，灼烧（或烘干）后，称其质量，进行试样中硫酸根含量的测定。反应如下：

$$Ba^{2+} + SO_4^{2-} \longrightarrow BaSO_4 \downarrow$$

三、实验用品

烧杯、表面皿、煤气灯、三角漏斗、定量滤纸、瓷坩埚、坩埚钳、马弗炉、分析天平、提纯后硫酸铜试样、HCl（$6mol \cdot L^{-1}$）、去离子水、$BaCl_2$（5％）。

四、实验内容

1. 瓷坩埚的恒重

将空坩埚置于马弗炉中，850℃灼烧 1h 至恒重。

2. 试样溶液的制备

称取 1.0g 左右硫酸铜试样（称准至 0.1mg），置于 350～400mL 烧杯中，加 50mL 去离子水，搅拌使其溶解。再加入 1～2mL 6mol/L 的 HCl，盖上表面皿。加入稀 HCl 是为了增加酸度，以防止生成 $BaCO_3$ 等沉淀，同时使 $BaSO_4$ 溶解度增大，但过多的 HCl 会使 $BaSO_4$ 溶解度增大过多。溶液加热至近沸（不能沸腾）。另在 150mL 小烧杯中，配制 25mL 5% $BaCl_2$ 溶液，用水稀释至约 100mL，加热至近沸。一边搅动溶液，一边慢慢将 $BaCl_2$ 溶液约 90mL 倾入上述试样溶液中。待沉淀下沉后，再在上层清液中滴 2 滴沉淀剂溶液，以检查沉淀是否完全。沉淀完全后，加少量水吹洗表面皿和烧杯壁，再盖上表面皿，将沉淀和母液置于沸水浴上加热 1h，取下放置过夜陈化。

3. 沉淀灼烧

用定量致密滤纸过滤上述陈化过的溶液，用热水转移并洗涤沉淀，直至洗涤液无 Cl^-。滤纸和沉淀一起置于事先在 850℃灼烧恒重后的瓷坩埚里，小心灰化滤纸后，将坩埚转移到马弗炉中，在 850℃灼烧约 1h 至恒重。冷却，称量。

五、数据处理

（略）

Ⅴ　硫酸四氨合铜（Ⅱ）的制备及氨含量的测定

一、实验目的

1. 掌握硫酸四氨合铜（Ⅱ）的制备方法。
2. 掌握硫酸四氨合铜（Ⅱ）中氨含量的分析方法，确定产物的组成。

二、实验原理

在配合物溶液中加入强碱，并加热使配合物破坏，氨就能挥发出来。
$$[Cu(NH_3)_4]SO_4 + 2NaOH \longrightarrow CuO\uparrow + 4NH_3\uparrow + Na_2SO_4 + H_2O$$
用标准酸吸收，再用标准碱滴定剩余的酸，即可测得氨含量。

三、实验用品

1. 仪器： 抽滤瓶、布氏漏斗、滴液漏斗、酸式滴定管、烧杯。
2. 试剂： $CuSO_4$（0.5mol/L）、氨水（6mol/L）、乙醇（95%）、甲基橙溶液（0.1%）、NaOH（10%）、HCl 标准溶液（0.2mol/L）、NaOH 标准溶液（0.2mol/L）。

四、实验内容

1. 硫酸四氨合铜（Ⅱ）的制备

向烧杯中加入 15mL 0.5mol/L 的 $CuSO_4$ 溶液，逐滴加入 6mol/L 氨水至生成的沉淀消失，向溶液中加入少量 95% 的乙醇，摇匀静置，有硫酸四氨合铜晶体产生。抽滤、洗涤晶体，然后将其在 60℃ 左右烘干，称重，保存待用。

2. 氨的测定

称取 0.25～0.30g 样品，放入 250mL 锥形瓶中，加 80mL 水溶解。在锥形瓶口装上带有滴液漏斗和玻璃导管的橡皮塞，然后把锥形瓶固定在铁架台的加热位置上。玻璃导管导入另一放入冰浴中且盛有 50mL 标准 HCl 溶液的锥形瓶。从滴液漏斗中加入 3～5mL 10% 的 NaOH 于锥形瓶中，加热样品。先用大火加热，当溶液接近沸腾时，改用小火，保持微沸状态，蒸馏 1h 左右，即可将氨全部蒸出。蒸馏完毕后，取出插入 HCl 溶液的导管，用蒸馏水冲洗导管内外，洗涤液收集在氨吸收瓶中。从冰浴中取出吸收瓶，加 2 滴 0.1% 甲基橙溶液，用标准 NaOH 溶液滴定剩余的 HCl 溶液。计算 NH_3 质量分数：

$$w(NH_3) = \frac{17.04(c_1V_1 - c_2V_2)}{1000m} \times 100\%$$

式中 c_1 和 V_1 —— 标准 HCl 溶液的浓度和体积；

       c_2 和 V_2 —— 标准 NaOH 溶液的浓度和体积；

          m —— 样品质量；

       17.04 —— NH_3 的摩尔质量。

Ⅵ 硫酸铜晶体中结晶水的测定（采用热重法）

一、实验目的

1. 测定硫酸铜晶体中结晶水的含量。

2. 了解热重法的基本原理和基本操作。

二、实验原理

热分析是在程序温度下，测量物质的物理性质随温度变化的一类技术，主要包括差热分析法、差示扫描量热法及热重法，其中热重法（thermogravimetry，TG）应用最为广泛。热重法是在程序控制温度下，测量物质的质量随温度（或时间）变化关系的一种技术。采用 TG 法确定硫酸铜晶体的结晶水，样品用量少，测试时间短、操作简便。在加热过程中 $CuSO_4 \cdot 5H_2O$ 分三步失去结晶水：

$$CuSO_4 \cdot 5H_2O \longrightarrow CuSO_4 \cdot 3H_2O + 2H_2O$$
$$CuSO_4 \cdot 3H_2O \longrightarrow CuSO_4 \cdot H_2O + 2H_2O$$
$$CuSO_4 \cdot H_2O \longrightarrow CuSO_4 + H_2O$$

$CuSO_4 \cdot 5H_2O$ 的 TG 曲线如图 2-24 所示。

三、实验用品

SDT Q-600 TA 分析仪（thermal analysis instruments），自制的硫酸铜晶体样品。

四、实验内容

① 检查连接好气流装置。

② 打开电脑和网络连接装置，打开热分析仪电源，通过网络将电脑和热分析仪联系起来。

③ 选择需要的操作模式、操作程序，建立文件名和文件保存路径。

④ 打开炉门，放入空的氧化铝坩埚，再关闭炉门，称重，去皮。打开炉门，取出坩埚，装入样品 10～20mg，再关闭炉门。

⑤ 运行操作程序。

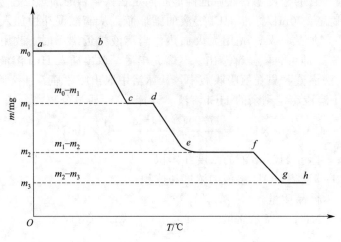

图 2-24 $CuSO_4 \cdot 5H_2O$ 的 TG 曲线

⑥ 实验结束，待炉温冷却到 50℃ 以下时，从操作软件上关闭仪器，待出现安全关闭信息时方可关闭仪器电源。

⑦ 关闭电脑及网络的电源。

⑧ 关闭气源。

五、数据处理

（略）

实验指导

一、实验操作注意事项

1. 实验前，先要定性检测样品成分及大致含量，再准备实验方法、步骤。

2. 中和烂版液中的酸性物质，用碱量要根据烂版液的酸度来确定。

3. 用碳酸钠来中和烂版液中的酸时，因反应时有 CO_2 气体放出，碳酸钠要逐渐加入，以免大量气体把料液带出。

4. 若碳酸钠加得太多，出现了蓝色沉淀，则可加少量硫酸使沉淀溶解。

5. 用强热把铜氧化成黑色的氧化铜时，在实验桌上铺一张纸，以备坩埚破碎时收集散落的铜和氧化铜，以便实验继续。

6. 在坩埚中灼烧铜粉时要经常翻动，使铜粉表面的黑色氧化铜脱落，露出内部的铜继续氧化。若看到铜粉变黑就停止灼烧，则只是表面很少一部分铜被氧化，此时与酸反应得到的产率很低。

7. 用碘量法测定样品中铜含量时，溶液应为弱碱性。溶液酸度太高，I^- 易被空气中的氧气氧化；溶液酸度太低，Cu^{2+} 易发生水解。开始滴定时，由于 I_2 的浓度很高，为防止挥发不要强烈摇动溶液，但要快速滴定。淀粉指示剂应在近终点（即溶液呈淡黄色）时加入，若过早加入，大量的 I_2 会与淀粉形成复合物，使 $Na_2S_2O_3$ 不能与 I_2 充分反应，影响终点的准确判断。在近终点时加入淀粉后，滴定剂应逐滴加入，并充分旋摇溶液，防止滴定剂过量。

8. 用重量法测定 SO_4^{2-} 含量时，沉淀过程中应不断搅拌，以避免局部浓度过高或出现过饱和现象，并减少杂质的吸附。应陈化沉淀，以增大沉淀颗粒、减少过滤时沉淀的损失及加快过滤速度。沉淀洗涤要"少量多次"至无 Cl^-。

9. 空坩埚必须恒重后（恒重指两次称量差 $\leqslant 0.3mg$。）才能放入滤纸包进行烘干、炭化等操作。恒重坩埚时，坩埚要放在干燥器中冷至室温。$BaSO_4$ 沉淀灰化时，应保证空气的充分供应，否则沉淀易被滤纸烧成的炭还原：

$$BaSO_4 + 4C \longrightarrow BaS + 4CO\uparrow$$

当这种情况发生时，灼烧后的沉淀不呈白色，而呈灰色或黑色。这时可在冷后的沉淀中，加入 $2\sim3$ 滴浓 H_2SO_4 溶液，然后小心加热至 SO_3 白烟不再发生为止，再在 $850℃$ 灼烧至恒重。用 H_2SO_4 溶液处理沉淀物，使 BaO 或 BaS 发生如下反应：

$$BaO+H_2SO_4 \longrightarrow BaSO_4+H_2O \quad 和 \quad BaS+H_2SO_4 \longrightarrow BaSO_4+H_2S$$

10. $BaSO_4$ 沉淀的烘干与滤纸的烘干、炭化要用小火，在此过程中不能着火燃烧。$BaSO_4$ 在马弗炉中灼烧的温度以 $800\sim850℃$ 为宜，若温度超过 $900℃$，在空气不足时，$BaSO_4$ 可被由滤纸炭化而产生的炭粒还原成 BaS；若温度高于 $1000℃$，部分会发生分解反应 $BaSO_4 \longrightarrow BaO+SO_3$，使结果偏低。

二、问题与讨论

1. 还原 Cu^{2+} 时，为什么铁粉应尽可能多？如何判断 Cu^{2+} 被全部还原？

在酸性较强的溶液中，一部分铁粉会被酸消耗，酸性越强，被消耗的铁粉越多，剩下的铁粉要充分与 Cu^{2+} 反应，故铁粉尽可能多些，把铜全部置换出来。当清液几乎为无色时，可确定溶液中无 Cu^{2+}，再用小试管取少量清液，加水稀释，若无白色沉淀，则铜已全部被还原，因为 $2[CuCl_2]^- \xrightarrow{H_2O} 2CuCl\downarrow +2Cl^-$。

也可以在取出的少量溶液中再加少量铁粉，观察是否还有棕红色的铜析出。

2. 用铁粉还原 Cu^{2+} 得到的固体混合物中如何除铁？如何判断铁已被全部除尽？

加入 $3mol/L$ 的 H_2SO_4，就可除去混合物中的铁，$Fe+H_2SO_4 \longrightarrow FeSO_4+H_2\uparrow$。在酸性较强的溶液中已无小气泡时可确定铁已与酸反应完全。

3. 用铜粉制备 CuO 时，为什么焙烧温度不能太高，也不能太低？

温度高于 $1050℃$ 时，CuO 会分解成 Cu_2O 和 O_2，$4CuO \longrightarrow 2Cu_2O+O_2$。温度太低，铜难以被氧化成 CuO。煤气灯加热的坩埚内温度不会超过 $900℃$。

4. 从铜粉直接氧化生成 $CuSO_4$ 时，为什么浓 HNO_3 的量要比理论量少？

反应 $Cu+2HNO_3（浓）+H_2SO_4（稀）\longrightarrow CuSO_4+2NO_2\uparrow+2H_2O$ 中，浓 HNO_3 实际的还原产物较复杂，除了 NO_2 外，还有较多的 NO（特别是反应后期），这样，氧化同样的铜，硝酸的用量就要少一些。

三、补充说明

1. ① 已知 $Cu^{2+} \xrightarrow{0.158V} Cu^+ \xrightarrow{0.522V} Cu$，求：$Cu^{2+}+Cu \longrightarrow 2Cu^+$ 的平衡常数。该反应正向可以进行吗？

② 若 $Cu^++2Cl^- \longrightarrow [CuCl_2]^-$ 的 $K^{\ominus}_{[CuCl_2]^-}=3.2\times10^5$，求：$Cu^{2+}+Cu+4Cl^- \longrightarrow 2[CuCl_2]^-$ 的平衡常数。该反应正向可以进行吗？

解：① 由 $Cu^{2+} \xrightarrow{0.158V} Cu^+ \xrightarrow{0.522V} Cu$，$E^{\ominus}(Cu^{2+}/Cu^+)=0.158V$，$E^{\ominus}(Cu^+/Cu)=$

0.522V。反应 $Cu^{2+}+Cu \longrightarrow 2Cu^+$ 中，电动势 $E^{\ominus}=E^{\ominus}(Cu^{2+}/Cu^+)-E^{\ominus}(Cu^+/Cu)=$ $0.158V-0.522V=-0.364V$。

$$\lg K=\frac{nE^{\ominus}}{0.0592}=\frac{1\times(-0.364)}{0.0592}=-6.149，\quad K=7.1\times10^{-7}<10^{-5}，反应不能正向进行。$$

② 反应 $Cu^++2Cl^- \longrightarrow [CuCl_2]^-$ 中，

$$E^{\ominus}(Cu^{2+}/CuCl_2^-)=E^{\ominus}(Cu^{2+}/Cu^+)+0.0592\lg c(Cu^{2+})/c(Cu^+)，c(Cu^+)$$

$$=\frac{c(CuCl_2^-)}{K_f(CuCl_2^-)c(Cl^-)}=\frac{1}{3.2\times10^5}=3.13\times10^{-6}\,mol/L，代入$$

$$E^{\ominus}(Cu^{2+}/CuCl_2^-)=E^{\ominus}(Cu^{2+}/Cu^+)+0.0592\lg c(Cu^{2+})/c(Cu^+)$$

$$=0.158+0.0592\lg 1/3.13\times10^{-6}=0.484V$$

$$E^{\ominus}(CuCl_2^-/Cu)=E^{\ominus}(Cu^+/Cu)+0.0592\lg c(Cu^+)$$

$$=0.522+0.0592\lg 3.13\times10^{-6}=0.196V$$

电动势 $E^{\ominus}=E^{\ominus}(Cu^{2+}/CuCl_2^-)-E^{\ominus}(CuCl_2^-/Cu)$

$$=0.484-0.196=0.288V$$

$$\lg K=\frac{nE^{\ominus}}{0.0592}=\frac{1\times0.288}{0.0592}=4.86，\quad K=7.33\times10^4，该反应可正向进行。$$

2. 已知 $K_f[CuCl_2]^-=3.2\times10^5$，$K_{sp}(CuCl)=1.2\times10^{-6}$，求：

① $CuCl+Cl^- \longrightarrow [CuCl_2]^-$ 的平衡常数。

② 要使 $CuCl_2^-$ 稳定存在（假设浓度为 $1mol/L$），则 Cl^- 至少应维持浓度为多少？

解：① 反应 $CuCl+Cl^- \longrightarrow [CuCl_2]^-$ 的平衡常数：

$$K=\frac{c(CuCl_2^-)}{c(Cl^-)}=\frac{c(CuCl_2^-)}{c(Cl^-)}\times\frac{c(Cu^+)c(Cl^-)}{c(Cu^+)c(Cl^-)}$$

$$=K_{sp}(CuCl)K_f(CuCl_2^-)$$

$$=1.2\times10^{-6}\times3.2\times10^5=0.384$$

② 要使 $CuCl_2^-$ 稳定存在，$c(Cl^-)=c(CuCl_2^-)/K=1/0.384=2.6mol/L$。

3. $BaSO_4$ 沉淀应在酸性溶液中进行，一方面可以防止某些阴离子，如 CO_3^{2-}、HCO_3^-、PO_4^{3-} 和 OH^- 等与 Ba^{2+} 发生沉淀而沾污 $BaSO_4$ 沉淀；另一方面，$BaSO_4$ 沉淀溶解度随酸度增大而增大，可以获得结晶颗粒较大、纯度较高的 $BaSO_4$ 沉淀，便于过滤和洗涤。

4. 沉淀溶液的酸度不能太高，因为 $BaSO_4$ 沉淀的溶解度随酸度提高而增大，导致分析测定的误差。溶液酸度最好控制在 $0.06mol/L$ 左右，详见表2-17。

表2-17 沉淀溶液的酸度与 $BaSO_4$ 溶解度的关系

沉淀溶液中 HCl 浓度/(mol/L)	0.00	0.10	0.30	0.50	1.00
100mL 溶液溶解 $BaSO_4$ 质量/g	0.4	1.0	2.9	4.7	8.7

四、实验室准备工作注意事项

1. 本次实验为大型综合实验，要求学生自己查找资料，确定实验方案，故教师应更注重引导。

2. 本次实验所用试剂要求学生自己配制，实验室只提供原装药品。

生产工艺

生产硫酸铜的原料主要有金属铜、铜精矿、氧化矿以及铜镍废渣等，生产工艺主要是原料预处理、浸出、蒸发浓缩结晶、离心甩干等几个工序，因此合理利用各种原料，达到经济、方便、有效地生产硫酸铜，选择合适的生产工艺条件非常重要。

1. 以金属铜为原料生产硫酸铜

以金属铜为原料生产硫酸铜是目前硫酸铜的主要生产方法，其主要包括以铜粉、海绵铜以及废杂铜等为原料生产硫酸铜，下面着重介绍以海绵铜及废杂铜为原料生产硫酸铜的生产工艺。

（1）以海绵铜为原料生产硫酸铜

海绵铜是由含铜废水加入刨花铁和稀硫酸还原而制得的，含铜量一般在 $20\%\sim50\%$，含铁一般在 $10\%\sim30\%$，其余部分为泥沙。以海绵铜为原料生产硫酸铜的生产工艺是在常温条件下，海绵铜经过稀硫酸浸出后过滤，滤液溶质的主要成分是硫酸铜和硫酸亚铁，其中还含有少量的硫酸和硫酸铁，在浸出液中投入经过预先处理的铁屑，进行铁置换过程，经过此过程后再进行铜粉洗涤、铜粉氧化及硫酸铜的合成和水解除铁后过滤，得到的滤渣中还有少量铜的存在，可将其返回当原料再次使用。用少量硫酸酸化后的滤液，再经过蒸发浓缩、结晶等过程后便可得到硫酸铜成品。其主要反应如下：

① 海绵铜的硫酸溶解：

$$Cu_2O + H_2SO_4 \longrightarrow Cu + CuSO_4 + H_2O$$
$$Cu + Fe_2(SO_4)_3 \longrightarrow CuSO_4 + 2FeSO_4$$
$$Fe + H_2SO_4 \longrightarrow FeSO_4 + H_2 \uparrow$$

② 铁置换：

$$Fe + CuSO_4 \longrightarrow FeSO_4 + Cu \downarrow$$
$$Fe + Fe_2(SO_4)_3 \longrightarrow 3FeSO_4$$

此生产方法经济效益可观，并且对环境友好，所产出的硫酸铜产品可以达到分析纯标准，但是流程较长，对原料以及所用试剂的要求高。

（2）用废杂铜为原料生产硫酸铜

废杂铜主要来源于铜材加工产生的铜屑、废弃的铜电线、漆包线等含铜材料。废杂铜实际上是紫铜、黄铜、青铜三种物料的混合物。其组成含量随这三种物料的组成比例而发生变化，通常含铜 $57\%\sim100\%$，含杂质锌 $0\sim43\%$，铝 $0\sim11.5\%$，锡 $0\sim8\%$，铁 $0\sim6.5\%$，镍 $0\sim6.5\%$，铅 $0\sim4.5\%$ 等，有的铜材还含有油污。因此，利用废杂铜生产硫酸铜时要求生产工艺对物料具有较强的适应性。以废杂铜为原料生产硫酸铜的关键在于原料的预处理和有效成分的综合处理。一般的工艺流程是：首先经过预处理，经过预处理后的废铜料在 $600\sim700℃$ 进行氧化煅烧，铜变成氧化铜或氧化亚铜：

$$2Cu + O_2 \longrightarrow 2CuO$$
$$4Cu + O_2 \longrightarrow 2Cu_2O$$

在加热条件下氧化铜和氧化亚铜溶于硫酸中：

$$CuO + H_2SO_4 \longrightarrow CuSO_4 + H_2O$$
$$Cu_2O + 3H_2SO_4 \longrightarrow 2CuSO_4 + 3H_2O + SO_2$$
$$CuSO_4 + 5H_2O \longrightarrow CuSO_4 \cdot 5H_2O$$

废杂铜经预处理、氧化焙烧以及硫酸浸出后，溶液再进行净化、过滤，得到的滤液进行中和处理、结晶，最后过滤得到的湿硫酸铜风干后即可得到五水硫酸铜。

杂铜为原料生产硫酸铜的传统工艺仅适应于紫杂铜或高品位的杂铜，而纯紫杂铜的价格要比所生产的硫酸铜的价格高，因此，杂铜为原料生产硫酸铜传统工艺的经济效益不高。

2. 以氧化铜矿为原料生产硫酸铜

氧化铜矿为游离和结合氧化铜矿的总称，游离氧化铜矿易于浸出，而结合氧化铜矿不易浸出。因此，以氧化铜矿为原料生产硫酸铜时，铜存在状态以及伴生脉石矿物对其制备方法的影响很大。根据氧化铜矿的物相类别的不同，生产硫酸铜的主要方法主要为氨浸法和酸法浸出两大类。

（1）**酸浸法** 以最常见的孔雀石为例，其反应式为：

$$CuCO_3 \cdot Cu(OH)_2 + 2H_2SO_4 \longrightarrow 2CuSO_4 + CO_2 \uparrow + 3H_2O$$

浸出液过滤除去未反应物，根据杂质情况以不同方法除杂后，浓缩、结晶得到硫酸铜。

硫酸浸出时，矿石中所含有的铜、铁、钙、镁、铝等会同时进入浸取液，在溶液中引入了很多杂质。图2-25、图2-26是硫酸铜生产工艺和冷却结晶工艺流程。

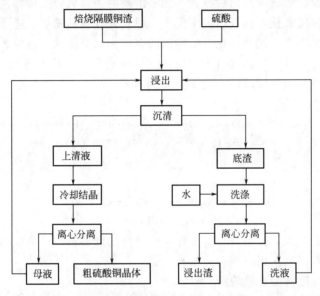

图2-25 硫酸铜生产原则工艺流程

（2）**氨浸法** 氨浸法是将氧化铜矿中铜与氨形成稳定的配合物离子而溶解，从而与铁及其它金属氧化物或碱土金属碳酸盐等杂质分离，其选择性较好。其反应式为：

$$CuCO_3 \cdot Cu(OH)_2 + 8NH_3 \longrightarrow 2[Cu(NH_3)_4]^{2+} + CO_3^{2-} + 2OH^-$$

将所得的浸出液蒸氨、焙烧、酸溶，即可生产硫酸铜。该工艺中，碳化氨水的用量大，碳化氨水的价格便宜并且对铜有很好的选择性，铁、铝、钙、硅等杂质都可以除去且可循环使用。但是，由于氨水气味较大，所以此系统必须在封闭环境下循环，对设备要求高、投资大等，不适合大规模生产。

3. 以硫化铜矿为原料生产硫酸铜

硫化铜矿直接生产铜盐大致可分为预焙烧浸出法和直接浸出法两种。直接浸出法中存在着工业化不成熟以及浸出率低等缺点，而只有预焙烧法在工业上能被广泛认同并已有所应用。预焙烧浸出的原理是先焙烧铜矿，使铜的硫化物转化为易被水或酸浸取的氧化物或盐类，再进行浸出。硫化铜矿的硫酸化焙烧主要反应方程式为：

$$2CuFeS_2 + 7O_2 \longrightarrow CuSO_4 + CuO + Fe_2O_3 + 3SO_2$$
$$2Cu_2S + 5O_2 \longrightarrow 2CuSO_4 + 2CuO$$
$$2CuO + 2S + 3O_2 \longrightarrow 2CuSO_4$$

$$4FeS_2 + 11O_2 \longrightarrow 2Fe_2O_3 + 8SO_2$$

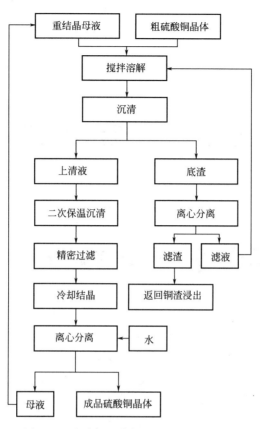

图 2-26　硫酸铜的冷却结晶原则工艺流程

　　焙烧产物中的 $CuSO_4$，CuO 用稀硫酸浸出，经过除杂后进行浓缩结晶，再经甩干、水洗得到成品。采用硫酸盐化预焙烧法处理含硫量较高的硫化铜矿，可使得工艺方便简捷、酸耗低、铜损失少。工业上选用沸腾炉焙烧，可提高劳动效率，降低生产成本。

第三章 有机化学实验

第一节　有机化学实验一般知识

有机化学实验课是化学、应用化学、化学工程与工艺、生命科学、环境科学、药学等多学科的学生必修课程之一，是一门以实验为基础的学科，也是有机化学教学中非常重要的组成部分。有机化学实验和有机化学学科是息息相关的，它有很强的实践性，是有机化学理论课所不能替代的。有机化学理论是在大量的实验基础上产生的，并在实验中得到进一步的检验和完善。通过有机化学实验，使学生熟练掌握有机化学实验的一般操作技能，学会重要有机化合物的制备、分离、提纯和鉴定方法。在实验中培养学生实事求是的科学态度，良好的实验素养和分析问题、解决问题的独立工作能力。有机化学实验是学生进行开拓创新的重要途径。

一、实验须知

学生要进行有机化学实验的学习，必须具备一定有机化学的基本理论知识和概念，通过实验进一步加强理解；正确使用实验化学药品，对涉及的化学危险品要合理使用和处理，树立环保意识，从源头治理污染；进入实验室要满足有机化学实验的要求，遵守实验室规则，培养良好的实验习惯，养成严谨治学的态度。

为了确保实验正常进行，学生必须遵守下列规则才可进行有机化学实验。

① 实验前必须认真预习有关的实验内容，完成预习报告，明确实验目的、实验原理，掌握所用试剂的物理性质及其熔点、沸点、毒性等常数，明确实验中的注意事项。

② 进入实验室，必须身着实验服，熟悉实验室，了解实验室的水、电、煤气总阀和洗眼器、灭火器和急救药箱等所处的位置和使用方法。

③ 实验中应保持安静，认真听老师讲解，不得大声喧闹，实验过程中不能擅自离开实验室。

④ 实验中应遵守实验操作中的安全注意事项，正确地取用药品，不得浪费和随意丢弃。取完后，及时将药品盖子盖好，保持药品台面整洁。实验中做到认真操作，细致观察，积极思考。如实记录实验步骤，不得擅自修改实验方案和实验数据。

⑤ 实验中始终保持实验室和桌面的卫生，沸石、火柴梗、废纸屑等应投入专门的回收桶内，不应随意丢入水槽，防止下水管道堵塞。

⑥ 爱护实验仪器，实验时若有仪器损坏，应按规定到实验准备室换取新的仪器，未经教师同意，不能随意拿其它位置上的仪器。实验过程中听从教师和实验人员的指导，若有问题或发生意外及时报告教师，以便得到及时的处理和解决。

⑦ 实验结束后，做好整理工作。公用仪器放回原处，清洗仪器并放到指定位置，损坏的东西如实登记，处理废物，检查安全，将产品及报告交老师登记、回收、签字后，方可离开，不得把实验室的药品等带出实验室。

二、实验室安全事故的预防、处理与急救

在有机化学实验中，所用的仪器大多是玻璃仪器，如果使用不当或不小心，很可能会发生烧伤、爆炸和着火事故，另外有机化学实验室是个危险的工作场所，所用的原料、试剂种类繁多，经常会用到易燃试剂（如乙醚、丙酮、乙醇等），有毒试剂（如苯胺等）以及一些腐蚀性的试剂（如浓硫酸、浓盐酸等），所以在有机化学实验中必须高度重视实验室的安全。为了使实验安全正常地进行，有效地防止事故的发生，下面介绍几种实验室事故的预防、处理和急救方法。

1. 割伤

有机实验中主要使用玻璃仪器，使用时不能对玻璃仪器的任何部位施加过度的压力，否则就会使玻璃仪器发生破碎，从而引起割伤。新割断的玻璃管断口处特别锋利，使用前要将断口处用火烧至熔化，使其成圆滑状。玻璃管和塞子相连时，用力处不要离塞子太远。发生割伤后，首先将伤口处的玻璃碎片取出，若伤口不大，用生理盐水洗净伤口，涂上红药水，用创可贴贴紧或纱布包好。如果伤口比较大，伤及静（动）脉血管，流血不止，应先止血。在伤口上方5～10cm处用绷带扎紧或用双手掐住，然后再进行处理或送往医院。

2. 烫伤

皮肤接触火焰或者灼热的物体如铁圈、玻璃管或煤气管等会造成烧伤，伤势轻者涂烫伤膏，伤势重者涂烫伤膏后即可送往医务室。

3. 灼伤

有机实验中皮肤接触了高温如蒸气或腐蚀性物质后都可能被灼伤，为避免灼伤，实验中最好戴橡皮手套和护目镜。

（1）蒸气灼伤　被蒸气灼伤伤势较轻时，用清洁的冷水喷洒伤处或将伤处浸入清洁的冷水中，也可以用湿冷毛巾敷患处，尽可能不要擦破水泡或表皮，伤势较重时经过如上处理后，尽快送往医院。

（2）酸灼伤　如被酸灼伤，应马上轻擦去大量的酸液，再用大量水冲洗，之后用1%～5%的碳酸氢钠溶液清洗，最后涂上烫伤膏。

（3）碱灼伤　先用大量水冲洗，再用硼酸溶液或1%～2%的醋酸溶液冲洗，然后再用水冲洗，最后涂上烫伤膏。

4. 着火

为了避免实验室着火事故的发生，尽量防止或减少易燃气体的外逸，不用敞口容器加热和放置易燃易挥发的化学药品，处理和使用易燃物时，远离明火，并注意室内通风，及时将

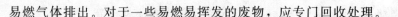
易燃气体排出。对于一些易燃易挥发的废物，应专门回收处理。

实验室如果发生着火事故，不可惊慌失措，应沉着冷静及时采取措施，防止事故的扩大。如果是少量有机溶剂着火，可立即用湿抹布、石棉布或黄沙等切断火源；如火势较大，先切断火源、电源和快速移开附近的易燃物后根据易燃物性质设法灭火。

（1）**油浴着火**　小火用湿抹布、石棉布盖灭；火势较大时，用灭火器扑救。

（2）**桌面着火**　用沙子扑救或用石棉布盖灭。

（3）**衣服着火**　不能乱跑，就地打滚，将火焰扑灭。

5. 爆炸

有机实验室也会发生爆炸事故，应引起高度重视，为杜绝事故，应注意以下几点。

① 常压操作时切勿在密闭系统内进行加热反应，减压蒸馏时不能使用不耐压仪器，如锥形瓶、平底烧瓶和薄壁玻璃仪器和有裂痕和破损的仪器。

② 某些化合物容易发生爆炸，如芳香族硝基化合物和过氧化物等，在受热或受到撞击时均会发生爆炸。含有过氧化物的溶液蒸馏时切记不能蒸干，防止爆炸。

③ 避免金属钠与水、卤代烷直接接触，避免因剧烈反应而发生爆炸。

④ 使用易燃易爆的气体，如氢气一定要开窗通风，防止明火。

对于爆炸事故一定要加强预防，一旦发生危险，根据险情进行排除或及时报警。

6. 中毒

化学药品大多有毒性，如果呼吸道和皮肤接触到有毒物品，在实验中要做到以下几点。

① 如果吸入有毒气体，应快速将中毒者移到室外，解开衣扣，严重者送到医院。

② 如果不小心误食刺激性或神经性毒物，可先服牛奶或鸡蛋白，再服用硫酸镁溶液进行催吐。如果实验室没有硫酸镁溶液，就用手按压舌根促使呕吐，随即送往医院。

③ 如果误食强酸，先饮大量的温开水之后再服用氢氧化铝胶或鸡蛋白；如果是误食强碱，则也先饮大量的温开水再服用醋、酸果汁或鸡蛋白，不能吃呕吐剂。

7. 急救药箱

实验室必须具备急救药箱，急救药箱中应备有下列物品：医用剪刀、药棉、白纱布、红药水、生理盐水、烫伤膏、1%及3%~5%的碳酸氢钠溶液、1%的醋酸溶液、甘油、止血粉和凡士林等。

实验室应具备急救器具，如石棉布、沙箱或洗眼器以及消防器材，如干粉灭火器、四氯化碳灭火器等。

三、有机化学实验预习、记录和实验报告

有机化学实验课是一门理论联系实际的课程，也是培养学生动手能力和独立完成工作能力的重要课程。对于刚接触到有机化学实验的学生来说，要按计划顺利地完成实验，达到预期的实验效果，要求学生在实验前必须认真地预习实验的有关内容，做好实验前的准备工作。如果学生没有完成实验预习，一般情况下不允许学生进入实验室。首先学生必须进行实验前的预习，认真阅读实验书和有关参考资料，明白实验目的，通过实验要达到什么要求，理解和掌握实验原理。对于合成实验，要会写化学反应方程式；对于基本操作，实验前应仔细认真地阅读实验内容，清楚实验的注意事项；对于研究性和探究性实验，学生要根据实验

内容查阅文献，扩大知识面和实验思路。其次学生要了解和认识所需要的仪器、实验装置的名称和实验的投料量。最后学生还要通过查阅文献和有关资料，掌握化学实验中反应物和产物的物性常数和实验中可能会出现的问题以及实验的注意事项，对于合成实验最好写出粗产物的纯化过程和纯化原理，做好实验预习工作。

实验过程中学生应做好记录，比如记录投料量及其投料的先后次序和投料时间。实验过程中要认真操作，仔细观察实验现象，及时如实地记录，比如产品后处理涉及的分液、干燥、蒸馏等操作要认真记录，不能实验后补记。实验数据要真实，不能修改实验数据。如果实验失败了，也要向老师如实汇报，不能捏造实验记录，弄虚作假。记录务必做到整洁、简明、扼要。实验结束后将实验记录交教师审阅签字后方可离开实验室。

实验报告是整个实验过程的完整体现，是对实验进行的总结和归纳，学生必须认真地写好实验报告。根据实验内容设置不同的实验报告格式。

基本操作实验报告可分为下面几个部分：

（一）实验目的

（二）试样与试剂

（三）实验原理

（四）实验步骤

（五）实验结果

（六）实验问题与讨论

合成实验报告格式如下：

（一）实验目的

（二）实验原理以及主反应、副反应的方程式

（三）原料、产物和主要试剂的物性常数

（四）实验装置图

（五）实验步骤

（六）实验结果记录

（七）实验问题与讨论

其中实验结果包括产物的物态、质量、熔沸点、产率、折射率等。实验讨论以书面的形式展开，对于学生提高总结能力和创新能力是很有好处的，对今后科研论文的写作也是很好的帮助。

下面举例说明合成实验报告的具体写法。

乙酰水杨酸的制备

一、实验目的

1. 通过本实验了解乙酰水杨酸的制备原理和方法，加深对酰基化反应的理解。

2. 进一步熟练重结晶、抽滤等技术。

3. 了解乙酰水杨酸的应用价值。

二、实验原理以及主反应、副反应的方程式

乙酰水杨酸即阿司匹林（Aspirin），是 19 世纪末合成的一种广泛使用的具有解热、

镇痛、治疗感冒、预防心血管疾病等多种疗效的药物。由于它价格低廉、疗效显著，且防治疾病范围广，至今仍广泛使用。有关报道表明，人们正在发现它的某些新功能。

乙酰水杨酸是由水杨酸（邻羟基苯甲酸）和乙酸酐合成的。反应时用硫酸或磷酸作为催化剂，用酸作为催化剂的另一个目的是它可以破坏水杨酸分子内羧基和羟基形成的氢键，促使反应的进行。

由于水杨酸是一个具有酚羟基和羧基的双官能团化合物，能进行两种不同的酯化反应。除发生上述的酰基化反应外，在酸存在下水杨酸分子之间会发生缩合反应，生成少量的聚合物，该聚合物不溶于 $NaHCO_3$ 溶液，而乙酰水杨酸可与 $NaHCO_3$ 生成可溶性钠盐，可借此将聚合物与乙酰水杨酸分离。

主反应：

$$\text{（邻羟基苯甲酸结构）} + (CH_3CO)_2O \xrightarrow{H^+} \text{（乙酰水杨酸结构）} + CH_3COOH$$

副反应：

$$n\,\text{（水杨酸结构）} \xrightarrow[-nH_2O]{H^+} \text{（聚合物结构）}_n$$

三、原料、产物和主要试剂的物性常数

名　称	分子量	熔点/℃	沸点/℃	密度(20℃)/(g/cm³)	溶解度/(g/100mL)
乙酰水杨酸	180.16	136～140	321.4	1.35	0.33
乙酸酐	102.10	−73	139.8	1.080	溶
浓硫酸	98.08	10.49	338	1.84(98%)	溶
浓盐酸	36.46	−35	5.8	1.179	溶

四、实验装置图

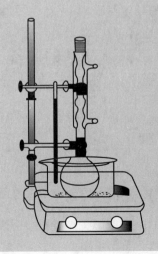

五、实验步骤

时间	步骤	现象	备注
9:00	在 50mL 圆底烧瓶中加入 2g 水杨酸、5mL 乙酸酐、5 滴浓硫酸、2 粒沸石,摇匀		烧瓶有发热现象
9:10	按图安装实验装置		
9:15	开始加热		
9:25	控制反应温度在 75～80℃	反应液澄清	
9:45	停止加热		
9:55	反应液变为室温,停止通水		
10:00	把反应液倒入装有 40mL 冷水的烧杯中	有油状物漂浮在水面上	
10:03	用玻璃棒搅拌烧杯中的液体	烧杯底部有少量白色固体析出	
10:15	冰水冷却	大量白色固体析出	
10:20	用布氏漏斗过滤	滤饼:白色固体	滤液:弃去
10:25	用少量冰水洗涤滤饼	滤饼为乙酰水杨酸粗产物	由于乙酰水杨酸微溶于水,洗涤时用水量要少些,温度要低些,以减少乙酰水杨酸的损失
10:30	将乙酰水杨酸粗产物移入 100mL 烧杯中,加入饱和 NaHCO₃ 溶液,搅拌	有气泡产生	加入 NaHCO₃ 的量要根据溶液 pH,调节溶液 pH8～10
10:40	停止搅拌	无气泡产生	
10:42	过滤	滤饼:少量白色固体	白色固体为水杨酸的聚合物
10:45	用少量冰水洗涤滤饼		
10:48	合并滤液和洗涤液		
10:50	滤液中慢慢滴加 15% 盐酸溶液	有白色固体慢慢析出	溶液呈酸性
11:00	固体完全析出,过滤	滤饼为白色固体	
11:05	冷水洗涤滤饼		
11:10	干燥		烘箱温度控制在 100℃左右
11:30	称重,计算收率	产品为白色固体	

六、实验结果记录

产物名称	产物外观	理论产量/g	产量/g	产率/%
乙酰水杨酸	白色晶体	2.61	2.08	80

七、实验问题与讨论

1. 合成乙酰水杨酸的原理是什么?
2. 在合成乙酰水杨酸实验中加硫酸的目的是什么?
3. 用 NaHCO₃ 中和后过滤,滤渣是什么?

四、有机化学实验常用仪器与设备

有机化学实验中所用的仪器有玻璃仪器和一些设备，了解所用仪器和设备的性能、使用方法和维护保养，是顺利进行有机化学实验必不可少的一个环节。

1. 常用仪器

有机实验常用的仪器主要是玻璃仪器，按其口塞可分为普通玻璃仪器和标准磨口玻璃仪器两种。

（1）普通玻璃仪器 实验室常用的普通玻璃仪器有分液漏斗、滴液漏斗、布氏漏斗、抽滤瓶、烧杯等，如图 3-1 所示。

| 布氏漏斗 | 抽滤瓶 | 烧杯 | 量筒 | 量杯 |

图 3-1 常用普通玻璃仪器

（2）标准磨口玻璃仪器 标准磨口玻璃仪器同类规格的磨口和塞子都可以紧密相连，不同规格的玻璃仪器也可以通过转接头使之连接。标准磨口仪器的规格常用数字编号，常用的标准磨口有 14 口、19 口、24 口、29 口，数字表示磨口最大端直径的毫米数。常用的标准磨口玻璃仪器有圆底烧瓶、三口烧瓶、锥形瓶、梨形瓶、导气管、蒸馏头等，具体名称及形状如图 3-2 所示。

2. 常用实验设备

有机实验室的常用设备特别是电器设备，使用前应熟悉设备的操作方法，注意安全。

（1）电热套 电热套是有机实验室的常用热源，是用玻璃纤维丝与电热丝编织成的半圆形内套（见图 3-3）。此设备由于外边加上金属外壳，中间填上保温材料，不用明火加热，使用较为安全。电热套根据内套直径的大小，分为 50mL、100mL、150mL、200mL、250mL 等规格。电热套使用时应注意安全，不要将药品洒在电热套中，用完后放在干燥处，防止内部吸潮后降低绝缘性能。

（2）烘箱 实验室最常用的烘箱是恒温鼓风干燥箱（见图 3-4），主要是干燥仪器或无腐蚀性、热稳定性好的药品。一些带旋塞或塞子的仪器应取下塞子后再放入烘箱，刚洗好的仪器应将水控干后再放入烘箱中，湿的仪器放在烘箱的下边，烘热干燥的仪器放在上边。热仪器取出后不要马上碰冷的物体如水、金属等，防止炸裂。

（3）搅拌器 有机实验中用于搅拌液体反应物的有磁力搅拌器（见图 3-5）和电动搅拌器（见图 3-6）。磁力搅拌器是利用磁力带动磁体旋转，磁体带动反应瓶中的磁子旋转，从而达到搅拌的目的。使用电动搅拌器时一定要接地线，先将搅拌棒与电动搅拌器连接好，再将搅拌棒与反应瓶通过塞子或套管固定好，中速搅拌可减小振动，延长使用寿命。

（4）旋转蒸发仪 旋转蒸发仪主要由电机、蒸馏瓶、加热锅、冷凝器和接收瓶组成（见图 3-7）。可用来回收和蒸发有机溶剂，由于它使用方便，近年来被有机实验室广泛使用。使用旋转蒸发仪时应先关闭旋塞进行减压，压力恒定时再开始加热，并根据蒸馏瓶内物料的沸点控制加热锅的温度，如蒸馏瓶内的温度较高而真空度低时，瓶内液体会暴沸。此时，应

及时旋开旋塞，通入部分冷空气降低真空度。旋转结束后应先停止加热，再停止抽真空。如果烧瓶取不下来，应趁热用小木槌轻轻敲打取下。

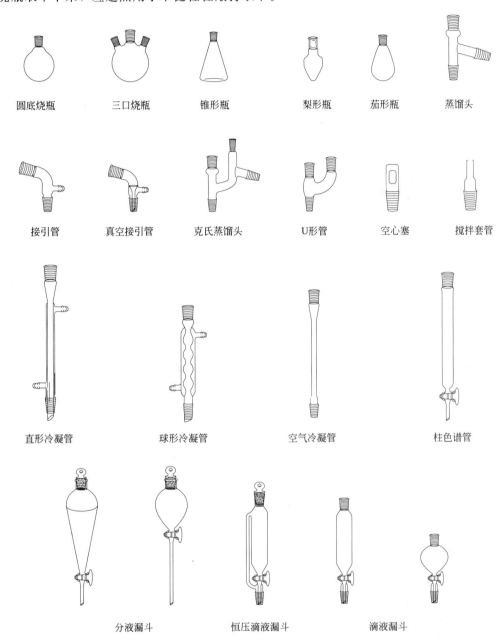

| 圆底烧瓶 | 三口烧瓶 | 锥形瓶 | 梨形瓶 | 茄形瓶 | 蒸馏头 |

| 接引管 | 真空接引管 | 克氏蒸馏头 | U形管 | 空心塞 | 搅拌套管 |

| 直形冷凝管 | 球形冷凝管 | 空气冷凝管 | 柱色谱管 |

| 分液漏斗 | 恒压滴液漏斗 | 滴液漏斗 |

图 3-2　常用标准磨口玻璃仪器

图 3-3　电热套

图 3-4　电热烘箱

图 3-5　磁力搅拌器

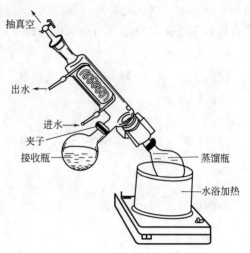

图 3-6　电动搅拌器

图 3-7　旋转蒸发仪

3. 常用实验装置

有机化学实验中，为了不使反应物和溶剂挥发逸出，常在烧瓶口装上球形冷凝管，冷却水自下而上流动，安装一般的回流装置。如果反应体系中有易吸水的试剂，通常需要在球形冷凝管上端安装一个干燥管。反应过程中有挥发性、有刺激性或毒性的气体逸出时需要安装带气体吸收的回流装置。有机化学实验中常用的回流装置如图 3-8 所示。

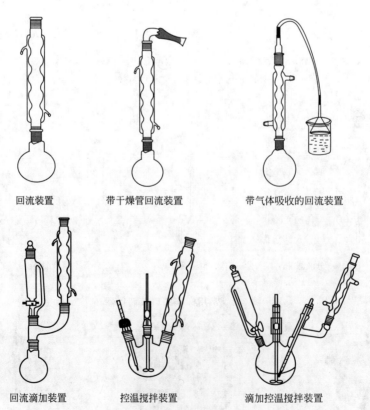

回流装置　　带干燥管回流装置　　带气体吸收的回流装置

回流滴加装置　　控温搅拌装置　　滴加控温搅拌装置

图 3-8　常用的回流装置

五、玻璃仪器的清洗与干燥

1. 玻璃仪器的清洗

使用清洁的实验仪器是实验成功的重要条件，也是化学工作者应有的良好习惯。仪器使用后应立即清洗，使用后不清洗，会使污物干结，给清洗工作带来麻烦；一些盛有酸液或碱液的玻璃仪器不清洗，会造成瓶塞的粘连；对于标准磨口仪器的磨口处更要洗干净，否则会导致磨口连接不紧密而漏气，还会破坏磨口。所以，每次实验结束之后应立即清洗仪器。洗涤玻璃仪器一般有如下几种方法。

（1）**毛刷刷洗**　仪器使用完之后，首先用水冲掉大量的污物，再用毛刷蘸上去污粉，刷洗瓶中的每个部位，最后用自来水冲洗干净。仪器倒置之后不挂水珠说明仪器洗涤干净了。对于一些难以洗掉的有机物，可以根据污物的性质加入有机溶剂来达到清洗的目的。

（2）**超声波清洗**　有机实验室还可以借助超声波来清洗仪器，把玻璃仪器放在配有洗涤剂的超声波清洗器中，接通电源，就可以利用超声波的振动和能量达到清洗的目的。用超声波洗涤仪器又快又方便。

2. 玻璃仪器的干燥

玻璃仪器清洗之后，常用的干燥方法有如下几种。

（1）**自然晾干**　将洗净的仪器倒置在干燥架上自然风干，时间较长，一般适用于不急于使用的玻璃仪器。

（2）**吹干**　有些仪器洗涤之后要马上使用，可以用少量低沸点水溶性较好的有机溶剂，如丙酮、乙醇淋洗后再用电吹风吹干。使用电吹风吹时一定要注意，先用冷风吹走绝大部分有机溶剂，再用热风吹，使其干燥完全。如果直接用热风吹，很可能发生蒸气爆炸。

（3）**烘干**　把洗净的玻璃仪器开口向上，自上而下放在烘箱中，打开电源，控制温度在$100\sim110℃$，烘干后关闭电源，待仪器的温度接近室温时再从烘箱取出。或者把仪器放置在气流烘干器上进行干燥。

六、化学试剂和化学危险品

我国化学试剂标准等级有国家标准、行业标准、专业标准和推荐性标准，化学试剂一般根据纯度可分为：超高纯试剂、高纯试剂、优级纯试剂（一级试剂，简称 GR）、分析纯试剂（二级试剂，AR）、化学纯试剂（三级试剂，简称 CP）、实验试剂。根据实验的任务和性质，选用不同等级的试剂。有机化学实验所用的化学试剂除有特殊说明外，均为化学纯试剂。

1. 化学试剂的使用

液体化学试剂一般用细口玻璃瓶或塑料瓶盛装，固体化学试剂用广口棕色玻璃瓶或塑料瓶盛装。在取用试剂时，应当多次少量取用到需要量，严禁将多余的试剂倒回试剂瓶，以防混入杂物而污染试剂。药品使用后应立即盖上瓶盖，防止药品氧化、受潮等而变质。

2. 化学危险品的分类与存放

化学试剂有化学危险品和非危险品之分，有机化学实验常见的化学危险品有爆炸物、可燃性气体、可燃性固体、氧化剂、毒物和腐蚀性物质。化学实验者应具有化学危险品的储藏、使用等方面的知识。化学药品存放时要按其类别与危险性等级分类合理放置，爆炸物应存放于室内温度低于 30℃ 的阴凉通风房间内，与易燃物、氧化剂隔离。对于储存可燃性气体的高压钢瓶要直立固定，远离热源，避免暴晒，室内存放量不超过 2 瓶，必须分类保管。对于可燃性固体要了解其可燃的原因是易自燃、还是易于与水反应等，根据情况合理存放。对于氧化剂和毒物，要存放于阴凉干燥处，注意通风。腐蚀性药品应存放于抗腐蚀性的材料，如耐酸水泥或耐酸陶瓷做成的架子上，阴凉通风，并与其它药品隔离放置。

七、有机实验室的环境保护

有机化学实验室药品、溶剂种类繁多，它们挥发出的有毒有害气体直接关系到学生的身体健康，因此，有机实验室的环境保护是一个大问题。

1. 学生实验产品的处理

学生实验产品不能随意丢弃，一部分可以纯化后作为原料投入到其它实验中，如乙酰苯胺的制备所制得的乙酰苯胺可以用于重结晶实验，作为重结晶的原料，这样可以减少学生实验产品的种类和产品的积压。

2. 废溶剂的处理

学生在萃取过程和柱色谱实验中会使用大量的有机溶剂，不能随意倒入水槽，先用干燥剂干燥之后再蒸馏，收集馏分用于下一次实验，应尽可能达到回收利用的目的。

3. 废液废渣的处理

对于实验室不能处理的废液废渣，应倒入专门的废液桶里，集中回收，由有关部分专门处理。

4. 废酸废碱的处理

在有机实验中产生的废酸、废碱不能倒入水槽，否则会腐蚀下水管，污染环境，应倒入专门回收废酸废碱的废液桶里，集中收集，专门处理。如在 1-溴丁烷的制备实验中，反应液中有硫酸，产物的后处理也要用到硫酸，学生应在教师的指导下把废酸进行统一回收。

八、有机化学文献简介

化学文献是化学研究中进行研究、生产实践等的记录和总结，通过查阅文献可以了解所研究课题的历史情况和国内外的发展水平和动向。通过查阅文献，可以丰富研究思路，对研究方案做出正确的判断，避免走弯路。在基础有机化学实验前要求学生了解反应物、产物、所用溶剂的物理性质常数等。学生通过查阅文献，可以培养良好的科学素养和学会应用文献的能力。常用的有关有机化学文献如下。

1. 工具书

（1）Beilstein Handbuch der Organischen Chemie（贝尔斯坦因有机化学大全）简称 Beilstein，本书最早由俄国化学家 Beilatein 编写，1882 年出版，之后由德国化学会组编。其中正编和一至四补编以德文出版，从 1960 年起第五补编以英文出版。Beilstein 收录了原始文献已报道的有机化合物的结构、理化性质、鉴定、纯化和制备方法等原始参考文献，信息量大，是有机化学十分权威的工具书。

（2）Dictionary of organic compounds 简称 DOC，1934 年第一次出版，其后每隔几年

出一次修订版，是有机化学、药物化学领域等重要的参考书。其中第 6 版一共有 9 卷，1～6 卷是有机化合物的组成、分子式、结构式、性状、来源、化学性质等数据。各种化合物按英文字母排列。第 8 卷和第 9 卷分别是分子式索引和化学文摘（CAS）登录号索引。本辞典早期版本已有中译本，名为《汉译海氏有机化合物辞典》。

（3）The Merck Index 美国 Merck 公司出版。初版于 1889 年，共收集了 1 万余种化合物的性质、制法和用途。每一个化合物除列出分子式、结构式、物理常数、化学性质和用途之外，还提供了较新的制备文献。化合物按英文的字母顺序排列。书末附有分子式索引、交叉索引和主题索引。在 Organic Name Reaction 部分，介绍了 400 多个人名反应，并同时列出了有关反应的综述性文献资料的出处。The Merck Index 已成为介绍有机化合物数据的经典手册。

（4）Handbook of chemistry and physics 简称 CRC，由美国化学橡胶公司出版的一部理化工具书。初版于 1913 年，每隔一两年更新增补，再版一次。手册提供了元素和化合物化学和物理方面最新的重要数据，查阅方法可按英文名称及归类查阅，也可通过分子式索引查阅。编排按照有机化合物英文字母顺序排列。

（5）Atlas of Special Data and Physics Constants for Organic Compounds 这是一本有机化合物光谱数据和物理常数图表集，本书由美国化学橡胶公司（CRC）1973 年出版第 1 版，主要收录了有机化合物的物理常数和红外、紫外核磁共振等数据，共收录了大约 2.1 万种有机化合物的有关数据。

（6）溶剂手册 程能林主编，化学工业出版社出版，2002，溶剂手册分总论与各论两大部分。总论共 5 章，介绍了溶剂的概念、分类、溶剂的安全使用、处理等。各论分 12 章，按官能团分类介绍了 760 种溶剂，重点介绍了每种溶剂的理化性质、溶剂性能、用途和使用注意事项等，并附有可供参考的数据来源的文献资料、索引及国家标准。

（7）英汉、汉英化学化工大词典 阅读英文化学书籍或期刊论文，有些单词在一般字典中查不到，需要用英汉化学词典。化学工业出版社出版的英汉、汉英化学化工词汇，分为英汉和汉英两个单行本，各收集 9 万多个条目。科学出版社出版的英汉化学化工词汇，内容详尽地列出了 17 万个条目。

2. 参考书

在有机化学实验中查阅一些有机合成和制备手册是必需的，常见的有机合成参考书如下。

（1）Organic Reaction 这是一本介绍著名有机反应的综述丛书，John Wiley & Sons 于 1942 年出版，有作者索引和主题索引，每章有各种表格刊载各种研究过的反应实例，并附有大量的参考文献。

（2）Chemical Review 美国化学会于 1924 年主办的特邀稿，一年出版 8 期，是综述性的期刊。综述性文献的优点在于可以从各个角度充分了解报道的专题，文献后面附有大量的参考文献，有利于原始资料的查阅。文章内容包括前言、历史介绍、各种反应类型及应用、结论和未来前景。

（3）Reagent for Organic Synthesis 1967 年，Fieser 主编出版的系列丛书，每 1～2 年出版一期，其前身是 Experiments in Organic Chemistry。每期介绍 1～2 年间一些较为特殊的化学试剂所涉及的化学反应，可以从索引查阅试剂名字，再查找其反应应用，每个反应都有详细的参考书目。

（4）有机制备化学手册 韩广甸等编译的《有机制备化学手册》，最早于 1977 年石油化学工业出版社出版，全书分总论和专论，共 43 章，分上、中、下三册。书中包括有机合成的典型反应以及有机化合物有机实验的基本操作、基础理论以及有机化合物的制备或合成的典型反应等。

（5）《实用有机化学手册》 李述文、范如霖等以德国累斯登工业大学集体编著的《Organikum》为蓝本编译而成，最早于 1981 年由上海科学技术出版社出版。全书分六大部分：实验室技术导论，一般原理，有机制备，有机物质的鉴定，重要试剂、溶剂和辅助试剂，实验室技术导论，有机制备部分是本书的重点。另外，书后还收集了常用的红外光谱、核磁共振等有关数据。

3. 化学文摘

文摘是检索化学信息的快速工具，其中 CA 是检索原始论文最重要的参考来源。CA 创刊于 1907 年，由美国化学会主办，是目前报道化学文摘最齐全的刊物。每年发表 70 多万条引自各种期刊、综述、专利等原始论文的摘要，占全球化学文摘的 98%。在 CA 文摘中一般包括文题、作者姓名、作者单位和通讯地址、原始文献的来源、文摘内容和文摘摘录人姓名。

第二节　有机化学实验的基本操作

实验一　简单玻璃工操作

一、实验目的

练习玻璃管的简单加工。

二、实验仪器

锉刀、玻璃管、玻璃棒、直尺、喷灯和镊子等。

三、实验步骤

1. 玻璃管的截断

玻璃截断操作：一是锉痕，二是折断。

锉痕的操作：把玻璃平放在桌子边缘上，拇指按住要截断的地方，用三角锉刀棱边用力锉出一道凹痕，约占管周的 1/6，锉痕时只向一个方向即向前或向后锉去，不能来回拉锉。如图 3-9 所示。

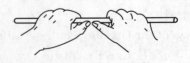

图 3-9　玻璃管的截断

折断的操作：两手分别握住凹痕的两边，凹痕向外，两个大拇指分别按住凹痕后面的两侧，用力急速轻轻一压带拉，折成两段。

2. 玻璃的弯曲

弯曲的操作：双手持玻璃管，手心向外把需要弯曲的地方放在火焰上预热，然后在鱼尾焰中加热，宽约 5cm。在火焰中使玻璃管缓慢、均匀而不停地向同一个方向转动，至玻璃受热（变黄）即从火焰中取出，轻轻弯成所需要的角度。如图 3-10 所示。

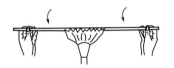

图 3-10　玻璃的弯曲

玻璃管弯曲中的注意事项如下：
① 在火焰上加热尽量不要往外拉；
② 弯成角度之后，在管口轻轻吹气；
③ 放在石棉网上自然冷却。

3. 熔点管和沸点管的拉制

拉细的操作：两肘搁在桌面上，两手执着玻璃管两端，掌心相对，加热方向和弯曲相同，只不过加热程度强些（玻璃管烧成红黄色），才从火焰中取出，两肘仍搁在桌面上，两手平稳地沿水平方向做相反方向的移动，开始时慢些，逐步加快拉成内径约为 1mm 的毛细管。如图 3-11 所示。

注意：在拉细过程中要边拉边旋转。

图 3-11　拉细的操作

沸点管的拉制：将内径 3～4cm 的毛细管截成 7～8cm 长，在小火上封闭一端作外管，将内径约为 10mm 的毛细管截成 8～9cm 长，封闭其一端为内管，即可组成沸点管。

4. 直形滴管、弯形滴管（二者需外缘突出）

用直径 7mm 的玻璃管拉制。每支总长约 15cm、细端内径约 1.5mm、长 3～4cm。细端口要熔光、粗端口在火焰中均匀软化后垂直于石棉网按压，使外缘突出。

5. 真空毛细管

用直径的 7mm 玻璃管拉制。真空毛细管内径 0.1～0.5mm，粗端口要熔光，但细端口不得熔光。

实验二　简单蒸馏

一、实验目的

1. 学习蒸馏的基本原理及其应用。
2. 掌握简单蒸馏的实验操作。

二、实验原理

蒸馏是将液体混合物加热至沸腾使液体汽化，然后将蒸气冷凝为液体的过程。通过蒸馏可以使液态混合物中各组分得到部分或全部分离。所以液体有机化合物的纯化和分离、溶剂的回收，经常采用蒸馏的方法来完成。通常蒸馏是用来分离两组分液态有机混合物，但是采用此方法并不能使所有的两组分液态有机混合物得到较好的分离效果。当两组分的沸点相差比较大（一般差 20～30℃）时，才可得到较好的分离效果。另外，如果两种物质能够形成恒沸混合物，也不能采用蒸馏法来分离。

利用蒸馏法还可以用来测定较纯液态化合物的沸点。在蒸馏过程中，馏出第一滴馏分时的温度与馏出最后一滴馏分时的温度之差叫做沸程。纯液态化合物的沸程较小，较稳定，一般不超过 0.5～1℃。沸程可以代表液态化合物的纯度，一般来说，纯度越高，沸程较小。

用蒸馏法测定沸点的方法叫常量法，此法用量较大，一般要消耗样品 10mL 以上。

三、实验仪器与试剂

1. 玻璃仪器：圆底烧瓶、直形冷凝管、接引管、蒸馏头、温度计和温度计套管。
2. 加热装置：升降台、油浴或电加热套和沸石等。
3. 试剂：工业酒精。

四、实验步骤

安装有机化学实验装置总的原则是从下到上，从左往右，由简到繁。

取一个干燥的蒸馏烧瓶，用铁夹夹在靠近瓶口的瓶颈部分，并固定在铁架台上，插入适

图 3-12　温度计的位置

当量程、分度的温度计，调整温度计的位置，务必使在蒸馏时水银球完全被蒸气所包围，才能正确地测得蒸气的温度。通常是使水银球的上边缘恰好与蒸馏烧瓶支管接口的下边缘在同一水平线上。如图 3-12 所示。

如图 3-13 所示自下而上、从左向右搭建实验装置，先固定蒸馏瓶，接着装上蒸馏头、冷凝管、接引管、接收瓶。在冷凝管的 1/2 至下端 1/3 之间用铁夹固定。整个装置必须端正、稳固、紧凑。从正面和侧面看都不倾斜，玻璃磨口连接紧密。仪器安装好后，应认真检查仪器各部位连接处是否严密，是否为封闭体系。

用胶管连接冷凝管的进出水口，冷却水从低端进、从高端出。通过漏斗将样品乙醇（先称重或量体积）加到蒸馏烧瓶中，高度以蒸馏烧瓶的 1/3～2/3 为宜。并加进 1 颗沸石；装上温度计（水银球的上线与蒸馏管侧管的下线在同一高度）；开通冷却水，水流为缓慢流动即可；加热蒸馏烧瓶，观察温度。先用小火加热，以免蒸馏烧瓶因局部过热而炸裂，再慢慢增大火力，可以看到蒸馏烧瓶中液体逐渐沸腾，蒸气上升，温度计读数略有上升。当蒸气到达温度计水银球部位时，温度计读数急剧上升。这时应稍稍调小火焰，使加热速

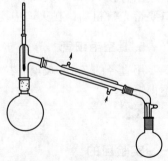

图 3-13　简单蒸馏装置

度略为下降，蒸气停留在原处，使瓶颈和温度计充分受热，让水银球上液滴和蒸气温度达到平衡。

控制加热电压以调节蒸馏速度，一般以每秒蒸出 1～2 滴为宜。蒸馏过程中，温度计水银球上常有液滴并且比较匀速地滴下，此时的温度即为液体与蒸气达到平衡时的温度，温度计的

读数就是液体（馏分）的沸点。

在达到收集物的沸点之前，常有沸点较低的液体先蒸出。这部分馏出液称为"前馏分"。蒸完前馏分温度趋于稳定后，馏出的就是较纯物质，这时应更换接液瓶。记下开始馏出和最后一滴时的温度，就是该馏分的沸程。当某一组分蒸完后，这时若维持原来温度，就不会再有馏液蒸出，温度会突然下降。遇到这种情况，应停止蒸馏。

蒸馏操作中，即使杂质（或某一组分）含量很少，也不要蒸干。由于温度升高，被蒸馏物可能发生分解，影响产物纯度或发生其它意外事故。特别是蒸馏硝基化合物及含有过氧化物的溶剂（如乙醚）时，切忌蒸干，以防爆炸。

蒸馏完毕，应先移走热源，待稍冷却后再关好冷却水。拆除仪器（其程序与装配时相反），洗净。

实验三　水蒸气蒸馏

一、实验目的

1. 学习水蒸气蒸馏的原理及其应用。
2. 掌握水蒸气蒸馏的装置及其操作方法。
3. 掌握分液漏斗的使用方法。

二、实验原理

水蒸气蒸馏是分离和提纯有机化合物的常用方法。在难溶或不溶于水的有机物中通入水蒸气或与水共热，使有机物和水一起蒸出，当水和不溶或者难溶于水的有机化合物共热时，整个体系的蒸气压力根据道尔顿分压定律，应为各组分蒸气压之和，即可以表示为：

$$p = p_水 + p_A$$

式中，p 为总的蒸气压；$p_水$ 为水的蒸气压；p_A 为有机化合物的蒸气压。

当整个体系的蒸气压力（p）等于外界大气压时，混合物开始沸腾，这时的温度即为它们的沸点。混合物的沸点将比其中任何一组分的沸点都要低些，即有机物可以在比其沸点低得多的温度下，而且在低于100℃的温度下随水蒸气一起蒸馏出来，这样的操作叫做水蒸气蒸馏。水蒸气蒸馏是用来分离和提纯液态或者固态有机化合物的重要方法。

蒸馏时混合物的沸点保持不变，直到其中某一组分几乎全部蒸出（因为总的蒸气压与混合物中二者相对量无关）。

随水蒸气蒸馏出来的有机物和水，两者的质量比 $m_A/m_水$ 等于两者的分压 p_A 和 $p_水$ 分别和两者的相对分子质量 M_A 和 $M_水$ 的乘积之比，因此在馏出液中有机物和水的质量比可以按下式计算：

$$\frac{m_A}{m_水} = \frac{M_A \cdot p_A}{18 p_水}$$

但被提纯的物质必须具备以下条件：
① 不溶或难溶于水；
② 与水一起沸腾时不发生化学变化；
③ 在100℃左右该物质蒸气压至少在10mmHg（1.33kPa）以上。

水蒸气蒸馏适于具有挥发性，能随水蒸气蒸馏而不被破坏的且不溶于水的有效成分的提取，如挥发油、小分子生物碱、酚类、游离醌类等。

三、实验仪器与试剂

1. **仪器**：三口烧瓶、直形冷凝管、接引头、蒸馏头、水蒸气发生器、水蒸气导入管。

2. **试剂**：粗苯甲酸乙酯、无水硫酸镁。

四、实验步骤

水蒸气蒸馏装置是由水蒸气发生器和简易蒸馏装置两部分有机组合而成的，如图 3-14 所示。

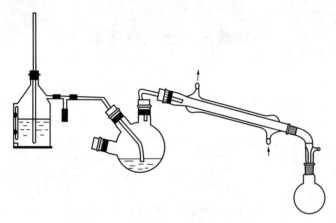

图 3-14　水蒸气蒸馏装置

1. 水蒸气蒸馏装置

水蒸气发生器的上口配置安全管，可以观察内部蒸气压的变化情况。水蒸气发生器的蒸气导出口通过 T 形管与蒸馏部分的三口烧瓶蒸气导入管连接。T 形管的支管上套一段短橡皮管，用螺旋夹夹住。且 T 形管右边比左边稍高出一点，可以使冷却水又流回水蒸气发生器中。T 形管可以用来除去冷凝下来的水，在蒸馏过程中发生不正常的情况时，还可以使水蒸气发生器与大气相通。蒸气导入管下端要尽量靠近烧瓶底部。

蒸馏部分通常采用三口烧瓶。左口塞上塞子；中口插入水蒸气导入管，要求插到液面以下，距瓶底 6～7mm；右口连接馏分导出管（或蒸馏头），导出管末端连接一直形冷凝管，组成冷凝部分。被蒸馏的液体体积不能超过烧瓶容积的 1/3。也可以用短颈圆底烧瓶代替三口蒸馏烧瓶，且一般将烧瓶倾斜 45°左右，这样可以避免由于蒸馏时液体跳动十分剧烈引起液体从导出管中冲出，以致污染馏分。

通过观察水蒸气发生器安全管中水面的高低，可以判断出整个水蒸气蒸馏系统是否畅通。若水面上升很高，则说明有某一部分阻塞，这时应将夹在 T 形管下端口的夹子取下，改夹到 T 形管与水蒸气导入管之间的橡皮管上，然后移去热源，稍冷后拆下装置进行检查（一般多数是水蒸气导入管下管被树脂状物质或者焦油状物所堵塞）和处理。否则，就会发生塞子冲出、液体飞溅的危险。

2. 水蒸气蒸馏操作

检漏：将仪器按顺序安装好后，应认真检查仪器各部位连接处是否严密，是否为封闭体系。

加料：在水蒸气发生器中加入 2/3～3/4 体积的水。从三口烧瓶的左口加入待蒸馏的混合物，塞好塞子。再仔细检查一遍装置是否正确，各仪器之间的连接是否紧密，有没有漏气。

加热：加热至沸腾。当有大量水蒸气产生并从 T 形管的下管口冲出时，先接通冷凝水，将夹子夹在 T 形管下端口，水蒸气便进入蒸馏部分，开始蒸馏。在蒸馏过程中，如由于水蒸气的冷凝而使烧瓶内液体量增加，以致超过烧瓶容积的 2/3，或者水蒸气蒸馏速度不快时，则可在三口烧瓶下垫上石棉网，一起加热。如果沸腾剧烈，则不能加热，以免发生意外。蒸馏速度控制在每秒 1～2 滴为宜。

收集馏分：与简单蒸馏同。当馏出液无明显油珠，澄清透明时，便可停止蒸馏。

在蒸馏过程中，必须经常检查安全管中的水位是否正常，有无倒吸现象，三口烧瓶内液体飞溅是否厉害。一旦发生不正常情况，应该立即将夹在 T 形管下端口的夹子取下，改夹到 T 形管与水蒸气导入管之间的橡皮管上，然后移去热源，找原因排故障。当故障排除后，才能继续蒸馏。

后处理：蒸馏完毕，应先取下 T 形管上的夹子，移走热源，待稍冷却后再关冷却水，以免发生倒吸现象。拆除仪器（其程序与装配时相反），洗净。

实验四　减压蒸馏

一、实验目的

1. 了解减压蒸馏的原理和应用范围。

2. 认识减压蒸馏的主要仪器设备。

3. 掌握减压蒸馏仪器的安装和操作方法。

二、实验原理

液体的沸点是它的蒸气压等于外界压力时的温度，因此液体的沸点是随外界压力的变化而变化的。如果借助于真空泵降低系统内压力，就可以降低液体的沸点，这种在较低压力下进行蒸馏的操作称为减压蒸馏。

在进行减压蒸馏前，应先从文献中查阅该化合物在所选择的压力下的相应沸点。可用下述经验规律大致推算，以供参考。当蒸馏在 1333～1999Pa（10～15mmHg）时，压力每相差 133.3Pa（1mmHg），沸点相差约 1℃；也可以用图 3-15 的压力-温度关系图来查找，即从某一压力下的沸点近似地推算出另一压力下的沸点。

一般把压力范围划分为几个等级：

"粗" 真空 ［1.333～100kPa（10～760mmHg）］，一般可用水泵获得；

"次高" 真空 ［0.133～133.3Pa（0.001～1mmHg）］，可用油泵获得；

"高" 真空 ［<0.133Pa（<10^{-3}mmHg）］，可用扩散泵获得。

减压蒸馏的应用范围：减压蒸馏常用于分离和提纯高沸点和在常压下蒸馏容易发生分解、氧化或聚合的液体物质。

三、实验仪器与试剂

1. 仪器：加热套、铁架台、十字夹和铁夹、圆底烧瓶、温度计（200℃）、克氏蒸馏头、温度计套管、直形冷凝管、接引管（尾接管）、锥形瓶、乳胶管和真空泵等。

2. 试剂：乙酰乙酸乙酯。

常用的减压蒸馏系统可分为蒸馏、抽气以及保护和测压装置三部分。

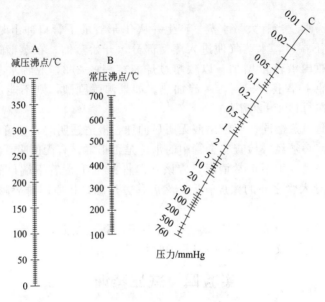

图 3-15　压力-温度关系图

四、实验步骤

1. 实验装置

（1）蒸馏部分　这一部分与普通蒸馏相似，由克氏蒸馏烧瓶、毛细管、温度计及冷凝管、接收器等组成。

① 减压蒸馏烧瓶上安装克氏蒸馏头，蒸馏头上有两个颈，其目的是避免减压蒸馏时瓶内液体由于沸腾而冲入冷凝管中。克氏蒸馏头的一颈中插入温度计，另一颈中插入一根距瓶底 1～2mm 的末端拉成细丝的毛细管的玻管（6mm）。毛细管的上端连有一段带螺旋夹的橡皮管，螺旋夹用于调节进入空气的量，使极少量的空气进入液体，呈微小气泡冒出，作为液体沸腾的汽化中心，使蒸馏平稳进行，又起搅拌作用。

② 冷凝管和普通蒸馏相同。

③ 蒸馏时，若要收集不同的馏分而又不中断蒸馏，则可用两尾或多尾接液管。转动多尾接液管，就可使不同的馏分进入指定的接收器中。

（2）抽气部分　实验室通常用水泵或油泵进行减压。

水泵（水循环泵）：如不需要很低的压力时可用水泵，其抽空效率可达 1067～3333Pa（8～25mmHg）。用水泵抽气时，应在水泵前装上安全瓶，以防水压下降时，水流倒吸。停止蒸馏时要先放气，然后关水泵。

油泵：油泵的效能决定于油泵的机械结构以及真空泵油的好坏。好的油泵能抽至真空度为 133.3Pa 以下。油泵结构较精密，工作条件要求较严。蒸馏时，如果有挥发性的有机溶剂、水或酸的蒸气，都会损坏油泵及降低其真空度。因此，使用时必须十分注意油泵的保护。使用油泵时必须注意下列几点：

① 在蒸馏系统和油泵之间，必须装有吸收装置；

② 蒸馏前必须用水泵彻底抽去系统中的有机溶剂蒸气；

③ 如果能用水泵减压蒸馏的物质，则尽量使用水泵；如蒸馏物中含有挥发性杂质，可先用水泵减压抽除，然后改用油泵。

（3）保护和测压装置部分 使用水泵减压时，必须在馏液接收器与泵之间装上安全瓶，安全瓶由耐压的抽滤瓶或其它广口瓶装置而成，瓶上的两通活塞供调节系统内压力及防止水压骤然下降时，水泵的水倒吸入接收器中（见图 3-16）。

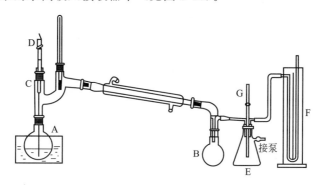

图 3-16 减压蒸馏装置（接水泵）

若使用油泵，还必须在馏液接收器与油泵之间顺次安装冷阱和几个吸收塔（见图 3-17）。冷阱中冷却剂的选择随需要而定。吸收塔（干燥塔）通常设三个：第一个装无水 $CaCl_2$ 或硅胶，吸收水汽；第二个装粒状 NaOH，吸收酸性气体；第三个装切片石蜡，吸收烃类气体。

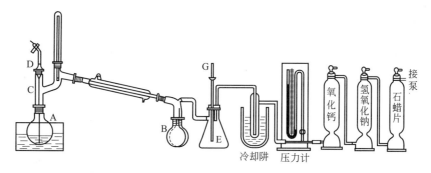

图 3-17 减压蒸馏装置（接油泵）

实验室通常利用水银压力计来测量减压系统的压力。水银压力计又分为开口式水银压力计和封闭式水银压力计。

2. 操作步骤

检查气密性：旋紧毛细管上的螺旋夹 D，打开安全瓶上的二通活塞 G，然后开启减压泵。逐渐关闭 G，减压至压力稳定后，折叠连接系统的橡皮管，观察压力计水银柱是否有变化，无变化说明不漏气。如漏气，应检查装置中各部分的塞子和橡皮管的连接是否紧密，必要时可用熔融的石蜡密封。磨口仪器可在磨口接头的上部涂少量真空油脂进行密封（密封应在解除真空后才能进行）。检查完毕，缓慢打开安全瓶的二通活塞 G，使系统与大气相通，压力计缓慢复原，关闭减压泵，停止抽气。

加料、调节空气量和真空度：将待蒸馏液装入蒸馏烧瓶中，以不超过其容积的 1/2 为宜。旋紧毛细管上的螺旋夹 D，开启减压泵，慢慢关闭安全瓶上的二通活塞至完全，调节毛细管倒入的空气量，以连续冒出一连串小气泡为宜。缓慢调节安全瓶上的二通活塞，使系统达到所需压力并稳定。

加热蒸馏：通入冷凝水，开始加热蒸馏。待液体开始沸腾时，调节热源的温度，控制馏出速度为每秒1～2滴，收集馏分。当温度上升至超过所需范围，或蒸馏烧瓶中仅残留少量液体时，停止蒸馏。

结束操作：蒸馏完毕，应先移去热源，缓慢旋松螺旋夹（防倒吸），待稍冷后缓慢打开安全瓶上的活塞，解除真空，关闭减压泵。

注意事项如下。

① 绝不能用有裂痕或薄壁的玻璃仪器，特别是平底瓶，如锥形瓶等。即使用水泵减压、中等真空度的系统，都有几百磅的压力加在装置的外表面，薄弱点可能爆裂，急速冲进的空气会粉碎玻璃，类似于爆炸。

② 被蒸馏液体中含有低沸点物质时，通常先进行普通蒸馏，再进行水泵减压蒸馏，而油泵减压蒸馏应在水泵减压蒸馏后进行。

③ 一定要缓慢旋开安全瓶上的活塞，使压力计中的汞柱缓慢地恢复原状，否则，汞柱急速上升，有冲破压力计的危险。

④ 使用油泵时，应注意防护与保养，不可使水分、有机物质或酸性气体侵入泵内，否则会严重降低油泵的效率。

实验五　精密分馏

一、实验目的

1. 了解精密分馏的原理和意义，蒸馏与分馏的区别，分馏的种类及特点。

2. 掌握分馏柱的工作原理和常压下的精密分馏操作方法。

二、实验原理

1. 基本原理

精密分馏在化学工业和实验室中被广泛应用。现在最精密的分馏设备已能将沸点相差仅1～2℃的混合物分开，利用蒸馏或分馏来分离混合物的原理是一样的，实际上分馏就是在一个装置中实现多次蒸馏。

如果将几种具有不同沸点而又可以完全互溶的液体混合物加热，当其总蒸气压等于外界压力时，液体开始沸腾汽化，蒸气中易挥发液体的成分较在原混合液中为多。这可从下面的分析中看出，为了简化，仅讨论混合物是二组分理想溶液的情况。所谓理想溶液即是指在这种溶液中，相同分子间的相互作用与不同分子间的相互作用是一样的，也就是各组分在混合时无热效应产生，体积没有改变，只有理想溶液才遵守拉乌尔定律。这时，溶液中每一组分的蒸气压等于此纯物质的蒸气压和它在溶液中的摩尔分数的乘积。亦即：

$$p_A = p_A^\circ x_A; \quad p_B = p_B^\circ x_B$$

式中，p_A、p_B 分别为溶液中 A 和 B 组分的分压；p_A°、p_B° 分别为纯 A 和纯 B 的蒸气压；x_A 和 x_B 分别为 A 和 B 在溶液中的摩尔分数。溶液的总蒸气压：$p = p_A + p_B$。根据道尔顿分压定律，气相中每一组分的蒸气压和它的摩尔分数成正比，在气相中各组分蒸气的成分为：

$$x_A^气 = \frac{p_A}{p_A + p_B} \quad x_B^气 = \frac{p_B}{p_A + p_B}$$

由上式推知，组分 B 在气相和溶液中的相对浓度为：

$$\frac{x_A^{气}}{x_B}=\frac{p_B}{p_A+p_B}\times\frac{p_B^\circ}{p_B}=\frac{1}{x_B+\dfrac{p_A^\circ}{p_B^\circ}x_A}$$

因为在溶液中 $x_A+x_B=1$，所以若 $p_A^\circ=p_B^\circ$，则 $x_B^{气}/x_B=1$，表明这时液相的成分和气相的成分完全相同，这样的 A 和 B 就不能用蒸馏（或分馏）来分离。如果 $p_B^\circ>p_A^\circ$，则 $x_B^{气}/x_B>1$，表明沸点较低的 B 在气相中的浓度较在液相中的为大（在 $p_B^\circ<p_A^\circ$ 时，也可作类似的讨论）。在将此蒸气冷凝后得到的液体中，B 的组分比在原来的液体中多（这种气体冷凝的过程就相当于蒸馏的过程）。如果将所得的液体再进行汽化，在它的蒸气经冷凝后的液体中，易挥发的组分又将增加，如此多次重复，最终就能将这两个组分分开（凡形成共沸点混合物者，不在此列）。分馏就是利用分馏柱来实现这一"多次重复"的蒸馏过程。

当沸腾着的混合物进入分馏柱（工业上称为精馏塔）时，因为沸点较高的组分易被冷凝，所以冷凝液中就含有较多较高沸点的物质，而蒸气中低沸点的成分就相对地增多。冷凝液向下流动时又与上升的蒸气接触，二者之间进行热量交换，亦即上升的蒸气中高沸点的物质被冷凝下来，低沸点的物质仍呈蒸气上升；而在下流的液体中，低沸点的物质则受热汽化，高沸点的仍呈液态。如此经多次的液相与气相的热交换，使得低沸点的物质不断上升，最后被蒸馏出来，高沸点的物质则不断流回加热的容器中，从而将沸点不同的物质分离。所以，在分馏时，柱内不同高度的各段，其组分是不同的，相距越远，组分的差别就越大，也就是说，在柱中的动态平衡情况下，沿着分馏柱存在着组分梯度。

了解分馏原理最好是应用恒压下的沸点-组成曲线（称为相图，表示这两组分体系中相的变化情况）。通常它是用实验测定在各温度时汽液平衡状况下的气相和液相的组成，然后以横坐标表示组成，纵坐标表示温度而作出的（如果是理想溶液，则可直接由计算作出）。图 3-18 为大气压下的苯-甲苯溶液的沸点-组成图。从图中可以看出，由苯 60％和甲苯 40％组成的液体（L_1）在 90℃时沸腾，和此液相平衡的蒸气（V_1）组成约为苯 80％和甲苯 20％，若将此组成的蒸气冷凝成同

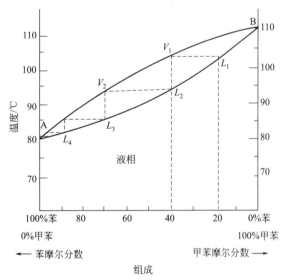

图 3-18　苯-甲苯体系的沸点-组成曲线

组成的液体（L_2），则与此溶液成平衡的蒸气（V_2）组成约为苯 90％和甲苯 10％。如此继续重复，即可获得接近纯苯的气相。

2. 分馏柱和分馏效率

（1）分馏柱　分馏柱主要是一根长而垂直、柱身有一定形状的空管，或在管中填以特制的填料，总的目的是增大液相和气相接触的面积，提高分馏效果。分馏柱的种类很多，如图3-19 所示，普通有机实验中常见的有球形分馏柱、填充式分馏柱和刺形分馏柱（又称韦氏Vigreux 分馏柱）。球形分馏柱分离效率较差；填充式分馏柱是在柱内填上各种惰性材料，以增加表面积。填料包括玻璃珠、玻璃管、陶瓷或螺旋形、马鞍形、网状等各种形状的金属

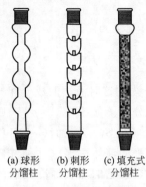

(a) 球形　　(b) 刺形　　(c) 填充式
分馏柱　　分馏柱　　分馏柱

图 3-19　常见的分馏柱

片或金属丝，它效率较高，适合于分离一些沸点差距较小的化合物；韦氏分馏柱结构简单，且比填充式分馏柱黏附的液体少，缺点是比同样长度的填充式分馏柱分离效率低，适合于分离少量且沸点差距较大的液体。若欲分离沸点相距较近的液体混合物，必须使用精密分馏装置。

在分馏过程中，无论用哪一种柱，都应防止回流液体在柱内聚集，否则会减少液体和上升蒸气的接触，或者上升蒸气把液体冲入冷凝管中造成"液泛"，达不到分馏的目的。为了避免这种情况，通常在分馏柱外包扎石棉布等绝热物，以保持柱内温度，提高分馏效率。

（2）影响分馏效率的因素　① 理论塔板　分馏柱效率可用理论塔板数来衡量。分馏柱中的混合物，经过一次汽化和冷凝的热力学平衡过程，相当于一次普通蒸馏所达到的理论浓缩效率，当分馏柱达到这一浓缩效率时，分馏柱就具有一块理论塔板，柱的理论塔板数越多，分离效果越好。

② 回流比　在单位时间内，由柱顶冷凝返回柱中液体的数量与蒸出物量的比值称为回流比，若回流中每 10 滴收集 1 滴馏出液，则回流比为 9：1。回流比小，意味着从烧瓶中蒸发的蒸气大部分由柱顶流出被冷凝收集，显然分离效率不高。若要提高分流效率，回流比就应控制得大一些。蒸气全部冷凝返回柱中（无馏出物）时的回流比最大，称为全回流，此时的分离效率最高。理论塔板数就是在全回流时测得的。尽管回流比大，分离效率高，但分馏速度慢。

③ 柱的保温　许多分馏柱必须进行适当的保温，以便能始终维持温度平衡。不过，分馏柱散热量越大，被分离出的物质越纯。

④ 填料及其它因素　为了提高分馏柱的分馏效率，在分馏柱内装入具有大表面积的填料，填料之间应保留一定的空隙，要遵守堆放紧密且均匀的原则，这样可以增加回流液体和上升蒸气的接触机会。填料有玻璃（玻璃珠、短段玻璃管）或金属（不锈钢棉、金属丝绕成固定形状）。玻璃的优点是不会与有机化合物起反应，而金属则可与卤代烷之类的化合物起反应。在分馏柱底部往往放一些玻璃丝，以防止填料坠入蒸馏容器中。

三、实验仪器与试剂

1. 仪器：填料柱、分馏头、温度计、电热套、调压器、蛇形冷凝管、250mL 三口烧瓶、100mL 圆底烧瓶和玻璃弹簧填料。

2. 试剂：环己烷和正庚烷混合液（120mL）。

四、实验步骤

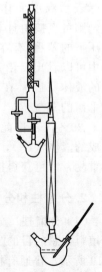

图 3-20　精密分馏
装置

如图 3-20 安装精密分馏装置。在 250mL 三口烧瓶中加入待分馏液 120mL，加入 2～3 粒沸石，通冷却水，关闭出料旋塞。开启电源，设置电热套温度 120℃。当待分馏液沸腾时，使蒸气慢慢升入分馏柱，全回流 20min，使柱身及柱顶温度均达到恒定后，开启出料旋塞，控制分馏速度，以 1 滴/5～6s 速度收集环己烷馏分。当收集环己烷馏分的沸程大于 2℃，换瓶收集混合馏分。当柱顶温度达到正庚烷沸点时且温度保持不变，换瓶收集正庚烷馏分。记录正庚烷和环己烷馏分的体积，测定折射率。

实验六 重结晶

一、实验目的

1. 学习和掌握重结晶法纯化固体有机物的基本原理和方法。

2. 掌握重结晶的基本操作方法。

二、实验原理

1. 基本原理

固体有机物在溶剂中的溶解度与温度有密切的关系，温度升高，则溶解度增大。将不纯固体物质溶解在热溶剂中制成接近饱和的溶液，这种溶液冷却后，因溶解度的下降而变成过饱和状态，并析出结晶。利用某种溶剂对被提纯物质及杂质的溶解度不同，可以使被提纯物从过饱和溶液中析出，而让杂质全部或大部分留在溶液中，从而达到分离与提纯的目的，这个过程叫重结晶。

重结晶操作包含下列几个主要步骤：①选择合适的溶剂，将粗产品溶于热溶剂中（必要时进行脱色）；②趁热滤去不溶性杂质；③冷却，析出结晶；④过滤分出晶体；⑤结晶的洗涤和干燥。

2. 溶剂的选择

重结晶成功的关键在于选择适当的溶剂，一个良好的溶剂必须符合下面几个条件。

① 不与被提纯物质起化学反应；

② 在较高温度时能溶解多量的被提纯物质，而在室温或更低温度下只溶解很少量；

③ 对杂质的溶解度非常大或非常小，前一种情况杂质留于母液中，后一种情况趁热过滤时杂质被滤除；

④ 溶剂的沸点不宜太低，也不宜过高，最好比被结晶物质的熔点低 50℃ 左右。沸点过低时，制成溶液和冷却结晶两步操作温差太小，固体物溶解度改变不大，影响收率，而且低沸点溶剂操作也不方便。溶剂沸点过高，附着于晶体表面的溶剂不易除去。

⑤ 能使被提纯物质析出较好的晶形。

⑥ 在几种溶剂都适用时，则应根据结晶的回收率、操作的难易、溶剂的毒性大小及是否易燃、价格高低等择优选用。含有羟基、氨基而且熔点不太高的物质，尽量不选择含氧溶剂。因为溶质与溶剂形成分子间氢键后很难析出，同样地，含有氧、氮的物质尽量不选择醇做溶剂。

溶剂的选择与所提纯化合物和溶剂的性质有关。根据"相似相溶性"原则，通常极性化合物易溶于极性溶剂，非极性化合物易溶于非极性溶剂。常用溶剂的极性：水＞甲酸＞甲醇＞乙酸＞乙醇＞异丙醇＞乙腈＞DMSO＞DMF＞丙酮＞HMPA＞二氯甲烷＞吡啶＞氯仿＞氯苯＞THF＞二氧六环＞乙醚＞苯＞甲苯＞氯仿＞正辛烷＞环己烷＞石油醚。所提纯的化合物，如果是已知化合物，可以查阅手册或文献，了解其在溶剂中的溶解性，但是最重要的还是通过实验进行选择。具体方法是：取约 0.1g 待结晶样品，放入小试管中，逐滴加入某种溶剂，并不断振摇，观察样品的溶解情况，若加入的溶剂量达到 1mL 已全部溶解，或者温热后全部溶解，则此溶剂不适用。如果该物质不溶于 1mL 沸腾的溶剂中，可分批加入溶剂（每次约 0.5mL），并加热使之沸腾，若加入量达到 4mL 仍不能全溶，则此溶剂也不适用。如果该物质能溶解于1~4mL沸腾的溶剂中，冷却后能析出较多的结晶，则此溶剂适用。实验时，要同时选择几种溶剂，比较收率，选择其中最好的作为重结晶的溶剂（见表3-1）。

表3-1　常用的几种重结晶溶剂

溶剂	沸点/℃	冰点/℃	相对密度	与水的混溶性	可燃性
水	100	0	1.0	+	不燃
95%乙醇	78.1	<0	0.804	+	易燃
丙酮	56.2	<0	0.79	+	易燃
石油醚	30~60	<0	0.64	-	易燃
乙醚	34.51	<0	0.71	-	易燃
乙酸乙酯	77.06	<0	0.90	-	易燃
甲醇	64.96	<0	0.7914	+	易燃
冰醋酸	117.9	16.7	1.05	+	易燃
环己烷	80.7	6.5	0.7785	-	易燃
苯	80.1	<0	0.8786	-	易燃
氯仿	61.7	<0	1.48	-	不燃
四氯化碳	76.54	<0	1.59	-	不燃

注：苯和各种氯代甲烷的毒性较大，如果有其它溶剂可以替代，应尽量不使用。

　　若无法选出一种单一的溶剂进行重结晶，则可使用混合溶剂。混合溶剂一般由两种能混溶的溶剂按一定比例混合而成，其中一种溶剂对化合物的溶解度很大（良溶剂），另一种对化合物的溶解度很小（不良溶剂）。用混合溶剂重结晶时，先用良溶剂在其沸点温度附近将样品溶解，制成接近饱和的溶液。若有颜色，则用活性炭脱色，趁热滤去活性炭或其它不溶物，然后将此溶液在沸点附近滴加热的不良溶剂至溶液变浑浊不再消失为止，再加入少量良溶剂使之恰好透明，将溶液冷却析出结晶。也可以将两种溶剂按比例先混合，与单一溶剂相同的方法操作。

　　常用的混合溶剂有：乙醇和水、乙醇和乙醚、乙醇和丙酮、乙醇和氯仿、二氧六环和水、乙醚和石油醚、氯仿和石油醚等，最佳混合溶剂的选择必须通过预试验来确定。

三、实验仪器与试剂

1. 仪器：烧瓶、球形冷凝管、烧杯、抽滤瓶、布氏漏斗、真空泵、搅拌棒、水浴锅。

2. 试剂：乙酰苯胺、15%乙醇-水溶液。

四、实验步骤

1. 固体物质的溶解

　　采用低沸点可燃性溶剂或需要长时间加热制备热饱和溶液时，一般采用锥形瓶或圆底烧瓶与回流冷凝管组成的回流装置，并根据其沸点的高低，选用合适的热浴。

　　溶解样品之前，应该通过试验结果或查阅溶解度数据计算重结晶所需溶剂的量。将样品加入锥形瓶以后，先加入比计算量少的溶剂，加热到微沸一段时间后，从冷凝管的上端分次添加溶剂，并使溶液保持沸腾。若未完全溶解，可再加溶剂，直至样品完全溶解（应该注意，在补加溶剂后，若发现未溶解固体没有减少，应考虑是不是不溶性的杂质，此时就不要再补加溶剂，以免溶剂过量；另外，补加溶剂时要注意，溶液若被冷却到沸点以下，沸石不再有效，需再添加新的沸石）。有些化合物在加热溶液时易熔化为油状物（如用水重结晶乙酰苯胺时，其熔点为 114℃，但在 83℃时熔化成油状物，这时候应该继续加入溶剂，直至完全溶解）。

理论上说，溶剂的用量应在沸腾条件下恰好使样品完全溶解，这时收率最高。但是考虑到热过滤时溶剂的挥发，操作中温度的下降会析出晶体，造成损失和麻烦等因素，一般要比需要量多加 20%左右的溶剂。

若重结晶的样品带有颜色时，可加入适量的活性炭脱色。活性炭的用量一般是干燥样品的 1%～5%。加入量过多会吸附部分产品，太少则脱色不完全。活性炭应该在固体物质完全溶解并稍微冷却后才能加入，切不可在沸腾的溶液中加入活性炭，那样会有暴沸的危险，加入后煮沸 5～10min，趁热过滤除去活性炭和不溶性杂质。活性炭在水溶液中脱色效果很好，但是在非极性溶剂如苯、石油醚中脱色效果不好，可采用硅藻土或氧化铝等吸附脱色。

2. 过滤

（1）减压过滤　减压过滤可以快速地将结晶与母液分离，其装置（见图 3-21）包括三个部分：①布氏漏斗，其中铺放的滤纸要圆，直径应略小于漏斗内径，要紧贴于漏斗的底壁，恰好盖住所有的小孔；②抽滤瓶，接收滤液，是一个带支管的厚壁锥形瓶；③减压泵，循环水式真空泵。

配好橡皮塞的布氏漏斗安装在抽滤瓶上，不漏气，漏斗管下端的斜口应该正对着抽滤瓶的支管，瓶的支管用厚橡皮管与水泵相连。在抽滤之前，必须用同种溶剂将滤纸润湿，使滤纸紧贴于布氏漏斗的底面，打开水泵将滤纸吸紧，避免固体在抽滤时从滤纸边缘吸入抽滤瓶中。停止抽滤时，应先将抽滤瓶与水泵之间的

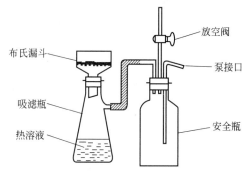

图 3-21　减压抽滤装置

橡皮管拆开，再关水泵。结晶表面吸附有母液，母液中的可溶性杂质会污染结晶，应加少量溶剂洗涤。洗涤时，应停止抽气，用滴管滴入少量溶剂，使所有晶体润湿，静置一会儿，然后抽干。如果所用溶剂不易挥发，可以在常压下加入少量易挥发溶剂淋洗滤饼（要注意该溶剂必须是能和第一种溶剂互溶，而对晶体是不溶或微溶的，例如 DMF 可用乙醇洗，二氯苯、氯苯、二甲苯、环己酮可以用甲苯洗涤）。

母液中常含有一定数量的所需要的物质，要注意回收。如将溶剂除去一部分后再让其冷却使结晶析出，通常其纯度不如第一次析出来的晶体。若经纯度检查不合要求，可用新鲜溶剂再次结晶，直至符合纯度要求为止。

减压过滤的缺点是由于减压会使沸点较低的溶剂挥发，甚至使热的溶剂沸腾，所以抽滤时要小心调节压力。

（2）热过滤　热过滤是为了除去活性炭或一些不溶性的杂质。热过滤时应动作迅速，避免溶液冷却降温而引起晶体的析出。

热过滤可以采用热水漏斗或短颈漏斗以及折叠式滤纸（注意滤纸的折叠方法，见图 3-22）进行，使用前将漏斗放在烘箱中预热，过滤前用少量热溶剂湿润滤纸，过滤时，漏斗上可盖上表面皿（凹面向下），减少溶剂的挥发，盛溶液的器皿一般用锥形瓶（只有水溶液才可收集在烧杯中）。过滤完以后再用少量热溶剂洗涤烧杯，并淋洗残留在滤纸上的少量结晶。

当漏斗和滤纸预热不好、溶剂过量太少、过滤时间太长会导致大量结晶在滤纸上析出。可将漏斗和滤纸置于锥形瓶上用蒸汽预热，边过滤边用已经过滤的滤液蒸汽保温（见

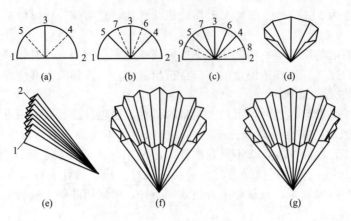

图 3-22　滤纸的折叠方法

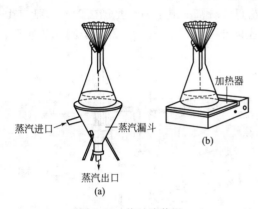

蒸汽进口

蒸汽漏斗

(b)

加热器

蒸汽出口

(a)

图 3-23　热过滤装置

图 3-23），但是重结晶的溶剂为甲苯、醚类、石油醚、环己烷等易燃溶剂时，上述操作比较危险。操作时可以用热的重结晶母液淋洗滤纸和所有黏附溶质的仪器，可以减少结晶损失。

另一种快速热过滤方法是采用减压抽滤，将布氏漏斗预先加热（可以放进热水浴中或者在烘箱中预热），用少量热溶剂湿润滤纸，立即趁热抽滤。注意吸滤瓶不必预热，抽气压力也不能太大，防止吸滤瓶中热的母液暴沸。

3. 结晶

过滤得到的滤液冷却后，晶体就会析出。

用冷水或冰水迅速冷却并剧烈搅动溶液时，可得到颗粒很小的晶体，将热溶液在室温下静置，使之缓缓冷却，则可得到均匀而较大的晶体。如果溶液冷却后晶体仍不析出，可用玻璃棒摩擦液面下的容器壁（形成粗糙面，溶质分子容易定向排列形成结晶），也可加入晶种，或进一步降低溶液的温度（用冰水或其它冷冻溶液冷却）。如果溶液冷却后不能析出晶体而得到油状物，可重新加热，至形成澄清的热溶液后，再缓慢冷却，并不断用玻璃棒搅拌溶液，摩擦器壁或投入晶种（提供晶核），以加速晶体的析出。若仍有油状物，应立即剧烈搅拌使油滴分散，或者重新选择合适的溶剂，使其得到晶形产物。

实验七　熔点的测定

一、实验目的

1. 了解熔点测定的意义。
2. 掌握熔点测定的操作方法。
3. 了解利用对纯有机化合物的熔点测定校正温度计的方法。
4. 掌握热浴间接加热技术。

二、实验原理

晶体化合物的固液两态在大气压力下成平衡时的温度称为该化合物的熔点。纯的固体有机化合物一般都有固定的熔点，即在一定的压力下，固液两态之间的变化是非常敏锐的，自初熔至全熔（熔点范围称为熔程），温度不超过 0.5～1℃。如果该物质含有杂质，则其熔点往往较纯物质低，且熔程较长。故测定熔点对于鉴定纯有机物和定性判断固体化合物的纯度具有很大的价值。

如果在一定的温度和压力下，将某物质的固液两相置于同一容器中，将可能发生三种情况：固相迅速转化为液相；液相迅速转化为固相；固相液相同时并存。

图 3-24(a) 表示该物质固体的蒸气压随温度升高而增大的曲线；图 3-24(b) 表示该物质液体的蒸气压随温度升高而增大的曲线；图（c）表示是（a）与（b）的加和，由于固相的蒸气压随温度变化的速率较相应的液相大，最后两曲线相交于 M 处（只能在此温度时），此时固液两相同时并存，它所对应的温度 T_M 即为该物质的熔点。

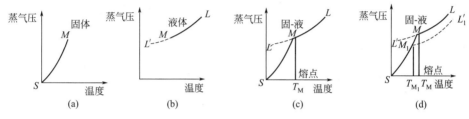

图 3-24　物质的温度与蒸汽压曲线图

图（d）当含有杂质时（假定两者不形成固溶体），根据拉乌耳（Raoult）定律可知，在一定的压力和温度的条件下，在溶剂中增加溶质，导致溶剂蒸气分压降低（图中 M_1L_1'），固液两相交点 M_1 即代表含有杂质化合物达到熔点时的固液相平衡共存点，T_{M_1} 为含杂质时的熔点，显然，此时的熔点较纯物质低。

三、实验仪器与试剂

1. **仪器**：齐勒管、熔点管、温度计、软木塞、乳胶管、表面皿。
2. **试剂**：苯甲酸、未知物。

四、实验步骤

样品粉末要研细，取少许研细干燥的待测样品于表面皿上，并聚成一堆。将熔点管开口向下插入样品中，然后将熔点管开口向上轻轻在桌面上敲击，使样品进入熔点管，再取约 40cm 的干净玻璃管垂直台面上，把熔点管上端自由落下，重复几次使样品填装紧密均匀，以达到测熔点时传热迅速均匀的目的。样品高度为 2～3mm。装好后去除沾在熔点管外的样品，以免沾污热浴。一次熔点测定一般同时装好 4 根熔点管。对于易升华或易吸潮的物质，装好后立即把毛细管口用小火熔封。

根据样品的熔点选择合适的加热浴液。加热温度在 140℃ 以下时，选用液体石蜡或甘油。温度低于 220℃ 时可选用浓硫酸，因硫酸具有较强的腐蚀性，所以操作时应注意安全。

向齐勒管中加入浴液至支管之上 1cm 处，然后固定在铁架台上（见图 3-25）；毛细管底部应位于温度计水银球中部，用橡皮圈或线绳将毛细管固定在温度计上，橡皮圈不能浸入浴液；用齐勒管时，温度计的水银球应处于两侧的中部，不能接触管壁。

1. 校正温度计

将已知样品放入热浴中，测定其熔点，将测定值与文献值对照，其差值即为校正系数。

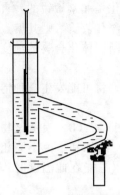

图 3-25　测熔点装置

2. 测定

（1）**粗测**　若未知物的熔点，应先粗测一次。粗测加热可稍快，升温速率为 5～6℃/min。到样品熔化，记录熔点的近似值。

（2）**精确测定**　测定前，先待热浴温度降至熔点以下约 30℃，换一根样品管，慢慢加热，一开始 5℃/min，当达到熔点下约 15℃时，以 1～2℃/min 升温，接近熔点时，以 0.2～0.3℃/min 升温，当毛细管中样品开始塌落和有湿润现象，出现下滴液体时，表明样品已开始熔化，为初熔，记下温度，继续微热，至成透明液体，记下温度为终熔。

① 熔点测定至少要进行 2 次，2 次的数据应一致。每次测定必须用新装样品的毛细管，不可用已测过熔点的样品管。对于未知熔点的测定，可先以快速加热粗测，然后待浴液冷却至熔点以下约 30℃时，再做精密的测定。

② 通常在熔程为 0.5～1.0℃时化合物被认为是纯物质。

③ 物质的熔点测定是有机化学工作者常用的一种技术，所得的数据可用来鉴定有机化合物并作为该化合物纯度的一种指标。

实验八　升　　华

一、实验目的

1. 了解升华的原理与意义。
2. 学习实验室常用的升华方法。

二、实验原理

某些物质在固态时具有相当高的蒸气压，当加热时，不经过液态而直接汽化，蒸气受到冷却又直接冷凝成固体，这个过程叫做升华。然而对固体有机化合物的提纯来说，不管物质蒸气是由液态还是由固态产生的，重要的是使物质蒸气不经过液态而直接转变为固态，从而得到高纯度的物质，这种操作称为升华。

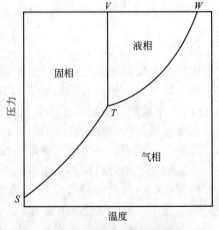

图 3-26　物质三相平衡图

图 3-26 是物质的三相平衡图。从此图可以看出应当怎样来控制升华的条件。图中曲线 ST 表示固相与气相平衡时固体的蒸气压曲线。TW 是液相与气相平衡时液体的蒸气压曲线。TV 是固相与液相的平衡曲线，它表示压力对熔点的影响。T 为三条曲线的交点，叫三相点，只有在此点，固、液、气三相可以同时并存。三相点与物质的熔点（在大气压下，固液两相平衡时的温度）相差很小，只有几分之一度。

在三相点温度以下，物质只有固、气两相。升高温度，固相直接转变成蒸气；降低温度，气相直转变成固相。因此，凡是在三相点以下具有较高蒸气压的固态物质都可以在三相点温度以下进行升华提纯。

不同的固体物质在其三相点时的蒸气压是不一样的，因而它们升华的难易也不相同。一般来说，结构上对称性较高的物质具有较高的熔点，且在熔点温度时具有较高的蒸气压，易于用升华来提纯。例如六氯乙烷，三相点温度为 186℃，蒸气压为 780mmHg，而它在 185℃时的蒸气压已达到 760mmHg，因而它在三相点以下就很容易进行升华。樟脑的三相点温度为 179℃，压力为 370mmHg。由于它在未达到熔点之前就有相当高的蒸气压，所以只要缓缓加热，使温度维持在 179℃以下，它就可不经熔化而直接蒸发完毕。但是若加热太快，蒸气压超过三相点的平衡压（370mmHg），樟脑就开始熔化为液体。所以升华时加热应当缓慢进行。

与液态物质的沸点相似，固态物质的蒸气压等于固态物质所受的压力时的温度，称为该固态物质的升华点。由此可见，升华点与外压有关，在常压下不易升华的物质，即在三相点时蒸气压比较低的物质，如萘在熔点 80℃时的蒸气压才 7mmHg，使用一般升华方法不能得到满意的结果。这时可将萘加热至熔点以上，使其具有较高的蒸气压，同时通入空气或惰性气体，促使蒸发速度加快，并可降低萘的分压，使蒸气不经过液态而直接凝成固态。此外，还可采取减压升华的办法来纯化。

三、实验仪器与试剂

1. **仪器**：蒸发皿、玻璃漏斗、温度计。
2. **试剂**：粗品水杨酸。

四、实验步骤

1. 常压升华

通用的常压升华装置如图 3-27 所示。必须注意冷却面与升华物质水杨酸的距离应尽可能近些。因为升华发生在物质的表面，所以待升华物质应预先粉碎。

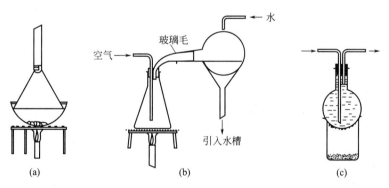

图 3-27　常压升华装置

图 3-27 中（a）是将待升华的物质置于蒸发皿上，上面覆盖一张滤纸，用针在滤纸上刺些许小孔。滤纸上倒置一个大小合适的玻璃漏斗，漏斗颈部松弛地塞一些玻璃毛或棉花，以减少蒸气外逸。为使加热均匀，蒸发皿宜放在铁圈上，下面垫石棉网小火加热（蒸发皿与石棉网之间宜隔开几毫米），控制加热温度（低于三相点）和加热速度（慢慢升华）。样品开始升华，上升蒸气凝结在滤纸背面，或穿过滤纸孔，凝结在滤纸上面或漏斗壁上。必要时，漏斗外壁上可用湿布冷却，但不要弄湿滤纸。升华结束后，先移去热源，稍冷后，小心拿下漏斗，轻轻揭开滤纸，将凝结在滤纸正反两面和漏斗壁上的晶体刮到干净的表面皿上。

较多一点量物质的升华，可以在烧杯中进行，如图 3-27（c）所示。烧杯上放置一通冷却水的烧瓶，烧杯下用热源加热，样品升华后蒸气在烧瓶底部凝结成晶体。

在空气或惰性气体（常用氮气）流中进行升华的最简单的装置如图 3-27（b）所示。在锥形瓶上装一打有两个孔的塞子，一孔插入玻管，以导入气体，另一孔装一接液管。接液管大的一端伸入圆底烧瓶颈中，烧瓶口塞一点玻璃毛或棉花。开始升华时即通入气体，把物质蒸气带走，凝结在用冷水冷却的烧瓶内壁上。

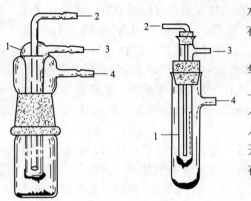

图 3-28　减压升华装置
1—冷凝指；2—进冷水；
3—引入下水道；4—接减压泵

2. 减压升华

图 3-28 是常用的减压升华装置，可用水泵或油泵减压。在减压下，被升华的物质经加热升华后凝结在冷凝指外壁上。升华结束后应慢慢使体系接通大气，以免空气突然冲入而把冷凝指上的晶体吹落；在取出冷凝指时也要小心轻拿。

无论常压或减压升华，加热都应尽可能保持在所需要的温度，一般常用水浴、油浴等热浴进行加热较为稳妥。

实验九　柱色谱和薄层色谱

一、实验目的

1. 了解色谱法分离提纯有机化合物的基本原理和应用。
2. 掌握柱色谱、薄层色谱的操作技术。

二、实验原理

色谱法亦称色层法、层析法等。

色谱法是分离、纯化和鉴定有机化合物的重要方法之一。色谱法的基本原理是利用混合物各组分在某一物质中的吸附或溶解性能（分配）的不同，或其亲和性的差异，使混合物的溶液流经该种物质进行反复的吸附或分配作用，从而使各组分分离。

色谱法在有机化学中的应用主要包括以下几方面：

（1）**分离混合物**　一些结构类似、理化性质也相似的化合物组成的混合物，一般应用化学方法分离很困难，但应用色谱法分离，有时可得到满意的结果。

（2）**精制提纯化合物**　有机化合物中含有少量结构类似的杂质，不易除去，可利用色谱法分离以除去杂质，得到纯品。

（3）**鉴定化合物**　在条件完全一致的情况，纯的化合物在薄层色谱或纸色谱中都呈现一定的移动距离，称比移值（R_f 值），所以利用色谱法可以鉴定化合物的纯度或确定两种性质相似的化合物是否为同一物质。但影响比移值的因素很多，如薄层的厚度、吸附剂颗粒的大小、酸碱性、活性等级、外界温度和展开剂纯度、组成、挥发性等。所以，要获得重现的比移值就比较困难。为此，在测定某一试样时，最好用已知样品进行对照。

$$R_f = \frac{溶质最高浓度中心至原点中心的距离}{溶剂前沿至原点中心的距离}$$

（4）**观察一些化学反应是否完成**　可以利用薄层色谱或纸色谱观察原料色点的逐步消失，以证明反应完成与否。

吸附色谱主要是以氧化铝、硅胶等为吸附剂，将一些物质自溶液中吸附到它的表面，而后用溶剂洗脱或展开，利用不同化合物受到吸附剂的不同吸附作用，和它们在溶剂中不同的溶解度，也就是利用不同化合物在吸附剂上和溶液之间分布情况的不同而得到分离。吸附色谱分离可采用柱色谱和薄层色谱两种方式。

柱色谱常用的有吸附色谱和分配色谱两种。吸附色谱常用氧化铝和硅胶为吸附剂。分配色谱以硅胶、硅藻土和纤维素为支持剂，以吸收较大量的液体作为固定相。吸附柱色谱通常在玻璃管中填入表面积很大、经过活化的多孔性或粉状固体吸附剂。当待分离的混合物溶液流过吸附柱时，各种成分同时被吸附在柱的上端。当洗脱剂流下时，由于不同化合物吸附能力不同，往下洗脱的速度也不同，于是形成了不同层次，即溶质在柱中自上而下按对吸附剂的亲和力大小分别形成若干色带，在用溶剂洗脱时，已经分开的溶质可以从柱上分别洗出收集；或将柱吸干，挤出后按色带分割开，再用溶剂将各色带中的溶质萃取出来。

薄层色谱又叫薄板层析，是色谱法中的一种，是快速分离和定性分析少量物质的一种很重要的实验技术。薄层色谱属固-液吸附色谱，它兼备了柱色谱和纸色谱的优点，一方面适用于少量样品（几到几微克，甚至 $0.01\mu g$）的分离；另一方面在制作薄层板时，把吸附层加厚加大，又可用来精制样品，此法特别适用于挥发性较小或较高温度下易发生变化而不能用气相色谱分析的物质。此外，薄层色谱法还可用来跟踪有机反应及进行柱色谱之前的一种"预试"。

三、实验仪器与试剂

1. 仪器：载玻片、烘箱、小烧杯、毛细管、展开槽、色谱柱、石英砂、滴管、锥形瓶。

2. 试剂：硅胶（100～200 目）、环己烷、苯、反式偶氮苯、95％乙醇、亚甲基蓝、荧光黄。

四、实验步骤

正确装柱、制板、点样及分离操作（见图 3-29）。

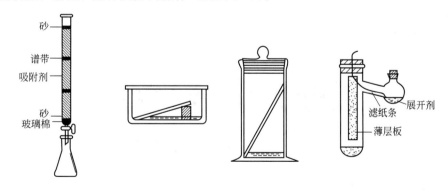

图 3-29　色谱分离装置

1. 薄层色谱

（1）薄层板的制备（湿板的制备）　薄层板制备的好坏直接影响色谱的结果。薄层应尽量均匀且厚度要固定。否则，在展开时前沿不齐，色谱结果也不易重复。在烧杯中放入 2g 硅胶，加入 5～6mL 蒸馏水，调成糊状。将配制好的浆料倾注到清洁、干燥的载玻片上，拿在手中轻轻地左右摇晃，使其表面均匀平滑，在室温下晾干后进行活化。也可买市售的硅胶板切割成适宜大小备用。本实验用此法制备薄层板 5 片，吸附剂为硅胶 G，用 0.5% 的羧甲基纤维素钠水溶液调成浆料。

（2）**点样** 先用铅笔在距薄层板一端 1cm 处轻轻画一横线作为起始线，然后用毛细管吸取样品，在起始线上小心点样，斑点直径一般不超过 2mm。若样品溶液太稀，可重复点样，但应待前次点样的溶剂挥发后方可重新点样，以防样点过大，造成拖尾、扩散等现象，而影响分离效果。若在同一板上点几个样，样点间距离应为 1cm。点样要轻，不可刺破薄层。

（3）**展开** 薄层色谱的展开，需要在密闭容器中进行。为使溶剂蒸气迅速达到平衡，可在展开槽内衬一滤纸。在展开槽中加入配好的展开溶剂，使其高度不超过 1cm。将点好的薄层板小心放入展开槽中，点样一端朝下，浸入展开剂中。盖好瓶盖，观察展开剂前沿上升到一定高度时取出，尽快在板上标上展开剂前沿位置。晾干，观察斑点位置，计算 R_f 值。

（4）**显色** 凡可用于纸色谱的显色剂都可用于薄层色谱。薄层色谱还可使用腐蚀性的显色剂如浓硫酸、浓盐酸和浓磷酸等。对于含有荧光剂（硫化锌镉、硅酸锌、荧光黄）的薄层板在紫外灯下观察，展开后的有机化合物在亮的荧光背景上呈有色斑点。也可用卤素斑点试验法来使薄层色谱斑点显色。本实验样品本身具有颜色，不必在荧光灯下观察。

2. 柱色谱

（1）**装柱**（湿法） 用镊子取少许脱脂棉放于干净的色谱柱底部，轻轻塞紧，关闭活塞，向柱中倒入溶剂至约为柱高的 3/4 处，通过一干燥的玻璃漏斗慢慢将固定相加入到色谱柱中，打开活塞，控制流出速度为 1 滴/秒；并用橡皮塞轻轻敲打色谱柱下部，使填装紧密，当装柱至 3/4 时，再在上面加一片小圆滤纸或脱脂棉。操作时一直保持上述流速，注意不能使液面低于氧化铝的上层。

（2）**上样** 当溶剂液面刚好流至滤纸面时，立即沿柱壁加入待分离样品溶液，当此溶液流至接近滤纸面时，立即用少量溶剂洗下管壁的有色物质，如此连续 2～3 次，直至洗净为止。

（3）**洗脱** 用已配好的溶剂洗脱，控制流出速度。整个过程都应有洗脱剂覆盖吸附剂。极性小的色带首先向下移动，极性较大的留在柱的上端，形成不同的色带。观察色带的出现，并用锥形瓶收集洗脱液。

第三节 有机化合物的制备

实验十 乙酸乙酯的制备

一、实验目的

1. 熟悉羧酸与醇反应制备酯的原理和方法。

2. 掌握提高可逆反应转化率的实验方法。

3. 掌握产物的分离提纯的原理和方法。

4. 学习阿贝折光仪的使用方法及用途。

二、实验原理

乙酸乙酯为无色透明液体,有水果香,易挥发,对空气敏感,能吸收水分,微溶于水。可用作纺织工业的清洗剂和天然香料的萃取剂,也是制药工业和有机合成的重要原料。

醇与有机酸在强酸的催化下发生酯化反应生成酯。酯化反应是一个典型的、酸催化的可逆反应。

$$RCOOH + R'OH \underset{\triangle}{\overset{H^+}{\rightleftharpoons}} RCOOR' + H_2O$$

反应达到平衡时,约有2/3的酸和醇转化为酯。加热或加催化剂都只能加快反应速率,而对平衡时的物料组成没有影响。

为了提高酯的产率,常加入过量的酸或醇,也可以把反应中生成的酯或水及时蒸出,或两者并用,以促使平衡向右移动。本实验中,采用加入过量乙醇及不断蒸出产物酯和水的方法。

主反应:

$$CH_3COOH + CH_3CH_2OH \overset{H^+}{\rightleftharpoons} H_3C-\overset{\overset{\displaystyle O}{\|}}{C}-OCH_2CH_3 + H_2O$$

副反应:

$$2CH_3CH_2OH \xrightarrow[135\sim145℃]{浓硫酸} CH_3CH_2OCH_2CH_3$$

$$CH_3CH_2OH \xrightarrow[\triangle]{浓硫酸} CH_2=CH_2$$

$$CH_3CH_2OH \xrightarrow[\triangle]{浓硫酸} CH_3CHO \xrightarrow[\triangle]{浓硫酸} CH_3COOH$$

三、仪器与试剂

1. 仪器: 圆底烧瓶、分液漏斗、球形冷凝管、温度计、直形冷凝管、蒸馏头、接引管、梨形瓶、量筒、阿贝折光仪。

2. 试剂: 乙醇 7.5g(9.5mL,0.16mol)、冰醋酸 6.3g(6mL,0.1mol)、饱和碳酸钠 10mL、浓硫酸 2.5mL、饱和氯化钙溶液 10mL、无水硫酸镁。

四、实验流程图

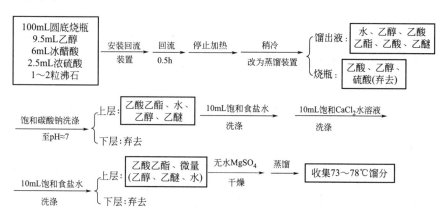

五、实验步骤

实验装置如图 3-30 所示。

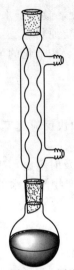

图 3-30 回流冷凝装置

在干燥的 100mL 圆底烧瓶中加入 9.5mL 无水乙醇和 6mL 冰醋酸，混合均匀，加入 2.5mL 浓硫酸，充分摇匀。加入 1～2 粒沸石，装上回流冷凝管，电热套加热至回流，调节电压，控制回流速度为 1 滴/1～2 秒，反应 0.5h 后，停止加热。待反应液稍冷后，将回流装置改为蒸馏装置，加热蒸出生成的乙酸乙酯，直到馏出液体积约为原反应液的一半为止。在馏出液中慢慢加入饱和碳酸钠溶液，振摇混合并用 pH 试纸检查，直至 pH＝7，且无气泡产生为止，然后转入分液漏斗，静置分层后分去水层。油层依次用 10mL 饱和食盐水[1]、10mL 饱和氯化钙溶液[2] 和 10mL 饱和食盐水洗涤。将酯层倒入一干燥、洁净的小锥形瓶中，加少量无水硫酸镁，干燥至液体澄清为止。

将干燥后的乙酸乙酯小心地倒入干燥的 25mL 圆底烧瓶中（注意干燥剂不可进入），加入几粒沸石，安装好蒸馏装置，在石棉网上加热蒸馏，收集 73～78℃馏分[3]，测折射率、称量，计算产率。

纯乙酸乙酯为无色具有酯香味的液体，沸点 77.2℃，d_4^{20} 0.901，n_D^{20} 1.3723。

附注

[1] 为减少乙酸乙酯在水中的溶解度，应采用饱和食盐水洗涤，洗涤后的饱和食盐水层中含有碳酸钠，必须彻底分离干净，否则在下步用氯化钙洗涤时会产生碳酸钙沉淀，使进一步分离困难。

[2] 在馏出液中不仅有酯和水，还有少量未反应的乙醇和乙酸，饱和氯化钙水溶液主要是除去未反应的醇。

[3] 如果乙酸乙酯中含有少量的水或醇，在蒸馏时可能产生形成的几种恒沸混合物，见下表：

	恒沸混合物	沸点/℃	组成（质量分数）/%		
			乙酸乙酯	乙醇	水
二元	乙酸乙酯-水	70.4	72.9	91.9	8.1
	乙酸乙酯-乙醇	71.8	69.0	31.0	
三元	乙酸乙酯-乙醇-水	70.2	82.6	8.4	9.0

思考题

1. 本实验根据什么原理提高乙酸乙酯的收率，能不能采用回流分水装置？

2. 实验中若采用乙酸过量的方法是否可行？为什么？

3. 用饱和 $CaCl_2$ 溶液洗涤的目的是什么？

实验十一　乙酸正丁酯的制备

一、实验目的

1. 学习酯化反应的原理，掌握乙酸正丁酯的制备方法。

2. 掌握提高可逆反应转化率的实验方法。

3. 熟练蒸馏、回流、干燥、分水器的使用等技术。

二、实验原理

乙酸正丁酯，简称乙酸丁酯。无色透明有愉快果香气味的液体。较低级同系物难溶于水；与醇、醚、酮等有机溶剂混溶。易燃，急性毒性较小，但对眼鼻有较强的刺激性，而且在高浓度下会引起麻醉。乙酸正丁酯是一种优良的有机溶剂，对乙基纤维素、醋酸丁酸纤维素、聚苯乙烯、甲基丙烯酸树脂、氯化橡胶以及多种天然树胶均有较好的溶解性能。

乙酸正丁酯通常由乙酸与正丁醇在硫酸催化下发生酯化反应来制备。

主反应：

$$CH_3COOH+CH_3CH_2CH_2CH_2OH \underset{}{\overset{H^+}{\rightleftharpoons}} \overset{\overset{O}{\|}}{H_3C-C}-OCH_2CH_2CH_2CH_3 +H_2O$$

副反应：

$$2CH_3CH_2CH_2CH_2OH \underset{135\sim145℃}{\overset{浓硫酸}{\rightleftharpoons}} (CH_3CH_2CH_2CH_2)_2O+H_2O$$

$$CH_3CH_2CH_2CH_2OH \underset{\triangle}{\overset{浓硫酸}{\rightleftharpoons}} CH_2=CHCH_2CH_3+H_2O$$

本实验采用恒沸去水法，利用恒沸混合物的蒸出、冷凝、回流的方法，除去酯化反应中生成的水。反应在装有分水器的回流装置中进行。

当酯化反应进行到一定程度时，可以连续地蒸出乙酸正丁酯、丁醇和水三者所形成的二元或三元恒沸混合物。当含水的恒沸混合物蒸气冷凝为液体时，在分水器中分为两层，上层为溶解少量水的酯和醇，下层为溶解少量酯和醇的水。浮于上层的酯和醇通过支管口回到反应瓶中，未反应的正丁醇可继续酯化，水则逐次分出。这样反复地进行，可以把反应中所生成的水几乎全部除去而得到较高产率的酯。

三、仪器与试剂

1. 仪器：圆底烧瓶、分水器、分液漏斗、球形冷凝管、温度计、直形冷凝管、蒸馏头、接引管、梨形瓶、量筒、阿贝折光仪。

2. 试剂：正丁醇 7.4g（9.1mL，0.1mol）、冰醋酸 6.3g（6mL，0.1mol）、10％碳酸钠溶液 10mL，浓硫酸、无水硫酸镁。

四、实验流程图

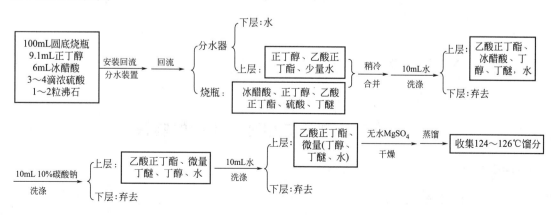

五、实验步骤

实验装置如图 3-31 所示。

图 3-31 分水回流冷凝装置

在干燥的 100mL 圆底烧瓶中加入 9.1mL 正丁醇和 6mL 冰醋酸，混合均匀，小心地加入 3～4 滴浓硫酸[1]，充分摇匀。加入几粒沸石，如图安装分水器及回流冷凝管，加热回流，调节电压，控制回流速度为 1 滴/1～2 秒，反应一段时间后，水被逐渐分出[2]。当分水器中的水层上升至支管口处，放掉少量的水[3]，继续回流，当不再有水生成时（油水界面不再上升），反应完成，停止加热。反应液冷却后，将分水器中分出的酯层和烧瓶中的反应液一起倒入分液漏斗中。先用 10mL 的水洗涤，静置，分去水层，再用 10mL10％碳酸钠溶液洗涤，最后用 10mL 水洗涤至中性。将酯层倒入干燥、洁净的锥形瓶中，加少量无水硫酸镁，干燥至液体澄清为止。

将干燥后的乙酸正丁酯小心地倒入干燥的 25mL 圆底烧瓶中[4]，加入 1～2 粒沸石，安装好蒸馏装置，在石棉网上加热蒸馏，收集 124～126℃ 馏分，测折射率、称量，计算产率。

纯乙酸正丁酯为无色具有酯香味的液体，沸点 126.3℃，d_4^{18} 0.88254，n_4^{20} 1.3947。

附注

[1] 本实验中浓硫酸仅起催化作用，故只需少量。

[2] 凡原料醇，产物酯能与水形成恒沸混合物的酯化反应，在反应体系中可不用另加带水剂，否则还需要加带水剂，以便将反应生成的水随带水剂以恒沸混合物的形式蒸出，从而达到提高酯产量的目的。这类酯化法称恒沸酯化。

[3] 正丁醇、乙酸正丁酯和水可能形成的几种恒沸混合物见下表：

恒沸混合物		沸点/℃	组成(质量分数)/％		
			乙酸正丁酯	正丁醇	水
二元	乙酸正丁酯-水	90.7	72.9		27.1
	正丁醇-水	93.0		55.5	44.5
	乙酸正丁酯-正丁醇	117.6	32.8	67.2	
三元	乙酸正丁酯-正丁醇-水	90.7	63.0	8.0	29.0

[4] 注意干燥剂不可进入蒸馏瓶，否则受热会放出水分。

思考题

1. 本实验根据什么原理提高乙酸正丁酯的产率？

2. 粗产物中含有哪些杂质？如何将它们除去？

3. 为什么不用无水氯化钙干燥乙酸正丁酯？

实验十二　邻苯二甲酸二丁酯的制备

一、实验目的

1. 学习由酸酐制备酯的方法。

2. 巩固油水分离器的使用方法。

3. 熟练蒸馏、回流、干燥、分水器的使用等技术。

二、实验原理

邻苯二甲酸二丁酯是聚氯乙烯最常用的增塑剂，可使制品具有良好的柔软性，但挥发性和水抽出性较大，因而耐久性差。邻苯二甲酸二丁酯是硝基纤维素的优良增塑剂，凝胶化能力强，用于硝基纤维素涂料，具有良好的软化作用。稳定性、耐挠曲性、黏结性和防水性均优于其它增塑剂。邻苯二甲酸二丁酯也可用作聚醋酸乙烯、醇酸树脂、硝基纤维素、乙基纤维素及氯丁橡胶、丁腈橡胶的增塑剂。

邻苯二甲酸酐与正丁醇在少量酸的催化下加热发生酯化反应生成邻苯二甲酸二丁酯。酯化反应是一个典型的、酸催化的可逆反应。

主反应：

$$\text{（结构式）} + CH_3CH_2CH_2CH_2OH \xrightarrow{H_2SO_4} \text{（结构式）} + H_2O$$

副反应：

$$2CH_3CH_2CH_2CH_2OH \xrightleftharpoons[135\sim145℃]{浓硫酸} (CH_3CH_2CH_2CH_2)_2O + H_2O$$

$$CH_3CH_2CH_2CH_2OH \xrightleftharpoons[\triangle]{浓硫酸} CH_2{=\!=}CHCH_2CH_3 + H_2O$$

为了提高酯的产率，本实验中正丁醇应过量。这里正丁醇不仅是反应物，而且作带水剂，利用正丁醇和水恒沸混合物的蒸出，冷凝，回流的方法，除去酯化反应中生成的水。正丁醇和水蒸气冷凝为液体时，在分水器中分为两层，上层为溶了少量水的正丁醇，下层为溶了少量醇的水。浮于上层的醇通过支管口回到反应瓶中，未反应的正丁醇可继续酯化，水则逐次分出。这样反复地进行，可以把反应中所生成的水几乎全部除去而得到较高产率的酯。

三、仪器与试剂

1. 仪器： 三口烧瓶、分水器、分液漏斗、球形冷凝管、温度计、直形冷凝管、蒸馏头、接引管、梨形瓶、量筒、阿贝折光仪。

2. 试剂： 正丁醇 15.5g（19mL，0.21mol）、邻苯二甲酸酐 10g（0.068mol）、10％碳酸钠溶液 10mL、浓硫酸 0.2mL、饱和食盐水 30mL、无水硫酸镁。

四、实验流程图

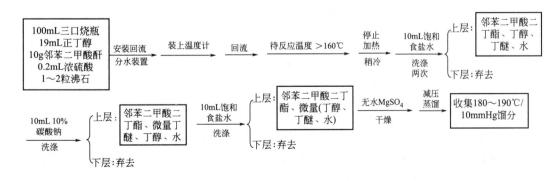

五、实验步骤

实验装置如图 3-32 所示。

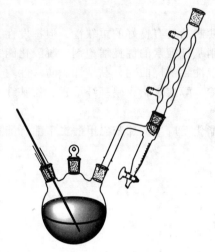

图 3-32　温控分水装置

在干燥的 100mL 三口烧瓶中加入 10g 邻苯二甲酸酐[1]、19mL 正丁醇，小心地加入 0.2mL 浓硫酸，充分摇匀。加入 1～2 粒沸石，在瓶口分别装上温度计和分水器，温度计应浸入反应液中，在分水器中加满正丁醇，以便使冷凝下来的共沸混合物中的原料能及时流回反应瓶。如图安装分水器及回流冷凝管，小火加热，待邻苯二甲酸酐全部溶解后，开始有正丁醇和水共沸物蒸出[2]，可看到有小水珠沉入分水器底部，调节电压，控制回流速度为 1 滴/1～2 秒，当瓶内液体温度达到 160℃[3]，停止加热。反应液冷却后，倒入分液漏斗中。先用 10mL 饱和食盐水洗涤 2 次，静置，分去水层，再用 10mL 10％碳酸钠溶液洗涤，最后用 10mL 饱和食盐水洗涤至中性，加少量无水磁酸镁干燥。油层倒入 25mL 圆底烧瓶中，加入 1～2 粒沸石，

安装好蒸馏装置，蒸去正丁醇，残液进行减压蒸馏，收集 180～190℃/10mmHg 馏分，测折射率、称量、计算产率。

纯邻苯二甲酸二丁酯为无色具有酯香味的液体，沸点 340℃，d_4^{20} 0.88254，n_D^{20} 1.4911。

附注

[1] 邻苯二甲酸酐对皮肤、黏膜有刺激作用，称取时应避免用手直接接触。

[2] 正丁醇-水共沸点为 93℃，其中含水量为 44.5％。

[3] 邻苯二甲酸二丁酯在酸性条件下，超过 180℃易发生分解反应。如酸度过大，在 160℃以下也会分解，生成苯酐和正丁烯。

思考题

1. 本实验根据什么原理提高邻苯二甲酸二丁酯的产率？

2. 粗产物中含有哪些杂质？如何将它们除去？

3. 为什么反应温度不能超过 160℃？

实验十三　正丁醚的制备

一、实验目的

1. 学习醇在酸的催化作用下分子间脱水制取单醚的原理和方法。

2. 学习使用分水器的回流去水原理和使用方法。

二、实验原理

正丁醚为无色液体，微有乙醚气味，可用作溶剂、电子级清洗剂。有机合成中用作溶剂，也用作有机酸、蜡、树脂等的萃取剂和精制剂。脂肪族单醚通常可由两分子醇在酸的催

化下脱去一分子水来制备。实验室中通常用浓硫酸作催化剂脱水制备单醚。在浓硫酸存在下，温度高时，醇还可以发生分子内脱水成烯烃。因此必须注意控制好反应的温度。此反应是可逆的，本实验利用共沸脱水的方法将反应生成的水不断地从反应物中除去。由于水与正丁醇和正丁醚分别形成二元共沸物和三元共沸物，故借分水器不断分去蒸出的水，而绝大部分的正丁醇和正丁醚自动连续地返回反应瓶中。

主反应：

$$2CH_3CH_2CH_2CH_2OH \xrightarrow[<138℃]{H_2SO_4} CH_3CH_2CH_2CH_2-O-CH_2CH_2CH_2CH_3 + H_2O$$

副反应：

$$CH_3CH_2CH_2CH_2OH \xrightarrow[\triangle]{H_2SO_4} CH_3CH_2CH=CH_2\uparrow + H_2O$$

三、仪器与试剂

1. **仪器**：三口烧瓶、圆底烧瓶、分水器、分液漏斗、球形冷凝管、温度计、空气冷凝管、蒸馏头、接引管、梨形瓶、量筒、阿贝折光仪。

2. **试剂**：正丁醇 17g（21mL，0.23mol）、浓硫酸 5.5g（3mL，0.056mol）、50%硫酸溶液、10%碳酸钠溶液 10mL、无水氯化钙。

四、实验流程图

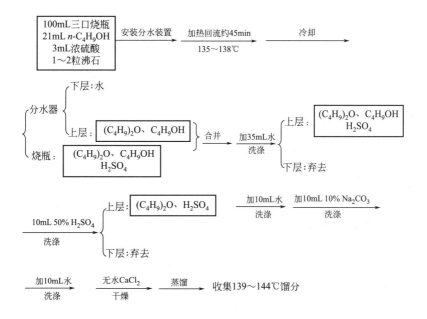

五、实验步骤

实验装置如图 3-32 所示。

在 100mL 三口烧瓶中，放入 21mL 正丁醇，在摇荡下慢慢加入 3mL 浓硫酸，摇匀[1]，加入 1～2 粒沸石。在三口烧瓶一侧口上装温度计，温度计要插在液面以下，另一口装上分水器，分水器中要事先加入水至 10mL 刻度处，分水器上接一回流冷凝管，中间口用塞子塞住。

在加热套中小火加热，保持液体微沸，回流分水。随着水的带出，反应液的温度逐渐上升。待瓶内温度上升到 135～138℃，当分水器中不再有水分出，表示反应已基本完成[2]，停止加热，大约需要 45min。

待反应液冷却后，将反应混合物连同分水器中的水一起倒入 35mL 水中，洗涤分液。上层粗产物先用 10mL50％硫酸溶液[3] 洗涤两次，再依次用 10mL 水、10mL10％碳酸钠溶液和 10mL 水各洗涤一次。粗产物用无水氯化钙干燥后，转入 25mL 圆底烧瓶中，接上空气冷凝管搭建蒸馏装置，加热蒸馏，收集 139～144℃的馏分。

正丁醚为无色液体，沸点 142℃，d_4^{20} 0.7689，n_D^{20} 1.3992，不溶于水，溶于醇。

附注

[1] 醇与硫酸要先混合均匀，否则加热后会变黑。

[2] 反应物温度达 138℃，反应已完成，如继续加热，则反应液易炭化变黑，并有大量副产物丁烯生成。

[3] 50％硫酸可洗去粗产物中的正丁醇，因硫酸浓度不高，正丁醚很少溶解。

思考题

1. 试根据本实验正丁醇用量计算在反应中生成多少体积的水？
2. 反应结束后，为什么要将反应液倒入 35mL 水中？
3. 用 50％硫酸溶液洗涤粗产物的目的是什么？能用浓硫酸洗涤吗？

实验十四　1-溴丁烷的制备

一、实验目的

1. 学习以醇、溴化钾和浓硫酸制备 1-溴丁烷的反应原理和方法。
2. 掌握回流、蒸馏、气体吸收装置以及分液漏斗的使用等基本操作。

二、实验原理

1-溴丁烷为无色透明液体，可用作稀有元素的萃取溶剂及有机合成的中间体及烷基化剂；还可用作生产塑料紫外线吸收剂及增塑剂的原料；用作制药原料（如合成"丁溴东莨菪碱"，可用于肠、胃溃疡、胃炎、十二指肠炎、胆石症等，合成麻醉药盐酸丁卡因等）；用作合成染料、香料合成原料，可制备功能性色素的原料（如压敏色素、热敏色素、液晶用双色性色素）；半导体中间原料等。在实验室里饱和一元卤代烃一般都是以醇为原料制取的，最常用的方法是用醇与氢卤酸作用。

$$R-OH+HX \rightleftharpoons R-X+H_2O$$

氢溴酸是一种极易挥发的无机酸，无论是液体还是气体刺激性都很强。因此，本实验中采用溴化钾与硫酸作用来生成氢溴酸，使 HBr 边生成边参与反应，这样可提高 HBr 的利用率，并在反应装置中加入气体吸收装置，将外逸的溴化氢气体吸收，以免对环境造成污染。

由于醇与氢溴酸的反应是一个可逆反应。为了使反应平衡向生成溴代烷的方向移动，可以增加醇或氢溴酸的浓度，也可以设法不断地除去生成的溴代烷和水，或两者并用。本实验采取的方法是增加溴化钾的用量，回流后再进行粗蒸馏，一方面使生成的产品 1-溴丁烷分离出来，便于后面的分离提纯操作；另一方面，粗蒸过程可进一步使醇与 HBr 的反应趋于完全。

主反应

$$KBr + H_2SO_4 \longrightarrow HBr + KHSO_4$$

$$n\text{-}C_4H_9OH + HBr \underset{}{\overset{H_2SO_4}{\rightleftharpoons}} n\text{-}C_4H_9Br + H_2O$$

副反应

$$n\text{-}C_4H_9OH \xrightarrow{H_2SO_4} CH_3CH_2CH{=}CH_2 + H_2O$$

$$2n\text{-}C_4H_9OH \xrightarrow{H_2SO_4} C_4H_9{-}O{-}C_4H_9 + H_2O$$

$$2HBr + H_2SO_4 \longrightarrow Br_2\uparrow + SO_2\uparrow + 2H_2O$$

三、仪器与试剂

1. 仪器：圆底烧瓶、分液漏斗、球形冷凝管、温度计、直形冷凝管、蒸馏头、梨形瓶、接引管、量筒、烧杯。

2. 试剂：正丁醇 7.4g（9.1mL，0.1mol）、无水溴化钾 14.3g（0.12mol）、浓硫酸 25.8g（14mL，0.26mol）、10%碳酸钠溶液、无水氯化钙、饱和亚硫酸氢钠溶液。

四、实验流程图

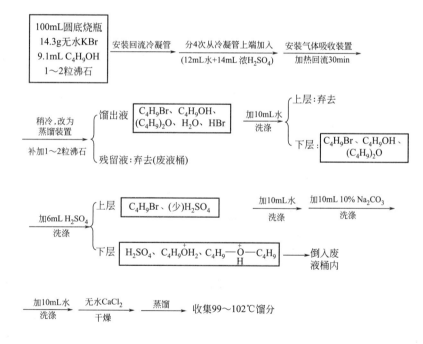

五、实验步骤

实验装置如图 3-33 所示。

在 100mL 烧杯中，加入 12mL 水，置烧杯于冷水浴中冷却，边振荡，边缓慢地加入 14mL 浓硫酸。冷却至室温。在 100mL 圆底烧瓶中加入 9.1mL 正丁醇，然后加入 14.3g 无水溴化钾，用滤纸擦去黏附于磨口壁上的固体粉末。加入 1～2 粒沸石，安装球形冷凝管，从冷凝管上方分批加入配好的硫酸，每次加入都要充分振荡，安装气体吸收装置（注意：倒

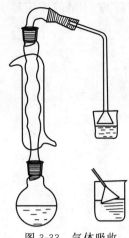

图 3-33　气体吸收
回流冷凝装置

覆在盛水烧杯中的漏斗，其边缘应接近于水面，切勿浸入水中，以免倒吸）。小火加热至沸腾。保持回流 30min，调节电压，控制回流速度每秒 1～2 滴及冷凝圈的高度不超过第一个球。在回流时要注意，如果产生大量红棕色溴蒸气[1]，应立即暂停加热或调小电压。回流完毕，停止加热。稍冷拆下回流冷凝管，改装为蒸馏装置，再加 1～2 粒沸石，蒸出所有的 1-溴丁烷粗品[2]。

将馏出液倒入分液漏斗中，加入 10mL 水洗涤，下层粗产物[3]放入一干燥的锥形瓶中，从漏斗上口倒出水层。将 6mL 浓硫酸分几次慢慢地加入锥形瓶中，每加一次都要充分振摇，并用冷水浴冷却。加完后将混合物重新倒入分液漏斗中，静置分层，尽量分去下层的浓硫酸[4]。油层依次用 10mL 水、10mL10％ 碳酸钠溶液[5]、10mL 水各洗涤一次。将下层 1-溴丁烷粗产物放入干燥的锥形瓶中，加入无水氯化钙，干燥至液体澄清透明为止。

将干燥好的液体小心地倾入干燥的 25mL 圆底烧瓶中，加入 1～2 粒沸石，安装一套干燥的蒸馏装置，在石棉网上用小火加热蒸馏，收集 99～103℃ 的馏分。

纯 1-溴丁烷为无色透明液体，沸点 101.6℃，d_4^{20} 1.2758，n_D^{20} 1.4399。不溶于水，溶于乙醇、乙醚。

附注

[1] 冷凝管出现的红棕色气为溴蒸气，产生的原因是由于加热温度过高而造成的。

[2] 1-溴丁烷是否蒸完，可从以下三个方面判断：①观察馏出液是否由浑浊变为澄清；②烧瓶中的上层油层是否完全消失；③取一干净小烧杯或小量筒收集几滴馏出液，加入少许水，看有无油珠出现，如无表示 1-溴丁烷已被蒸完。

[3] 洗涤中如油层呈红棕色，可用少量饱和亚硫酸氢钠的水溶液洗涤，以除去副产物溴。反应方程式为

$$Br_2 + 3NaHSO_3 \longrightarrow 2NaBr + 2SO_2 \uparrow + NaHSO_4 + H_2O$$

[4] 正丁醇和 1-溴丁烷可形成共沸物（沸点 98.6℃，含正丁醇 13％），如不洗去，蒸馏时难以除去。用浓硫酸洗涤是为了除去 1-溴丁烷中含有的少量未反应的正丁醇，及副产物正丁醚等杂质。

[5] 用碳酸钠溶液洗涤时，会有 CO_2 生成，应经常开启活塞放出生成的气体。

思考题

1. 醇与氢溴酸作用生成 1-溴丁烷是可逆反应，是否能用边反应边蒸馏的方法促使反应顺利完成？第一次蒸馏的馏出液中主要含有哪些杂质？各步洗涤有何目的？

2. 用分液漏斗时，1-溴丁烷时而在上层，时而在下层，如不知产物密度，可用什么简便方法加以判别？

3. 能否用普通蒸馏法除去杂质正丁醚和未反应的正丁醇？为什么？

实验十五　乙酰苯胺的制备

一、实验目的

1. 掌握乙酰化反应的原理，掌握乙酰苯胺的制备方法。

2. 掌握分馏柱除水的原理和方法。

3. 掌握重结晶的操作方法。

二、实验原理

　　乙酰苯胺是磺胺类药物的原料，可用作止痛剂、退热剂和防腐剂，用来制造染料中间体对硝基乙酰苯胺、对硝基苯胺和对苯二胺。在第二次世界大战期间，大量用于制造对乙酰氨基苯磺酰氯。乙酰苯胺也用于制造硫代乙酰胺。在工业上可作橡胶硫化促进剂、纤维酯涂料的稳定剂、过氧化氢的稳定剂以及用于合成樟脑等。

　　制备乙酰苯胺还有保护芳环上芳基的作用，由于氨基的强致活作用，使苯胺易氧化，或易发生环上的多元卤代。通常先将其乙酰化，然后在芳环上引入所需基团，再利用酰胺能水解生成胺的性质，恢复氨基。

　　乙酰苯胺可以通过苯胺与乙酰氯、乙酸酐或冰醋酸等试剂进行酰基化反应制得，反应活性为乙酰氯＞乙酸酐＞冰醋酸。由于乙酰氯遇水极易分解，本实验采用冰醋酸和乙酸酐作为酰化试剂。

　　方法一：用冰醋酸作酰化试剂。

$$\text{〈〉—NH}_2 + CH_3COOH \underset{}{\overset{Zn}{\rightleftharpoons}} \text{〈〉—NHCOCH}_3 + H_2O$$

　　方法二：用乙酸酐为酰化试剂

$$\text{〈〉—NH}_2 + (CH_3CO)_2O \xrightarrow{CH_3COOH} \text{〈〉—NHCOCH}_3 + CH_3COOH$$

三、仪器与试剂

　　1. 仪器：圆底烧瓶、三口烧瓶、分馏柱、温度计、滴液漏斗、球形冷凝管、烧杯、量筒、布氏漏斗、抽滤瓶。

　　2. 试剂：苯胺 5.1g（5mL，0.055mol）、冰醋酸 7.8g（7.4mL，0.13mol）、锌粉 0.2g、乙酸酐 7.6g（7mL，0.075mol）、活性炭。

四、实验流程图

　　方法一：

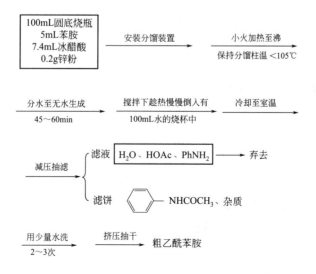

方法二：

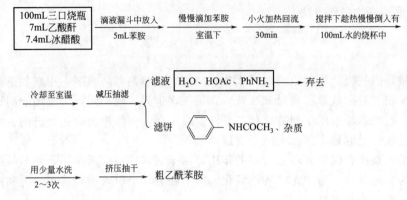

五、实验步骤

1. 粗乙酰苯胺的制备

方法一：实验装置如图 3-34 所示。

在 100mL 圆底烧瓶中加入 5mL 新蒸馏过的苯胺[1]和 7.4mL 冰醋酸，0.2g 锌粉[2]，搭建分馏装置。电热套加热至沸，调节温度，使分馏柱温度控制在 105℃左右，反应约 1h。当温度不断下降或上下波动时，表示反应已经完成，停止加热。在搅拌下趁热将反应液慢慢倒入 100mL 水中[3]，乙酰苯胺呈颗粒状析出。冷却后抽滤析出的固体，少量水洗涤滤饼两次，得到粗乙酰苯胺。

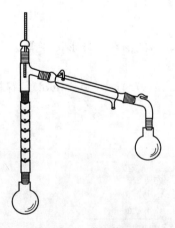

图 3-34 分馏装置

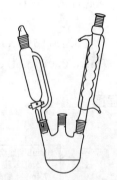

图 3-35 回流滴液装置

方法二：实验装置如图 3-35 所示。

在 100mL 三口烧瓶上分别装上回流冷凝管和滴液漏斗，剩余口用塞子塞上。

将 7mL 乙酸酐、7.4mL 冰醋酸放入烧瓶中，在滴液漏斗中放入 5mL 新蒸馏过的苯胺。然后，将苯胺室温下逐渐滴加到烧瓶中（有放热现象），边滴加边振荡。苯胺滴加完毕，在石棉网上用小火加热回流 30min。在搅拌下，趁热把反应混合物以细流状慢慢地倒入盛有 100mL 冷水的烧杯中，使乙酰苯胺呈颗粒状析出。充分冷却至室温后，进行减压过滤（烧杯壁上黏附的晶体用滤液转移完全）。尽量抽干母液，用空心塞将滤饼压干，用 5～10mL 冷水洗涤两次，再抽干，以除去残留的酸液。得到的粗乙酰苯胺按下列操作进行重结晶。

2. 乙酰苯胺的提纯

将粗乙酰苯胺结晶移入 250mL 烧杯中，加入 100mL 热水[4]（水不宜过多），加热至沸，使粗乙酰苯胺溶解，若溶液沸腾时仍有未溶解的油珠，适当补加少量热水，直至油珠消失为止，再补加 10％～15％的水。稍冷后[5]，加入半匙粉末状活性炭，在搅拌下微沸 5min，趁热用预热好的布氏漏斗进行减压过滤。滤液转移到一干净的烧杯中，慢慢冷至室温，抽滤，用少量冷水洗涤，抽干，尽量压干滤饼。把产物放在干净的表面皿中晾干，称重。

纯乙酰苯胺是无色有闪光的小叶片状晶体，熔点 114℃，难溶于冷水，稍溶于热水，易溶于乙醇、乙醚及氯仿。

附注

[1] 久置苯胺因空气氧化色深有杂质，会影响乙酰苯胺的质量，故需进行蒸馏提纯。苯胺有毒，操作时应避免与皮肤接触或吸入其蒸气。若皮肤沾上苯胺，应立即用水冲洗。

[2] 加入锌粉的目的是防止苯胺在反应过程中被氧化。

[3] 反应混合物冷却后，立即有固体产物析出，沾在烧瓶壁上不易处理，故需趁热倒出。同时有利于除去醋酸和未反应的苯胺，它与醋酸反应生成的苯胺醋酸盐易溶于水。

[4] 乙酰苯胺在水中的溶解度为：

温度/℃	20	25	50	80	100
溶解度/(g/100mL 水)	0.46	0.56	0.84	3.45	5.5

在本实验中，水的用量以控制在 80℃时形成饱和溶液为宜。

[5] 不能在沸腾时加活性炭，否则会发生溢料。活性炭具有多孔结构，如果在溶液沸腾时加入，会引起突然的暴沸，致使溶液冲出容器。加活性炭的目的是吸附除去溶液中的有色物质和某些有机杂质。

思考题

1. 方法一中为什么要将分馏柱温度控制在 105℃左右，过高或过低有什么不好？

2. 方法一中根据理论计算，反应完成时应产生多少水？为什么实际收集的液体远多于理论量？

3. 常用的酰化试剂有哪些？哪一种较经济？哪一种反应最快？

实验十六　二亚苄基丙酮的制备

一、实验目的

1. 了解交叉羟醛缩合反应。

2. 学习电动搅拌器的安装和操作方法。

二、实验原理

二亚苄基丙酮，又称二甲氨基苄丙酮、联苯乙烯酮，是重要的有机合成中间体，二亚苄基丙酮用于防晒油的添加剂，且作为有机金属化学中的常用配体。

无 α-H 的芳香醛与有 α-H 的醛（酮）发生交叉羟醛缩合反应，失水后得到 α,β-不饱和醛（酮）的反应称为 Claisen-Schmidt 反应。这是合成侧链上含有两种官能团的芳香族化合物的重要方法。本实验苯甲醛与丙酮的交叉缩合可通过改变反应物的物料比，得到二亚苄基丙酮和单亚苄基丙酮。

主反应：

副反应：

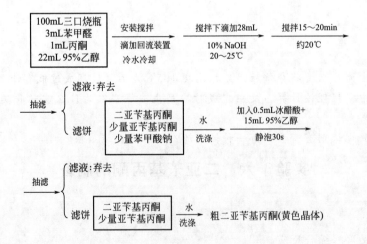

三、仪器与试剂

1. **仪器**：三口烧瓶、电动搅拌器、球形冷凝管、Y 形管、滴液漏斗、烧杯、量筒、布氏漏斗、抽滤瓶、表面皿。

2. **试剂**：苯甲醛 3.12g（3mL，0.03mol）、丙酮 0.79g（1mL，0.014mol）、10％氢氧化钠溶液 28mL、95％乙醇 40mL、冰醋酸 0.5mL。

四、实验流程图

```
┌─────────────┐   安装搅拌        搅拌下滴加28mL       搅拌15～20min
│100mL三口烧瓶 │                                        约20℃
│3mL苯甲醛    │   滴加回流装置 ── 10% NaOH ──────────
│1mL丙酮      │   冷水冷却        20～25℃
│22mL 95%乙醇 │
└─────────────┘
```

滤液:弃去

抽滤

滤饼

```
┌──────────────┐
│二亚苄基丙酮    │   水        加入0.5mL冰醋酸+
│少量亚苄基丙酮  │ ──────── ── 15mL 95%乙醇 ──────
│少量苯甲酸钠    │   洗涤       静泡30s
└──────────────┘
```

滤液:弃去

抽滤

滤饼

```
┌──────────────┐
│二亚苄基丙酮    │   水
│少量亚苄基丙酮  │ ──────── 粗二亚苄基丙酮(黄色晶体)
└──────────────┘   洗涤
```

五、实验步骤

实验装置如图 3-36 所示。

在 100mL 三口烧瓶上安装电动搅拌器、温度计和 Y 形管，Y 形管上安装回流冷凝管和滴液漏斗。调整使搅拌器的轴和搅拌棒在同一直线上，并试验电动搅拌器的运转情况。如运转情况正常，在三口烧瓶中放置 3mL 新蒸苯甲醛[1]、1mL 丙酮和 22mL 95％乙醇。启动搅拌器，自滴液漏斗中缓缓滴入 28mL 10％氢氧化钠[2]水溶液，控制反应温度为 15～25℃[3]，必要时可用冷水浴冷却。滴加完毕后，继续保温搅拌20min。反应结束后，抽滤。滤饼加入 0.5mL 冰醋酸和15mL 95％乙醇的混合溶液，静置 30s，再次抽滤水洗，得淡黄色固体。

二亚苄基丙酮具有三种立体异构体，反-反式为结晶固体，熔点 110～111℃；顺-反式为淡黄色针状结晶，熔点60℃；顺-顺式为黄色油状液体，沸点 130℃（2.7Pa）。溶于乙醇、丙酮、氯仿，不溶于水。

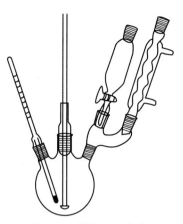

图 3-36　制备二亚苄基丙酮的反应装置

附注

[1] 苯甲醛久置会氧化为苯甲酸，故实验前要重新蒸馏。

[2] 碱的浓度太高，苯甲醛易发生歧化反应；碱浓度太低，则容易生成一缩合产物。

[3] 缩合反应为放热反应，而丙酮的沸点为 56.2℃，所以不需加热，应注意冷却，以免缩合温度过高。

思考题

1. 为什么要滴加氢氧化钠水溶液？
2. 碱的浓度偏高有什么不好？

实验十七　肉桂酸的制备

一、实验目的

1. 了解 Perkin 缩合反应的原理。
2. 学习水蒸气蒸馏的原理及操作方法。
3. 掌握回流、热过滤等基本操作技能。

二、实验原理

肉桂酸，又名 β-苯丙烯酸、3-苯基-2-丙烯酸，是从肉桂皮或安息香中分离出来的有机酸。植物中由苯丙氨酸脱氨降解产生苯丙烯酸。主要用于香精香料、食品添加剂、医药工业、美容、农药、有机合成等方面。芳香醛与含有 α-氢的脂肪族酸酐在碱性催化剂[1]的作用下加热，发生缩合反应，生成芳基取代的 α,β-不饱和酸。这种缩合反应称为 Perkin 反应。本实验是将苯甲醛与乙酸酐在无水乙酸钾存在下缩合，得到肉桂酸。

$$\text{—CHO} + (CH_3CO)_2O \xrightarrow{CH_3COOK} \text{—CH}{=}\text{CH—COOH} + CH_3COOH$$

三、仪器与试剂

1. 仪器： 三口烧瓶、空气冷凝管、烧杯、量筒、布氏漏斗、抽滤瓶、表面皿、水蒸气发生器、温度计、蒸馏头、接引管、锥形瓶。

2. 试剂： 苯甲醛 5.3g（5mL，0.05mol）、无水醋酸钾 3g（0.03mol）[1]、乙酸酐 8.1g（7.5mL，0.078mol）、饱和碳酸钠溶液 80mL、碳酸钠、活性炭、浓盐酸。

四、实验流程图

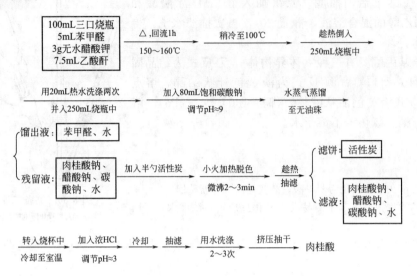

五、实验步骤

实验装置如图 3-37 所示。

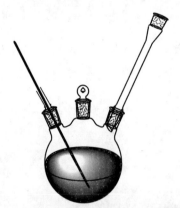

图 3-37 制备肉桂酸的反应装置

在干燥的 100mL 三口烧瓶中，加入 3g 无水醋酸钾[2]、7.5mL 乙酸酐[3] 和 5mL 苯甲醛[4]，充分振荡混合均匀，加入沸石，装上空气冷凝管和温度计，加热[5]回流 1h，反应液温度控制在 150～160℃。

反应结束后，待反应液温度降至 100℃ 左右时，趁热将反应混合物倒入 250mL 烧瓶中，用 20mL 左右沸水（水不宜过多）分两次冲洗反应烧瓶，洗涤液转移到大烧瓶中。在振荡下慢慢分批加入饱和碳酸钠溶液[6]约 80mL（有大量的 CO_2 气体产生，注意不要冲料），调节反应液呈弱碱性（pH＝8～9），安装水蒸气蒸馏装置，进行水蒸气蒸馏，直至馏出液无油珠澄清为止。稍冷，加入半匙活性炭，微沸 2～3min，趁热进行抽滤，滤液转移到烧杯中，冷却至室温，

在搅拌下小心慢慢地加入浓盐酸 20～30mL（不宜过快，否则晶形过细，且有大量的气泡产生，导致冲料），使溶液呈酸性（pH≈3）。冷却至室温，待结晶析出后进行抽滤，抽干，用少量冷水洗涤，得白色肉桂酸，晾干，称重。

纯肉桂酸为白色片状晶体，有顺反异构体，通常以反式异构体形式存在，熔点 133℃，沸点 300℃，d_4^{20} 1.245。

附注

[1] 碱性催化剂通常用相应酸酐的羧酸钠或钾盐，由于催化剂的碱性较弱，因此反应时间较长，反应温度较高。而缩合产物在高温下易发生脱羧反应，故反应收率不高。但反应的原料价廉易得，因此在工业上仍有应用价值。

[2] 醋酸钾也可用等摩尔的无水醋酸钠或无水碳酸钾代替。

[3] 乙酸酐久置会吸水水解为乙酸。故实验前要重新蒸馏，收集 137～140℃ 馏分。

［4］苯甲醛久置会氧化为苯甲酸，故实验前需重新蒸馏。

［5］开始加热不要过猛，以防乙酸酐受热分解而挥发，白色烟雾不要超过空气冷凝管高度的1/3。反应温度不宜过高，如反应温度过高（200℃左右），会生成树脂状物质。

［6］此时不能用氢氧化钠代替碳酸钠，否则会发生坎尼扎罗反应，使未反应的苯甲醛变为苯甲酸，影响产品质量。

思考题

1. 本实验为什么要用空气冷凝管作为回流冷凝管？

2. 在水蒸气蒸馏之前，为什么要使反应液碱化？能否用氢氧化钠代替碳酸钠中和反应混合物？

3. 用水蒸气蒸馏除去什么？

实验十八　乙酰水杨酸的制备

一、实验目的

1. 了解乙酰水杨酸的制备原理和方法，加深对酰基化反应的理解。

2. 进一步熟练重结晶等技术。

二、实验原理

乙酰水杨酸，通常称为阿司匹林（Aspirin），是一种广泛使用的具解热、镇痛、治疗感冒、预防心血管疾病等多种疗效的药物。人工合成它已有百年，由于它价格低廉、疗效显著，且防治疾病范围广，至今仍被广泛使用。

乙酰水杨酸是由水杨酸和乙酸酐合成的。反应时用硫酸或磷酸作为催化剂，用酸作为催化剂的另一个目的是它可以破坏水杨酸分子内羧基和羟基形成的氢键，促使反应的进行。由于水杨酸是一个具有酚羟基和羧基的双官能团化合物，能进行两种不同的酰基化反应。除发生上述的酰基化反应外，在酸存在下水杨酸分子之间会发生缩合反应，生成少量的聚合物。

主反应：

副反应：

三、仪器与试剂

1. **仪器**：圆底烧瓶、回流冷凝管、小烧杯、布氏漏斗、抽滤瓶。

2. **试剂**：水杨酸3g（21.7mmol）、乙酸酐7.5mL（79.4mmol）、浓硫酸、浓盐酸、饱和碳酸氢钠水溶液。

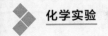
四、实验流程图

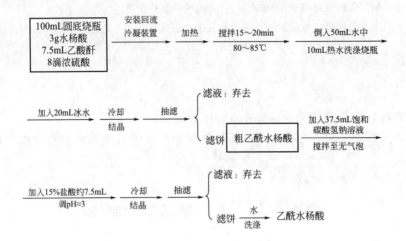

五、实验步骤

实验装置如图 3-30 所示。

在 100mL 圆底烧瓶中加入 3g 水杨酸、7.5mL 乙酸酐[1]，滴入 8 滴浓硫酸，装上回流冷凝管，一边加热，一边轻轻摇荡圆底烧瓶使其溶解，磁力搅拌下保持温度 80～85℃[2]加热 15～20min。

反应结束后，将反应液趁热倒入 50mL 水的小烧杯中，冷却至室温，使结晶完全析出。过滤，用少量冰水洗涤两次[3]，得乙酰水杨酸粗产物。

将乙酰水杨酸粗产物移至洗净的小烧杯中，滴入 37.5mL 饱和 NaHCO₃ 溶液，调 pH＝8～9，搅拌，直至无 CO₂ 气泡产生[4]。过滤，用少量冰水洗涤，将洗涤液与滤液合并，弃去滤渣。

先在一小烧杯中放入 7.5mL 浓盐酸，并加入 7.5mL 水，配好盐酸溶液，将配好的盐酸滴入上述滤液的烧杯中，产物沉淀析出，直至溶液呈酸性（pH＜3）为止。冰水冷却令结晶完全析出，过滤，冷水洗涤，干燥，称重，并计算产率。

乙酰水杨酸的熔点为 134～136℃[5]。微溶于水，易溶于乙醇和乙醚。

附注

[1] 水杨酸必须是干燥的，乙酸酐应是新蒸的。

[2] 反应温度高，会增加副产物的生成。

[3] 由于乙酰水杨酸微溶于水，洗涤时用水量要少些，温度要低些，以减少乙酰水杨酸的损失。

[4] 副产物聚合物不溶于 NaHCO₃ 溶液，而乙酰水杨酸可与 NaHCO₃ 生成可溶性钠盐，可借此将聚合物与乙酰水杨酸分离。用 NaHCO₃ 饱和溶液中和后搅拌要彻底，使包在副产物聚合物中的乙酰水杨酸被溶解掉，以免使产物损失。

[5] 乙酰水杨酸受热易分解，熔点不明显，分解温度为 128～135℃。

思考题

1. 在合成乙酰水杨酸实验中加硫酸的目的是什么？

2. 用 $NaHCO_3$ 中和后过滤，滤渣是什么？

3. 用 $FeCl_3$ 溶液检验乙酰水杨酸纯度的原理是什么？

实验十九　环己烯的制备

一、实验目的

1. 学习在酸催化下醇脱水制取烯烃的原理和方法。

2. 掌握分馏、蒸馏、分液等基本操作。

二、实验原理

环己烯为无色透明液体，为一种有机合成原料。可用于合成赖氨酸、环己酮、苯酚、聚环烯树脂、氯代环己烷、橡胶助剂、环己醇原料等，另外，还可用作催化剂溶剂、石油萃取剂和高辛烷值汽油稳定剂。环己烯的制备方法通常是由环己醇在催化剂硫酸存在下，加热脱水得到。本反应为可逆反应。为提高反应产率，采用边反应边分馏的方法，将环己烯不断蒸出，从而使平衡向右移动。

主反应：

副反应：

三、仪器与试剂

1. **仪器：**圆底烧瓶、分馏头、直形冷凝管、锥形瓶、分液漏斗、温度计、接引管、蒸馏头。

2. **试剂：**环己醇 9.6g（10mL，0.96mol）、85％磷酸 5mL、饱和食盐水 20mL、无水氯化钙、无水硫酸镁。

四、实验流程图

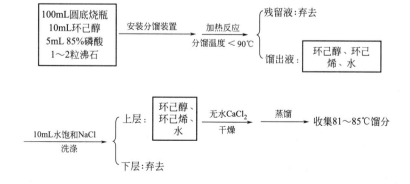

五、实验步骤

实验装置图如 3-34 所示。

在干燥的 100mL 圆底烧瓶中加入 10mL 环己醇[1]，慢慢地加入 5mL85％磷酸[2]，边加边振荡，使其充分混合均匀后[3]，再加 1～2 粒沸石，在烧瓶上装一齿形分馏头，安装一套简单分馏装置，用小锥形瓶作接收器。

开启冷却水，将烧瓶置于石棉网上，用小火慢慢加热混合物至沸腾，控制分馏柱顶部温度不超过 90℃[4]，缓慢地蒸出生成的环己烯和水，当无馏出液蒸出，稍加大火焰，继续蒸馏，直至温度达到 90℃，停止加热。馏出液为环己烯和水的浑浊液。稍冷，拆下仪器，洗净冷凝管、接引管和蒸馏头，放入烘箱中烘干待用。

将馏出液倒入分液漏斗中，加入 20mL 饱和食盐水洗涤，静置分层，待两相液体分层清晰后，放去下层水层，上层的粗产物从分液漏斗的上口倒入一干燥的小锥形瓶中，加入适量无水氯化钙[5]，用空心塞将锥形瓶塞好，间歇振摇锥形瓶。

待溶液变澄清透明后，将干燥后的粗环己烯转入干燥的 25mL 圆底烧瓶中，加入 1～2 粒沸石，安装一套蒸馏装置，加热蒸馏，收集 81～85℃馏分。

纯环己烯为无色透明液体，沸点 83℃，d_4^{20} 0.8012，n_D^{20} 1.4465，易溶于醇、丙酮、苯、四氯化碳，不溶于水。

附注

[1] 环己醇熔点为 24℃，常温下为黏稠状液体，用量筒量取时应注意转移中的损失。

[2] 本实验脱水剂可以用浓硫酸代替磷酸，但容易在反应中炭化和放出 SO_2 气体。

[3] 环己烯和磷酸必须充分混合，振荡均匀，避免加热时可能产生局部炭化现象。

[4] 因为在反应中环己烯与水形成恒沸物（沸点 70.8℃，含水 10%），环己醇与水形成恒沸物（沸点 97.8℃，含水 80%），所以，加热温度不可过高，蒸馏速度不宜过快，使未反应的环己醇尽量不被蒸出来。

[5] 无水氯化钙不仅可以吸水，还可以除去少量未反应的环己醇。

思考题

1. 反应过程中为什么要控制分馏柱顶温度？

2. 在粗制环己烯中，加入饱和食盐水的目的是什么？

实验二十　7,7-二氯双环［4.1.0］庚烷的制备

一、实验目的

1. 了解卡宾制备 7,7-二氯双环［4.1.0］庚烷的反应。

2. 了解相转移催化反应的原理。

二、实验原理

卡宾，又称碳宾、碳烯。通常由含有容易离去基团的分子消去一个中性分子而形成。与碳自由基一样，属于不带正负电荷的中性活泼中间体。卡宾可以和碳碳双键发生加成反应，生成环丙烷衍生物。

氯仿用强碱处理发生 α-消除反应生成二氯卡宾。

$$HCCl_3 + NaOH \Longrightarrow {}^-:CHCl_3 \xrightarrow{-Cl^-} :CH_2Cl_2$$

二氯卡宾与环己烯作用，生成 7,7-二氯双环 [4.1.0] 庚烷。

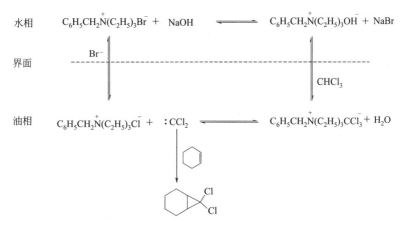

本实验中氯仿在有机相，而 NaOH 在水相，两者不能充分混合生成二氯卡宾，反应很慢，收率低，甚至不能发生反应。在反应体系中加入相转移催化剂三乙基苄基溴化铵（TE-BA），它可以将水相中的氢氧根负离子转移到有机相中，促使反应发生。本实验相转移的循环式如下：

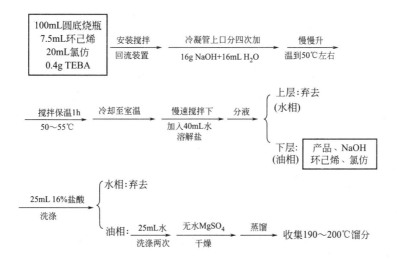

三、仪器与试剂

1. **仪器**：三口烧瓶、球形冷凝管、直形冷凝管、锥形瓶、分液漏斗、烧杯、量筒、温度计、电动搅拌器、接引管、蒸馏头。

2. **试剂**：环己烯 6g（7.5mL，0.074mol）、氯仿 29.7g（20mL，0.25mol）、三乙基苄基溴化铵（TEBA）0.4g、氢氧化钠 16g（0.4mol）、浓盐酸、无水硫酸镁。

四、实验流程图

```
┌─────────────┐
│ 100mL圆底烧瓶 │  安装搅拌    冷凝管上口分四次加   慢慢升
│ 7.5mL环己烯  │ ─────────→ ──────────────→ ──────────→
│ 20mL氯仿     │  回流装置    16g NaOH+16mL H₂O  温到50℃左右
│ 0.4g TEBA   │
└─────────────┘
```

$$
\underset{50\sim55\text{℃}}{\xrightarrow{\text{搅拌保温1h}}}\quad \xrightarrow{\text{冷却至室温}}\quad \underset{\substack{\text{加入40mL水}\\\text{溶解盐}}}{\xrightarrow{\text{慢速搅拌下}}}\quad \text{分液}
\begin{cases}
\text{上层：弃去（水相）}\\[2mm]
\text{下层：}\boxed{\substack{\text{产品、NaOH}\\\text{环己烯、氯仿}}}\text{（油相）}
\end{cases}
$$

$$
\underset{\text{洗涤}}{\xrightarrow{\text{25mL 16\%盐酸}}}
\begin{cases}
\text{水相：弃去}\\[2mm]
\text{油相：}\underset{\text{洗涤两次}}{\xrightarrow{\text{25mL水}}}\underset{\text{干燥}}{\xrightarrow{\text{无水MgSO}_4}}\xrightarrow{\text{蒸馏}}\longrightarrow \text{收集190～200℃馏分}
\end{cases}
$$

五、实验步骤

实验装置图如图 3-38 所示。

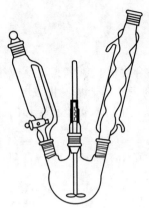

图 3-38　回流滴液搅拌装置

在 100mL 三口烧瓶上，正口安装电动搅拌器，侧口装回流冷凝管及温度计[1]。在烧瓶中加入 7.5mL 环己烯、20mL 氯仿[2]、0.4g 三乙基苄基溴化铵[3]，开动搅拌器，在强烈搅拌下，从冷凝管的上方分 3～4 次慢慢加入 50% 的氢氧化钠溶液（16g NaOH 加 16mL 水）。加完后，继续室温下搅拌，10min 内反应混合物形成乳浊液，并于 25min 内反应液温度自行上升到 50～55℃[4]，保温搅拌 1h（如温度达不到，可加热反应物，维持反应温度在 50～55℃），反应物颜色由灰白色变为黄棕色。反应结束，在慢速搅拌下加入 40mL 冷水，以溶解其中的盐[5]。把反应混合物倒入分液漏斗中，静置分液。收集下层的氯仿层，用 25mL16% 盐酸洗涤，再用 25mL/次水洗涤两次，油层用无水硫酸镁干燥。

将干燥的油层倒入 100mL 的圆底烧瓶中，加入 1～2 粒沸石，加热蒸出氯仿后，改为空气冷凝管，收集 190～200℃ 的馏分。所得产品测折射率，并计算产率。

纯 7,7-二氯双环 [4.1.0] 庚烷为无色液体，沸点 197～198℃，n_D^{20} 1.5012。

附注

[1] 碱性条件下，各玻璃接口需涂上凡士林。

[2] 应当使用无乙醇的氯仿。为防止普通氯仿分解而产生有毒的光气，一般加入少量乙醇为稳定剂，在使用时必须除去。除去乙醇的方法是用等体积的水洗涤氯仿 2～3 次，用无水氯化钙干燥数小时后进行蒸馏。也可用 4A 分子筛浸泡过夜。

[3] 也可用其它相转移催化剂，如 $(C_2H_5)_4NCl$、$(C_2H_5)_3(C_6H_5CH_2)NCl$ 等。

[4] 反应温度必须控制在 50～55℃，低于 50℃ 则反应不完全，高于 60℃ 反应液颜色加深，黏稠，产率低，原料或中间体卡宾均可能挥发损失。

[5] 如盐未溶解，可补加适当水。

思考题

1. 反应过程中为什么用过量的氯仿？
2. 相转移催化的原理是什么？

实验二十一　α-苯乙醇的制备

一、实验目的

1. 学习金属氢化物——氢化硼钾作还原剂，还原苯乙酮制备 α-苯乙醇的原理和方法。
2. 熟悉电动搅拌器的操作方法。

二、实验原理

α-苯乙醇又名苏合香醇，有花香味，香气似栀子花、玫瑰、紫丁香。主要用于制取乙酸苏合香酯和丙酸苏合香酯。主要通过苯乙酮经还原得到，金属氢化物是还原醛、酮制备醇的重要化学还原剂。常用的金属氢化物有氢化铝锂和硼氢化钾（钠）。本实验利用硼氢化钾作还原剂还原苯乙酮制备 α-苯乙醇。硼氢化钾作用较氢化铝锂缓和，对水、醇稳定，能溶于水和醇而不分解，故能在水溶液中进行。该反应为放热反应，需控制反应温度。

反应式为：

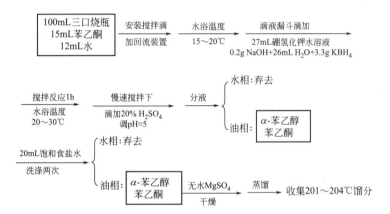

三、仪器与试剂

1. **仪器**：三口烧瓶、球形冷凝管、滴液漏斗、烧杯、量筒、温度计、电动搅拌器、接引管、蒸馏头。

2. **试剂**：硼氢化钾 3.3g（0.06mol）、苯乙酮 15.1g（15mL，0.127mol）、氢氧化钠 0.4g、20％硫酸溶液、饱和食盐水、无水硫酸镁。

四、实验流程图

```
┌──────────────┐  安装搅拌滴    水浴温度      滴液漏斗滴加
│ 100mL三口烧瓶 │ ───────────→ ──────────→ 27mL硼氢化钾水溶液
│  15mL苯乙酮   │  加回流装置    15～20℃     0.2g NaOH+26mL H₂O+3.3g KBH₄
│   12mL水     │
└──────────────┘

  搅拌反应1h      慢速搅拌下             水相:弃去
 ───────────→  滴加20% H₂SO₄ ──→ 分液 ┤
  水浴温度        调pH≈5                    ┌────────┐
  20～30℃                          油相:│α-苯乙醇│
                                        │ 苯乙酮 │
                                        └────────┘

                     水相:弃去
 20mL饱和食盐水   ─────────┤
 ───────────→              ┌────────┐  无水MgSO₄  蒸馏
  洗涤两次         油相:     │α-苯乙醇│ ────────→ ──────→ 收集201～204℃馏分
                           │ 苯乙酮 │   干燥
                           └────────┘
```

五、实验步骤

实验装置图如图 3-38 所示。

在 100mL 三口烧瓶上安装电动搅拌器、回流冷凝管和滴液漏斗。在烧瓶内加入 15mL 苯乙酮和 12mL 水。在搅拌下，自滴液漏斗滴加硼氢化钾溶液（0.2g 氢氧化钠加入 26mL 水溶解后，加入 3.3g 硼氢化钾，搅拌使其溶解[1]），水浴温度控制在 15～20℃。硼氢化钾溶液滴加完毕，在 20～30℃浴温下继续搅拌 1h。反应完毕，反应液用 20％硫酸溶液慢慢地中和至中性或酸性[2]。分去水层，油层每次用 20mL 饱和食盐水洗涤两次，尽量分去水层[3]。粗产物用无水硫酸镁干燥，蒸馏收集 201～204℃的馏分。

α-苯乙醇为无色液体，沸点 203.4℃，94℃/12mmHg。

附注

[1] 硼氢化钾遇酸易分解，反应需在弱碱性条件下进行。

[2] 加入 20％硫酸溶液进行分解时，有氢气放出，应慢慢地加入并禁止明火。

[3] 为了尽量分去水分，分液前，静置时间应适当长些。

思考题

1. 硫酸溶液分解反应物时，为什么要慢慢地加入？
2. 配制硼氢化钾溶液时，加入少量碱的目的是什么？
3. 硼氢化钾和氢化铝锂都是还原剂，还原能力有何不同？

第四节　天然有机化合物的提取

　　天然有机化合物是来自于自然界的动植物、微生物及其代谢产物中的有机化合物，是天然药物、天然食品添加剂和天然化妆品活性成分的主要来源。这些有机化合物结构复杂、种类繁多、用途广泛。但是天然有机化合物在动植物中往往含量较低，并与许多其它化学成分共存，因此必须经过提取和分离才能更好地进行研究和利用。

　　生物材料中各种有效成分在不同溶剂中的溶解度不同，提取就是利用溶剂对不同物质溶解度的差异，从混合物中分离出一种或几种组分的过程，所以提取又称抽提或萃取。提取是分离纯化的前期操作，将经过处理或破碎的组织置于一定条件下的溶剂中，使被提取的有机物质从生物细胞内充分释放出来。

　　天然有机化合物的提取方法很多，按形成的先后和应用的普遍程度可分为经典提取方法和现代提取方法。

　　经典提取方法主要有溶剂提取法、水蒸气蒸馏法、分子蒸馏法等。其中溶剂提取法有浸渍法、渗漉法、煎煮法、回流提取法、连续提取法等。经典提取方法往往不需要特殊的仪器，因此应用比较普遍。

　　浸渍法是一种常用的、比较简单的溶剂提取方法。先将植物原料粉碎装入容器，加入适量的溶剂，不断振摇或搅拌，放置一定时间再过滤，残渣外加新溶剂，如此反复提取 2～3 次。最后合并提取液，浓缩至适宜浓度。浸渍法操作简单，也较为经济，但是提取时间长，效率不高。渗漉法是用适当溶剂将原料粗粉湿润膨胀后，装入渗漉筒中，然后不断加入新溶剂。浸出液自渗漉筒下端流出，可以连续收集浸漉液。优点是提取效率高，缺点是溶剂用量大，操作过程长。回流提取法是将原料与有机溶剂加热回流一定时间，冷却过滤后残渣另加新溶剂，如此反复提取 2～3 次，直至有效成分基本提尽。遇热易破坏的成分提取不能采用回流提取法。使用挥发性有机溶剂提取植物化学成分，不论小型实验或大型生产均以连续提取法为好，不仅溶剂用量少，提取也较完全。实验室一般采用索氏提取器提取。

　　水蒸气蒸馏法适用于在普通蒸馏时易被破坏的植物成分。该方法分为水中蒸馏法、水上蒸馏法和水渗透蒸馏法。

　　现代提取方法是以现代先进的仪器为基础或新发展起来的提取方法。主要有：超临界流体萃取技术、超声波提取技术、微波提取技术、仿生提取技术、酶法提取技术、加压逆流提取法、固相微萃取技术等。

实验二十二　从茶叶中提取咖啡因

一、实验目的

1. 学习从茶叶中提取咖啡因的方法。
2. 学习固-液萃取的原理及方法，掌握提取器连续萃取的操作方法。
3. 掌握利用升华方法提纯固体的原理及操作方法。

二、实验原理

咖啡因又叫咖啡碱，是一种生物碱，存在于茶叶、咖啡、可可等植物中。它具有刺激心脏、兴奋大脑神经和利尿等作用，主要用作中枢神经兴奋药，还可用作治疗脑血管性头痛，尤其是偏头痛，也是复方阿司匹林等药物的组分之一。咖啡因工业上主要通过人工合成制得。

茶叶中含有 1％～5％ 的咖啡因，同时还含有可可豆碱、茶碱、茶多酚、单宁酸、色素、纤维素等物质。

$$\text{咖啡因}$$

咖啡因的化学名称为 1,3,7-三甲基-2,6-二氧嘌呤，是弱碱性化合物，可溶于氯仿、丙醇、乙醇和热水中，难溶于乙醚和苯（冷）中。无水咖啡因的熔点为 238℃，含结晶水的咖啡因是无色针状晶体，在 100℃ 时失去结晶水，并开始升华，120℃ 时显著升华，178℃ 时迅速升华。利用这一性质可纯化咖啡因。

从茶叶中提取咖啡因是用适当溶剂在提取器中连续加热抽提，浓缩后得到粗咖啡因。粗咖啡因除了咖啡因外，还含有叶绿素、丹宁酸及少量水解物等。由于咖啡因易升华，粗咖啡因通过升华进行提纯。本实验选用 95％ 酒精为溶剂，提取茶叶中的咖啡因。

索氏提取器又称脂肪抽取器或脂肪抽出器，如图 3-39(a) 所示，索氏提取器由烧瓶、提取筒及回流冷凝管三部分组成，利用溶剂的回流及虹吸原理进行提取。提取时，将待测样品包在脱脂滤纸包内，放入提取管内。烧瓶内加入溶剂，加热提取瓶，溶剂汽化，蒸气沿抽提筒侧管上升至冷凝管，凝成液体滴入提取管内，浸提样品中溶于溶剂的部分物质。待提取管内溶剂液面超过虹吸管的最高处时，提取液经虹吸管流回烧瓶。流入烧瓶内的溶剂继续被加热汽化、上升、冷凝，滴入提取管内，如此循环往复，把要提取的物质富集在烧瓶内。

三、仪器与试剂

1. 仪器：圆底烧瓶、索氏提取器、球形冷凝管、新型提取器、蛇形冷凝管、蒸馏头、接引管、锥形瓶、三角漏斗、温度计、蒸发皿、玻璃棒、空心塞。

2. 试剂：绿茶、95％乙醇、氧化钙。

四、实验步骤

1. 抽提

（1）索氏提取器　在 100mL 圆底烧瓶中加入 2～3 粒沸石，称取 5g 茶叶末，装入滤纸套筒中，把套筒小心地插入索氏提取器中，从索氏提取器上口倒入 50mL 95％乙醇，如图 3-39(a) 安装实验装置。加热，连续抽提，待第三次提取溶液刚刚虹吸流回烧瓶时（约需 1.5h，至提取液颜色较淡），立即停止加热。冷却，拆卸装置，将废茶叶倒入废液缸内，烧瓶中的提取液倒回 100mL 圆底烧瓶中。

（2）新型提取器　在 100mL 圆底烧瓶中加入 2～3 粒沸石，称取 10g 茶叶，研细后放入提取筒中，从新型提取器上口倒入 50mL 95％乙醇，如图 3-39（b）安装实验装置。加热快速回流，直到溢流液颜色很淡或无色时，停止加热（约需 1h）。冷却，拆卸装置，将废茶叶倒入废液缸内，烧瓶中的提取液倒回 100mL 圆底烧瓶中。

2. 浓缩

安装一套简单蒸馏装置，将上述提取液加热浓缩至瓶内液体剩 10～15mL，停止加热。稍冷，烧瓶内的残留液倒入蒸发皿，加入 3g 研细的氧化钙[1]粉末，搅拌均匀，搅拌下加热，将溶剂蒸干，用空心塞将固体研磨成绿色的茶沙。

3. 升华

将蒸发皿放在铁圈上，如图 3-40 所示安装升华装置。小火空气浴加热，控制温度慢慢上升，在温度不高于 120℃时将固体焙炒至干（约 15min）。取一大小合适的三角漏斗，将漏斗颈口处用少量棉花堵住，以免蒸气外逸，造成产品损失。选一张略大于漏斗底口的滤纸，在滤纸上扎一些小孔后盖在蒸发皿上，用漏斗盖住。缓慢升温，当滤纸上出现极细的白色针状晶体（270～280℃），保温 30min 左右，停止加热。冷却至 100℃左右，揭开漏斗，仔细地把附着在滤纸及漏斗上的咖啡因用小刀刮下，残渣经拌和后用较大的火再加热片刻，使升华完全。合并咖啡因，称重。

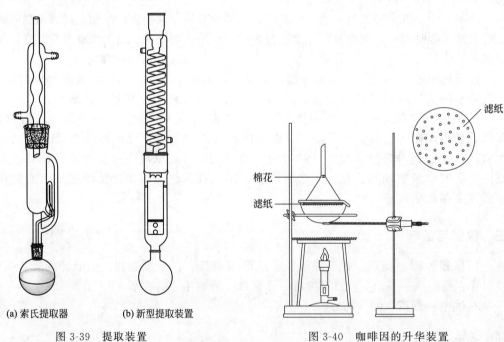

(a) 索氏提取器　　(b) 新型提取装置

图 3-39　提取装置

图 3-40　咖啡因的升华装置

五、实验操作注意事项

1. 滤纸筒既要紧贴器壁，又要能方便取放。其高度不能超过虹吸管，否则被提取物不能被溶剂充分浸泡，影响提取效果。被提取物亦不能漏出滤纸筒，以免堵塞虹吸管。

2. 浓缩萃取液时不可蒸得太干，以防因残液很黏而粘在瓶底，造成转移损失。瓶底的残留液可用 1～2mL 蒸出的乙醇洗出。

3. 小孔尽量多些，孔径大些，方便蒸汽穿过。滤纸摆放时将光滑的一面朝下。

4. 温度计摆放时尽量靠近蒸发皿，但不能接触，以免局部过热爆裂。

5. 升温速度太快易使茶沙炭化。升温时首先出来水汽，然后焦油状物质，最后是咖啡因。如漏斗上有水汽或焦油时应用滤纸擦干，以免污染器皿，影响产品纯度。

六、讨论与思考

1. 在实验中加氧化钙起什么作用，能否用氢氧化钙代替？

2. 新型提取器、索氏提取器与一般的浸泡萃取相比，有哪些优点？

3. 什么样的固体物质可采用升华法来提纯，进行升华时要注意哪些问题？

七、阅读材料——咖啡因的人工合成

咖啡因于 1899 年由 E. Fischer 首先合成，国内 1950 年从茶叶中提取得到，1958 年采用人工合成法生产。

1. 尿素法

由氯乙酸经中和、氰化、酸化得到氰乙酸，然后与尿素缩合得到氰乙酰脲，再经环合、酸化、亚硝化、还原、酰化、甲基化得到咖啡因。

2. 二甲脲法

由尿素和一甲胺缩合成二甲基脲，再与氰乙酸缩合为 1,3-二甲基氰乙酰脲，然后经环合、亚硝化、还原、甲酰化、环合、甲基化而得到咖啡因。

$$H_2NCONH_2 + 2CH_3NH_2 \longrightarrow CH_3NHCONHCH_3 + 2NH_3$$

$$ClCH_2COOH \xrightarrow[Na_2CO_3]{中和} ClCH_2COONa \xrightarrow[NaCN]{氰化} NCCH_2COONa \xrightarrow{H^+} NCCH_2COOH$$

$$\xrightarrow[缩合]{CH_3NHCONHCH_3} NCCH_2CONCONHCH_3\ (CH_3) \xrightarrow[NaOH]{环合}$$

二甲基氰乙酰脲　　　1,3-二甲基-4-亚氨基脲嗪

$$\xrightarrow[\substack{NaNO_2 \\ H_2SO_4}]{亚硝化} \qquad \xrightarrow[Fe, NaCl]{还原}$$

1,3-二甲基-4-亚氨基-5-异亚硝基脲嗪　　　1,3-二甲基-4-亚氨基-5-氨基脲嗪

$$\xrightarrow[HCOOH]{甲酰化} \qquad \xrightarrow[NaOH]{环合} \qquad \xrightarrow[(CH_3)_2SO_4/NaOH]{甲基化}$$

1,3-二甲基-4-亚氨基-5-甲酰氨基脲嗪　　　茶碱　　　咖啡因

二甲脲法收率高、成本低、消耗少、周期短、设备要求不高、操作简便、容易控制，适合于工业生产。此外，在生产低含量咖啡因的咖啡时，可得到副产品咖啡因。除了从天然物

质提取的方法和上述全合成法外，还有半合成法。

附注

[1] 氧化钙起吸水和中和作用，以除去丹宁酸等酸性杂质。

实验二十三　黄连中黄连素的提取

一、实验目的

1. 学习从黄连中提取黄连素的原理和方法，以及黄连素的精制方法。

2. 学习固-液萃取的原理及方法。

3. 掌握提取器连续萃取的原理及操作方法。

二、实验原理

黄连为毛茛科黄连属植物黄连的干燥根茎，是我国特产药材之一。黄连具有清热燥湿、泻火解毒的功效，有很强的抗菌能力。对于急性肠胃炎、急性细菌性痢疾、急性结膜炎等具有很好的治疗作用。黄连含多种生物碱，主要是小檗碱，又称黄连素，含量约为 $5\% \sim 8\%$，其次为黄连碱、甲基黄连碱、掌叶防己碱（巴马亭）、药根碱、非洲防己碱等。含有黄连素的植物有黄连、黄柏、三颗针、伏牛花、白屈菜、南天竹等，其中以黄连和黄柏中含量最高。

黄连素为黄色针状结晶，熔点 $145℃$，微溶于水和乙醇，易溶于热水及热醇，难溶于乙醚、石油醚、苯、三氯甲烷等有机溶剂。黄连素存在以下三种互变形式，其中以季铵碱型最稳定。因此黄连素常以季铵碱形式存在，碱性强（$pK_a 11.53$）。

| 醇式 | 醛式 | 季铵碱式 |

黄连素的含氧酸盐在水中溶解度较大，不含氧酸盐难溶于水，其盐酸盐在水中溶解度则更小。虽然无机酸盐在水中溶解度很小，尤其是盐酸盐，但在热水中都比较容易溶解。利用此性质结合盐析法，可从黄连中提取小檗碱。

本实验是利用黄连素溶解性特点，选用水、醇进行提取，提取液经浓缩后溶于稀乙酸，黄连素的乙酸盐溶于水，不溶性的杂质经抽滤除去，滤液加盐酸转化为盐酸盐结晶析出，产品可经重结晶提纯。

三、仪器与试剂

1. 仪器：索氏提取器、新型提取器、圆底烧瓶、球形冷凝管、蛇形冷凝管、烧瓶、梨形瓶、吸滤瓶、布氏漏斗、量筒、滴管、滤纸。

2. 试剂：黄连（黄柏）、95％乙醇、盐酸、生石灰、乙酸、正丁醇、氢氧化钠、丙酮、硫酸、硝酸、漂白粉、石灰水。

四、实验步骤

1. 浸渍法——酸水法提取小檗碱

取黄连粗粉 30g 于 500mL 烧杯中，加 200mL 0.5％的硫酸，浸渍 20min，煎煮 30min，过滤，得到滤液，弃去药渣。滤液加石灰乳调 pH8～9，产生沉淀，过滤，滤液加 5％的食盐盐析，再加浓盐酸调 pH 2～3，静置过夜，抽滤收集沉淀得粗黄连素盐酸盐。

2. 连续提取法

在 100mL 圆底烧瓶中加入 2～3 粒沸石，称取 10g 黄连，粉碎后放入提取筒中，从新型提取器上口倒入 60mL95％乙醇，如图 3-39(b) 安装实验装置。加热快速回流，直到溢流液颜色很淡或无色时，停止加热（约需 1.5h）。冷却，拆卸装置，提取器中的溢流液并入 100mL 的圆底烧瓶。

将提取出来的提取液蒸馏浓缩至烧瓶内残留物呈棕红色糖浆状，停止加热。往残留物中加入 1％乙酸[1]水溶液 30～40mL，加热使棕红色糖浆状残留物溶解。趁热抽滤，除去不溶物。将滤液转入烧杯，搅拌下慢慢滴加浓盐酸至溶液浑浊为止（约 10mL，pH＝1）。冰水浴冷却，有大量黄连素盐酸盐析出，抽滤，滤饼用冰水洗涤两次，晾干称重即得黄连素盐酸盐粗品。

将黄连素盐酸盐粗品加热水至刚好溶解，煮沸，搅拌下滴加石灰水，调节 pH＝8.5～9.8，趁热抽滤，滤液冷至室温，即有游离的黄连素针状晶体析出，过滤，少量水洗，50～60℃烘干称重，即得游离的黄连素。

3. 产品检验

（1）取少量黄连素，加 5mL 去离子水，加热使之溶解，加 20％氢氧化钠溶液 2 滴，溶液冷却，过滤，滤液中加丙酮 3～4 滴，即产生黄色的丙酮黄连素浑浊或沉淀[2]。

（2）取少量黄连素，加 2mL 硫酸温热至溶解，再加漂白粉少许，振荡后即产生樱桃红色[3]。

（3）在黄连素的水溶液中，滴加浓硝酸数滴，溶液产生淡绿色的沉淀。

五、实验操作注意事项

1. 黄连提取前，应先把它切碎，研磨成粉状，否则，会降低提取率。

2. 提取时，回流速度应尽可能快，以提高提取效率。

六、讨论与思考

1. 黄连素为何种生物碱类的化合物？

2. 新型提取器与索氏提取器相比，有哪些优点？

3. 黄连素提取液浓缩提纯过程中加入 1％醋酸的作用是什么？

七、阅读材料——黄连素的工业合成

目前，黄连素的生产主要采用天然植物提取和化学合成，黄连素的化学合成过程如下：以儿茶酚为原料，与氢氧化钠反应制成儿茶酚钠，再在相转移催化剂的作用下与二氯甲烷反应得胡椒环。胡椒环以三聚甲醛及浓盐酸氯甲基化，得胡椒氯苄，再以氰化钠氰化制得胡椒

乙腈。胡椒乙腈还原氢化后得胡椒乙胺，再与甲基邻位香兰醛经缩合、还原、酸化得盐酸缩合物。最后盐酸缩合物与乙二醛和无水氯化铜经过环合反应生成黄连素铜盐，黄连素铜盐在盐酸的存在下与双氧水反应脱铜得到黄连素粗品，黄连素粗品再经过水洗、蒸馏及提纯等过程得到黄连素成品。

附注

[1] 黄连素是一种生物碱，在水中的溶解度不是很大，但当加入 1％醋酸以后，生物碱转化成有机盐类，溶解度增大，便于富集和提高提取率。

[2] 黄连素在强碱中部分转化为醛式黄连素与丙酮发生缩合反应，生成黄色沉淀。

[3] 黄连素被氧化剂氧化，转变为樱红色的氧化黄连素。

实验二十四 橙皮中橙油的提取

一、实验目的

1. 了解从橙皮中提取橙油的原理及方法。
2. 掌握水蒸气蒸馏的原理及应用。
3. 了解旋转蒸发的操作方法及应用。

二、实验原理

精油是植物组织经水蒸气得到的挥发性成分的总称。大部分具有令人愉快的香味。在工业上经常用水蒸气蒸馏的方法来收集精油，柠檬、橙子和柚子等水果果皮通过水蒸气蒸馏得到一种精油，其主要成分是柠檬烯（＞90％）。柠檬烯是一种用途广泛的天然香料，一般新鲜柑橘类果皮中含有1％左右，干品中含有2％～4％。

柠檬烯属于萜类化合物。萜类化合物是指基本骨架可看做由两个或更多的异戊二烯以头尾相连而构成的一类化合物。根据分子中的碳原子数目可以分为单萜、倍半萜和多萜等。柠檬烯是一环状单萜类化合物，它的结构式如下：

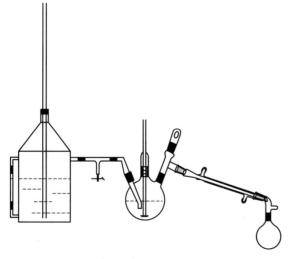

柠檬烯为无色油状液体，有类似柠檬的香味。熔点－74.3℃，沸点177℃，可与乙醇混溶，微溶于甘油，不溶于水和丙二醇。

三、仪器与试剂

1. **仪器**：水蒸气发生器、搅拌器、三口烧瓶、锥形瓶、直形冷凝管、蒸馏头、接引管、搅拌套管、搅拌棒、螺旋夹、空心塞、滴液漏斗、分液漏斗、导气管、圆底烧瓶、烧杯、粉碎机、折光仪、漏斗。

2. **试剂**：新鲜橙皮、石油醚（60～90℃）、无水硫酸镁。

四、实验步骤

如图3-41安装电动搅拌器水蒸气蒸馏装置[1]。

取2～3个新鲜橙皮，用粉碎机粉碎，称取100g投入500mL三口烧瓶中，加入70mL热水，打开冷凝水，边搅拌边进行水蒸气蒸馏。当有液体馏出时，调节馏出速度为2～3s1滴，水蒸气蒸馏至无油滴[2]（大约1h）。停止加热，馏出液转入分液漏斗，分出油层，水层用30mL×2石油醚萃取，与分出的油层合并，无水硫酸镁干燥。

图3-41 带搅拌器的水蒸气蒸馏装置

图3-42 闪蒸装置

取25mL圆底烧瓶，如图3-42安装闪蒸装置。在烧瓶中加入约15mL石油醚溶液，投入 2～3 粒沸石，其余的石油醚溶液倒入滴液漏斗中，加热蒸馏。当开始有液体馏出时，打开滴液漏斗，保持滴加速度与蒸馏速度一致。使圆底烧瓶中的石油醚溶液始终保持在 2/3 左右。继续蒸馏，直到蒸不出石油醚为止。再用旋转蒸发法除去石油醚，操作步骤如下：

水浴锅内加水至水浴锅容积的 4/5 左右。将样品装入蒸发瓶，并将蒸发瓶与旋转蒸发仪端口连接好，如图 3-43。设置水浴温度，打开冷凝水，打开通气阀门，开真空泵，再慢慢关闭通气阀门，调整到所需真空度，用升降操纵杆调整水浴锅高度，使蒸发瓶浸入水浴中。调整调速旋钮，使蒸发瓶处于一定的转速，开始加热，进行浓缩。在旋蒸结束时，应先打开通气阀门，使旋蒸仪内外气压一致，然后关闭旋转开关，取下蒸发瓶。瓶中留下的橙黄色液体即为橙油，称量，测折射率。

纯柠檬烯沸点 176℃，n_D^{20} 1.4727，$[\alpha]_D^{20} +125.6°$。

五、实验操作注意事项

1. 注意搅拌棒不能与导气管相碰。

2. 旋转蒸发仪玻璃零件接装应轻拿轻放，装前应洗干净，擦干或烘干。磨口及接头安装前都需要涂一层真空脂，保证密闭良好。

3. 减压过程中要调整好水浴锅内水的温度，使其与所旋蒸的样品的沸点相适应。

4. 旋蒸样品应全部或大部分浸没于水浴锅的液面下，才能保证旋蒸效率。

5. 旋转蒸发仪使用时，应先减压，再开动电机转动蒸馏烧瓶，结束时，应先停电机，再通大气，以防蒸馏烧瓶在转动中脱落。

六、讨论与思考

1. 能进行水蒸气蒸馏提纯的物质应具备什么条件？

2. 在水蒸气蒸馏过程中，出现安全管的水柱迅速上升，并从管上口喷出来等现象，这表现蒸馏体系中发生了什么故障？

3. 如何判断水蒸气蒸馏的终点？

4. 在停止水蒸气蒸馏时，为什么一定要先打开螺旋夹，然后再停止加热？

图 3-43　旋转蒸发仪

七、阅读材料——旋转蒸发仪

旋转蒸发仪是实验室广泛应用的一种蒸发仪器，主要用于医药、化工和生物制药等行业的浓缩、结晶、干燥、分离及溶媒回收。

旋转蒸发仪主要是由：电机、蒸馏瓶、加热锅、冷凝管等部分组成（见图 3-43）。

电机带动盛有样品的蒸发瓶旋转，蒸发瓶通过蒸发管[3]、高度回流蛇形冷凝管与减压泵相连，回流冷凝管另一开口与带有磨口的接收烧瓶相连，用于接收被蒸发的有机溶剂。在冷凝管与减压泵之间有一个三通活塞，当体系与大气相通时，可以将蒸馏烧瓶，接液烧瓶取下，转移溶剂，当体系与减压泵相通时，则体系应处于减压状态。

旋转蒸发仪的真空系统可以是简单的浸入冷水浴中的水吸气泵，也可以是带冷却管的机械真空泵。

旋转蒸发仪原理为在真空条件下，恒温加热，使旋转瓶恒速旋转，物料在瓶壁形成大面积薄膜，增大蒸发面积，高效蒸发。溶媒蒸气经高效玻璃冷凝器冷却，回收于收集瓶中，大大提高了蒸发效率。特别适用对高温容易分解变性的生物制品的浓缩提纯。

附注

［1］水蒸气蒸馏时，由于橙皮颗粒较多，仅靠水蒸气搅拌不充分，提取时间较长，提取率偏低。安装搅拌装置后可以较好地改善搅拌不充分的状况。

［2］取一干净小烧杯或小量筒收集几滴馏出液，加少许水，看有无油珠。

［3］蒸发管有两个作用，首先起到样品旋转支撑轴的作用，其次通过蒸发管，真空系统将样品吸出。

实验二十五　八角茴香油的提取

一、实验目的

1. 学习从八角中提取八角茴香油的原理和方法。

2. 掌握水蒸气蒸馏的原理及应用，熟练掌握水蒸气蒸馏的实验操作技能。

3. 巩固萃取、薄层色谱的实验操作技能。

二、实验原理

八角茴香又称大茴香、八角、大料，是我国特产的芳香植物，主要分布在我国的广西、广东、贵州、云南等地。八角茴香有强烈的山楂花香气，味甘，性温。八角和八角油是人们喜用的优良食品调料，八角油具有大茴香辛香香气，具有温中、健胃的功效，医药上用于芳香调味等，也是良好的天然香料和食品调料。在食品工业、酿造工业、饮料业、日用化妆品和制药行业中均有广泛的用途。

八角油主要成分为茴香脑，含量为$80\%\sim90\%$，此外还有少量茴香酮、茴香醛、α-蒎烯、柠檬烯、芳樟醇、龙脑等。茴香脑常温时是无色至淡黄色液体，低温时凝固，为白色结晶，熔点$22.5℃$，沸点$235℃$，$81\sim81.5℃$（307Pa），相对密度0.9883（$20℃/4℃$），折射率1.56145，闪点$90℃$。能与氯仿、醚混溶，溶于苯、乙酸乙酯、丙酮、二硫化碳、石油醚和醇，不溶于水。茴香脑带有甜味，具茴香的特殊香气，广泛用于香皂及其它加香家用工业品。

茴香脑

八角茴香油的传统提取方法是水蒸气蒸馏法，也有采用传统有机溶剂提取法。

三、仪器与试剂

1. **仪器：** 水蒸气发生器、搅拌器、三口烧瓶、锥形瓶、直形冷凝管、蒸馏头、接引管、搅拌套管、搅拌棒、螺旋夹、空心塞、滴液漏斗、分液漏斗、导气管、圆底烧瓶、烧杯、粉碎机、折光仪、漏斗。

2. **试剂：** 八角茴香的枝叶或干果、石油醚（$60\sim90℃$）、无水硫酸镁、乙醚、95%乙醇。

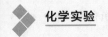

四、实验步骤

1. 水蒸气蒸馏法

称取 30g 八角茴香，粉碎成细粉，投入 250mL 三口烧瓶，加入 100mL 水，浸泡过夜。安装一套水蒸气蒸馏装置，打开冷凝水，进行水蒸气蒸馏。当有液体流出时，调节加热速度，使馏出速度为 2～3s 1 滴，水蒸气蒸馏至馏出液不再浑浊为止（大约 1.5h，若水蒸气发生器中水较少时，需补加热水）。停止加热，馏出液冷却，转入分液漏斗，分出油层。水层中加入氯化钠固体至饱和（约 25g）。用 20mL×2 乙醚萃取水层，与分出的油层合并，用无水硫酸镁干燥。

将干燥好的乙醚萃取液转入 50mL 圆底烧瓶，安装简单蒸馏装置，加热蒸除乙醚，至残留液中无醚味为止。此残留液即为八角茴香油，称重，测折射率，计算提取率。

将得到的八角茴香油放于冰箱冷冻 1～3h，有白色结晶析出，低温过滤，得到的晶体为茴香脑。

2. 索氏提取法

在 100mL 圆底烧瓶中加入 2～3 粒沸石，称取 5g 八角茴香，粉碎成细粉，用滤纸包成圆柱形，放入索氏提取器内，从索氏提取器上口倒入 50mL95％乙醇，水浴加热连续回流提取，至提取液颜色较淡，提取溶液刚刚虹吸流回烧瓶时（约需 1.5h），停止加热。将提取液进行浓缩，当浓缩液面出现较多的墨绿色物时，加入等量的蒸馏水趁热过滤，将滤液继续浓缩，液面有墨绿色物出现时再加等量的蒸馏水趁热过滤，重复此操作，直到没有墨绿色物出现为止（目的是除去浓缩液中的叶绿素），再放在水浴锅上蒸干，得到黄棕色的膏状物——八角茴香油。

五、实验操作注意事项

1. 滤纸筒既要紧贴器壁，又要能方便取放。其高度不能超过虹吸管，否则被提取物不能被溶剂充分浸泡，影响提取效果。被提取物亦不能漏出滤纸筒，以免堵塞虹吸管。

2. 装八角茴香粉不能太松，也不能太紧，否则影响提取效率。

六、讨论与思考

1. 索氏提取器由几部分组成？

2. 浓缩的提取液中为何要加入水并趁热过滤？

实验二十六　植物中天然色素的提取和分离

一、实验目的

1. 了解提取天然物质的原理与操作方法。

2. 了解柱色谱和薄层色谱分离的基本原理，掌握柱色谱和薄层色谱分离的操作技术。

二、实验原理

很多植物的花、叶、果、皮或动物的壳、肉等均含有各种各样的色素，这些从动植物中提取、精制而得到的天然色素，不仅可以作为食品添加剂，其中很多还具有防腐作用和抗氧化活性，在食品工业和医药行业中有很多应用。

叶绿素是植物进行光合作用的主要色素，是一类含脂的色素家族。叶绿素吸收大部分的红光和紫光，但反射绿光，所以叶绿素呈现绿色，它的存在确保了植物能够进行光合作用。叶绿素为镁卟啉化合物，包括叶绿素 a、叶绿素 b、叶绿素 c、叶绿素 d、叶绿素 f 以及原叶绿素和细菌叶绿素等。

叶绿素分子是由两部分组成的：核心部分是一个卟啉环（porphyrin ring），其功能是光吸收；另一部分是一个很长的脂肪烃侧链，称为叶绿醇（phytol），叶绿素分子通过卟啉环中单键和双键的改变来吸收可见光。各种叶绿素之间的结构差别很小。

高等植物叶绿体中的叶绿素主要有叶绿素 a 和叶绿素 b 两种。叶绿素 a 和 b 仅在吡咯环Ⅱ上的附加基团上有差异：前者是甲基，后者是甲酰基。它们不溶于水，而溶于有机溶剂，如乙醇、丙酮、乙醚、氯仿等。在颜色上，叶绿素 a 呈蓝绿色，而叶绿素 b 呈黄绿色。

叶绿素a(R=CH₃)

叶绿素b(R=CHO)

叶绿素

胡萝卜素是具有长链结构的共轭多烯。它有三种异构体，即 α-、β- 和 γ-胡萝卜素，其中 β-异构体含量最多，也最重要。β-胡萝卜素是橘黄色脂溶性化合物，它是自然界中最普遍存在，也是最稳定的天然色素。β-胡萝卜素是紫红或暗红色的结晶性粉末。不溶于水，微溶于乙醇和乙醚，易溶于氯仿、苯和油中，熔点 176～180℃。在动物体内可转变为维生素 A 的物质称为前维生素 A（Provitamin A）。

叶黄素又称"植物黄体素"，是一种含氧的类胡萝卜素，叶黄素主要存在于蔬菜中，虽然它属于类胡萝卜素，但是胡萝卜并不是叶黄素最好的食物来源，颜色越是深绿色的蔬菜，通常叶黄素的含量越高。叶黄素为橙黄色粉末，浆状或液体，不溶于水，溶于己烷等有机溶剂。叶黄素本身是一种抗氧化物，并可以吸收蓝光等有害光线。与胡萝卜素相比，叶黄素较易溶于醇，而在石油醚中溶解度较小。

β-胡萝卜素(R=H)

叶黄素(R=OH)

叶绿体中的色素有叶绿素和类胡萝卜素两类，主要包括 β-胡萝卜素、叶黄素、叶绿素 a 和叶绿素 b 四种色素，它们在叶绿体中的含量比约为 2∶1∶3∶1。这两类色素都不溶于水，而溶于有机溶剂，故可用乙醇或丙酮等有机溶剂提取。本实验是从菠菜中提取以上色素，用柱色谱分离并用薄层色谱检测。

三、仪器及试剂

1. 仪器：紫外分析仪、色谱柱、玻璃漏斗、薄层板（4cm×10cm）、分液漏斗、硅胶板、布氏漏斗、滴管、研钵、锥形瓶、玻璃棒。

2. 试剂： 菠菜、石油醚（60～90℃）、丙酮、乙醇、无水硫酸镁、正丁醇、硅胶（200目）、羧甲基纤维素钠、硅胶（100目）石英砂。

四、实验步骤

1. 薄层板的制备

称取 5g 硅胶（200 目），顺一个方向搅拌下慢慢加入到盛有 20mL 0.5％羧甲基纤维素钠水溶液的小烧杯中，调成糊状后立即倒在干净的薄层板上（4cm×10cm），轻轻振摇，使硅胶浆料均匀平整地铺开，附在薄层板上，于室温下晾干，以同样方法再制一块。要求硅胶浆料尽可能做得光滑、均匀，厚度为 0.25～0.5mm，表面不能有纹路、团块。将铺好的薄层板晾干后置于 105～110℃的烘箱中活化 30min，贮于干燥器中备用。

2. 菠菜色素的提取

称取 20g 洗净晾干水分的新鲜菠菜叶，用剪刀剪碎，与 15mL 2∶1（体积比）石油醚-乙醇混合溶剂放入研钵中，研磨约 5min，滗出液体，研钵中再加入 15mL 2∶1（体积比）石油醚-乙醇混合溶剂重复一次。用水泵抽滤，弃去滤渣。滤液转入分液漏斗，用 10mL 水洗涤两次，以除去萃取液中的乙醇。石油醚层用无水硫酸镁干燥，简单蒸馏除去溶剂，蒸至体积约为 1mL 止，置于暗处备用。

3. 柱色谱

在烧杯中加入 12g 硅胶（100 目）和 30mL 石油醚，搅拌调匀。如图 3-44 在色谱柱中，加入 10mL 石油醚，将调好的硅胶浆料从色谱柱顶缓缓倒入，打开柱下活塞，使倒入的硅胶在柱子中堆积。必要时用橡皮锤轻轻在色谱柱的周围敲击，使硅胶装得均匀致密。当色谱柱中硅胶表面溶剂剩下 1～2cm 高时，关上活塞，均匀加上一层石英砂（0.5～1cm高），打开活塞，直到溶剂高出石英砂表面 1～2mm，关上活塞。用滴管小心地加入菠菜色素的浓缩液，打开下端活塞，让试样进入石英砂层，关闭活塞，再加几滴石油醚冲洗内壁，待色素全部进柱体后，用滴管在柱顶小心加洗脱剂——石油醚-丙酮溶液（9∶1，体积比）。打开活塞，让洗脱剂逐滴放出展开。当第一个橙黄色带（胡萝卜素）进入柱底时，换收集瓶。然后改用 7∶3 石油醚-丙酮（体积比）作洗脱剂，分出第二个黄色带（叶黄素）[1]。最后用 3∶1∶1 正丁醇-乙醇-水（体积比）作洗脱，分出蓝绿色带（叶绿素 a）和黄绿色带（叶绿素 b）。

4. 薄层色谱

取两块活化好的薄层板，在距离薄板一端 1cm 处用铅笔轻轻画一横线作为起点线，每块板上一边点菠菜萃取液样点，另一边分别点柱分离后的 4 个试液中的两个[2]。小心地将两块板放入装有 8∶2 石油醚-丙酮（体积比）混合展开剂的展开槽内（如图 3-45 所示）。于暗处室温展开，晾干，观察斑点在板上的位置，计算 R_f 值，并排列出胡萝卜素、叶绿素和叶黄素的 R_f 值的大小次序。

五、实验操作注意事项

1. 取羧甲基纤维素钠 0.5g，加水 100mL，加热煮沸，直到完全溶解。

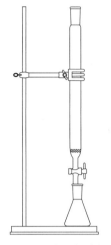

图 3-44 吸附柱色谱装置

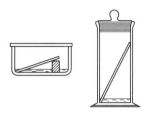

图 3-45 倾斜上行法展开

2. 洗涤时要轻轻旋荡，防止乳化。

3. 在整个装柱过程中，柱内洗脱剂的高度始终不能低于吸附剂最上端，否则柱内会出现裂痕和气泡。

4. 展开时点样的位置必须要在展开剂液面之上。

六、讨论与思考

1. 试比较叶绿素、叶黄素和胡萝卜素三种色素的极性，为什么胡萝卜素在色谱柱中移动最快？

2. 为什么植物色素的色谱分离大多采用石油醚提取液，而不直接用丙酮提取？

七、阅读材料——叶绿素铜钠盐

叶绿素广泛存在于绿色植物中，具有多种生物活性。叶绿素单体对光、热、酸、碱等都极不稳定，将其转变成叶绿素衍生物既可提高稳定性，又能保持叶绿素的活性。叶绿素铜钠盐是叶绿素的衍生物之一，是将叶绿素经过分离、浓缩、皂化、盐化等处理而得。叶绿素铜钠盐可以菠菜或蚕粪为原料，用丙酮或乙醇提取叶绿素，添加适量硫酸铜、叶绿素卟啉环中的镁原子被铜置换即生成。叶绿素铜钠盐已被国际有关卫生组织批准用于食品上，也是中国批准允许使用的食用天然色素，广泛用于食品添加剂、化妆品添加剂、食品着色剂、药品等领域。

制备工艺流程：原料→预处理→浸提→过滤→皂化→回收乙醇→石油醚洗涤→酸化铜代→抽滤水洗→溶解成盐→过滤→干燥→成品。

具体步骤：

将富含叶绿素的原料（蚕砂）于 40～50℃烘干，研细成粉末。加 3 倍量的 1:1 乙醇-丙酮（体积比）混合液于 40～45℃提取 2.5h，抽滤，滤渣用同等体积的乙醇-丙酮混合液再提取一次。合并两次提取液。用氢氧化钠调 pH 为 11，50℃左右加热皂化 0.5h。皂化完全后蒸馏（60℃左右）浓缩，直至体积为原来的 1/4～1/3 即可。再用石油醚萃取 4 次。下层用盐酸调至 pH 为 7，加硫酸铜后调 pH 为 2，并在 50℃下铜代 2h。反应结束即有颗粒状沉淀形成，静置冷却。室温下收集沉淀，先用 50～60℃水洗涤，用 30%～40% 的乙醇洗涤，至乙醇层为浅绿色。再用石油醚洗涤，至石油醚层为浅绿色。滤饼用丙酮溶解，用5％的氢氧化钠乙醇溶液沉淀，调节 pH 为 12，收集沉淀，用无水乙醇洗涤即得产品。在制备过程中反应温度不宜过高，调节 pH 时要小心，温度过高以及 pH 过大或过小都能使叶绿素分解。

附注

[1] 叶黄素易溶于醇，而在石油醚中溶解度较小，从嫩绿菠菜得到的提取液中，叶黄素含量很少，柱色谱中不易分出黄色带。

[2] 若溶液太稀，一次点样不够，可待前一次试样点干后，在原来点样处再次点样，点样后的直径不要超过 2mm。如果点样斑点过大，往往会造成拖尾、扩散等现象，影响分离效果。

实验二十七　桂皮中肉桂醛的提取和分离

一、实验目的

1. 掌握分离与提取肉桂醛的原理与方法。

2. 进一步掌握水蒸气蒸馏与官能团鉴定的方法。

二、实验原理

肉桂皮是肉桂的干燥树皮，其中含有香精油，即肉桂油。肉桂油具有驱虫、防霉和杀菌消毒的作用，广泛用于食品、饮料、香烟、医药等领域。肉桂油的主要成分是肉桂醛。肉桂醛是略带浅黄色的油状液体，沸点 252℃，相对密度 1.046～1.520；熔点 −7.5℃；折射率 1.619～1.623，难溶于水，易溶于苯、丙酮、乙醇、二氯甲烷、氯仿、四氯化碳等有机溶剂。肉桂醛易被氧化，长期放置在空气中慢慢氧化成肉桂酸。

肉桂醛

由于肉桂醛难溶于水，能随水蒸气蒸发，因此可用水蒸气蒸馏的方法提取肉桂醛。肉桂醛分子中既有醛基，又有不饱和键，因此肉桂醛除了可以通过红外光谱进行定性鉴定外，还可以通过加成及氧化来进行定性鉴定。

三、仪器及试剂

1. 仪器： 水蒸气发生器、搅拌器、三口烧瓶、锥形瓶、直形冷凝管、蒸馏头、接引管、搅拌套管、搅拌棒、螺旋夹、空心塞、滴液漏斗、分液漏斗、导气管、圆底烧瓶、烧杯、粉碎机、折光仪、漏斗。

2. 试剂： 肉桂树皮、石油醚（60～90℃）、无水硫酸镁、2,4-二硝基苯肼试剂[1]、Tollens 试剂[2]、3％溴的四氯化碳溶液、95％乙醇[3]。

四、实验步骤

1. 肉桂油的提取

取 10g 粉碎后的桂皮于 250mL 三口烧瓶中，加入 30mL 95％乙醇[3]，安装电动搅拌水蒸气蒸馏装置。打开冷凝水，搅拌 10～15min。开始水蒸气蒸馏，当有液体流出时，调节馏出速度约为 1 滴/秒。水蒸气蒸馏至无油状物馏出时停止加热（大约 1h）。将馏出液中加入氯化钠，使其饱和，转移到分液漏斗中，用 10mL×3 石油醚萃取。萃取液合并后用无水硫酸镁干燥。干燥过的萃取液简单蒸馏除去大部分石油醚。残余的溶液先在室温下水泵减压旋转蒸发，再进一步在热水浴中进一步浓缩，除尽少量残余的石油醚。瓶中留下的黄色液体即为肉桂油，称量，测折射率，计算肉桂油的提取率。

2. 肉桂油中肉桂醛的鉴定

（1）碳碳双键的鉴定　取 2 滴肉桂油于试管中，加入 1mL 四氯化碳溶解，向其中加入 2～3 滴 3% 溴的四氯化碳溶液，观察溴的红棕色是否褪去。

（2）醛基的鉴定　取 1mL 新配制的 Tollens 试剂于干净并且用蒸馏水冲洗过、经过干燥的试管中，加入 2 滴肉桂油，水浴上加热，观察有无银镜生成。

（3）羰基的鉴定　取 1mL 2,4-二硝基苯肼试剂于干净试管，加入 2 滴肉桂油，水浴加热，振荡，观察有无橙红色沉淀生成。

（4）红外光谱鉴定　取 2 滴肉桂油，测其红外光谱，与肉桂醛的标准红外光谱图作比较（见图 3-46）。

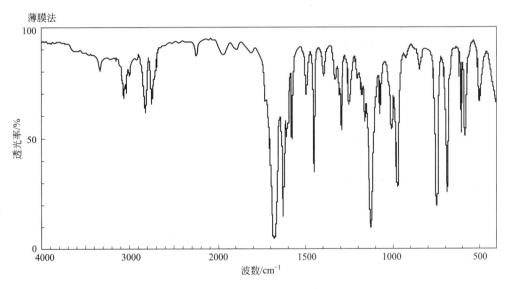

图 3-46　肉桂醛的红外光谱图

五、实验操作注意事项

1. 肉桂醛易被氧化，所以不要将其与空气接触太长时间。

2. 在进行官能团鉴定时，应保持试管的洁净。银镜反应所用的试管必须十分洁净，可以用热的铬酸洗液或硝酸洗涤，再用蒸馏水冲洗干净。如果试管不洁净或反应进行得太快，就不能生成银镜，而是析出黑色的银沉淀。

六、讨论与思考

1. 馏出液中为何要加入氯化钠，目的是什么？

2. 醛基的鉴定除了用银镜，还可以用什么方法来鉴定？

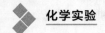

七、阅读材料——肉桂醛的工业合成方法

肉桂醛可从肉桂等植物中提取，也能被人工合成。工业上合成肉桂醛的方法主要采用羟醛缩合法：

$$\text{（苯甲醛）CHO} + CH_3CHO \longrightarrow \text{（肉桂醛）}$$

以苯甲醛和乙醛为原料，在碱性条件下缩合生成肉桂醛。将 133kg 苯甲醛、400kg 水、10kg 40％～50％的氢氧化钠、66.6kg 乙醛和 40～50kg 苯加入反应锅，在 20℃下搅拌反应 5h。反应结束后静置分层，取苯层，然后用稀酸和水洗至中性。减压蒸馏回收苯后，收集 130℃（2.67kPa）的馏分，即得产品肉桂醛 55～60kg。

附注

[1] 2,4-二硝基苯肼试剂的配制见附录六。

[2] Tollens 试剂的配制见附录六。

[3] 加入乙醇是为了增加渗透，促进细胞破壁，提高提取率。

第五节 有机化合物的性质验证实验

从自然界中提取到的天然产物或者人工合成的化合物，需要确定其结构。由于色谱和波谱（如红外、紫外、核磁、质谱等）技术的发展和应用，确定化合物的结构的实验方法有了根本性的变化。但是经典的有机化合物系统鉴定方法（化学方法）可以帮助学生灵活运用有机化学基础知识，掌握基本原理，因此仍有一定的意义。有机化合物的化学分析方法与波谱分析法相辅相成，互为补充和印证。

对于需要确定其结构的化合物可以分为两类：全新化合物，即化合物的结构完全未知。这类化合物在文献中未见报道，没有可供参考的信息。这时，应先作详细的定性分析（确定分子骨架、官能团、元素），再做定量分析，必要时借助波谱分析确定化合物的具体结构。这是一项很复杂而且艰巨的科研工作，在此不作讨论。另一类化合物是文献中已报道过的化合物，它们的结构、性质前人已有研究，只是在分析前对分析者来说是未知的，故称为未知物。这类化合物的鉴定则只需要测定几项物理常数，并与文献值作比较，若相符，则可确定其结构。

未知物的系统鉴定一般分为下列步骤。

① 初步检验：观察未知物的物态、颜色、气味等，对其作初步了解，并做灼烧实验。

② 物理常数的测定：测定未知物的熔点、沸点、折射率等。

③ 元素定性分析：测定未知物中含有哪些元素，以便确定未知物所属的范围。

④ 溶解度试验：根据有机化合物在水、乙醚、5％氢氧化钠溶液、5％碳酸氢钠溶液、5％盐酸溶液和浓硫酸中的溶解度，可将其分组，缩小探索范围，以便于迅速获得鉴定结果。

⑤ 官能团鉴定：利用化学试验确定化合物中存在哪些官能团。

⑥ 查阅文献：根据前面的实验，找出与样品熔沸点相近（一般取±5℃）的化合物，从中筛选出与样品含有相同元素、相同溶解度分组、相同官能团的化合物。

⑦ 衍生物制备：把样品转变为固体衍生物，测定其熔点，根据它的熔点或者与已知化合物和混合物熔点对"未知物"的结构作最后证实。

一、初步观察

1. 观察未知物的物态、颜色和气味

观察未知物是固体还是液体，如是固体，取少量放于瓷坩埚盖上，细心观察其为粉末或晶体以及晶体形状。如为液体，取 2～3 滴于小试管中，观察试样是否澄清，是否黏稠等。

观察未知物的颜色：大多数有机化合物是无色的，有时会由于放置时间过长而产生有色杂质。例如芳香胺和苯酚，纯品是无色的，微量的氧化产物能使它们的颜色呈浅红到红棕色。硝基化合物、亚硝基化合物、偶氮化合物、醌、共轭多烯烃（一般为四个或四个以上共轭双键）和共轭多酮类可能是黄到红色。观察未知物的颜色可以有助于判断它可能属于何种类型。

观察未知物的气味：很多有机化合物具有特殊的气味，例如酯类具有水果香，醇类有酒味，某些胺具有鱼腥或腐烂味，硫醇有类似硫化氢的臭味，异腈有恶臭，芳香硝基化合物有苦杏仁味。但是气味很难用文字描述，学会辨别各类有机化合物的气味，对分析未知物有很大的帮助。

在闻未知物气味时，切勿将鼻子凑近样品瓶，以免大量吸入。可以在敞开的样品瓶口上用手扇一下，使气味飘逸至你的鼻下，如样品很少，可以取出少量放在滤纸或载玻片上再闻。

2. 灼烧试验

取约 0.1g 固体样品或 5 滴液体样品于瓷坩埚盖上，将坩埚盖放在三脚架上，开始时缓慢加热，待燃烧发生后移去火源，观察燃烧现象。待火焰熄灭后继续加热至坩埚盖呈红热，观察现象。

① 样品是否熔化、碳化、升华或者爆炸。

② 样品是否燃烧，燃烧的快慢，观察火焰的颜色和烟的浓淡。一般低级饱和脂肪族化合物燃烧时火焰呈黄色、无烟；芳香族或者不饱和脂肪族化合物燃烧时火焰明亮且有浓烟；卤代烃灼烧时产生白雾；糖类灼烧时炭化并产生焦味；蛋白质产生臭味。

③ 观察燃烧过程中有无气体放出，并注意气体的颜色和气味（小心毒性气体）。

④ 有无残渣存在，若有残渣，说明样品中含有金属原子，可按无机分析方法检验金属离子。

二、物理常数的测定

有机化合物的物理常数包括熔点、沸点、折射率、密度、比旋光度等。测定未知物的物理常数可以有助于判断化合物的纯度。其中熔点和沸点是必测的，其它则视需要而定。

固体样品测定它们的熔点，熔程若在 0.5～1℃ 之间，说明样品较纯，可用作鉴定。如熔程大于 2℃，说明样品不纯，需要提纯后再测。

对于液体样品。则测定它们的沸点。如果样品量少于 1mL，采用微量法测定沸点；若样品量较多，则采用蒸馏法。根据沸程判断样品的纯度，若沸程在 1～2℃ 之间可用作鉴定，如果沸程较长，说明样品不纯，可以收集沸点距 1～2℃ 内的主要馏分加以鉴定。对于纯粹的液体化合物，折射率也是一种有用的物理常数，可用阿贝折光仪测定。

三、元素的定性分析

元素定性分析一般包括 C、H、O、S、N 和卤素等。它是有机分析最重要的步骤。由

分析结果知道样品含有哪些元素后，可以确定下一步需要进行哪些官能团试验。

元素分析通常只做 N、S 和卤素，这是由于 C、H 两种元素在有机化合物中一定存在，O 元素没有简便的检验方法直接进行元素测定。元素定性分析法有钠熔法、氧瓶法、高锰酸银法，最常用的是钠熔法（Lassaigne's test）。

钠熔法是把少量有机化合物样品与一小块金属钠一起加热熔融，使有机化合物完全分解，有机物中的氮、卤素、硫等元素则分别生成氰化钠、卤化钠和硫化钠等可溶于水的无机化合物，然后用无机定性分析方法检测氰离子、硫离子和卤离子。

$$\text{有机化合物（含 C，H，O，N，S，X）} + Na \xrightarrow{\text{共熔}} \begin{array}{cc} NaCN & NaCNS \\ NaOH & NaX \quad Na_2S \end{array}$$

钠熔法不能提供有关 C、H 或 O 的信息。

1. 氮的鉴定——普鲁士蓝试验

样品中若含有氮，在钠熔后的滤液中存在氰化钠。氰化钠与硫酸亚铁反应生成亚铁氰化钠，它与二价铁离子作用，生成蓝色普鲁士蓝沉淀。

$$FeSO_4 + 6NaCN \longrightarrow Na_4[Fe(CN)_6] + Na_2SO_4$$

$$3Na_4[Fe(CN)_6] + 2Fe_2(SO_4)_3 \longrightarrow Fe_4[Fe(CN)_6]_3 \downarrow + 6Na_2SO_4$$

普鲁士蓝

2. 硫的鉴定

可以用两种方法鉴定硫的存在。

① 亚硝酰铁氰化钠试验　硫化钠与亚硝酰铁氰化钠作用生成紫红色配合物。

$$Na_2S + Na_2[Fe(CN)_5NO] \longrightarrow Na_4[Fe(CN)_5NOS] \quad 紫红色$$

② 硫化铅试验　硫化钠与乙酸铅反应生成黑色硫化铅沉淀。

$$Na_2S + (CH_3COO)_2Pb \longrightarrow 2CH_3COONa + PbS \downarrow$$

3. 氮和硫的同时鉴定

若样品中同时含有硫和氮，在钠熔时金属钠量不足，则生成硫氰化钠，使氮和硫的鉴定均得到负结果，此时可用三氯化铁进行检测，它与硫氰离子作用生成血红色的 $Fe(CNS)_3$。

$$3NaCNS + FeCl_3 \longrightarrow Fe(CNS)_3 + 3NaCl$$

血红色

4. 卤素的鉴定——卤化银试验

卤化钠可与硝酸银作用生成卤化银沉淀。不同的卤化银颜色不同。氯化银为白色沉淀；溴化银为浅黄色沉淀；碘化银为黄色沉淀。因此，利用卤化银沉淀法可检验样品中是否存在氯、溴或碘。

$$\begin{array}{cc} NaCl & AgCl \\ NaBr + AgNO_3 \longrightarrow & AgBr \downarrow + NaNO_3 \\ NaI & AgI \end{array}$$

如果样品中含有硫和氮，钠熔后生成的氰化钠和硫化钠会干扰试验的结果。可在试验前先加入硝酸，加热，使氰化钠和硫化钠与硝酸生成可挥发的氰化氢或硫化氢而除去（实验需在通风橱中进行）。

$$NaCN + HNO_3 \longrightarrow HCN \uparrow + NaNO_3$$

$$Na_2S + 2HNO_3 \longrightarrow H_2S \uparrow + 2NaNO_3$$

四、溶解度试验

溶解度试验，能为我们提供有机化合物可能属于哪一类的信息，以缩小试验范围。该方法是根据化合物在水、乙醚、5％氢氧化钠浴液、5％碳酸氢钠浴液、5％盐酸和浓硫酸中的溶解行为来分组。通过溶解度试验能揭示该化合物究竟是强碱（胺）、强酸（羧酸）、弱酸（酚），还是中性化合物（醛、酮、醇、酯、醚），对于测定未知物中存在的主要官能团的性质是极其重要的。所以每个未知物都应做溶解度分组试验。然而当分子中存在多种官能团时，有时会使溶解度发生很大变化，例如：间苯二酚是非常容易溶解在水中的，但是当在4-位引入叔丁基后仅微溶于水。

五、官能团的定性鉴定

官能团的定性鉴定就是利用有机化合物中各种官能团的不同特性，可与某些试剂反应产生特殊的现象（颜色变化、沉淀析出、气体放出等），来证明样品中是否含有某些官能团。官能团的定性鉴定具有反应快、操作简单等特点。由于有机化合物分子中含有不同的官能团，而不同的官能团往往决定了该类化合物的化学性质，因此，官能团的定性鉴定也常称为化合物的性质试验。由于在不同的分子中，同类官能团反应性能会受到分子其它部分的影响而有一定的差异，因此，有时需用几种不同的方法来确认一种官能团的存在或其在分子中的位置。

实验二十八　溶解度实验

一、实验目的

掌握不同的溶剂对有机化合物进行分组的方法。

二、实验原理

根据有机化合物结构和性质的关系，利用"相似相溶"原理，采用不同的溶剂把有机物分为若干溶度组。通常是按有机化合物在水、乙醚、5％氢氧化钠溶液、5％碳酸氢钠溶液、5％盐酸和浓硫酸中的溶解度进行分类的。

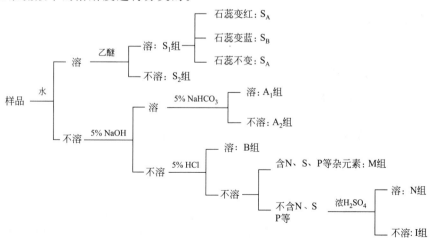

溶解度试验，能提供有机化合物可能属于哪一类的信息，以缩小试验范围。

三、仪器及试剂

1. 仪器： 试管、滴管、量筒、电子天平、pH 试纸。

2. 试剂： 乙醚、5％氢氧化钠、5％碳酸氢钠、5％盐酸、浓硫酸、甲苯、环己烷、正丁醇、乙二醇、乙酸乙酯、乙酸酐、苯酚、苯甲酸、乙酰苯胺、固体未知物、液体未知物。

四、实验步骤[1]

1. 水溶解度试验

称取 0.1g 磨细的固体或 0.2mL（4～5 滴）液体样品于小试管中，加入 1mL 蒸馏水，振摇，观察样品是否溶解[2]。如不溶解，再加水 1mL 振摇，继续加水至 3mL，如仍不溶解，表明样品不溶于水。液体样品混合振摇后呈乳浊液，静置后分为两层，表明样品不溶于水，注意样品在水的上层还是下层，比较样品与水的相对密度。

① 溶于水的样品，用 pH 试纸测其酸碱性，并做乙醚溶解度试验。

② 不溶于水的样品，直接做 5％氢氧化钠溶解度试验，不用做乙醚溶解度试验。

2. 乙醚溶解度试验

方法如上面操作，注意要用干燥的试管。

① 能溶解的属于 S_1 组

② 不能溶解的属于 S_2 组

未知物已经确定属于哪一组，就不需要再做后面的溶解度试验。

3. 5％氢氧化钠溶解度试验

取不溶于水的固体样品 0.1g 或液体样品 0.2mL，加入 5％氢氧化钠溶液，方法如水溶解度试验，振摇后观察。

① 能溶解的再做 5％碳酸氢钠溶解度试验。

② 不能溶解的为非酸性物质，做 5％盐酸溶解度试验。

4. 5％碳酸氢钠溶解度试验

方法同 5％氢氧化钠溶解度，观察结果。

① 能溶解的属于 A_1 组。

② 不能溶解的属于 A_2 组。

5. 5％盐酸溶解度试验

方法同 5％氢氧化钠溶解度，观察结果。

① 能溶解的属于 B 组。

② 不能溶解的如样品中含有 N、S、P 等元素，则属于 M 组；不含 N、S、P 等元素，再进行浓硫酸溶解度试验。

6. 浓硫酸溶解度试验

在干燥的小试管中加入 3mL 冷浓硫酸，慢慢加入固体样品 0.1g 或液体样品 0.2mL，边加边振摇，观察现象。是否放热？有无颜色变化？有无气体放出？有无沉淀生成？

① 能溶解的属于 N 组。

② 不能溶解的属于Ⅰ组。

表 3-2　有机化合物的溶解度分组

组别	溶解性	化合物类型
S₁	溶于水和乙醚	四个碳原子以下的醇、酚、醚、醛、酮、缩醛、酸、酸酐、酯、酰胺、腈、胺等
S₂	溶于水 不溶于乙醚	二元醇、多元醇、氨基醇；多元酚、分子量小的羟基醛、羟基酮、羟基酸、氨基酸；磺酸；碳水化合物；有机盐类等
A₁	溶于 5％NaOH 和 5％NaHCO₃	有两个或两个以上吸电子基团的酚；分子量较大的羧酸、磺酸；氮原子上有两个芳环的氨基酸等
A₂	溶于 5％NaOH 不溶于 5％NaHCO₃	酚、烯醇、肟、亚酰胺、芳磺酰胺、脂肪族伯硝基或仲硝基化合物、硫酚等
B	溶于 5％HCl	脂肪胺、氮原子上只有一个芳环的芳胺、肼等
M	不溶于 5％NaOH 和 5％HCl	含 N、S 的中性化合物，有吸电子基团的芳胺，二芳胺，三芳胺，酰胺，硝酸酯，腈，脂肪族叔硝基化合物，芳香硝基化合物，亚硝基化合物，偶氮化合物，磺酰卤，磺酰仲胺；硫醚；砜等
N	溶于浓硫酸	不含 N、S、P 五个碳原子以上中性含氧化合物，不饱和烃，多烷基苯等
Ⅰ	溶于浓硫酸	烷烃、环烷烃、芳香烃、卤代烃

附注

　　[1] 实验时溶剂必须按顺序进行，不能前后颠倒。当试样找到溶解度组后不再试验其在其它溶剂中的溶解情况。

　　[2] 若样品与溶剂发生化学反应而产生颜色变化，气体逸出或形成新的沉淀，也可算作溶解。

实验二十九　烃的性质

一、实验目的

　　1. 熟悉烷烃、烯烃、炔烃、芳香烃的化学性质。

　　2. 掌握不饱和烃和芳香烃的鉴定方法。

二、实验原理

　　烷烃是一类不活泼的有机化合物。在室温下，烷烃与强酸、强碱、强氧化剂等都不起作用。在高温下也不与强还原剂作用，化学性质比较稳定。

　　烯烃和炔烃分子中含有碳碳双键、三键，能发生氧化、加成反应，使高锰酸钾溶液或溴水褪色。因此可用高锰酸钾溶液或溴水鉴别双键和三键的存在。

$$\underset{}{>}C{=}C\underset{}{<} \xrightarrow{Br_2} -\overset{|}{\underset{|}{C}}-\overset{Br}{\underset{Br}{C}}-$$

$$-C{\equiv}C- \xrightarrow{Br_2} -\overset{|}{C}{=}\overset{Br}{\underset{|}{C}}- \xrightarrow{Br_2} -\overset{Br}{\underset{Br}{C}}-\overset{Br}{\underset{Br}{C}}-$$

$$\underset{}{>}C{=}C\underset{}{<} + KMnO_4 \longrightarrow -\overset{|}{\underset{OH}{C}}-\overset{|}{\underset{OH}{C}}- + MnO_2\downarrow$$

$$R{-}C{\equiv}CH + KMnO_4 \longrightarrow RCOOH + CO_2 + MnO_2\downarrow$$

芳香烃与浓硫酸或发烟硫酸作用，苯环上的氢原子被磺酸基取代，生成芳磺酸。芳磺酸可溶于浓硫酸。

$$\text{\Large ⬡} \xrightarrow[\text{或发烟H}_2\text{SO}_4, 25℃]{\text{浓H}_2\text{SO}_4, 70\sim80℃} \text{\Large ⬡}\text{—SO}_3\text{H}$$

三、仪器及试剂

1. **仪器**：试管、滴管、量筒、电子天平。

2. **试剂**：3％溴的四氯化碳溶液、2％高锰酸钾溶液、10％硫酸溶液、20％发烟硫酸、氯仿、无水氯化铝、四氯化碳、环己烷、环己烯、苯、甲苯、萘。

四、实验步骤

1. 溴的四氯化碳溶液试验[1]

取 2 支试管，各加入 10 滴（约 0.5mL）环己烷、环己烯，再各加 2mL 四氯化碳[2]，慢慢滴入 3％溴的四氯化碳溶液，边加边摇动试管，观察并记录现象。

2. 高锰酸钾溶液氧化试验[3]

取 4 支试管，分别加入苯、甲苯、环己烯、环己烷各 10 滴，再各加 3 滴 2％高锰酸钾溶液和 3 滴 10％硫酸溶液，剧烈振摇（必要时在 60～70℃水浴上加热几分钟），观察并记录现象。

3. Friedel-Crafts 反应

取 4 支干燥的试管，各加入 2mL 氯仿，然后分别加入 2 滴环己烷、2 滴苯、2 滴甲苯和 0.1g 萘，充分振摇混匀并使试管壁润湿，沿试管壁加入无水氯化铝约 0.5g，观察试管壁上的现象[4]。

4. 发烟硫酸试验

取 2 支干燥试管，各加入 1mL 20％发烟硫酸，分别逐滴加入 10 滴苯、环己烷，用力振摇试管，静置几分钟，观察并记录现象[4]。

五、实验操作注意事项

溴为强腐蚀性化学品，使用时注意保护，戴好防护用品，在通风橱中进行。

六、讨论与思考

1. 乙酰乙酸乙酯也能使溴的四氯化碳溶液褪色，是何原因？乙酰乙酸乙酯与溴发生了什么反应？

2. 硝基苯能否与氯仿-无水氯化铝反应？为什么？

附注

[1] 除不饱和烃外，烯醇型化合物、酚、胺、醛、酮和含活泼亚甲基的化合物等也可能与溴的四氯化碳溶液发生取代反应而使溴褪色。

〔2〕由于溴和四氯化碳都易挥发，如果鉴定气态烯烃，则用溴水。避免气体通入后，它们大量逸出。

〔3〕有些不含重键的化合物如醇、酚、醛、甲酸、草酸、芳香胺等也能被高锰酸钾氧化。

〔4〕颜色从无水氯化铝表面开始产生，逐渐扩散，最后使整个溶液带色。芳烃在无水氯化铝存在下与氯仿反应，生成碳正离子 $(C_6H_5)_3C^+AlCl_4^-$，所以显色。

$$C_6H_6 + CHCl_3 \xrightarrow{AlCl_3} (C_6H_5)_3CCl$$

$$(C_6H_5)_3CCl + AlCl_3 \longrightarrow (C_6H_5)_3C^+ AlCl_4^-$$

无色　　　　　有色

由生成的颜色可以初步推测芳香烃的种类，苯及其同系物、卤代芳烃呈现橙色至红色；萘呈蓝色；蒽呈黄绿色；菲呈紫红色；联苯呈紫红色。

实验三十　卤代烃的性质

一、实验目的

1. 熟悉不同烃基对卤代烃反应活性的影响。

2. 熟悉不同卤原子的卤代烃的反应活性规律。

3. 掌握卤代烃的鉴定方法。

二、实验原理

在卤代烃分子中，C—X 键是极性共价键，容易断裂，易受亲核试剂进攻，发生亲核取代反应。

$$R-X \begin{cases} \xrightarrow{OH^-} R-OH \\ \xrightarrow{R'O^-} R-OR' \\ \xrightarrow{NH_3} R-NH_2 \\ \xrightarrow{CN^-} R-CN \\ \xrightarrow{R'COO^-} R-OCOR' \\ \xrightarrow{NO_3^-} R-ONO_2 \end{cases}$$

卤代烃的亲核取代反应通常按两种反应机理进行：双分子亲核取代反应（S_N2）、单分子亲核取代反应（S_N1）。在很多情况下，这两种不同的反应机理可能同时存在于某一个反应，而且处于相互竞争。在卤代烃的亲核取代反应中，卤代烃的组成和结构不同、反应条件的差异、亲核试剂的强弱等因素都会对反应机理产生一定影响。因此，在讨论卤代烃的化学性质时，必须仔细分析反应条件、卤代烃的结构、试剂的结构，才能弄清某一反应可能按什么机理进行。

反应机理不同，各卤代烃的活性次序也不同：

在 S_N2 反应中，卤代烃的活性次序是：$CH_3X > 1°RX > 2°RX > 3°RX$。

在 S_N1 反应中，卤代烃的活性次序是：$CH_3X < 1°RX < 2°RX < 3°RX$。

烃基相同，卤原子不同时：$RI > RBr > RCl$。

卤代烃与硝酸银反应生成卤化银沉淀：

$$R-X+AgNO_3 \xrightarrow{C_2H_5OH} R-ONO_2+AgX\downarrow$$

因此，可以从反应的快慢判断不同的烃基结构，从沉淀的颜色判断是何种卤代物。

三、仪器及试剂

1. **仪器**：试管、滴管、量筒、电子天平。

2. **试剂**：乙醇、碘化钠、丙酮、1％硝酸银乙醇溶液、15％碘化钠丙酮溶液、5％氢氧化钠、5％硝酸、1-氯丁烷，2-氯丁烷，1-溴丁烷，2-溴丁烷，2-甲基-2-溴丁烷，氯化苄，氯苯，1-碘丁烷，2,4-二硝基氯苯。

四、实验步骤

1. 与硝酸银乙醇溶液的反应

（1）不同烃基的卤代烃反应活性比较[1]　取 3 支干燥洁净的试管，各加入 1mL 1％硝酸银乙醇溶液，然后分别加入 3 滴 1-溴丁烷、2-溴丁烷、2-甲基-2-溴丁烷，振荡试管，观察有无沉淀析出，记下出现沉淀的时间。如 10min 后仍无沉淀析出，将试管放在水浴中加热至微沸，观察有无沉淀析出并记下出现沉淀的时间。在有沉淀生成的试管中各加 1 滴 1％硝酸，如沉淀不溶解，表明沉淀为卤化银。解释观察到的现象，写出各类卤代烃的反应活性次序。

以 1-氯丁烷、2-氯丁烷、氯化苄、氯苯为样品，按上述方法操作，观察沉淀生成的速率，解释观察到的现象，写出各卤代烃的反应活性次序。

（2）不同卤原子的卤代烃反应活性比较　取 3 支干燥的试管，各加入 1mL 1％硝酸银乙醇溶液，然后分别加入 3 滴 1-氯丁烷、1-溴丁烷、1-碘丁烷，按上述方法操作，观察和记录生成沉淀的颜色和时间，比较不同卤原子的活性。

2. 与碘化钠丙酮溶液的反应

取 5 支干燥的试管[2]，各加入 1mL 15％碘化钠丙酮溶液，然后分别加入 3 滴 1-溴丁烷、2-溴丁烷、溴化苄、溴苯和 2,4-二硝基氯苯。边加边振摇试管，观察有无沉淀析出，记录产生沉淀的时间。5min 后，将仍无沉淀析出的试管放在 50℃的水浴里（注意水浴温度不要超过 50℃，以免影响实验结果）加热 5min，然后将其取出冷却至室温。注意观察试管里的变化并记录产生沉淀的时间。

3. 卤代烃的水解

（1）不同烃基的卤代烃的水解　取 4 支干燥、洁净的试管，各加入 2mL 5％氢氧化钠溶液，然后分别加入 3 滴 1-溴丁烷、2-溴丁烷、2-甲基-2-溴丁烷、溴苯，振荡试管，静置。小心用吸管吸取水层几滴，于干净的试管，加入 5％硝酸酸化至中性或弱酸性，加入 2 滴 1％硝酸银溶液，观察有无沉淀生成。如无沉淀生成，将试管放入水浴中小心加热，再观察现象。解释观察到的现象，写出各类卤代烃的反应活性次序。

（2）不同卤原子的活性比较　以 1-氯丁烷、2-溴丁烷、1-碘丁烷为样品，按上述方法操作，观察沉淀生成的速率，解释观察到的现象，写出各卤代烃的反应活性次序。

五、实验操作注意事项

由于自来水中含有氯，因此试管必须要用蒸馏水洗净烘干。

六、讨论与思考

1. 根据本实验观察得到的卤代烃的反应活性次序，说明原因。

2. 是否可用硝酸银水溶液代替硝酸银乙醇溶液进行反应？

3. 加入硝酸银乙醇溶液后，如生成沉淀，能否根据此现象判断原来试样含有的卤原子？

附注

［1］烯丙基型卤代烃、苄基型卤代烃、叔卤代烷、碘代烷等立即生成卤化银沉淀。此外，氢卤酸铵盐、卤化季铵盐、酰卤在室温下也能立即生成卤化银沉淀。伯卤代烷、仲卤代烷加热后能生成卤化银沉淀，此外，RCHBr₂、对硝基氯苯也能在加热后生成沉淀。乙烯型卤化物、卤代苯、两个以上卤原子连在同一个碳原子上如氯仿通常加热也不反应。

［2］试管必须干燥洁净，否则生成的溴化钠、碘化钠溶于水中而不易看出沉淀。

实验三十一　醇、酚、醚的性质

一、实验目的

1. 熟悉醇和酚的主要化学性质，比较两者性质上的异同。

2. 学会鉴别醇和酚的方法。

3. 掌握醚中过氧化物的检验法。

二、实验原理

醇和酚分子中都含有羟基，但由于羟基所连的烃基不同，两者在性质上有很大的差异。

醇的结构与水相似，性质比较活泼，醇具有弱酸性，醇羟基可以被取代。

$$ROH + Na \longrightarrow RONa + H_2 \uparrow$$
$$R-OH + HX \rightleftharpoons R-X + H_2O$$

氢卤酸的活性：HI＞HBr＞HCl。

不同醇的活性：叔醇＞仲醇＞伯醇。

由浓盐酸和无水氯化锌所配成的试剂又称为卢卡斯试剂。卢卡斯试剂与叔醇立即反应，生成的卤代烃因不溶于反应试剂而呈浑浊；如与仲醇反应，需几分钟才呈浑浊；如与伯醇反应，则常温下几小时也不见浑浊，要加热才浑浊。因此利用上述不同的反应速率，可作为区别伯、仲、叔醇的一种化学方法。

醇还可以氧化、脱水。伯醇和仲醇可氧化生成醛、酮或酸。叔醇不被氧化。

$$RCH_2OH \xrightarrow{[O]} RCHO \xrightarrow{[O]} RCOOH$$

$$R_2CHOH \xrightarrow{[O]} R-\overset{O}{\underset{\|}{C}}-R$$

此外，多元醇还有特殊的反应。邻位二醇或邻位多元醇可与新制的氢氧化铜形成配合物而使沉淀溶解，变成绛蓝色溶液。加入盐酸后配合物分解为原来的醇和铜盐。

$$\underset{}{\overset{}{\mathrm{OH}}}\mathrm{OH} + \mathrm{Cu(OH)_2} \longrightarrow \overset{}{\underset{}{\mathrm{O}}}\mathrm{>Cu} + \mathrm{H_2O}$$

绛蓝色

多元醇与高碘酸反应，相邻两个羟基之间的碳碳键都可以被氧化断裂，反应几乎是定量进行的。在反应混合物中加入硝酸银，则可以见到碘酸银（$\mathrm{AgIO_3}$）白色沉淀（$\mathrm{AgIO_4}$ 不是沉淀），因此可以用于鉴别邻二醇。

$$-\overset{|}{\underset{|}{\mathrm{C}}}-\mathrm{OH} \xrightarrow{\mathrm{HIO_4}} \overset{}{\underset{}{}}-\overset{}{\underset{}{\mathrm{C}}}=\mathrm{O} + \mathrm{IO_3^-} + \mathrm{H_2O}$$
$$\xrightarrow{\mathrm{AgNO_3}} \mathrm{AgIO_3}\downarrow$$

酚具有酸性，苯酚的酸性比羧酸、碳酸弱，比水、醇强。

$$\text{C}_6\text{H}_5-\mathrm{OH} + \mathrm{NaOH} \longrightarrow \text{C}_6\text{H}_5-\mathrm{ONa} + \mathrm{H_2O}$$

酚芳环上还可以发生亲电取代反应，苯酚与溴水反应，生成白色的三溴苯酚沉淀。

$$\text{苯酚} + \mathrm{Br_2} \xrightarrow{\mathrm{H_2O}} \text{三溴苯酚} \downarrow$$

酚与氯化铁反应，酚羟基与铁离子结合成紫色的配合物，发生显色反应。

$$6\mathrm{ArOH} + \mathrm{FeCl_3} \Longleftrightarrow [\mathrm{Fe(OAr)_6}]^{3-} + 6\mathrm{H^+} + 3\mathrm{Cl^-}$$

醚的化学性质比较稳定，可溶于强酸，久置的醚中可能有过氧化物存在，过氧化物与硫酸亚铁和硫氰化钾混合液反应，生成红色配合物。

$$\mathrm{Fe^{2+}} \xrightarrow{\text{过氧化物}} \mathrm{Fe^{3+}} \xrightarrow{\mathrm{SCN^-}} [\mathrm{Fe(SCN)_6}]^{3+}$$
红色

三、仪器及试剂

1. 仪器：试管、滴管、量筒、电子天平、软木塞、恒温水浴、pH 试纸、镊子。

2. 试剂：钠、苯、乙醚、酚酞指示剂、卢卡斯试剂、浓盐酸、0.5％高锰酸钾溶液、5％碳酸钠溶液、5％硫酸铜溶液、5％氢氧化钠溶液、高碘酸-硝酸银试剂、10％盐酸、饱和碳酸氢钠溶液、1％氯化铁水溶液、浓硫酸、饱和溴水、1％碘化钾、2％硫酸亚铁铵溶液、1％硫氰化钾溶液、无水乙醇、正丁醇、仲丁醇、叔丁醇、10％乙二醇、10％甘油、10％ 1,3-丙二醇、苯酚、间苯二酚、对苯二酚、α-萘酚、工业乙醚。

四、实验步骤

1. 醇的性质

（1）**醇钠的生成** 取 2 支干燥的试管，各加入 1mL 无水乙醇和正丁醇，然后分别向两支试管中加入 1 粒绿豆大小的金属钠（用镊子取出贮存于煤油中的金属钠，用滤纸吸去煤油，再切成绿豆大小），观察现象。钠完全消失后[1]，向试管中加入 2mL 水，滴 2 滴酚酞指示剂，观察现象。

（2）**与卢卡斯（Lucas）试剂**[2] **反应** 取 3 支干燥试管，分别加入 1mL 正丁醇、仲丁醇和叔丁醇，然后各加入 2mL 卢卡斯试剂，用软木塞塞住试管，振荡，最好放在 26～27℃水浴中温热数分钟[3]，静置，观察发生的变化，记下混合液体变浑浊和出现分层所需的时间。

用 1mL 浓盐酸代替卢卡斯试剂作上述同样的实验，与上面试验作比较。

（3）醇的氧化　取 3 支干燥试管，各加入 5 滴 0.5% 高锰酸钾溶液和 5 滴 5% 碳酸钠溶液，摇匀，分别加入 5 滴正丁醇、仲丁醇和叔丁醇，摇动试管，观察混合液的颜色变化。

（4）多元醇的反应

① 与氢氧化铜的实验　取 3 支试管，各加入 3 滴 5% 硫酸铜溶液和 6 滴 5% 氢氧化钠溶液，然后分别加入 5 滴 10% 乙二醇、10% 甘油、10% 1,3-丙二醇，摇动试管，观察并记录现象。最后再各加入 1 滴浓盐酸，观察并记录所发生的变化。

② 与高碘酸[4]-硝酸银的实验[5]　取 3 支试管，加入 2mL 高碘酸试剂，再加 1 滴浓硝酸（不可过量），摇匀。各加入 1 滴 10% 乙二醇、10% 甘油、10% 1,3-丙二醇水溶液，振摇10～15s，加 1～2 滴 5% 硝酸银水溶液，观察并记录所发生的变化。

2. 酚的性质

（1）酚的溶解性和弱酸性

① 水溶性实验　取 4 支试管，各加入 0.1g 苯酚、间苯二酚、对苯二酚、α-萘酚，再加入 3mL 水，振荡试管后观察是否溶解。将不溶解的加热煮沸，然后放冷，观察现象。用玻璃棒蘸一滴溶液，以广泛 pH 试纸检验酸碱性。

② 氢氧化钠实验　取 2 支试管，各加入 0.3g 苯酚、α-萘酚，再加入 1mL 水，摇动试管，分别向试管加入几滴 5% 氢氧化钠溶液，使酚完全溶解，观察现象。向制得的溶液中再加入 10% 盐酸酸化，观察有何现象。

③ 碳酸钠实验　取 2 支试管，各加入 0.3g 苯酚，向一支试管中加入 2mL 5% 碳酸钠溶液，另一支试管中加入 2mL 饱和碳酸氢钠溶液，摇动试管，观察两支试管中的现象有何不同。

（2）与氯化铁溶液作用　在 4 支试管中分别加入 0.2g 苯酚、间苯二酚、对苯二酚、α-萘酚，再加入 2mL 水，振摇使酚溶解。再各加入 3 滴新配的 1% 氯化铁水溶液，观察和记录各试管中显示的颜色。

（3）与溴水反应　取 1 支试管，加入 0.2g 苯酚，再加入 2mL 水，振摇使酚溶解。逐滴滴入饱和溴水，摇动试管，观察有何变化。继续滴加饱和溴水至白色沉淀变为淡黄色沉淀为止。将试管内混合物煮沸 1～2min，以除去过量的溴，静置冷却。在冷的混合物中滴加几滴 1% 碘化钾溶液和 1mL 苯，用力振荡试管，记录观察到的现象[6]。

3. 醚的性质

（1）盐的生成　取 2 支干燥的试管，向一支试管中加入 1mL 浓硫酸，另一支试管中加入 1mL 浓盐酸。将两支试管放入冰水浴中冷却到 0℃，在冰水浴冷却下向每支试管中小心滴加 10 滴乙醚，边滴边振摇，观察现象。在冰水浴冷却下将上述试管中的液体小心地倒入盛有 2mL 冰水的试管中，边倒边摇，观察现象。

（2）过氧化物的检验　在试管中加入 1mL 新配的 2% 硫酸亚铁铵溶液，加入几滴 1% 硫氰化钾溶液，加入 1mL 工业用乙醚，用力振摇。若颜色呈红色，则有过氧化物存在。

五、讨论与思考

1. 为什么伯醇和仲醇与卢卡斯试剂反应后，溶液先浑浊后分层？

2. 如何鉴别醇和酚？

3. 具有什么结构的化合物能与氯化铁溶液发生显色反应？试举三例。

4. 如何鉴别 1,2-丁二醇和 1,3-丁二醇？

附注

[1] 乙醇与钠作用，金属钠外层包上一层固体乙醇钠，稍微摇动试管，可使反应加快。如果放出的氢气基本停止而钠还没有完全溶解，可用镊子将钠取出，放入乙醇中销毁。

[2] 卢卡斯（Lucas）试剂的配制见附录六。

[3] 3～6 个碳原子的低级醇的沸点较低，故加热温度不可过高，以免挥发。

[4] 高碘酸试剂的配制见附录六。

[5] α-羟基醛、α-羟基酸、α-羟基酮、α-二酮、1-氨基-2-羟基化合物也能进行类似的反应。

[6] 2,4,6-三溴苯酚被过量的溴水氧化，生成黄色的 2,4,4,6-四溴环己二烯酮，后者被氢碘酸还原为 2,4,6-三溴苯酚，同时释出碘，碘又溶于苯而呈紫色。沉淀溶于苯中，析出的碘使苯层呈紫色。

$$\text{(OH, 2,4,6-三溴苯酚)} + Br_2 \xrightarrow{H_2O} \text{(O, 2,4,4,6-四溴环己二烯酮)} + HBr$$

$$\text{(O, 四溴环己二烯酮)} + 2HI \longrightarrow \text{(OH, 三溴苯酚)} + I_2 + HBr$$

实验三十二　醛和酮的性质

一、实验目的

1. 加深对醛、酮化学性质的认识。

2. 掌握醛、酮的鉴定方法。

二、实验原理

醛、酮的化学性质主要决定于羰基。羰基作为一种不饱和键，主要的反应是加成反应。醛和酮可以与氢氰酸、亚硫酸氢钠、醇、氨的衍生物（如羟胺、肼等）试剂发生亲核加成反应，各种亲核加成反应的范围不一样。

醛、脂肪族甲基酮及少于 8 个碳原子的环酮与饱和亚硫酸氢钠溶液发生加成反应，生成 α-羟基磺酸钠。α-羟基磺酸钠可溶于水，不溶于饱和亚硫酸氢钠溶液，因此以白色结晶形式析出。α-羟基磺酸钠与稀酸、稀碱共热，分解成原来的醛或甲基酮。因此可用于鉴别和提纯醛、酮。

$$\underset{(CH_3)}{\overset{R}{\underset{H}{}}}C=O + H-O-\overset{O}{\underset{O}{S}}-O^-Na^+ \rightleftharpoons \underset{(CH_3)}{\overset{R}{\underset{H}{}}}C\overset{SO_3Na}{\underset{OH}{}} \downarrow$$

醛、酮与 2,4-二硝基苯肼反应生成有颜色的 2,4-二硝基苯腙。醛、酮结构不同，2,4-二硝基苯腙颜色不同，熔点也不同，因此可以用 2,4-二硝基苯肼区别醛、酮。

$$\underset{(R')}{\overset{R}{\underset{H}{}}}C=O \xrightarrow{H_2N-NH-\text{(NO}_2\text{)}} \underset{(R')}{\overset{R}{\underset{H}{}}}C=N-\overset{H}{N}-\text{(O}_2N,\ NO_2\text{)}$$

醛、酮分子中的 α-碳原子上的氢比较活泼。乙醛和甲基酮在碱性条件下发生碘仿反应。生成亮黄色的 CHI_3 结晶，可用于鉴别甲基醛、酮。

$$H_3CC-R \xrightarrow[NaOH]{I_2} RCOONa + CHI_3 \downarrow$$

醛、酮结构上的差异影响反映在氧化反应上非常突出，醛比酮明显容易被氧化。醛对氧化剂较敏感，它很容易被氧化。

托伦试剂（Tollens）可以将醛氧化为羧酸，同时生成黑色的银单质沉淀，该反应若在洁净的玻璃器皿中进行，细微的金属银粒沉积在玻璃表面上形成一层银镜，所以又称其为银镜反应。对分子中的双键、叁键不影响。

$$R-\overset{O}{\overset{\|}{C}}-H + 2[Ag(NH_3)_2]^+ + 2OH^- \xrightarrow{\triangle} R-\overset{O}{\overset{\|}{C}}-O^-NH_4^+ + 2Ag\downarrow + 3NH_3\uparrow + H_2O$$
银镜或黑色沉淀

费林（Fehling）试剂可以将脂肪醛氧化为羧酸，同时生成红色的氧化亚铜沉淀，而且对分子中的双键、叁键不影响。

$$R-\overset{O}{\overset{\|}{C}}-H + 2Cu(OH)_2 + NaOH \xrightarrow{\triangle} R-\overset{O}{\overset{\|}{C}}-O^-Na^+ + Cu_2O\downarrow + 3H_2O$$
深蓝色溶液 　　　　　　　　　　　　　　红色沉淀

另外，醛还能使无色的希夫试剂（Schiff 试剂）显紫红色，除了甲醛以外，所有的醛与希夫试剂加成产物显示的颜色在加硫酸后都消失。

三、仪器及试剂

1. **仪器**：试管、滴管、量筒、电子天平。

2. **试剂**：饱和亚硫酸氢钠溶液、10%碳酸钠、5%盐酸、2,4-二硝基苯肼、碘-碘化钾溶液、10%氢氧化钠、95%乙醇、浓硫酸、氢氧化钠、氨水、亚硫酸氢钠、硝酸银、硫酸铜、酒石酸钾钠、碘化钾、碘、正丁醛、苯甲醛、丙酮、苯乙酮、甲醛、乙醛、无水乙醇、正丁醇。

四、实验步骤

1. 亲核加成反应

（1）与饱和亚硫酸氢钠加成　取 4 支干燥试管，各加入 1mL 新配制的饱和亚硫酸氢钠溶液[1]，然后分别滴加 3～4 滴正丁醛、苯甲醛、丙酮、苯乙酮，用力振荡，将试管置于冰水浴中冷却，观察有无沉淀析出[2]，记录沉淀析出所需的时间。

另取几支试管，分为两组。分别加入少量上面反应后产生的固体，做好标记，进行以下实验：

在每支试管中加入 2mL 10%碳酸钠溶液，用力振荡，将试管放入水浴中（温度不超过50℃），加热，振摇，观察现象。

在每支试管中加入 2mL 5%盐酸溶液，如上操作，观察现象。

（2）与 2,4-二硝基苯肼的反应　取 4 支试管，各加入 1mL 2,4-二硝基苯肼试剂[3]，分别滴加 2～3 滴正丁醛、苯甲醛、丙酮、苯乙酮，用力振荡，观察有无沉淀析出。如无，静置数分钟后观察；再无，可微热 30s 后再振荡，冷却后再观察[4]。

2. 碘仿反应

取 5 支试管，各加入 1mL 碘-碘化钾溶液[5]，并分别加入 5 滴 40％乙醛水溶液、丙酮、乙醇、正丁醇、苯乙酮。然后一边滴加 5％氢氧化钠溶液，一边振荡试管，直到碘的颜色消失，反应液呈微黄色为止[6]。观察有无黄色沉淀。如无沉淀，将试管放入 60℃水浴中温热 2～3min，冷却后观察。

3. 氧化反应

（1）与托伦（Tollens）试剂[7]反应（银镜反应）　取 4 支干净并且用蒸馏水冲洗过，经过干燥的试管[8]，各加入 1mL 新配制的托伦试剂[9]，分别加入 3 滴 37％甲醛水溶液、乙醛、丙酮、苯甲醛，振荡均匀，静置后观察，如无变化，可在 40～50℃水浴中温热[10]，观察现象。

（2）与费林（Fehling）试剂[11]反应　将费林溶液Ⅰ和费林溶液Ⅱ各 3mL 加入大试管中，混合均匀，然后平均分装到 4 支小试管中，分别加入 4 滴 37％甲醛水溶液、乙醛、丙酮和苯甲醛。振荡混匀，置于沸水浴中，加热 3～5min，观察现象[12]。

4. 希夫试验

取 3 支试管，各加入 1mL 希夫试剂，各加入 2 滴 37％甲醛水溶液、乙醛、丙酮，振荡均匀，静置后观察现象。再分别滴加 5％硫酸溶液，振摇，观察颜色变化。

五、讨论与思考

1. 醛、酮与亚硫酸氢钠的加成反应中，为什么一定要使用饱和亚硫酸氢钠溶液？而且必须新配？

2. 怎样用化学方法区别醛和酮？芳香醛与脂肪醛？

3. 什么结构的化合物能发生碘仿反应？鉴定时为什么不用溴仿和氯仿反应？

4. 配制碘溶液时为什么要加入碘化钾？

5. 银镜反应使用的试管为什么一定要洁净？如何使试管洗涤干净符合要求？

6. 如何鉴别下列化合物：环己烷、环己烯、苯甲醛、丙酮、正丁醛、异丙醇。

附注

[1] 饱和亚硫酸氢钠溶液的配制见附录六。

[2] 醛和脂肪族甲基酮以及低级环酮都会在 15min 内生成加成产物。如冷却后没有晶体析出，可用玻璃棒摩擦试管内壁。

[3] 2,4-二硝基苯肼试剂的配制见附录六。

[4] 某些容易水解成醛、酮的化合物如缩醛（酮），以及易被氧化成醛或酮的化合物也能与 2,4-二硝基苯肼反应，得正性结果。

[5] 碘-碘化钾溶液的配制见附录六。

[6] 如氢氧化钠溶液过量，则加热时生成的碘仿会发生水解而使沉淀消失：

$$CHI_3 + 4NaOH \longrightarrow HCOONa + 3NaI + 2H_2O$$

[7] 托伦（Tollens）试剂的配制见附录六。

[8] 银镜反应所用的试管必须十分洁净。可以用热的铬酸洗液或硝酸洗涤，再用蒸馏水冲洗干净。如果试管不洁净或反应进行得太快，就不能生成银镜，而是析出黑色的银沉淀。

[9] 托伦试剂久置会析出黑色氮化银（Ag₃N）沉淀，它在振动时容易分解而发生猛烈爆炸，有时甚至

潮湿的氮化银也能引起爆炸，故必须现配现用，试验完毕，应向试管内加入少量硝酸，加热，洗去银镜。

〔10〕不宜温热过久，更不能放在火焰上加热。用苯甲醛做银镜反应时，稍多加半滴氢氧化钠溶液，将会有利于银镜生成。

〔11〕费林（Fehling）试剂的配制见附录六。

〔12〕费林试剂可以将脂肪醛氧化为羧酸，故可区别脂肪醛与芳香醛。甲醛被费林试剂氧化生成甲酸，甲酸使氧化亚铜继续还原为金属铜，呈暗红色粉末或成铜镜析出。

实验三十三　羧酸及其衍生物的性质

一、实验目的

1. 掌握羧酸及其衍生物的主要化学性质。

2. 了解肥皂的制备原理及肥皂的性质。

二、实验原理

羧酸的官能团是羧基，由羰基和羟基直接相连而成。由于两者在分子中的互相影响，羧酸的性质不是羟基和羰基的简单加和，而是有特殊的性质。由于羟基和羰基 p-π 共轭，使氧氢键极性加大，氢以质子的形式离去，显示酸性；羧酸的酸性比醇、酚以及碳酸强。

$$RCOOH + NaOH \longrightarrow RCOONa + H_2O$$
$$2RCOOH + Na_2CO_3 \longrightarrow 2RCOONa + CO_2 + H_2O$$
$$ROOH + NaHCO_3 \longrightarrow RCOONa + CO_2 + H_2O$$

酸与醇在少量酸性催化剂（浓硫酸、干燥 HCl、强酸性离子交换树脂、对甲苯磺酸等）的存在下脱水生成酯。

$$\underset{\text{O}}{R-\overset{\parallel}{C}-O-H} + H-O-R' \underset{H^+}{\overset{}{\rightleftharpoons}} \underset{\text{O}}{R-\overset{\parallel}{C}-O-R'} + H_2O$$

某些羧酸具有特殊的性质：甲酸、草酸能被高锰酸钾氧化，某些二元酸受热后会发生脱羧反应。

$$HCOOH \xrightarrow{KMnO_4} CO_2 + H_2O$$
$$HOOCCOOH \xrightarrow{KMnO_4} CO_2 + H_2O$$
$$\underset{\overset{\mid}{COOH}}{COOH} \xrightarrow[\triangle, -CO_2]{200℃} H-COOH + CO_2 \uparrow$$

羧酸衍生物能发生水解、醇解、氨解，生成相应的取代产物。羧酸衍生物与水、醇、氨（胺）的反应活性顺序为：酰氯＞酸酐＞酯＞酰胺。

$$\underset{\text{O}}{R-\overset{\parallel}{C}-L} + Nu-H \longrightarrow \underset{\text{O}}{R-\overset{\parallel}{C}-Nu} + HL$$

$$L = -Cl, \underset{\overset{\parallel}{O}}{-O-\overset{}{C}-R'}, -OR', -NH_2, -NHR, -NR_2;$$

$$Nu = OH^-, RO^-, -NH_2, -NHR, -NR_2。$$

三、仪器及试剂

1. 仪器： 试管、滴管、量筒、电子天平、刚果红试纸、红色石蕊试纸。

2. 试剂： 10% 氢氧化钠、10% 盐酸、10% 碳酸钠、无水乙醇、硫酸、石灰水、硫酸（1：5）、0.5% 高锰酸钾、2% 硝酸银、40% 氢氧化钠、饱和氯化钠溶液、苯胺、10% 硫酸、

3％溴的四氯化碳、氯化钙、甲酸、乙酸、草酸、苯甲酸、乙酸酐、乙酰氯、乙酸乙酯、乙酰胺、猪油、植物油。

四、实验步骤

1. 羧酸的性质

（1）**酸性** 取 3 支试管，向试管中分别加入 10 滴甲酸、乙酸及 0.5g 草酸，再加入 2mL 水，摇匀，用玻璃棒分别蘸取相应的酸液在同一条刚果红试纸上画线，比较各线条的颜色和深浅程度。

取绿豆大小的苯甲酸晶体于试管中，加入 10 滴水，振摇，观察苯甲酸是否易溶解，加入 5 滴 10％氢氧化钠溶液，振荡并观察苯甲酸是否易溶解。再加 5 滴 10％盐酸，振荡，并观察所发生的变化。

取绿豆大小的苯甲酸晶体于试管中，加入 10 滴 10％碳酸钠溶液，摇匀，观察现象。

（2）**成酯反应** 取 2 支干燥的试管，各加入 1mL 无水乙醇和 1mL 冰醋酸，摇匀，向其中一支试管中加入 2 滴浓硫酸，振摇均匀后将两支试管浸在 60～70℃的热水浴中约 10min，然后将试管浸入冷水中冷却，最后向试管中再加入 5mL 水。观察溶液是否分层，有无酯的气味，比较两支试管中的区别。

（3）**脱羧反应** 在 3 支装有导气管的干燥大试管中，各加入 1mL 甲酸和冰醋酸及 1g 草酸，导气管的末端伸入盛有 2mL 石灰水的试管中（导管要插入石灰水中）。加热试样，观察石灰水的变化。

（4）**氧化作用** 取 3 支的试管，分别加入 10 滴甲酸、乙酸及 0.2g 草酸，再加入 1mL 水，摇匀，然后分别加入 1mL 稀硫酸（1∶5）及 2～3mL 0.5％高锰酸钾溶液，摇匀，加热至沸，观察现象。

2. 羧酸衍生物的性质

（1）**水解** 取 1 支试管，加入 1mL 蒸馏水，再滴入 3 滴乙酰氯[1]，观察现象。反应结束后，向试管中滴加 2 滴 2％硝酸银溶液，观察现象。

取 1 支试管，加入 1mL 蒸馏水，再滴入 3 滴乙酸酐，振摇，观察现象。

取 3 支试管，分别加入 5 滴乙酸乙酯和 5mL 水。一支作对照，另两支试管其中一支加 2 滴浓硫酸，另一支加 2 滴 40％氢氧化钠。振摇试管，将试管放入 70℃水浴中加热，观察现象，比较三支试管中酯层消失的快慢。

（2）**醇解** 取 2 支干燥的试管，各加入 0.5mL 无水乙醇，其中一支慢慢滴加 0.5mL 乙酰氯，同时用冷水冷却试管并不断振荡。3min 后，加入 1mL 饱和氯化钠溶液，观察现象并闻其气味。另一支加入 0.5mL 乙酸酐，摇匀，水浴中加热 5min，加入 1mL 饱和氯化钠溶液、2 滴 10％氢氧化钠溶液，观察现象并闻其气味。

（3）**氨解** 取 2 支干燥的试管，各加入新蒸馏过的苯胺 0.5mL，再分别滴加 10 滴乙酰氯、乙酸酐，摇匀，观察有无放热现象，反应结束后加入 3mL 水，振摇，观察现象。

3. 酰胺的水解反应

（1）**碱性水解** 取 1 支试管，加入 0.2g 乙酰胺、2mL 10％氢氧化钠溶液，混合均匀并用小火加热至沸。用润湿的红色石蕊试纸检验放出气体的性质。

（2）**酸性水解** 取 1 支试管，加入 0.2g 乙酰胺、2mL 10％硫酸，混合均匀并用小火加热沸腾 2min，注意有醋酸味产生。冷却，加入 10％氢氧化钠溶液至反应液呈碱性，再次加热。用润湿的红色石蕊试纸检验所产生气体的性质。

4. 油脂的性质

（1）**油脂的不饱和性**　取两支小试管，分别加入 0.2g 熟猪油和 4 滴近于无色的植物油，再各加入 2mL 四氯化碳，振荡使溶解。然后分别滴加 3％溴的四氯化碳溶液，边加边振荡，直至加入的溴不褪色为止。根据加入的溴的四氯化碳溶液的量的多少，判断油脂的不饱和程度。

（2）**油脂的皂化**　取 3g 油脂[2]于锥形瓶中，加入 6mL 95％乙醇和 5mL 40％氢氧化钠溶液，摇匀煮沸回流 15min 左右，并经常振荡。皂化完全后[3]，将制得的黏稠液体倒入盛有 20mL 热饱和食盐水的小烧杯中，不断搅拌，肥皂逐渐凝固析出[4]，浮于水面，把制得的肥皂取出，作下面的试验。

（3）**肥皂的性质**　取 0.5g 刚制得的肥皂，加入 20mL 水，加热使肥皂溶解，得均匀的肥皂胶体溶液。

① 取 5mL 肥皂液，加入几滴稀硫酸（1∶5），观察所发生的现象。

② 取 2 支试管，各加入 2mL 肥皂液，分别加入 2～3 滴 10％氯化钙溶液和 10％硫酸镁溶液，观察发生的变化。

③ 取两支试管，各加入 1～2 滴植物油。在一支试管中加入 2mL 水，在另一支试管中加入 2mL 肥皂溶液。把两支试管用力振荡，观察现象。

五、讨论与思考

1. 甲酸具有还原性，能与托伦试剂、费林试剂反应，但为什么在上述两试剂中直接滴加甲酸，实验却难以成功？应采取什么措施才能使反应顺利进行？

2. 制肥皂时加入食盐起什么作用？说明原理。

附注

[1] 必须使用无色透明的乙酰氯进行有关的性质实验。乙酰氯纯度不够，往往含有 $CH_3COOPCl_2$ 等磷化物，久置将产生浑浊或析出白色沉淀，从而影响到本实验的结果，可以过滤以后再用。反应十分激烈，滴加时要小心。

[2] 所用油脂可选用硬化油与适量猪油的混合油。如果单纯用硬化油，则制出的肥皂太硬；若用植物性油脂，则制出的肥皂太软。

[3] 皂化是否完全的判定：取几滴皂化液滴入热水中，若没有油滴分出来，表示皂化已经完全。

[4] 肥皂盐析原理：由于氯化钠的溶解度比脂肪酸钠盐大，加入大量氯化钠后，由于同离子效应，肥皂的溶解度降低，同时，肥皂胶体溶液中胶束水化层被盐离子的水合作用破坏，因此肥皂成固态析出。

实验三十四　胺的性质

一、实验目的

1. 掌握胺的碱性。

2. 掌握用简单的化学方法区别伯、仲、叔胺。

二、实验原理

胺中的氮原子和氨中的一样，有一对未共用电子对。能接受质子形成铵离子，因此胺具有碱性。能与强无机酸（HCl、H_2SO_4）作用生成盐。利用胺的碱性及胺盐在不同溶剂中的溶解性，可以分离和提纯胺。

$$RNH_2 + H^+ \longrightarrow RN\overset{+}{H}_3$$

$$R_2NH + H^+ \longrightarrow R_2\overset{+}{N}H_2$$

$$R_3N + H^+ \longrightarrow R_3\overset{+}{N}H$$

伯、仲、叔胺与亚硝酸反应时，产物各不相同，借此可区别三种胺。

脂肪族伯胺与亚硝酸反应，定量地放出氮气。芳香族伯胺在低温和强酸存在下，与亚硝酸发生重氮化反应，生成芳香族重氮盐，芳香族重氮盐化学性质很活泼，是有机合成的重要中间体。

$$RNH_2 + HNO_2 \longrightarrow N_2\uparrow + H_2O + R^+$$
$$\longrightarrow ROH + RCl + 烯烃等$$

脂肪族仲胺和芳香族仲胺与亚硝酸作用生成 N-亚硝基胺。N-亚硝基胺为黄色的中性油状物，不溶于水，可从溶液中分离出来。

$$R_2NH \xrightarrow[HCl]{NaNO_2} NR_2\text{—}N\text{=}O$$

脂肪族叔胺因氮上没有氢，与亚硝酸作用时只能生成不稳定的亚硝酸盐。水解、加碱后又得叔胺。芳香族叔胺与亚硝酸作用，发生环上取代反应，在芳香环上引入亚硝基，生成亚硝基取代物。

脂肪族或芳香族 1°胺和 2°胺可与酰基化试剂酰卤、酸酐或羧酸作用，氨基上的氢原子被酰基取代，生成酰胺。叔胺 N 上没有 H 原子，故不发生酰基化反应。

$$R\text{—}NH_2 + R'\text{—}\overset{O}{\overset{\|}{C}}\text{—}Y \longrightarrow R'\text{—}\overset{O}{\overset{\|}{C}}\text{—}NHR$$

$$R_2NH + R'\text{—}\overset{O}{\overset{\|}{C}}\text{—}Y \longrightarrow R'\text{—}\overset{O}{\overset{\|}{C}}\text{—}NR_2 + H\text{—}Y$$

$$R_3N + R'\text{—}\overset{O}{\overset{\|}{C}}\text{—}Y \longrightarrow 不反应$$

$$Y\text{=}\text{—}Cl,\ \text{—}O\text{—}\overset{O}{\overset{\|}{C}}\text{—}R',\ \text{—}OH$$

与酰基化反应相似，脂肪族或芳香族 1°胺和 2°胺在碱性条件下，也能与芳磺酰氯作用，生成相应的磺酰胺，叔胺不反应。伯胺反应后生成的磺酰胺有酸性，可溶于碱而成盐，酸化后又析出不溶于水的磺酰胺。仲胺反应后生成的磺酰胺与碱不作用，也不溶于碱水。

（可溶于碱，加酸又不溶）

$$R_2NH + \underset{}{\text{（苯环）}}SO_2Cl \longrightarrow \underset{}{\text{（苯环）}}SO_2NR_2 \xrightarrow{\text{NaOH}} \text{（不溶，固体析出）}$$

$$R_3N + \underset{}{\text{（苯环）}}SO_2Cl \longrightarrow \text{（不反应，也不溶于碱，可溶于酸）}$$

磺酰胺在酸的催化下可以水解而分别得到原来的胺，这个反应称为兴斯堡（Hinsberg）反应。可以用来鉴别、分离伯、仲、叔胺。

氨基活化苯环，使苯环上的亲电取代反应比苯容易进行，芳胺容易发生亲电取代反应，新进入的基团主要进入氨基的邻、对位。苯胺与氯或溴在常温下，不需催化剂就能进行，并直接生成三卤苯胺：

$$\underset{}{\text{（NH}_2\text{苯环）}} \xrightarrow[\text{H}_2\text{O}]{\text{Br}_2} \underset{}{\text{（三溴苯胺）}} \downarrow$$

溴化生成的三溴苯胺是白色沉淀，反应很灵敏，并可定量完成，常用于苯胺的定性鉴别和定量分析。

三、仪器及试剂

1. **仪器**：试管、滴管、量筒、电子天平、淀粉-碘化钾试纸。

2. **试剂**：10%氢氧化钠、5%氢氧化钠、盐酸（1∶1）、25%亚硝酸钠、无水乙醇、β-萘酚、苯磺酰氯（或对甲苯磺酰氯）、饱和溴水。苯胺、二苯胺、N-甲基苯胺、N,N-二甲基苯胺。

四、实验步骤

1. 碱性试验

取 1 支试管，加入 2 滴苯胺和 1mL 水，振荡，观察苯胺是否溶解。再滴加 2 滴浓盐酸，振荡，观察结果。最后慢慢滴入 10%氢氧化钠溶液，观察现象。

2. 亚硝酸试验

（1）取一支试管，加入 10 滴苯胺及 4mL 盐酸（1∶1），振荡试管，使苯胺溶解，将试管于冰浴中冷却至 0～5℃，逐滴加入 25%亚硝酸钠溶液，并不时振荡，直至混合液使淀粉-碘化钾试纸呈蓝色[1]，得澄清溶液。

取此溶液 0.5mL，滴加 2 滴 β-萘酚（0.1g β-萘酚溶于 1mL 5%氢氧化钠），观察有无橙红色物质生成。

取此溶液 2mL，加热，观察反应现象。

（2）取一支试管，加入 5 滴 N-甲基苯胺及 2mL 盐酸（1∶1），振荡试管使溶解，将试管置于冰浴中冷却至 0～5℃，逐滴加入 25%亚硝酸钠溶液，边加边振荡，观察有无黄色油状物生成。

（3）取一支试管，加入 5 滴 N,N-二甲基苯胺及 2mL 盐酸（1∶1），振荡，将试管置于冰浴中冷却至 0～5℃，逐滴加入 25%亚硝酸钠溶液 10 滴，边加边振荡，观察反应现象，最后滴加 10%氢氧化钠溶液至呈碱性，观察是否有绿色固体生成[2]。

3. 兴斯堡（Hinsberg）试验

取3支试管，分别加入3滴苯胺、N-甲基苯胺、N,N-二甲基苯胺，再向各试管中加入5mL 5％氢氧化钠溶液，3滴苯磺酰氯或0.2g对甲苯磺酰氯（反应在通风橱内进行！芳磺酰氯有毒并具腐蚀性，应避免与皮肤接触，也不能吸入其蒸气），用塞子塞住试管口用力振摇，在水浴中温热，间歇振荡5min，直到苯磺酰氯特殊气味消失为止，冷却，观察试管中的现象。

（1）试管中无固体析出，用盐酸（1∶1）酸化[3]至 pH6，用玻璃棒摩擦管壁并使试管冷却，再观察有无沉淀析出。有沉淀析出，则为伯胺。

（2）试管中析出固体或油状物，过滤或用滴管将固体或油状物取出。将上述油状物或固体放置于试管，加入盐酸，分别加入10滴盐酸（1∶1），观察是否溶解。固体或油状物不溶解，则为仲胺；油状物溶解，则为叔胺。

4. 苯胺与溴的反应

取1支试管，分别加入1滴苯胺和3mL 水，振荡试管，使苯胺溶解后，逐滴加入饱和溴水，边滴边振荡，观察有无白色沉淀析出。

五、讨论与思考

1. 比较苯胺和二苯胺的碱性强弱。

2. 解释兴斯堡试验中观察到的现象。

附注

[1] 当反应完成时，多余的亚硝酸可以与碘化钾反应生成碘，淀粉遇碘变蓝色。

[2] N,N-二甲基苯胺亚硝化产物在盐酸作用下生成红棕色醌式结构，必须滴加碱以后方能生成绿色固体。

$$O=N-\!\!\!\!\bigcirc\!\!\!\!-N(CH_3)_2 \underset{OH^-}{\overset{HCl}{\rightleftharpoons}} HO-N=\!\!\!\!\bigcirc\!\!\!\!=N^+(CH_3)_2Cl^-$$

[3] 加入盐酸时边冷却边振摇，否则开始析出油状物，冷却后凝结成固体。

实验三十五　糖类化合物的性质

一、实验目的

1. 掌握糖类化合物的主要化学性质。

2. 掌握糖类化合物的鉴定方法。

二、实验原理

糖类化合物是多羟基醛或多羟基酮，以及水解后能生成多羟基醛或多羟基酮的一类有机化合物。糖类化合物按分子大小可分为三类，即单糖、低聚糖和多糖。

单糖具有还原性，能被托伦试剂、费林试剂或 Benedict 试剂所氧化，生成银镜或砖红色的氧化亚铜沉淀。

$$
\begin{array}{c}
\text{CHO} \\
\text{H}-\!\!\!-\text{OH} \\
\text{HO}-\!\!\!-\text{H} \\
\text{H}-\!\!\!-\text{OH} \\
\text{H}-\!\!\!-\text{OH} \\
\text{CH}_2\text{OH}
\end{array}
\quad\xrightarrow[-\text{NH}_3,\ -\text{H}_2\text{O}]{2[\text{Ag(NH}_3)_2]\text{OH}}\quad
\begin{array}{c}
\text{COONH}_4 \\
\text{H}-\!\!\!-\text{OH} \\
\text{HO}-\!\!\!-\text{H} \\
\text{H}-\!\!\!-\text{OH} \\
\text{H}-\!\!\!-\text{OH} \\
\text{CH}_2\text{OH}
\end{array}
\quad +\text{Ag}\!\downarrow
$$

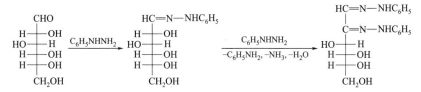

单糖与苯肼作用生成糖脎的反应是糖类一个非常重要的反应。糖脎为黄色晶体，不溶于水，具有固定的熔点，不同的糖晶形不同。因此可根据其熔点数据以及观察结晶形态来鉴定糖类。

$$
\begin{array}{c}
\text{CHO} \\
\text{H}\!-\!\text{OH} \\
\text{HO}\!-\!\text{H} \\
\text{HO}\!-\!\text{H} \\
\text{H}\!-\!\text{OH} \\
\text{CH}_2\text{OH}
\end{array}
\xrightarrow{C_6H_5NHNH_2}
\begin{array}{c}
\text{HC}=\text{N}\!-\!\text{NHC}_6\text{H}_5 \\
\text{H}\!-\!\text{OH} \\
\text{HO}\!-\!\text{H} \\
\text{HO}\!-\!\text{H} \\
\text{H}\!-\!\text{OH} \\
\text{CH}_2\text{OH}
\end{array}
\xrightarrow[-C_6H_5NH_2, -NH_3, -H_2O]{C_6H_5NHNH_2}
\begin{array}{c}
\text{HC}=\text{N}\!-\!\text{NHC}_6\text{H}_5 \\
\text{C}=\text{N}\!-\!\text{NHC}_6\text{H}_5 \\
\text{HO}\!-\!\text{H} \\
\text{H}\!-\!\text{OH} \\
\text{H}\!-\!\text{OH} \\
\text{CH}_2\text{OH}
\end{array}
$$

二糖由两分子的单糖通过糖苷键形成。由于结构不同，有的显示出与单糖的共同化学性质，如能与托伦试剂、费林试剂反应、能与苯肼作用形成糖脎等（如麦芽糖、乳糖），有的单糖则无这种性质（如蔗糖、海藻糖）。

淀粉和纤维素是葡萄糖的高聚体。淀粉分为直链淀粉和支链淀粉。直链淀粉遇碘显蓝色，支链淀粉遇碘显紫色。

三、仪器及试剂

1. **仪器**：试管、滴管、量筒、电子天平、红色石蕊试纸。

2. **试剂**：费林试剂[1]、托伦试剂[2]、苯肼试剂[3]、10% α-萘酚的乙醇溶液、0.1%碘液、盐酸、10%氢氧化钠、浓硫酸、2%葡萄糖、2%果糖、2%蔗糖、2%麦芽糖、2%淀粉溶液。

四、实验步骤

1. 氧化反应

（1）**费林试验** 取5支试管，各加入0.5mL费林溶液Ⅰ和0.5mL费林溶液Ⅱ，混合均匀后置于水浴上加热，分别加入10滴2%的葡萄糖、果糖、蔗糖、麦芽糖、淀粉溶液，振荡，水浴加热，注意观察溶液颜色的变化以及有无沉淀析出。

（2）**托伦试验** 取5支洁净的试管，各加入1mL托伦试剂，再分别加入10滴2%的葡萄糖、果糖、蔗糖、麦芽糖、淀粉溶液，混合均匀后，置于 $60\sim70℃$ 的热水浴中温热，观察有无银镜生成。

2. 糖脎的生成

取4支试管，各加入1mL 2%的葡萄糖、果糖、蔗糖、麦芽糖溶液，再各加入新配制的苯肼试剂10滴，混合均匀后，试管口塞少许棉花[4]，置于沸水浴中加热并不断振荡试管。注意糖脎的生成速率[5]和它们的颜色变化，记录沉淀生成的时间。然后将试管慢慢冷却。从每一试管中取少许晶体，在显微镜下观察糖脎的晶形。

3. 莫利施 (Molish) 试验

取4支干净的试管，各加入0.5mL 2%的葡萄糖、果糖、蔗糖、麦芽糖溶液，再各加入

2滴10% α-萘酚的乙醇溶液,摇匀。将试管倾斜。沿试管壁慢慢加入1mL浓硫酸(加入硫酸时不要摇动试管),观察两层交界处是否出现紫色环。

4.淀粉的性质

(1)碘-淀粉试验 取1支试管,加入2mL水和5滴2%淀粉溶液,然后加入1滴0.1%碘液,观察现象。将试管放入沸水浴中加热,观察有何变化?冷却后又发生什么变化[6]?

(2)淀粉水解 取1支试管,加入1mL 2%淀粉溶液,再加入3滴浓盐酸,在沸水浴中或水蒸气浴中加热至100℃,保持10min,冷却后,逐滴加入10%氢氧化钠溶液,中和至红色石蕊试纸刚变蓝,然后做费林试验,并与未经水解的2%淀粉溶液所进行的费林试验作比较。

五、讨论与思考

1. 何谓还原性糖?是否可用糖脲反应来鉴别还原性糖和非还原性糖?

2. 观察葡萄糖、果糖、麦芽糖成脲速率及形成糖脲的晶形的区别。

附注

[1] 费林(Fehling)试剂的配制见附录六。

[2] 托伦试剂的配制见附录六。

[3] 苯肼试剂的配制见附录六。

[4] 用少许棉花塞住管口,以减少苯肼蒸气逸出。

[5] 蔗糖不与苯肼作用生成脲,但经长时间加热,可能水解生成葡萄糖与果糖而有少量糖脲生成。

[6] 直链淀粉与碘作用主要是碘分子借范德华力和吸附作用形成一种包合物,这种包合物能比较均匀地吸收除蓝光以外的其它可见光(波长范围为400～750nm),从而显蓝色。加热时分子动能增大,引起解吸,使蓝色消失。

实验三十六 氨基酸和蛋白质的性质

一、实验目的

掌握氨基酸和蛋白质的某些重要化学性质。

二、实验原理

氨基酸是构成蛋白质的基本单位,是含有碱性氨基和酸性羧基的有机化合物。氨基连在 α-碳上的为 α-氨基酸。组成蛋白质的氨基酸均为 α-氨基酸。

氨基酸兼具氨基和羧基,既可与碱生成盐,也可与酸生成盐。酸性溶液中,氨基酸主要以正离子的形式存在;碱性溶液中,氨基酸主要以负离子的形式存在。

$$\underset{\text{负离子}}{H_2N-\overset{R}{\underset{H}{C}}-COO^-} \underset{OH^-}{\overset{H^+}{\rightleftharpoons}} \underset{\text{偶极离子}}{^+H_3N-\overset{R}{\underset{H}{C}}-COO^-} \underset{OH^-}{\overset{H^+}{\rightleftharpoons}} \underset{\text{正离子}}{^+H_3N-\overset{R}{\underset{H}{C}}-COOH}$$

在加热条件及弱酸环境下,所有氨基酸及具有游离 α-氨基和 α-羧基的肽与茚三酮反应都产生蓝紫色物质,只有脯氨酸和羟脯氨酸与茚三酮反应产生(亮)黄色物质。

蓝紫色

蛋白质分子中，具有芳香环的氨基酸（如酪氨酸、色氨酸等）残基上的苯环经硝酸作用，可生成黄色的硝基化合物。

三、仪器及试剂

1. **仪器**：试管、滴管、量筒、电子天平、红色石蕊试纸。

2. **试剂**：10％氢氧化钠、10％盐酸、浓盐酸、0.1％茚三酮-乙醇溶液[1]、30％氢氧化钠、浓硝酸、氢氧化钠、稀硫酸铜溶液、20％醋酸铅溶液、硫酸铵。甘氨酸、酪氨酸、5％蛋白质溶液[2]。

四、实验步骤

1. 氨基酸和蛋白质的两性

（1）**氨基酸的两性性质**　在盛有 2mL 蒸馏水的试管中加入 0.1g 酪氨酸，振荡下逐滴加入 1mL 10％氢氧化钠溶液，观察现象。再逐滴加入 10％盐酸，直至溶液刚显酸性（蓝色石蕊试纸刚变红），振荡 1min，观察现象。最后滴加 10％盐酸（10 滴以上），观察并记录结果。

（2）**蛋白质的两性性质**　取 1 支试管，加入 5 滴 5％蛋白质溶液，振荡下逐滴加入浓盐酸，当加入过量酸时，观察溶液有何变化。吸取该溶液 1mL 置于另一试管，逐滴加入 10％氢氧化钠溶液，注意在碱过量时溶液有何变化。

2. 氨基酸和蛋白质的颜色反应

（1）**茚三酮反应**[3]　取 2 支试管，分别加入 4 滴 0.5％的甘氨酸溶液和蛋白质溶液，再各加 2 滴 0.1％茚三酮-乙醇溶液，混合均匀后置于沸水浴中加热 1～2min，观察结果。

（2）**缩二脲反应**　取 1 支试管，加入 2mL 5％蛋白质溶液和 2mL 30％氢氧化钠溶液，然后加 2 滴稀硫酸铜溶液[4]，观察结果。

（3）**黄蛋白反应**　取 1 支试管，加入 1mL 5％蛋白质溶液，再加 4～6 滴浓硝酸，溶液变浑或析出白色沉淀，然后将混合物加热煮沸 1～2min，观察有何变化。

3. 蛋白质的盐析

取 1 支试管，加入 2mL 5％蛋白质溶液和少许固体硫酸铵，振荡，观察现象，然后再加 4mL 水，振荡后观察结果。

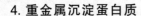

4. 重金属沉淀蛋白质

① 取 1 支试管，加 1mL 蛋白质溶液，振荡下逐滴加饱和硫酸铜溶液 4～5 滴，观察结果。

② 取 1 支试管，加 1mL 蛋白质溶液，振荡下逐滴加 20％醋酸铅溶液 4～5 滴，观察结果。

五、讨论与思考

1. 写出氨基酸与茚三酮反应的反应式。

2. 氨基酸是否有缩二脲反应？为什么？

3. 为什么鸡蛋清可用作铅或汞中毒的解毒剂？

附注

　［1］0.1％茚三酮-乙醇溶液的制备（用时新配）：将 0.1g 茚三酮溶于 124.9mL 95％乙醇中。

　［2］蛋白质溶液的制备：取一个鸡蛋，两头各钻一小孔，竖立，将蛋清（约 25mL）流入盛有 100～120mL 经过煮沸的冷蒸馏水的烧杯中，搅拌、过滤（漏斗上放置经水润湿的纱布），滤液即为蛋白质溶液。

　［3］茚三酮反应宜在 pH＝5～7 的溶液中进行。

　［4］稀硫酸铜溶液的制备：取一份饱和硫酸铜溶液，加 30 份水稀释。稀硫酸铜溶液不能过量，否则硫酸铜在碱性溶液中生成氢氧化铜沉淀，会干扰紫色反应。

第六节 综合实验

实验三十七　肥皂的制备

一、实验目的

1. 学习肥皂制备的原理和方法。

2. 了解盐析的原理和方法。

3. 掌握抽滤的操作技术。

二、实验原理

　　肥皂是脂肪酸金属盐的总称。通式为 RCOOM，式中 RCOO 为脂肪酸根，M 为金属离子。日用肥皂中的脂肪酸碳原子数一般为 10～18，金属主要是钠或钾等碱金属，也有用氨及某些有机碱，如乙醇胺、三乙醇胺等制成特殊用途的肥皂。广义上，油脂、蜡、松香或脂肪酸等和碱类起皂化或中和反应所得的脂肪酸盐，皆可称为肥皂。肥皂能溶于水，有洗涤去污作用。肥皂的分类有香皂、金属皂和复合皂。实验室中可以将脂肪或油脂和强碱在一定温度下水解生成脂肪酸钠盐和甘油的混合物，把氯化钠加到反应混合物中，通过盐析作用，把脂肪酸钠盐分离出来，主要反应方程式：

$$
\begin{array}{l}
CH_2OOCR \\
| \\
CHOOCR \\
| \\
CH_2OOCR
\end{array}
\xrightarrow[\triangle]{NaOH}
\begin{array}{l}
CH_2OH \\
| \\
CHOH \quad +3RCOONa \\
| \\
CH_2OH
\end{array}
$$

三、仪器与试剂

1. 仪器：烧杯、玻璃棒、肥皂模。

2.试剂：植物油 5mL、95％乙醇 3mL、30％ NaOH 溶液 5mL、饱和氯化钠 50mL。

四、实验步骤

在小烧杯中放入 5mL 植物油、5mL 30％ NaOH 溶液、3mL 95％乙醇，加热，不断搅拌，煮沸（加热过程中，若乙醇和水被蒸发而减少，应随时补充，以保持原来的体积），至反应液呈奶油状糊状物时，向其中加入 50mL 热的饱和 NaCl 溶液并搅拌，此步操作称"盐析"。混合物冷却至室温，将上层肥皂取出。再将其加热熔化，放入肥皂模，得到肥皂制品。

思考题

1. 第一步中为什么要加乙醇？
2. 加饱和 NaCl 溶液的作用是什么？

实验三十八　有机玻璃的制备

一、实验目的

1. 了解本体聚合的原理和方法。
2. 掌握有机玻璃的制备方法。

二、实验原理

聚甲基丙烯酸甲酯（PMMA）俗称有机玻璃，具有较好的透明性、化学稳定性、力学性能和耐候性，易染色，易加工，外观优美等优点。有机玻璃常采用本体聚合法制备，本体聚合是指单体本身在不加溶剂及其它分散介质的情况下，由微量引发剂或光、热、辐射能等引发进行的聚合反应。本体聚合反应较难控制，主要是因为本体聚合不加分散介质，聚合反应到一定阶段后，体系黏度变大，易产生自动加速现象。聚合所产生的热量不易散发，极易因局部过热而发生气泡、变色，甚至发生暴聚。为克服上述缺点，常采用分阶段聚合法，即工业上常称的预聚合和后聚合。本实验是用甲基丙烯酸甲酯在引发剂过氧化苯甲酰（BPO）的存在下加聚而成的。

主要反应方程式：

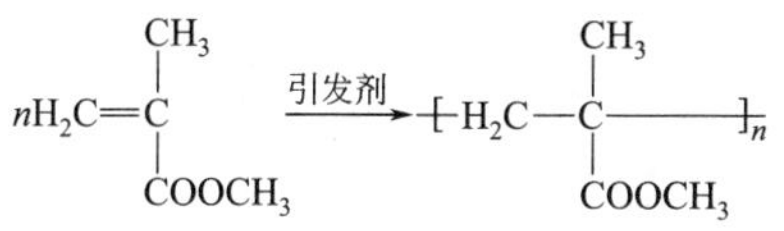

$$n\,H_2C{=}\underset{COOCH_3}{\overset{CH_3}{C}} \xrightarrow{引发剂} {+}H_2C{-}\underset{COOCH_3}{\overset{CH_3}{C}}{+}_n$$

三、仪器与试剂

1. 仪器：锥形瓶、试管。
2. 试剂：甲基丙烯酸甲酯 10mL、过氧化苯甲酰 0.04g。

四、实验步骤

1. 预聚合

在 50mL 锥形瓶中[1]，加入 10mL 新蒸馏过的甲基丙烯酸甲酯及引发剂过氧化苯甲酰

0.04g，防止水汽进入反应瓶。用 75～80℃水浴加热锥形瓶，并将锥形瓶不断摇振[2]，直至反应液的黏度增至与甘油黏度相似时停止加热[3]。

2. 灌模

取一干燥洁净试管中，将预聚液缓缓注入，注意切勿完全灌满，应预留一定空间预防胀裂。用保鲜膜将试管口封住，使预聚物与空气隔绝。

3. 聚合

模口朝上，将上述封好口的试管置于烘箱中先在 40℃恒温 24h，然后升温，每升高 20℃恒温 30min，最后在 120℃恒温 2h。待试管稍冷，取出放入冷水中。脱模，得到有机玻璃成品。

附注

[1] 实验所用器皿需洗净，否则会引入杂质。

[2] 不能剧烈摇晃，防止引入过多氧气，影响聚合。

[3] 如预聚时间过长，浆液黏度过大，会导致导入模板中时，浆液分布不均，使得成品中有少量气泡。

思考题

1. 本体聚合与其它聚合方式比较有何特点？

2. 在合成有机玻璃板时，采用预聚制浆的目的何在？

第七节　有机化学设计型实验

设计型实验是培养学生综合能力的重要途径，通过设计型实验激发学生学习的主动性和积极性。设计型实验一般包括以下几个部分。

一、实验目的

1. 学会查阅相关文献、资料。

2. 运用合适的分离手段，对所需要的有机化合物进行分离和提纯。

3. 运用所学的有机合成手段，合成所需的有机化合物。

4. 根据反应条件、反应物及产物的性质，设计实验装置。

5. 探索最佳的反应条件。

二、设计实验内容

1. 通过查阅文献，了解目标化合物的应用、常用的合成方法。

2. 根据实验内容

(1) 写出实验原理；

(2) 设计合成步骤，确定基本的反应条件；

(3) 绘制实验装置图；

(4) 设计实验条件，选择最佳实验条件。

三、设计型实验的要求

1. 独立进行文献查阅和化合物合成的设计。

2. 独立或分组进行实验。

3. 撰写实验报告。

实验报告是整个实验过程的完整体现，包括实验目的、原理、实验装置、实验步骤、实验数据及结论、实验问题和讨论、实验注意事项以及实验所依据的主要参考文献，是对实验进行的总结、归纳，学生必须认真地写好实验报告。

实验三十九　　从红辣椒中分离红色素

一、实验目的

1. 学会查阅关于提取天然产物的原理和方法的相关文献、资料。

2. 学会查阅红辣椒所含色素的种类的相关文献，掌握红色素的分离方法。

3. 运用合适的分离手段从红辣椒中分离出红色素。

二、设计实验内容

1. 通过查阅文献，了解从红辣椒中分离出红色素的主要应用、常用的分离方法和实验装置。

2. 根据实验室现有条件，设计出从红辣椒中分离出红色素的实验方案。

（1）实验原理。

（2）设计分离方法，确定分离的基本条件和实验步骤。

（3）绘制分离实验装置图。

（4）设计条件实验，确定最佳的实验条件。

三、设计实验的要求

1. 独立进行文献查阅和分离的设计。

2. 独立进行分离的实验条件，经实验确定最佳的实验条件。

3. 设计问题讨论，掌握实验注意事项。

4. 与工厂实际生产工艺相结合。

5. 撰写实验报告。

四、从红辣椒中分离红色素的实验报告

（一）实验目的

　　1. 学习提取天然产物的原理和方法。

　　2. 用薄层色谱分析红辣椒中红色素的成分。

　　3. 通过柱色谱从红辣椒中分离出红色素。

（二）实验原理

　　辣椒作为调味品和药物在我国使用已有几百年的历史，辣椒性热，味辛辣，具有温中健胃及杀虫功效，且对于治疗胃寒、食饮不振、消化不良、风湿痛、腮腺炎、多发性疔肿等病症有很好的疗效。国外辣椒深加工产品的应用已非常普遍，对辣椒红色素的研究已达到较高

的水平，已经大量地研究出生产高纯度的辣椒色素及辣椒素纯品的方法。与国外相比，国内的辣椒制品生产企业，生产规模相对都较小，资金投入少、技术力量薄弱，而进行辣椒红色素、辣椒素等高附加值的红辣椒精细产品深入研制开发的企业不多，现全国已有 20 多家生产企业生产辣椒红色素，但生产能力和技术含量有待进一步提高。

辣椒红色素是一种存在于成熟红辣椒果实中的四萜类橙红色色素，为深红色黏性油状液体，不溶于水，易溶于乙醇、丙酮、乙醚、正己烷、油脂等有机溶剂，熔点 175℃，具有较好的分散性、耐热性、耐酸性及耐碱性，但耐光性较差。

红辣椒含有色泽鲜艳的天然色素，其中深红色素主要是由辣椒红色素和少量辣椒玉红素所组成，呈黄色的色素则是 β-胡萝卜素。这些色素可以通过色谱法加以分离。本实验以二氯甲烷作萃取剂，从红辣椒中提取红色素。然后采用薄层色谱分析，确定各组分的 R_f 值，再经柱色谱分离，分段接收并蒸除溶剂，即可获得各个单组分。

辣椒红色素化学式：$C_{40}H_{56}O_3$, M_r=584.45

辣椒玉红素化学式：$C_{40}H_{56}O_4$, M_r=600.85

β-胡萝卜素化学式：$C_{40}H_{56}$, M_r=536.44

（三）仪器与试剂

1. 试剂：辣椒、95％乙醇、乙醚、无水硫酸钠、乙醚、二氯甲烷、硅胶 G。

2. 主要仪器耗材：100mL 圆底烧瓶、球形冷凝器、分液漏斗、锥形瓶、抽滤瓶、布氏漏斗、样品管、硅胶板、点样毛细管、色谱槽、3cm×8cm 薄板、色谱柱。

（四）实验装置图

实验装置如图 3-47～图 3-49 所示。

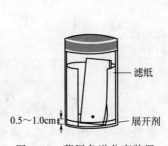

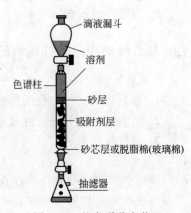

图 3-47　红色素提取装置　　　图 3-48　薄层色谱分离装置　　　图 3-49　柱色谱分离装置

（五）实验步骤

1. 红色素的提取

（1）辣椒预处理　将辣椒去籽切碎，粒度小于 15mm，晒干备用。

（2）红色素粗产物的提取　在 100mL 圆底烧瓶中，加入 10g 辣椒粉、2 粒沸石、50mL 95％乙醇，加热回流 1.5h，稍冷，过滤，滤液转入分液漏斗，加入 10mL 水和 20mL 乙醚，剧烈振荡后静置分层，分出乙醚层。乙醇-水层再加入 10mL 乙醚萃取一次，将分出的乙醚层合并，有机相用无水硫酸钠干燥 15min 后，过滤浓缩至干，即得辣椒红色素粗产物。

2. 薄层色谱分离红色素

取极少量辣椒素粗品置于样品管中，滴入 2～3 滴二氯甲烷使之溶解，并在一块硅胶 G 薄层板上点样，然后置于色谱槽，以二氯甲烷作展开剂进行色谱分离。计算各种色素的 R_f 值。

3. 柱色谱分离红色素

在内径为 1cm、长约 15cm 的色谱柱中，装入硅胶 G 吸附剂，用二氯甲烷作洗脱剂，将色素粗品进行柱色谱，观察记录色素的分离情况，用不同的接收瓶分别接收流出柱子的不同色带，当红色带完全流出后停止淋洗，将相同颜色组分的接收液合并。在水浴中蒸馏浓缩回收大部分洗脱剂，之后再用旋转蒸发仪浓缩收集红色素。

4. 红色素的鉴定

将制得的纯红色素配少量溶液进行薄板色谱鉴定，如果只有一个点且 R_f 值与前测相同，则说明已得到了纯红色素。

（六）实验结果

产物名称	产物外观	产量/g	提取率/%
红色素	深红色黏性液体	0.1	1.0

（七）问题与讨论

1. 如何提高分离效率，对原料红辣椒有何要求？在提取装置上有何体现？

2. 如何分析分离出的物质是否为目标物，采用什么方法？依据是什么？

3. 如果样品不带色，如何确定所提取物的位置？

（八）实验操作注意事项

1. 红辣椒要干且研细。

2. 回流速度不能过快，防止浸泡提取不充分。

3. 硅胶 G 薄板要铺得均匀，使用前活化充分。

4. 色谱柱要装结实，不能有断层。

5. 如果样点分不开或严重拖尾，可减少点样量或稍微增加二氯甲烷的比例。

（九）工厂实际生产工艺

1. 有机溶剂萃取法

根据辣椒色素的理化性质，工业上多采取以下方法进行提取：称取经去蒂、去籽、粉碎处理后的红辣椒粉末，以丙酮为萃取剂进行常压萃取操作，提取液在温度为 90℃、真空度为 0.09MPa 的条件下进行减压蒸馏浓缩，同时回收丙酮。

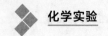

2. 超临界 CO_2 流体萃取技术

超临界流体萃取是一种新型的化工分离技术，是使用高于临界温度、临界压力的 CO_2 流体作为溶媒的萃取过程。该设备主要由供气系统、超临界 CO_2 流体发生系统、萃取分离系统、计量系统四部分组成，所有部件都国产化。实验表明，最佳萃取条件为：粒度 <1.2mm，萃取压力 15MPa，萃取温度 50℃，流量 6m³/h。在萃取过程中，根据 UV3000 紫外-可见分光光度计测定 200~600nm 的吸光度曲线，判断辣椒色素与辣椒素的分离效果。

3. 柱色谱法

辣椒中的辣椒素即使稀释 1：100000 仍能感觉到辣味，这在很大程度上限制了辣椒色素的应用。因此，去掉辣味成分就成为提取分离辣椒红色素工艺的关键步骤。用硅胶柱色谱分离辣椒色素属分配色谱法，是根据辣椒色素和辣椒素的结构差异，在硅胶上的吸附性和洗脱液中的溶解度不同，在固定相和洗脱液之间的分配系数不同而达到分离效果。用硅胶柱色谱分离辣椒红色素有以下工艺流程：

辣椒→挑选→粉碎→加酶→过滤→浓缩→乙醇-石油醚提取→过滤→浓缩→上硅胶柱→洗脱→浓缩→得深红色黏稠液体。

采用柱色谱分离技术，选用吸附剂和混合洗脱液用于中试，将辣椒色素中红、橙、黄进一步分离，从辣椒果皮中分离出了游离型结晶辣椒红色素单体，其含量大于 95%。硅胶柱色谱法操作简单，设备条件要求不高，分离效果较好，去除辣味完全，适合小规模研制和生产。

（十）主要参考文献

[1] 吴波，谭文界．辣椒辣素的分离纯化及分析．广州医学院学报．2002，30（4）：42-44.

[2] 周菁，王伯初，彭亮．辣椒色素提取精制工艺概述．重庆大学学报．2004，27（1）：116-119.

[3] 洪海龙，贺文智，索全伶．红辣椒中辣椒红色素的提取工艺研究．中国食品添加剂．2004，16：19-21.

[4] 李玉红．红辣椒中红色素的提取与性质研究．天津化工．2001，6：21-22.

实验四十　2-硝基-1,3-苯二酚的制备

一、实验目的

1. 学会查阅关于 2-硝基-1,3-苯二酚的制备原理和方法的相关文献、资料。

2. 掌握芳环上亲电取代反应的定位规则。

二、设计实验内容

1. 通过查阅文献，了解 2-硝基-1,3-苯二酚常用的制备方法和实验装置。

2. 根据实验室现有条件，设计出从间苯二酚制备 2-硝基-1,3-苯二酚的方法。

（1）实验原理。

（2）查阅反应物和产物及使用的其它物质的物理常数。

（3）设计制备方法，确定制备的基本条件和实验步骤。

（4）绘制实验装置图。

（5）设计条件实验，确定最佳的实验条件。

三、设计实验的要求

1. 独立进行文献查阅和合成的设计。

2. 独立进行合成，确定最佳的实验条件。

3. 设计问题讨论，掌握 2-硝基-1,3-苯二酚制备的实验注意事项。

4. 与工厂实际生产工艺相结合

5. 撰写实验报告。

四、2-硝基-1,3-苯二酚的制备的实验报告

（一）实验目的

1. 掌握芳环上亲电取代反应的定位规则。

2. 掌握磺化、硝化的原理和实验方法。

3. 复习水蒸气蒸馏装置和机械搅拌的安装与操作。

（二）实验原理

2-硝基-1,3-苯二酚不能由间苯二酚直接硝化来制备，一般先将间苯二酚磺化，生成 4,6-二羟基-1,3-苯二磺酸。酚羟基为强的邻、对位定位基，磺酸基为强的间位定位基，4,6-二羟基-1,3-苯二磺酸再硝化，硝基只能进入 2 位，将硝化后的产物水解脱掉磺酸基，即可得到产物，反应中磺酸基同时起了占位和定位的双重作用。2-硝基-1,3-苯二酚的制备是一个巧妙地利用定位规律的例子。反应式如下：

$$
间苯二酚 + H_2SO_4 \longrightarrow 4,6\text{-二羟基-1,3-苯二磺酸} + H_2O
$$

$$
+ HNO_3 \xrightarrow{H_2SO_4} + H_2O
$$

$$
+ H_2O \longrightarrow + H_2SO_4
$$

（三）原料、产物和主要试剂的物性常数

名称	分子量	沸点/℃	熔点/℃	折射率(20℃)	密度/(g/mL)	溶解度(水中)
间苯二酚	110.11	281	109.0		1.285	111
2-硝基-1,3-苯二酚	155	178.4	84	1.4396	0.7893	微
浓硫酸	98.08	338	10.49	1.477	1.84	易
浓硝酸	63.01	86	42		1.04	易
无水乙醇	46.07	−114.1	78.5	1.3614	0.789	易

（四）实验装置图

磺化、硝化反应装置如图 3-50 所示。

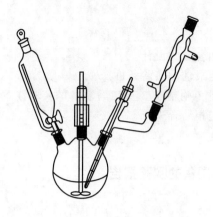

图 3-50　磺化、硝化反应装置图

（五）实验步骤

1. 磺化反应

在 100mL 三口烧瓶中加入 5.5g 间苯二酚和 7mL 浓硫酸，滴液漏斗中加入 18mL 浓硫酸，快速搅拌，滴加浓硫酸，温度控制在 50～60℃。滴加完毕后，于 60～65℃ 的温度下继续搅拌一段时间。反应结束后，得到白色的磺化产物。

2. 硝化反应

在锥形瓶中加入 4mL 浓硝酸，摇荡下加 5.6mL 浓硫酸，制成混酸并置冰浴中冷却。把冷却后的混酸慢慢滴加到上述磺化产物中，温度控制在 30℃ 左右。滴加完毕后，于 0℃ 的冰水浴中继续搅拌。反应结束后，得亮黄色糊状物。然后小心放入 15g 碎冰稀释，待冰全部溶解，溶液呈棕黄色液体。

3. 脱磺酸基反应

向上述棕黄色液体中加入 0.1g 尿素，搅拌至溶解，进行水蒸气蒸馏操作。不久冷凝管中有红色晶体析出，调节冷却水流量使冷凝管中红色固体全部被水蒸气冲下。当冷凝管壁无红色固体出现时停止蒸馏。馏出液用冰水浴冷却，待结晶完全后抽滤收集固体，用 95％ 乙醇重结晶，得产品 2-硝基-1,3-苯二酚，干燥，称重。

（六）实验结果记录

产物名称	产物外观	熔点/℃	理论产量/g	实际产量/g	产率/％
2-硝基-1,3-苯二酚	红色片状晶体	84～85	7.75	2.09	26.9

（七）实验问题与讨论

1. 2-硝基-1,3-苯二酚能否用间苯二酚直接硝化？

2. 本实验硝化反应的温度为什么控制在 30℃ 左右，温度偏高有什么不好？

3. 进行水蒸气蒸馏前为什么用冰水稀释？

4. 进行水蒸气蒸馏前加入尿素的目的是什么？

（八）实验操作注意事项

1. 间苯二酚很硬，需要在研钵中研成粉状，否则磺化不完全。

2. 间苯二酚有腐蚀性，注意勿使接触皮肤。

3. 严格控制硝化反应的温度。

4. 进行水蒸气蒸馏时，如果冷凝管中充满固化产品，应停止通冷凝水，直至产品熔化，进入接收瓶。

（九）主要参考文献

[1] 韦长梅.2-硝基间苯二酚的制备工艺的优化.淮阴师范学院学报（自然科学版）.2004，3（2）：135-138.

实验四十一　植物中芳香油的提取

随着有机化学的发展，人造香料日益普及，但是人们对天然植物芳香油仍情有独钟，反映了人造物依旧很难取代自然产物的事实，充分体现了植物芳香油与人类社会生产生活的紧密联系。为激发学生动手实践的兴趣，本实验设计从植物中提取芳香油。

一、实验目的

1. 了解提取植物芳香油的基本原理。

2. 初步学会某些植物芳香油的提取技术。

二、设计实验内容

1. 通过查阅文献，了解植物芳香油提取的各种方法。

2. 根据实验室现有条件，设计出从橘皮或玫瑰花中提取芳香油的实验方案。

（1）实验原理。

（2）设计分离方法，确定提取的基本条件和实验步骤。

（3）绘制提取实验装置图。

（4）设计条件，确定最佳的实验条件。

三、设计实验的要求

1. 独立进行文献查阅和提取的设计。

2. 独立进行提取的实验条件，经实验确定最佳的实验条件。

3. 设计问题讨论，掌握实验注意事项。

4. 与工厂实际生产工艺相结合。

5. 撰写实验报告。

实验四十二　水杨酸甲酯的制备

水杨酸甲酯又名冬青油、甜桦油，无色至淡黄色液体，熔点 $-8.6℃$，沸点 $218\sim224℃$（沸腾时部分分解），有药草的特殊气味，味甜而辣。具有局部刺激作用，可促进局部血液循环，外用或局部涂擦可产生皮肤血管扩张、肤色发红等刺激反应，亦有止痒之效。

一、实验目的

1. 查阅水杨酸甲酯的实验室制备方法的相关文献、资料。

2. 掌握酯的制备原理和方法。

二、设计实验内容

1. 通过查阅文献，了解水杨酸甲酯制备常用的方法和实验装置。

2. 根据实验室现有条件，设计出制备水杨酸甲酯的实验方案。

（1）实验原理。

（2）列出所需的试剂，查阅反应物和产物及使用的其它物质的物理常数。

（3）设计制备方法，确定制备的基本条件和实验步骤，包括可能存在的安全问题，并提出相应的解决策略。

（4）列出所需的仪器和设备，绘制实验装置图。

（5）设计条件实验，确定最佳的实验条件。

（6）实验结果记录。

（7）实验问题与讨论及注意事项。

三、设计实验的要求

1. 独立进行文献查阅，了解水杨酸甲酯的制备方法。

2. 独立进行实验，设计出水杨酸甲酯的制备方法。

3. 设计问题讨论，掌握水杨酸甲酯制备的实验注意事项。

4. 与工厂实际生产工艺相结合。

5. 撰写实验报告。

提示：

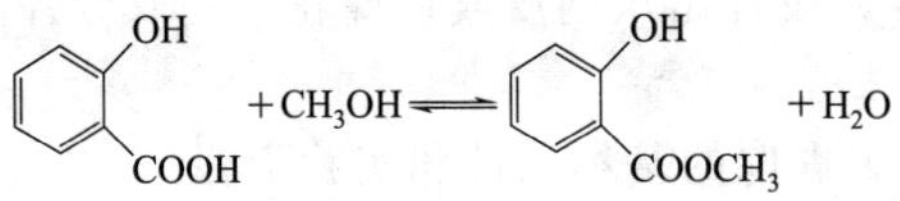

实验四十三 固体酸催化下乙酰水杨酸的制备

乙酰水杨酸也称为阿司匹林，是一种解热镇痛药。用于治疗感冒、发热、头痛、牙痛、关节痛、风湿病，还能抑制血小板聚集，用于预防和治疗缺血性心脏病、心绞痛、心肺梗死、脑血栓的形成，是重要的医药。目前传统的制备方法是以硫酸作为催化剂，以水杨酸和乙酸酐作为原料制得乙酰水杨酸，但该方法产品收率不高，副反应多，产品质量差，设备腐蚀严重，同时产生大量废液污染环境。本试验设计以固体酸催化制备乙酰水杨酸。

一、实验目的

1. 学会查阅乙酰水杨酸的制备原理和方法的相关文献、资料。

2. 查阅固体酸催化反应的意义。

二、设计实验内容

1. 通过查阅文献，了解乙酰水杨酸制备常用的方法和实验装置。

2. 根据实验室现有条件，设计出从固体酸催化乙酰水杨酸的实验方案。

（1）实验原理。

（2）查阅反应物和产物及使用的其它物质的物理常数。

（3）设计制备方法，确定制备的基本条件和实验步骤。

（4）绘制实验装置图。

（5）设计条件实验，确定最佳的实验条件。

（6）实验结果记录。

（7）实验问题与讨论及注意事项。

三、设计实验的要求

1. 独立进行文献查阅，了解固体酸催化的意义。

2. 独立进行实验，设计出制备乙酰水杨酸的方法。

3. 设计问题讨论，掌握固体酸催化乙酰水杨酸制备的实验注意事项。

4. 与工厂实际生产工艺相结合。

5. 撰写实验报告。

提示：

附　录

附录一　常见阳、阴离子的鉴定方法

离子	试剂	鉴定反应	介质条件	主要干扰离子
NH_4^+	NaOH	$NH_4^+ + OH^- \longrightarrow NH_3 \uparrow + H_2O$ NH_3 使红色石蕊试纸变蓝	强碱性	CN^-
	奈斯勒试剂[四碘合汞(Ⅱ)酸钾碱性溶液]	$NH_4^+ + 2[HgI_4]^{2-} + 4OH^- \longrightarrow$ $Hg_2NI\downarrow + 7I^- + 4H_2O$	碱性	Fe^{3+}、Cr^{3+}、Co^{2+}、Ni^{2+}、Ag^+、Hg^{2+} 等能与奈斯勒试剂形成有色沉淀
Na^+	KH_2SbO_4	$Na^+ + H_2SbO_4^- \longrightarrow NaH_2SbO_4\downarrow$（白色）	中性或弱碱性	NH_4^+、碱金属以外的金属离子
	醋酸铀酰锌	$Na^+ + Zn^{2+} + 3UO_2^{2+} + 9OAc^- + 9H_2O \longrightarrow$ $NaZn(UO_2)_3(OAc)_9 \cdot 9H_2O\downarrow$（淡黄绿色）	中性或弱酸性	K^+、Ag^+、Hg_2^{2+}、Sb^{3+} 等
	焰色反应	挥发性钠盐在火焰（氧化焰）中燃烧，火焰呈黄色		
K^+	$Na_3[Co(NO_2)_6]$	$2K^+ + Na^+ + [Co(NO_2)_6]^{3-} \longrightarrow$ $K_2Na[Co(NO_2)_6]\downarrow$（亮黄色）	中性或弱酸性	NH_4^+、Fe^{3+}、Be^{2+}、Cu^{2+}、Co^{2+}、Ni^{2+} 等
	焰色反应	挥发性钾盐在火焰（氧化焰）中燃烧，火焰呈紫色		Na^+ 存在干扰，可用蓝色钴玻璃片观察以消除 Na^+ 的干扰
Mg^{2+}	镁试剂（对硝基偶氮间苯二酚）	$Mg^{2+} + 镁试剂 \longrightarrow$ 天蓝色沉淀	强碱性	Fe^{3+}、Cr^{3+}、Cu^{2+}、Co^{2+}、Ni^{2+}、Hg^{2+}、Mn^{2+}、Ag^+ 等能与镁试剂形成有色沉淀
Ca^{2+}	$(NH_4)_2C_2O_4$	$Ca^{2+} + C_2O_4^{2-} \longrightarrow CaC_2O_4\downarrow$（白色）	中性或碱性	Pb^{2+}、Cu^{2+}、Cd^{2+}、Hg^{2+}、Hg_2^{2+}、Ag^+ 等能与 $C_2O_4^{2-}$ 形成沉淀
	焰色反应	挥发性钙盐在火焰（氧化焰）中燃烧，火焰呈砖红色		
Sr^{2+}	$(NH_4)_2SO_4$	$Sr^{2+} + SO_4^{2-} \longrightarrow SrSO_4\downarrow$（白色）		Ba^{2+}、Pb^{2+} 等
	玫瑰红酸钠	$Sr^{2+} + 玫瑰红酸钠 \longrightarrow$ 红棕色沉淀	中性或弱酸性	Ba^{2+}、Pb^{2+}、Ag^+ 等
	焰色反应	挥发性锶盐在火焰（氧化焰）中燃烧，火焰呈洋红色		
Ba^{2+}	K_2CrO_4	$Ba^{2+} + CrO_4^{2-} \longrightarrow BaCrO_4\downarrow$（黄色）	中性或弱酸性	Bi^{3+}、Sr^{2+}、Pb^{2+}、Ni^{2+}、Zn^{2+}、Cu^{2+}、Hg^{2+}、Ag^+ 等能与 CrO_4^{2-} 形成有色沉淀
	玫瑰红酸钠	$Ba^{2+} + 玫瑰红酸钠 \longrightarrow$ 红棕色沉淀	中性或弱酸性	Sr^{2+}、Pb^{2+}、Ag^+ 等
	焰色反应	挥发性钡盐在火焰（氧化焰）中燃烧，火焰呈黄绿色		
Al^{3+}	铝试剂（金黄色素三羧酸钠）	$Al^{3+} + 铝试剂 \longrightarrow$ 红色絮状沉淀	$pH=4\sim5$	Ti^{4+}、Cr^{3+}、Fe^{3+}、Co^{2+}、Mn^{2+} 等
	茜素-S（茜素磺酸钠）	$Al^{3+} + 茜素\text{-}S \longrightarrow$ 玫瑰红色沉淀	$pH=4\sim9$	Cr^{3+}、Mn^{2+} 及 Cu^{2+} 等

续表

离子	试剂	鉴定反应	介质条件	主要干扰离子
Sn^{2+}	$HgCl_2$	$Sn^{2+}+2HgCl_2+4Cl^- \longrightarrow Hg_2Cl_2$（白色）$\downarrow +[SnCl_6]^{2-}$ $Sn^{2+}+Hg_2Cl_2+4Cl^- \longrightarrow 2Hg\downarrow$（黑色）$+[SnCl_6]^{2-}$	酸性	
Pb^{2+}	K_2CrO_4	$Pb^{2+}+CrO_4^{2-} \longrightarrow PbCrO_4\downarrow$（黄色）	中性或弱酸性	Bi^{3+}、Sr^{2+}、Ba^{2+}、Hg^{2+}、Ni^{2+}、Zn^{2+}等
	稀H_2SO_4、Na_2S	$Pb^{2+}+SO_4^{2-} \longrightarrow PbSO_4\downarrow$（白色） $PbSO_4+S^{2-} \longrightarrow PbS\downarrow$（黑色）$+SO_4^{2-}$	弱酸性	Hg_2^{2+}、Ag^+等
	玫瑰红酸钠	$Pb^{2+}+$玫瑰红酸钠$\longrightarrow$紫红色沉淀	中性或弱酸性	Sr^{2+}、Ba^{2+}、Hg_2^{2+}、Ag^+等
Sb^{3+}	Sn片	$2Sb^{3+}+3Sn \longrightarrow 2Sb\downarrow+3Sn^{2+}$	酸性	AsO_2^-、Ag^+、Bi^{3+}等
Bi^{3+}	$Na_2[Sn(OH)_4]$	$2Bi^{3+}+3[Sn(OH)_4]^{2-}+6OH^- \longrightarrow 2Bi\downarrow$（黑色）$+3[Sn(OH)_6]^{2-}$	强碱性	Hg_2^{2+}、Hg^{2+}、Pb^{2+}等
Cu^{2+}	$K_4[Fe(CN)_6]$	$2Cu^{2+}+[Fe(CN)_6]^{4-} \longrightarrow Cu_2[Fe(CN)_6]$（红褐色）	中性或酸性	Bi^{3+}、Fe^{3+}、Co^{2+}等
Ag^+	氨水、HCl、HNO_3	$Ag^++Cl^- \longrightarrow AgCl\downarrow$（白色） $AgCl+2NH_3\cdot H_2O \longrightarrow [Ag(NH_3)_2]^++Cl^-+2H_2O$ $[Ag(NH_3)_2]^++Cl^-+2H^+ \longrightarrow AgCl\downarrow+2NH_4^+$	酸性	
	K_2CrO_4	$2Ag^++CrO_4^{2-} \longrightarrow Ag_2CrO_4\downarrow$（砖红色）	中性或弱酸性	Hg_2^{2+}、Hg^{2+}、Pb^{2+}、Ba^{2+}等
Ti^{4+}	H_2O_2	$Ti^{4+}+H_2O_2+SO_4^{2-} \longrightarrow [Ti(O_2)SO_4]$（橙色）$+2H^+$	酸性	F^-、Fe^{3+}、CrO_4^{2-}、MnO_4^-等
Zn^{2+}	$(NH_4)_2S$或碱金属硫化物	$Zn^{2+}+S^{2-} \longrightarrow ZnS\downarrow$（白色）	$c(H^+)<0.3mol/L$	
	二苯硫腙	$Zn^{2+}+$二苯硫腙$\longrightarrow$水层呈粉红色	强碱性	Fe^{3+}、Cr^{3+}、Al^{3+}、Bi^{3+}、Mn^{2+}、Cu^{2+}、Co^{2+}、Ni^{2+}、Cd^{2+}、Hg^{2+}、Ag^+、Pb^{2+}等
Cd^{2+}	H_2S或Na_2S	$Cd^{2+}+H_2S \longrightarrow CdS\downarrow$（黄色）$+2H^+$ $Cd^{2+}+S^{2-} \longrightarrow CdS\downarrow$（黄色）		能形成有色硫化物沉淀的离子
	镉试剂（对硝基重氮氨基偶氮苯）	$Cd^{2+}+$镉试剂$\longrightarrow$红色沉淀	弱酸性	Fe^{3+}、Co^{2+}、Ni^{2+}、Cu^{2+}、Ag^+、H^+、Cr^{3+}、Mn^{2+}等
Hg_2^{2+}	$SnCl_2$	$Sn^{2+}+Hg^{2+}+6Cl^- \longrightarrow 2Hg\downarrow$（黑色）$+[SnCl_6]^{2-}$	酸性	Hg^{2+}等
	KI、氨水	$Hg_2^{2+}+2I^- \longrightarrow Hg_2I_2\downarrow$（黄绿色） $Hg_2I_2+2NH_3 \longrightarrow Hg(NH_2)I\downarrow+Hg\downarrow$（黑色）$+NH_4^++I^-$	中性或弱酸性	Ag^+等
Hg^{2+}	$SnCl_2$	见Sn^{2+}鉴定	酸性	Hg_2^{2+}等
	Cu片	$Hg^{2+}+Cu \longrightarrow Cu^{2+}+Hg\downarrow$ 在铜片上生成白色光亮斑点,加热后退去	弱酸性	Hg_2^{2+}等
	KI、氨水或NH_4^+盐的浓碱溶液	$Hg^{2+}+2I^-$（适量）$\longrightarrow HgI_2\downarrow$（红色） $Hg^{2+}+4I^-$（过量）$\longrightarrow [HgI_4]^{2-}$ $2[HgI_4]^{2-}+NH_4^++4OH^- \longrightarrow Hg_2NI\downarrow$（棕色）$+7I^-+4H_2O$		

离子	试剂	鉴定反应	介质条件	主要干扰离子
Cr^{3+}	NaOH、H_2O_2、Pb^{2+}盐或 Ag^+盐或 Ba^{2+}盐	$Cr^{3+}+4OH^-(过量)\longrightarrow[Cr(OH)_4]^-$ $2[Cr(OH)_4]^-+3H_2O_2+2OH^-\longrightarrow$ $2CrO_4^{2-}+8H_2O$ $CrO_4^{2-}+Pb^{2+}\longrightarrow PbCrO_4\downarrow(黄色)$ $CrO_4^{2-}+2Ag^+\longrightarrow Ag_2CrO_4\downarrow(砖红色)$ $CrO_4^{2-}+Ba^{2+}\longrightarrow BaCrO_4\downarrow(黄色)$		Ba^{2+}及能形成有色氢氧化物的离子
Mn^{2+}	$NaBiO_3$	$2Mn^{2+}+5NaBiO_3+14H^+\longrightarrow$ $2MnO_4^-(紫红色)+5Na^++5Bi^{3+}+7H_2O$	HNO_3	Co^{2+}、Cl^-
Fe^{2+}	$K_3[Fe(CN)_6]$	$K^++Fe^{2+}+[Fe(CN)_6]^{3-}\longrightarrow$ $KFe[Fe(CN)_6]\downarrow(普鲁士蓝色)$	酸性	
	α,α'-联吡啶的乙醇溶液	$Fe^{2+}+\alpha,\alpha'$-联吡啶$\longrightarrow$深红色	弱酸性	有色离子
Fe^{3+}	$K_4[Fe(CN)_6]$	$Fe^{3+}+K^++[Fe(CN)_6]^{4-}\longrightarrow$ $KFe[Fe(CN)_6]\downarrow(普鲁士蓝色)$	酸性	Fe^{2+}、Co^{2+}、Ni^{2+}、Cu^{2+}等
	NH_4SCN(或碱金属硫氰酸盐)	$Fe^{3+}+SCN^-\longrightarrow[Fe(NCS)]^{2+}(血红色)$	酸性	Cu^{2+}
Co^{2+}	NH_4SCN、丙酮	$Co^{2+}+4SCN^-\xrightarrow{丙酮}[Co(NCS)_4]^{2-}(宝石蓝色)$	酸性	Fe^{3+}、Hg_2^{2+}、Cu^{2+}等
	二硫代二乙酰铵	$Co^{2+}+$二硫代二乙酰铵$\longrightarrow$黄绿色沉淀	氨性或弱酸性	Ni^{2+}、Cu^{2+}等
Ni^{2+}	丁二酮肟	$Ni^{2+}+$丁二酮肟$\longrightarrow$玫瑰红色沉淀	氨性或弱酸性	Fe^{2+}、Co^{2+}、Cu^{2+}、Bi^{3+}、Fe^{3+}、Mn^{2+}等
	二硫代二乙酰胺	$Ni^{2+}+$二硫代二乙酰胺$\longrightarrow$蓝色	氨性或弱酸性	Co^{2+}、Cu^{2+}等
F^-	锆盐茜素	F^-+锆盐茜素(红色)$\longrightarrow$无色	HCl	ClO_3^-、IO_3^-、$C_2O_4^{2-}$、SO_4^{2-}、Al^{3+}、Bi^{3+}等
Cl^-	$AgNO_3$、氨水、HNO_3	见 Ag^+ 的鉴定	酸性	
Br^-	Cl_2、CCl_4(或苯)	$2Br^-+Cl_2\longrightarrow Br_2+2Cl^-$ Br_2 在 CCl_4(或苯)中呈橙黄色(或橙红色)	中性或酸性	Rb^+、Cs^+、NH_4^+等
I^-	Cl_2、CCl_4(或苯)	$2I^-+Cl_2\longrightarrow I_2+2Cl^-$ I_2 在 CCl_4(或苯)中呈紫红色	中性或酸性	
SO_3^{2-}	稀 HCl	$SO_3^{2-}+2H^+\longrightarrow SO_2\uparrow+H_2O$ SO_2 可使带有 $KMnO_4$ 溶液、或淀粉-I_2液、或品红试液的试纸退色	酸性	$S_2O_3^{2-}$、S^{2-}等
	$Na_2[Fe(CN)_5NO]$、$ZnSO_4$、$K_4[Fe(CN)_6]$	生成红色沉淀	中性	S^{2-}
SO_4^{2-}	$BaCl_2$	$SO_4^{2-}+Ba^{2+}\longrightarrow BaSO_4\downarrow(白色)$	酸性	$S_2O_3^{2-}$、S^{2-}、SiO_3^{2-}等
$S_2O_3^{2-}$	稀 HCl	$S_2O_3^{2-}+2H^+\longrightarrow SO_2\uparrow+S+H_2O$ (白色→黄色)	酸性	SO_3^{2-}、S^{2-}、SiO_3^{2-}
	$AgNO_3$	$S_2O_3^{2-}+2Ag^+\longrightarrow Ag_2S_2O_3\downarrow(白色)$ $Ag_2S_2O_3$ 发生水解,颜色白→黄→棕,最后变为黑色 Ag_2S	中性	S^{2-}
S^{2-}	稀 HCl	$S^{2-}+2H^+\longrightarrow H_2S\uparrow$ H_2S 气体可使带有 $Pb(Ac)_2$ 的试纸变黑	酸性	$S_2O_3^{2-}$、SO_3^{2-}
	$Na_2[Fe(CN)_5NO]$	$S^{2-}+[Fe(CN)_5NO]^{2-}\longrightarrow$ $[Fe(CN)_5NOS]^{4-}(紫红色)$	碱性	

离子	试剂	鉴定反应	介质条件	主要干扰离子
NO_2^-	对氨基苯磺酸 α-萘胺	NO_2^- + 对氨基苯磺酸 α-萘胺 ——→ 红色	中性或醋酸	$KMnO_4$等氧化剂
NO_3^-	$FeSO_4$、浓 H_2SO_4	$NO_3^- + 3Fe^{2+} + 4H^+$ ——→ $3Fe^{3+} + NO\uparrow + 2H_2O$ $Fe^{2+} + NO$ ——→ $[Fe(NO)]^{2+}$（棕色） 在混合液与浓 H_2SO_4 分层处形成棕色环	酸性	NO_2^-
PO_4^{3-}	$AgNO_3$	$PO_4^{3-} + 3Ag^+$ ——→ $Ag_3PO_4\downarrow$（黄色）	酸性	CrO_4^{2-}、S^{2-}、PO_4^{3-}、AsO_3^{3-}、I^-、$S_2O_3^{2-}$ 等
	$(NH_4)_2MoO_4$	$PO_4^{3-} + 3NH_4^+ + 12MoO_4^{2-} + 24H^+$ ——→ $(NH_4)_3PO_4\cdot12MoO_3\cdot6H_2O\downarrow$（黄色）+ $6H_2O$	HNO_3	SO_3^{2-}、$S_2O_3^{2-}$、S^{2-}、I^-、Sn^{2+}、SiO_3^{2-}、AsO_4^{3-}、Cl^- 等
AsO_4^{3-}	$(NH_4)_2MoO_4$	$AsO_4^{3-} + 3NH_4^+ + 12MoO_4^{2-} + 24H^+$ ——→ $(NH_4)_3AsO_4\cdot12MoO_3\downarrow$（黄色）+ $12H_2O$	酸性	SO_3^{2-}、$S_2O_3^{2-}$、S^{2-}、I^-、Sn^{2+}、SiO_3^{2-}、AsO_4^{3-}、Cl^- 等
AsO_3^{3-}	$AgNO_3$	$3Ag^+ + AsO_3^{3-}$ ——→ $Ag_3AsO_3\downarrow$（黄色）	中性	
CN^-	CuS	$6CN^- + 2CuS$ ——→ $2[Cu(CN)_3]^{2-} + S_2^{2-}$（黑色 CuS 溶解）		
CO_3^{2-}	稀 HCl（或稀 H_2SO_4）、$Ba(OH)_2$	$CO_3^{2-} + 2H^+$ ——→ $CO_2\uparrow + H_2O$ CO_2 气体可使饱和 $Ba(OH)_2$ 溶液变浑浊 $CO_2 + 2OH^- + Ba^{2+}$ ——→ $BaCO_3\downarrow$（白色）+ H_2O	酸性	SO_3^{2-}、$S_2O_3^{2-}$ 等
SiO_3^{2-}	饱和 NH_4Cl	$SiO_3^{2-} + 2NH_4^+$ ——→ $H_2SiO_3\downarrow$（白色胶状）+ $2NH_3\uparrow$	碱性	Al^{3+}
VO_3^-	α-安息酮肟	$VO_3^- + \alpha$-安息香酮肟 ——→ 黄色沉淀	强酸性	Fe^{3+} 等
CrO_4^{2-}	$Pb(NO_3)_2$	$CrO_4^{2-} + Pb^{2+}$ ——→ $PbCrO_4\downarrow$（黄色）	碱性	Ba^{2+}、Sr^{2+}、Hg^{2+}、Bi^{3+}、Ag^+、Ni^{2+}、Zn^{2+} 等
MoO_4^{2-}	$KSCN$、$SnCl_2$	形成红色配合物	强酸性	PO_4^{3-}、NO_2^-、有机酸、Hg^{2+} 等
WO_4^{2-}	$SnCl_2$	生成蓝色沉淀或溶液呈蓝色	强酸性	PO_4^{3-}、有机酸 等
Ac^-	$La(NO_3)_3$ 和 I_2	生成暗蓝色沉淀	氨水	S^{2-}、SO_3^{2-}、$S_2O_3^{2-}$、SO_4^{2-}、PO_4^{3-} 等

附录二 常用酸、碱的浓度

试剂名称	密 度/(g/mL)	物质的量浓度/(mol/L)	质量分数/%
浓硫酸	1.84	18.0	98
稀硫酸		2	9
浓盐酸	1.19	12.0	37
稀盐酸		2	7
浓硝酸	1.41	16	68
稀硝酸	1.2	6	32
稀硝酸		2	12
浓磷酸	1.70	14.7	85
稀磷酸	1.05	1	9
冰醋酸	1.05	17.4	99
稀醋酸	1.04	5	30
稀醋酸		2	12
浓氨水	0.91	14.8	28
浓氢氧化钠	1.44	14.4	40

附录三 　某些离子和化合物的颜色

一、离子

1. 无色离子

Na^+、K^+、NH_4^+、Mg^{2+}、Ca^{2+}、Sr^{2+}、Ba^{2+}、Al^{3+}、Sn^{2+}、Sn^{4+}、Pb^{2+}、Bi^{3+}、Ag^+、Zn^{2+}、Cd^{2+}、Hg_2^{2+}、Hg^{2+} 等阳离子。

BO_2^-、$B_4O_7^{2-}$、$C_2O_4^{2-}$、Ac^-、CO_3^{2-}、SiO_3^{2-}、NO_3^-、NO_2^-、PO_4^{3-}、AsO_3^{3-}、AsO_4^{3-}、$[SbCl_6]^{3-}$、$[SbCl_6]^-$、SO_3^{2-}、SO_4^{2-}、S^{2-}、$S_2O_3^{2-}$、F^-、Cl^-、ClO_3^-、Br^-、BrO_3^-、I^-、SCN^-、$[CuCl_2]^-$、TiO^{2+}、VO_4^{3-}、MoO_4^{2-}、WO_4^{2-} 等阴离子。

2. 有色离子

① $[Cu(H_2O)_4]^{2+}$ 　$[CuCl_4]^{2-}$ 　$[Cu(NH_3)_4]^{2+}$ 　$[CuCl_2]^-$ 　$[CuI_2]^-$
　　浅蓝色　　　　　黄色　　　　深蓝色　　　　泥黄色　　　黄色

② $[Ti(H_2O)_6]^{3+}$ 　$[TiCl(H_2O)_5]^{2+}$ 　$[TiO(H_2O_2)]^{2+}$
　　紫色　　　　　　绿色　　　　　　橘黄色

③ $[V(H_2O)_6]^{2+}$ 　$[V(H_2O)_6]^{3+}$ 　VO^{2+} 　VO_2^+ 　$[VO_2(O_2)_2]^{3-}$ 　$[V(O_2)]^{3+}$
　　蓝紫色　　　　　绿色　　　　蓝色　　浅黄色　　黄色　　　　红棕色

④ $[Cr(H_2O)_6]^{2+}$ 　　　$[Cr(H_2O)_6]^{3+}$ 　　　$[Cr(H_2O)_5Cl]^{2+}$ 　　　$[Cr(H_2O)_4Cl_2]^+$
　　天蓝色　　　　　　　蓝紫色　　　　　　　浅绿色　　　　　　　暗绿色

$[Cr(NH_3)_2(H_2O)_4]^{3+}$ 　　$[Cr(NH_3)_3(H_2O)_3]^{3+}$ 　　$[Cr(NH_3)_4(H_2O)_2]^{3+}$ 　　$[Cr(NH_3)_5H_2O]^{2+}$
　　紫红色　　　　　　　浅红色　　　　　　　橙红色　　　　　　　橙黄色

$[Cr(NH_3)_6]^{3+}$ 　CrO_2^- 　CrO_4^{2-} 　$Cr_2O_7^-$
　　黄色　　　　绿色　　黄色　　橙色

⑤ $[Mn(H_2O)_6]^{2+}$ 　MnO_4^{2-} 　MnO_4^-
　　肉色　　　　　绿色　　紫红色

⑥ $[Fe(H_2O)_6]^{2+}$ 　$[Fe(H_2O)_6]^{3+}$ 　$[Fe(CN)_6]^{4-}$ 　$[Fe(CN)_6]^{3-}$ 　$[Fe(NCS)_n]^{3-n}$
　　浅绿色　　　　　淡紫色❶　　　　黄色　　　　浅橘黄色　　　血红色

⑦ $[Co(H_2O)_6]^{2+}$ 　$[Co(NH_3)_6]^{2+}$ 　$[Co(NH_3)_6]^{3+}$ 　$[CoCl(NH_3)_5]^{2+}$
　　粉红色　　　　　土黄色　　　　　棕红色　　　　　红紫色

$[Co(NH_3)_5(H_2O)]^{3+}$ 　$[Co(NH_3)_4CO_3]^+$ 　$[Co(CN)_6]^{3-}$ 　$[Co(SCN)_4]^{2-}$
　　粉红色　　　　　紫红色　　　　　紫色　　　　　蓝色

⑧ $[Ni(H_2O)_6]^{2+}$ 　$[Ni(NH_3)_6]^{2+}$
　　亮绿色　　　　　蓝色

⑨ 　I_3^-
　　浅棕黄色

二、化合物

1. 氧化物

CuO	Cu_2O	Ag_2O	ZnO	CdO	Hg_2O	HgO	TiO_2	VO
黑色	暗红色	暗棕色	白色	棕红色	黑褐色	红色或黄色	白色或橙红色	亮灰色

---

❶ 由于水解生成$[Fe(H_2O)_5OH]^{2+}$、$[Fe(H_2O)_4(OH)_2]^+$等，而使溶液呈黄棕色。未水解的 $FeCl_3$ 溶液呈黄棕色，这是生成 $[FeCl_4]^-$ 的缘故。

V_2O_3	VO_2	V_2O_5	Cr_2O_3	CrO_3	MnO_2	MoO_2	WO_2	FeO	Fe_2O_3
黑色	深蓝色	红棕色	绿色	橙红色	棕褐色	铅灰色	棕红色	黑色	砖红色

Fe_3O_4	CoO	Co_2O_3	NiO	Ni_2O_3	PbO	Pb_3O_4
红色	灰绿色	黑色	暗绿色	黑色	黄色	红色

2. 氢氧化物

$Zn(OH)_2$	$Pb(OH)_2$	$Mg(OH)_2$	$Sn(OH)_2$	$Sn(OH)_4$	$Mn(OH)_2$	$Fe(OH)_2$
白色	白色	白色	白色	白色	白色	白色或苍绿色

$Fe(OH)_3$	$Cd(OH)_2$	$Al(OH)_3$	$Bi(OH)_3$	$Sb(OH)_3$	$Cu(OH)_2$	$Cu(OH)$
红棕色	白色	白色	白色	白色	浅蓝色	黄色

$Ni(OH)_2$	$Ni(OH)_3$	$Co(OH)_2$	$Co(OH)_3$	$Cr(OH)_3$
浅绿色	黑色	粉红色	褐棕色	灰绿色

3. 氯化物

$AgCl$	Hg_2Cl_2	$PbCl_2$	$CuCl$	$CuCl_2$	$CuCl_2 \cdot 2H_2O$	$Hg(NH_2)Cl$	$CoCl_2$
白色	白色	白色	白色	棕色	蓝色	白色	蓝色

$CoCl_2 \cdot H_2O$	$CoCl_2 \cdot 2H_2O$	$CoCl_2 \cdot 6H_2O$	$FeCl_3 \cdot 6H_2O$	$TiCl_3 \cdot 6H_2O$	$TiCl_2$
蓝紫色	紫红色	粉红色	黄棕色	紫色或绿色	黑色

4. 溴化物

$AgBr$	$AsBr$	$CuBr_2$
淡黄色	浅黄色	黑紫色

5. 碘化物

AgI	Hg_2I_2	HgI_2	PbI_2	CuI	SbI_3	BiI_3	TiI_4
黄色	黄褐色	红色	黄色	白色	红黄色	绿黑色	暗棕色

6. 卤酸盐

$Ba(IO_3)_2$	$AgIO_3$	$KClO_4$	$AgBrO_3$
白色	白色	白色	白色

7. 硫化物

Ag_2S	HgS	PbS	CuS	Cu_2S	FeS	Fe_2S_3	CoS	NiS	Bi_2S_5
灰黑色	红色或黑色	黑色	黑色	黑色	棕黑色	黑色	黑色	黑色	黑色

Bi_2S_3	SnS	SnS_2	CdS	Sb_2S_3	Sb_2S_5	MnS	ZnS	As_2S_3
黑褐色	灰黑色	金黄色	黄色	橙色	橙红色	肉色	白色	黄色

8. 硫酸盐

Ag_2SO_4	Hg_2SO_4	$PbSO_4$	$CaSO_4$	$SrSO_4$	$BaSO_4$	$[Fe(NO)]SO_4$
白色	白色	白色	白色	白色	白色	深棕色

$Cu_2(OH)_2SO_4$	$CuSO_4 \cdot 5H_2O$	$CoSO_4 \cdot 7H_2O$	$Cr_2(SO_4)_3 \cdot 6H_2O$	$Cr_2(SO_4)_3$
浅蓝色	蓝色	红色	绿色	紫色或红色

$Cr_2(SO_4)_3 \cdot 18H_2O$	$KCr(SO_4)_2 \cdot 12H_2O$
蓝紫色	紫色

9. 碳酸盐

Ag_2CO_3	$CaCO_3$	$SrCO_3$	$BaCO_3$	$MnCO_3$	$CdCO_3$	$Zn_2(OH)_2CO_3$	$BiOHCO_3$
白色	白色	白色	白色	白色	白色	白色	白色

$Hg_2(OH)_2CO_3$ $Co_2(OH)_2CO_3$ $Cu_2(OH)_2CO_3$ $Ni_2(OH)_2CO_3$
红褐色   红色   暗绿色❶   浅绿色

10. 磷酸盐

$Ca_3(PO_4)_2$ $CaHPO_4$ $Ba_3(PO_4)_2$ $FePO_4$ Ag_3PO_4 $MgNH_4PO_4$
白色   白色   白色   浅黄色   黄色   白色

11. 铬酸盐

Ag_2CrO_4 $PbCrO_4$ $BaCrO_4$ $FeCrO_4 \cdot 2H_2O$
砖红色   黄色   黄色   黄色

12. 硅酸盐

$BaSiO_3$ $CuSiO_3$ $CoSiO_3$ $Fe_2(SiO_3)_3$ $MnSiO_3$ $NiSiO_3$ $ZnSiO_3$
白色   蓝色   紫色   棕红色   肉色   翠绿色   白色

13. 草酸盐

CaC_2O_4 $Ag_2C_2O_4$
白色   白色

14. 类卤化合物

$AgCN$ $Ni(CN)_2$ $Cu(CN)_2$ $CuCN$ $AgSCN$ $Cu(SCN)_2$
白色   浅绿色   黄色   白色   白色   黑绿色

15. 其它含氧酸盐

$MgNH_4AsO_4$ Ag_3AsO_4 $Ag_2S_2O_3$ $BaSO_3$ $SrSO_3$
白色   红褐色   白色   白色   白色

16. 其它化合物

$Fe_3[Fe(CN)_6]_2$ $Fe_4[Fe(CN)_6]_3$ $Cu_2[Fe(CN)_6]$ $Ag_3[Fe(CN)_6]$
普鲁士蓝   普鲁士蓝   红棕色   橙色

$Zn_3[Fe(CN)_6]_2$ $Ag_4[Fe(CN)_6]$ $Zn_2[Fe(CN)_6]$ $K_3[Co(NO_2)_6]$ $K_2Na[Co(NO_2)_6]$
黄褐色   白色   白色   黄色   黄色

$(NH_4)_2Na[Co(NO_2)_6]$ K_2PtCl $KC_4H_4O_6H$ $Na[Sb(OH)_6]$ $Na_2[Fe(CN)_5NO] \cdot 2H_2O$
黄色   黄色   白色   白色   红色

$NaAc \cdot Zn(Ac)_2 \cdot 3[UO_2(Ac)_2] \cdot 9H_2O$
            黄色

附录四　某些试剂溶液的配制

试　　剂	浓度	配　制　方　法
三氯化铋 $BiCl_3$	0.1mol/L	溶解 31.6g $BiCl_3$ 于 330mL 6mol/L 的 HCl 中，加水稀释至 1L
三氯化锑 $SbCl_3$	0.1mol/L	溶解 22.8g $SbCl_3$ 于 330mL 6mol/L 的 HCl 中，加水稀释至 1L

---

❶ 相同浓度硫酸铜和碳酸钠溶液的比例(体积)不同时生成的碱式碳酸铜颜色不同：

     $CuSO_4$：Na_2CO_3 碱式碳酸铜颜色

       2   ：   1.6   浅蓝绿色

       1   ：   1   暗绿色

试　剂	浓　度	配　制　方　法
氯化亚锡 $SnCl_2$	0.1mol/L	溶解 22.6g $SnCl_2 \cdot 2H_2O$ 于 330mL 6mol/L 的 HCl 中,加水稀释至 1L,加入数粒纯锡,以防氧化
硝酸汞 $Hg(NO_3)_2$	0.1mol/L	溶解 33.4g $Hg(NO_3)_2 \cdot H_2O$ 于 1L 0.6mol/L 的 HNO_3 中
硝酸亚汞 $Hg_2(NO_3)_2$	0.1mol/L	溶解 56.1g $Hg_2(NO_3)_2 \cdot 2H_2O$ 于 1L 0.6mol/L 的 HNO_3 中,并加入少许金属汞
碳酸铵 $(NH_4)_2CO_3$	1.0mol/L	96g 研细的 $(NH_4)_2CO_3$ 溶于 1L 2mol/L 的氨水
硫酸铵 $(NH_4)_2SO_4$	饱和	50g $(NH_4)_2SO_4$ 溶于 100mL 热水,冷却后过滤
硫酸亚铁 $FeSO_4$	0.5mol/L	溶解 69.5g $FeSO_4 \cdot 7H_2O$ 于适量水中,加入 5mL 18mol/L 的 H_2SO_4,加水稀释至 1L,置入小铁钉数枚
偏锑酸钠 $NaSbO_3$	0.1mol/L	溶解 12.2g 锑粉于 50mL 浓 HNO_3 中微热,使锑粉全部作用生成白色粉末,用倾析法洗涤数次,然后加入 50mL 6mol/L 的 NaOH 溶液,使其溶解,稀释至 1L
六硝基钴酸钠 $Na_3[Co(NO_2)_6]$		溶解 230g $NaNO_2$ 于 500mL H_2O 中,加入 165mL 6mol/L 的 HAc 和 30g $Co(NO_3)_2 \cdot 6H_2O$ 放置 24h,取其清液,稀释至 1L,并保存在棕色瓶中。此溶液应呈橙色,若变成红色,表示已分解,应重新配制
硫化钠 Na_2S	2mol/L	溶解 240g $Na_2S \cdot 9H_2O$ 和 40g NaOH 于水中,稀释至 1L
钼酸铵 $(NH_4)_6Mo_7O_{24} \cdot 4H_2O$	0.1mol/L	溶解 240g $(NH_4)_6Mo_7O_{24} \cdot 4H_2O$ 于 1L 水中,将所得溶液倒入 6mol/L 的 HNO_3 中,放置 24h,取其澄清液
硫化铵 $(NH_4)_2S$	3mol/L	取一定量的氨水将其均分为两份,往其中一份通硫化氢至饱和,然后与另一份氨水混合
铁氰化钾 $K_3[Fe(CN)_6]$		取铁氰化钾 0.7~1g 溶解于水,稀释至 100mL(使用前临时配制)
铬黑 T		将铬黑 T 和烘干的 NaCl 按 1:100 研细,均匀混合,储存于棕色瓶中
铝试剂		1g 铝试剂溶于 1L 水中
镁试剂		溶解 0.01g 镁试剂于 1L 1mol/L 的 NaOH 溶液中
镁铵试剂		将 100g $MgCl_2 \cdot 6H_2O$ 和 100g NH_4Cl 溶于水中,加 50mL 浓氨水,用水稀释至 1L
二苯胺		将 1g 二苯胺在搅拌下溶于 100mL 密度为 $1.84g/cm^3$ 的硫酸或 100mL 密度为 $1.70g/cm^3$ 的磷酸中(该溶液可保存较长时间)
镍试剂		溶解 10g 镍试剂(二乙酰二肟)于 1L 95% 的酒精中
奈氏试剂		溶解 115g HgI_2 和 80g KI 于水中,稀释至 500mL,加入 500mL 6mol/L 的 NaOH 溶液,静置后,取其清液,保存在棕色瓶中
五氰氧氮合铁(Ⅲ)酸钠 $Na_2[Fe(CN)_5NO]$		10g 亚硝酰铁氰酸钠溶解于 100mL 水中。保存于棕色瓶内,如果溶液变绿就不能用了
格里斯试剂		①在加热下溶解 0.5g 对氨基苯磺酸于 50mL 30%HAc 中,储存于暗处 ②将 0.4g α-萘胺与 100mL 水混合煮沸,在从蓝色渣中倾出的无色溶液中加入 6mL 80%HAc 使用前将①、②两液等体积混合
打萨宗 (二苯缩氨硫脲)		溶解 0.1g 打萨宗于 1L CCl_4 或 $CHCl_3$ 中
酚酞		1L 90% 乙醇中溶解 1g
石蕊		2g 石蕊溶于 50mL 水中,静置一昼夜后过滤。在滤液中加 30mL 95% 乙醇,再加水稀释至 100mL
氯水		在水中通入氯气直到饱和,该溶液使用时临时配制
溴水		在水中滴入液溴至饱和
碘液	0.01mol/L	溶解 1.3g 碘和 5g KI 于尽可能少量的水中,加水稀释至 1L
品红溶液		0.1% 的水溶液
淀粉溶液	1%	将 1g 淀粉和少量冷水调成糊状,倒入 100mL 沸水中,煮沸后冷却即可
NH_3-NH_4Cl 缓冲溶液		称取 20g NH_4Cl 溶于适量水中,加入 100mL 氨水(密度为 $0.9g/cm^3$),混合后稀释至 1L,即为 pH=10 的缓冲溶液
EDTA	0.5mol/L	取 37.2g 乙二胺四乙酸二钠($Na_2H_2Y \cdot 2H_2O$)溶解于约 100mL 热水中,加水稀释至 200mL

附录五　几种常用的酸、碱指示剂

指示剂	变色 pH 范围	颜色		pK$_{HIn}$	浓　度
		酸色	碱色		
百里酚蓝（第一次变色）	1.2～2.8	红	黄	1.6	0.1%的20%酒精溶液
甲基黄	2.9～4.0	红	黄	3.3	0.1%的90%酒精溶液
甲基橙	3.1～4.4	红	黄	3.4	0.05%的水溶液
溴酚蓝	3.1～4.6	黄	紫	4.1	0.1%的20%酒精溶液或其钠盐的水溶液
溴甲酚绿	3.8～5.4	黄	蓝	4.9	0.1%水溶液,每 100mg 指示剂中加入 0.05mol/L NaOH 2.9mL
甲基红	4.4～6.2	红	黄	5.2	0.1%的60%酒精溶液或其钠盐的水溶液
溴百里酚蓝	6.0～7.6	黄	蓝	7.3	0.1%的20%酒精溶液或其钠盐的水溶液
中性红	6.8～8.0	红	黄橙	7.4	0.1%的60%酒精溶液
酚红	6.7～8.4	黄	红	8.0	0.1%的60%酒精溶液或其钠盐的水溶液
百里酚蓝（第二次变色）	8.0～9.6	黄	蓝	8.9	见第一次变色
百里酚酞	9.4～10.6	无	蓝	10.0	0.1%的90%酒精溶液

附录六　几种常用试剂的配制方法

[1] 卢卡斯试剂：将 34g 熔化过的无水氯化锌溶于 23mL 浓盐酸中，同时冷却，以防氯化氢逸出，约得 35mL 溶液，放冷后，存于玻璃瓶中，塞紧。临用时配制。

[2] 高碘酸试剂：称取 0.5g 高碘酸，溶于 100mL 蒸馏水。

[3] 饱和亚硫酸氢钠溶液：在 100mL 40%的亚硫酸氢钠溶液中，加入不含醛的无水乙醇 25mL，混合后，滤去析出的晶体。

[4] 2,4-二硝基苯肼试剂：2g 2,4-二硝基苯肼溶于 15mL 浓硫酸中，加入 150mL 95%乙醇，用蒸馏水稀释至 500mL，搅拌使混合均匀，过滤，滤液保存在棕色试剂瓶中备用。

[5] 碘-碘化钾溶液：25g 碘化钾溶于 100mL 蒸馏水中，再加入 12.5g 碘，搅拌使碘溶解。

[6] 托伦试剂：在洁净的试管中，加入 4mL 2%硝酸银溶液和 2 滴 5%氢氧化钠溶液，然后一边滴加 2%氨水，一边振摇试管，直到生成的棕色氧化银沉淀刚好溶解为止。托伦试剂只能现配，放久将易析出具有爆炸性的黑色氮化银（Ag$_3$N）沉淀和雷酸银（AgONC）。

[7] 费林试剂

费林溶液 I：将 34.6g 硫酸铜晶体（CuSO$_4$·5H$_2$O）溶于 500mL 蒸馏水中，加入 0.5mL 浓硫酸，混合均匀。

费林溶液 II：将 173g 酒石酸钾钠晶体（KNaC$_2$H$_4$O$_6$·4H$_2$O）和 70g 氢氧化钠溶于 500mL 蒸馏水中。

将这两种溶液分别保存。使用时两溶液等体积混合便于费林试剂。它是铜离子与酒石酸盐形成络合物的溶液，呈深蓝色。由于此络合物溶液不稳定，必须临用时配制。

［8］0.1％茚三酮-乙醇溶液（用时新配）：将 0.1g 茚三酮溶于 124.9mL 95％乙醇中。

［9］苯肼试剂：在 36mL 蒸馏水中溶解 4g 苯肼盐酸盐，再加 6g 醋酸钠晶体及 1 滴冰醋酸，如果所得溶液浑浊，则加少许活性炭，搅拌后过滤，将滤液保存于棕色试剂瓶中。或将 4g（4mL）苯肼（游离碱是液体）溶于含 4g（4mL）冰醋酸的 36mL 水中，然后如前法制得苯肼试剂。苯肼试剂久置后即失效。苯肼有毒（无论是液体还是蒸气），且可能为致癌物质，取用时切勿与皮肤接触，一旦接触，必须立即用 5％醋酸洗去，然后用肥皂水洗。

参考文献

［1］ 大连理工大学无机化学教研室编．无机化学实验．北京：高等教育出版社，2002.

［2］ 方国女，王燕，周其镇编．大学基础化学实验（Ⅰ）．北京：化学工业出版社，2005.

［3］ 贡雪东主编．大学化学实验1：基础知识与技能．北京：化学工业出版社，2007.

［4］ 倪惠琼，蔡会武主编．工科化学实验．北京：化学工业出版社，2006.

［5］ 徐莉英主编．无机与分析化学实验．上海：上海交通大学出版社，2004.

［6］ 姚卡玲编．大学基础化学实验．北京：中国计量出版社，2008.

［7］ 王少亭主编．大学基础化学实验．北京：高等教育出版社，2004.

［8］ 吴建中主编．无机化学实验．北京：化学工业出版社，2008.

［9］ 刁国旺，朱霞石．大学化学实验．南京：南京大学出版社，2006.

［10］ 丁敬敏主编，吴筱南副主编．化学实验技术．北京：化学工业出版社，2007.

［11］ 范志鹏编．大学基础化学实验教学指导．北京：化学工业出版社，2006.

［12］ 曹凤歧主编．无机化学实验与指导．北京：中国医药科技出版社，2006.

［13］ 李梅君，徐志珍，王燕主编．实验化学（Ⅰ）．北京：化学工业出版社，2006.

［14］ 刘宝殿主编．化学合成实验．北京：高等教育出版社，2005.

［15］ 杜志强．综合化学实验．北京：科学出版社，2005.

［16］ 文庆城主编．化学实验教学研究．北京：科学出版社，2003.

［17］ 海力茜．陶尔大洪主编．无机化学实验指导．北京：科学出版社，2007.

［18］ 刘绍乾主编．基础化学实验指导．长沙：中南大学出版社，2006.

［19］ 曹素枕，周端凡编．化学试剂与精细化学品合成基础．北京：高等教育出版社，1991.

［20］ 李妙葵，贾瑜等．大学有机化学实验．上海：复旦大学出版社，2006.

［21］ 龙盛京主编．有机化学实验．北京：人民卫生出版社，2002.

［22］ 李吉海主编．基础化学实验．北京：化学工业出版社，2004.

［23］ 李兆陇等．有机化学实验．北京：清华大学出版社，2001.

［24］ 俞烨．有机化学实验．上海：华东理工大学出版社，2015.

［25］ 高占先．有机化学实验（第四版）．北京：高等教育出版社，2007.

［26］ 关华第，李翠娟．有机化学实验（第二版）．北京：北京大学出版社，2002.

［27］ 王莉贤主编．有机化学实验．上海：上海交通大学出版社，2009.

［28］ 陈东红主编．有机化学实验．上海：华东理工大学出版社，2009.

［29］ 胡昱，吕小兰，戴延凤主编．有机化学实验．北京：化学工业出版社，2012.

［30］ 王福来编著．有机化学实验．武汉：武汉大学出版社，2001.

［31］ 周志高．有机化学实验．北京：化学工业出版社，2014.

［32］ 朱文，贾春满，陈红军主编．有机化学实验．北京：化学工业出版社，2015

［33］ 阴金香．基础有机化学实验．北京．清华大学出版社，2010.

［34］ 兰州大学，复旦大学化学系有机化学教研室编．有机化学实验．北京：高等教育出版社，1994.

［35］ 李明，李国强，杨丰科主编．基础有机化学实验．北京：化学工业出版社，2001.

［36］ 奚关根，赵长宏，赵中德等．有机化学实验．上海：华东理工大学出版社，1995.

［37］ 周科衍，高占先主编．有机化学实验．北京：高等教育出版社，1996.

［38］ 朱靖，肖咏梅，马丽主编．有机化学实验．北京：化学工业出版社，2015.

［39］ 何树华，朱云云，陈贞干．有机化学实验．武汉：华中科技大学出版社，2012.

［40］ 苏桂发主编．有机化学实验．桂林：广西师范大学出版社，2012.

［41］　Ralph L. Shriner. etc 编．张书圣等译．有机化合物系统鉴定手册．北京：北京出版社，2007.

［42］　尹卫平．天然产物化学化工．北京：化学工业出版社，2015.

［43］　徐怀德．天然产物提取工艺学．北京：中国轻工业出版社，2006.

［44］　金利泰．天然药物提取分离工艺学．杭州：浙江大学出版社，2011.

［45］　蔡会武，曲建林主编．有机化学实验．西安：西北工业大学出版社，2007.